FAUNE ET FLORE D'EUROPE

Faune et Flore d'Europe

Texte
de Jiří Felix
et Jan Tříska

Illustrations
de Vlastimil Choc,
Eduard Demartini,
Květoslav Hísek,
Vladimír Javorek,
Květa Schmidtová,
František Severa
et Otto Ušák

Gründ

GARANTIE DE L'ÉDITEUR

Pour vous parvenir à son plus juste prix,
cet ouvrage a fait l'objet d'un gros tirage.
Malgré tous les soins apportés à sa fabrication,
il est malheureusement possible qu'il comporte
un défaut d'impression ou de façonnage.
Dans ce cas, ce livre vous sera échangé sans frais.
Veuillez à cet effet le rapporter au libraire
qui vous l'a vendu ou nous écrire à l'adresse ci-dessous
en nous précisant la nature du défaut constaté.
Dans l'un ou l'autre cas,
il sera immédiatement fait droit à votre réclamation.

Librairie Gründ – 60 rue Mazarine – 75006 Paris

Septième tirage 1996
Texte de Jiří Felix et Jan Tříska
Traduction de Barbora Neumannová, Gertrude Fritsch, Jean et Renée Karel
Révision et mise à jour par Georges Becker, Docteur ès sciences,
Correspondant du Muséum
Illustrations de Vlastimil Choc, Eduard Demartini, Květoslav Hísek,
Vladimír Javorek, Květa Schmidtová, František Severa et Otto Ušák
Photographies de Zdeněk Humpál, Oldřich Karásek,
Přemysl Pavlík, Ivo Šlár, Stanislav Weiser
Arrangement graphique par Ivan Urbánek

(Première édition par Artia, Prague, 1974)

ISBN : 2-7000-1901-6
Imprimé en Slovaquie
1/99/26/53-07

Sous l'eau et à la surface

L'eau est à l'origine de toute la vie sur la terre. Elle est la condition indispensable de la vie de tous les organismes et elle forme la moitié ou davantage de la masse de leur corps. Pour de nombreuses espèces de plantes et d'animaux, elle constitue de plus un milieu — un biotope — pour lequel les plantes aquatiques sont systématiquement adaptées par la structure et la forme de leur corps, par leurs modes d'alimentation et de multiplication.

Les plantes aquatiques trouvent dans l'eau un soutien plus solide que les plantes terrestres dans l'atmosphère, mais elles doivent faire face aux vagues, aux courants, aux variations de niveau et de pression et à une réduction de la lumière en fonction de la profondeur.
Certaines plantes aquatiques sont enracinées dans le fond et vivent constamment sous l'eau (espèces submersibles); pour certaines, par contre, seules les fleurs émergent. D'autres sont enracinées dans le fond mais leurs feuilles flottent à la surface (espèces flottantes). D'autres encore ne vivent que dans les couches superficielles de l'eau, leurs racines sont réduites ou pendent librement dans l'eau. Certaines autres, enracinées dans le fond, montent entièrement à la surface au moment de la floraison et de la fructification. Il existe enfin des espèces amphibies, qui vivent dans l'eau mais qui peuvent également se développer et fleurir même à sec si le niveau de l'eau vient à s'abaisser.
Les plantes aquatiques absorbent par toute la surface de leur corps l'oxygène, le gaz carbonique ainsi que l'eau contenant des sels en dissolution; leurs racines ne servent donc en général qu'à les fixer sur le fond et elles ne possèdent pas les poils absorbants qui permettent aux plantes terrestres de se procurer l'eau et les matières nutritives du sol. Les vaisseaux sont réduits et remplacés par des chambres à air et de petits canaux grâce auxquels l'air parvient dans les parties submergées de la plante, ce qui l'allège.

Les tiges et les pétioles sont longs, souples et élastiques afin de répondre facilement aux mouvements de l'eau et aux variations de son niveau. Les feuilles submergées n'ont pas de stomates, elles sont souvent divisées en segments filamenteux ou forment des verticilles; elles résistent mieux ainsi aux mouvements de l'eau et leur surface se trouve agrandie. Les feuilles flottantes sont grandes, circulaires, lancéolées et coriaces pour ne pas être déchirées par les vagues. Une pellicule cireuse sur la face supérieure les empêche de se gorger d'eau et prévient l'obturation des stomates, très abondants. Le dimorphisme des feuilles des plantes aquatiques est fréquent: les feuilles submergées ont une autre forme que les feuilles flottantes.

Les fleurs des plantes submergées sont petites et simples: l'eau assure la pollinisation, par contre les fleurs qui flottent à la surface sont grandes et la pollinisation est l'œuvre des insectes ou parfois des mollusques.

Les graines des plantes aquatiques ont souvent des systèmes de flottaison divers; certaines, grâce à leur mucilage, se collent sur les pattes et le bec des oiseaux aquatiques qui en assurent la diffusion. Les poissons avalent les graines de certaines espèces et les disséminent. Néanmoins, les plantes aquatiques se multiplient surtout végétativement, grâce à leurs bourgeons, à de petits tubercules ou à des fragments de rhizomes ou de tiges.

Les plantes aquatiques agissent fortement sur leur milieu: d'une part, elles contribuent à l'oxygénation de l'eau, elles concourent à sa purification, d'autre part, elles forment des matières organiques qui, après décomposition, constituent un sol nourricier pour les autres êtres vivant dans l'eau. Elles servent à la nourriture des animaux aquatiques, elles offrent aux poissons et aux autres êtres vivants un abri et une protection, un endroit favorable pour le frai des poissons et un refuge pour les alevins.

Mais il arrive souvent aussi qu'il y ait prolifération excessive et alors elles nuisent à la pénétration de la lumière dans l'eau, elles accroissent la pollution, elles favorisent un dépôt excessif de vase et concourent ainsi à l'assèchement. Parfois, elles gênent l'élevage et la pêche des poissons, elles bouchent les canaux, dégradent les équipements techniques et arrivent, à l'extrême, à créer des difficultés à la navigation.

L'eau est également la base de la vie des animaux. Aucun être ne peut se passer d'eau. Les animaux de la terre ferme ont un besoin absolu de renouveler l'eau de leurs tissus. Les animaux des régions désertiques doivent se procurer l'eau dans les végétaux.

Ce chapitre traitera des animaux qui ont choisi l'eau comme habitat, qui y vivent, y trouvent leur nourriture et s'y multiplient. Par ses propriétés physiques et chimiques, l'eau est si différente de l'air en tant que milieu de vie qu'elle exige des êtres qui y vivent des conditions particulières pour leur mobilité, leur consommation d'oxygène, etc. Néanmoins c'est un milieu très riche en espèces animales.

Dans une minuscule goutte d'eau, le microscope découvre le monde des protozoaires. Certains se traînent, d'autres tourbillonnent, d'autres décrivent de larges évolutions. Il en existe de nombreuses espèces dont chacune est caractérisée par ses prolongements, ses flagelles, ses cils qui fonctionnent comme organes de locomotion et d'absorption.

Dans un peu d'eau, on découvre souvent des êtres pluricellulaires mais minuscules. Parmi les plus nombreux, il y a, en quantités innombrables, de minuscules crustacés. Des milliards tourbillonnent dans les bassins, les mares, les trous d'eau. Très bien adaptés à la vie aquatique, ils forment une partie du plancton. Certaines espèces se déplacent à l'aide de pattes natatoires, d'autres, telles que les daphnies par exemple, se déplacent par sauts rythmés à l'aide de leurs antennes qui fonctionnent comme des rames. Beaucoup de ces petits crustacés ont une grande importance économique car ils forment l'essentiel de la nourriture de diverses espèces de poissons.

Les insectes aquatiques sont parfaitement adaptés à la chasse dans l'eau. Les féroces coléoptères aquatiques sont des animaux rapides dont les pattes postérieures travaillent comme de puissantes rames. Les notonectidés ont également les pattes postérieures très développées pour ramer.

C'est par la forme de leur corps que les poissons sont adaptés au séjour à des profondeurs diverses et aux rapides déplacements dans l'eau.

Les oiseaux liés à l'élément liquide se sont également adaptés à la vie dans le milieu aquatique. Leurs pattes sont courtes mais solides et palmées. Certains oiseaux plongeurs ont leurs pattes situées très à l'arrière du corps et quand ils pêchent sous la surface, le mouvement de ces pattes les fait avancer rapidement.

Certains mammifères ont quitté la terre ferme pour le milieu aquatique, ils s'y sont adaptés et sont d'excellents nageurs. Eux aussi ont des pattes palmées et beaucoup possèdent une queue aplatie en forme de gouvernail.

Nénuphar blanc
Nymphaea alba L.

Le nénuphar blanc est une plante vivace qui possède un long rhizome dont l'épaisseur peut atteindre 7 cm et la longueur 1 m. Ce rhizome porte des radicelles sur toutes ses faces.

Les feuilles longuement pétiolées sont de forme ovale avec une base cordiforme. La surface supérieure est lisse et comme vernissée, ce qui facilite l'écoulement de l'eau et évite l'engorgement des stomates. Les jeunes feuilles encore immergées sont enroulées en cornet. Les pétioles de section circulaire sont souples et possèdent une quantité de conduits aérifères et de lacunes aériennes qui assurent la flottaison.

Les fleurs s'épanouissent à la surface pendant la journée et dépassent souvent 10 cm de diamètre. Elles comportent 4 sépales verts et de nombreux pétales qui diminuent de taille vers le centre de la fleur pour se transformer en étamines. Toutes ces pièces florales sont insérées en spirale sur l'ovaire pluriloculé que les étamines recouvrent jusqu'au stigmate plan. La pollinisation est assurée par les insectes, surtout des coléoptères et des mouches.

Nénuphar blanc

Le fruit est une capsule hémisphérique qui se détache après la floraison pour tomber au fond de l'eau. Alors, la paroi se déchire et laisse remonter à la surface des amas de graines portés par une enveloppe mucilagineuse qui renferme des bulles d'air. Par la suite, ce mucus se délite et les graines libérées s'enfoncent dans l'eau. Elles sont disséminées par les oiseaux aquatiques. Par beau temps, les fleurs du nénuphar s'ouvrent vers 7 h du matin et se referment à la fin de l'après-midi. Ces nénuphars sont fréquents à la surface des bras morts des rivières et des autres eaux tranquilles. Ils sont souvent cultivés comme plantes décoratives dans les bassins des parcs, surtout sous la forme d'hybrides rouges, jaunes, orange ou roses. On les trouve dans toute l'Europe et jusqu'au-delà du Caucase.

Pour les Frisons, l'emblème orné d'un nénuphar apportait la gloire et rendait

invincible. Certains peuples slaves le considéraient comme une arme contre les esprits et en faisaient des talismans pour les longs voyages. Disséminé autour des pâturages, le rhizome protégeait le bétail contre les bêtes nuisibles.
Son rhizome contient 40 % d'amidon. En période de disette on le séchait et on en tirait une farine. Il contient aussi du tannin et a été parfois utilisé pour apprêter les cuirs.
Les pétioles séchés, pris en infusion, ont un pouvoir anaphrodisiaque certain, et au Moyen Age on les administrait utilement pour calmer les hystériques et les nymphomanes.

Nénuphar jaune

Nénuphar jaune
Nuphar luteum (L.) SM.

Le nénuphar jaune est une plante vivace qui possède un rhizome épais, légèrement aplati, dépassant 3 m de longueur et 10 cm d'épaisseur. La face supérieure porte de nombreuses cicatrices filiaires de forme triangulaire et sur la face inférieure on peut trouver de nombreuses radicelles filiformes.
L'extrémité du rhizome et ses ramifications donnent naissance aux feuilles longuement pétiolées et aux fleurs. Les feuilles flottantes sont grandes, ovoïdes, découpées en coin ou en cœur à la base. Les limbes atteignent 40 cm de longueur et 30 cm de largeur. Ils sont coriaces et rigides, de sorte qu'ils résistent aux mouvements de l'eau. A la différence du nénuphar blanc, les nervures secondaires des feuilles se ramifient à angle aigu. Il existe aussi des feuilles immergées qui sont plus pâles, fragiles et ondulées. Elles apparaissent les premières au printemps, et parfois même en automne.
Les pétioles ont une section légèrement triangulaire, ils sont de consistance caoutchouteuse et sont extensibles. Leur longueur s'adapte de ce fait aux fluctuations du niveau.
Les fleurs d'un beau jaune d'or apparaissent de juin à août. Elles ont un parfum très particulier et atteignent de 4 à 6 cm de diamètre. Les pièces florales comprennent 5 grands sépales jaunes qui protègent une multitude de tout petits pétales de la même couleur. Les étamines sont fines, et l'ovaire porte un stigmate circulaire légèrement déprimé en entonnoir. Le fruit en forme d'urne apparaît après la fécondation. Dans les nombreuses loges se cachent des graines de couleur jaune-brun, enfoncées dans une moelle visqueuse. Le fruit mûr se décompose dans l'eau et les loges spongieuses en forme de croissant flottent librement. Les graines sont disséminées par les oiseaux, mais la plante se multiplie surtout par division naturelle des rhizomes.
C'est une plante des eaux tranquilles à faible courant, qui abonde surtout en

Renouée amphibie

plaine, où on la trouve à côté du nénuphar blanc qu'elle finit souvent par évincer. Complètement immergée quand le courant est rapide, néanmoins la fleur est toujours aérienne. On la trouve communément dans presque toute l'Europe, en Afrique et dans le nord de l'Asie.
Les feuilles arrivent à recouvrir des surfaces considérables, et empêchent l'aération de l'eau. Mais leur surface inférieure abrite des quantités d'animalcules dont les poissons font leur nourriture. Ce nénuphar contribue largement à l'envasement des bras morts et des étangs.
On fabrique en Turquie par distillation des fleurs une boisson rafraîchissante appelée «pufer cicegi».
On trouve parfois dans le commerce des morceaux de son rhizome, qu'on prétend médicinaux. En fait, ces rhizomes n'ont aucun pouvoir, mais par escroquerie on voudrait les confondre avec une drogue chinoise très antique et de haute réputation, le Jen-cheng, dont les vertus réelles n'ont d'ailleurs jamais été prouvées.

Renouée amphibie
Polygonum amphibium L.

La renouée amphibie est une plante vivace qui présente un dimorphisme déterminé par son habitat.
La forme aquatique possède un long rhizome ramifié qui porte des tiges de plus de 2 m de longueur et qui flottent au gré du courant. Les feuilles pétiolées sont allongées, lancéolées, lisses, d'un vert sombre un peu gras. Elles flottent à la surface.
De juin à août l'extrémité des tiges porte des inflorescences droites, fuselées qui se dressent au-dessus de l'eau et se composent d'une quantité de petites fleurs rose vif, serrées les unes contre les autres. Les fruits sont des akènes.
On trouve la renouée amphibie dans les eaux stagnantes ou à très faible courant, plutôt boueuses, souvent aussi sur les berges des rivières, au milieu des roseaux. Elle peut coloniser de grandes étendues et recouvrir de ses feuilles toute la surface de l'eau. Elle se multiplie très facilement par reproduction végétative de fragments de tiges ou de rhizomes, en plus de la générosité de sa grenaison.
Mais cette plante peut aussi vivre sur la terre ferme et elle supporte très bien la sécheresse. On la trouve très souvent dans les étangs asséchés ou dans les lacs de retenue sur les bandes de boue laissées à découvert selon les fluctuations du niveau de l'eau. La forme terrestre a un port dressé ou couché, et les tiges ont environ 6 cm de longueur. Les feuilles pétiolées sont rigides, soyeuses sur le pourtour. Dans ce cas, la floraison est rare et très réduite.
On trouve souvent au bord de l'eau des spécimens qui poussent à moitié dans l'eau, à moitié sur terre, et qui présentent alors les deux types en même temps.
Elle est commune dans toute la zone septentrionale tempérée, dans les régions orientales de l'Inde, en Afrique du Sud et au Mexique.

Renoncule aquatique

La médecine populaire faisait appel à la décoction de renouée pour soigner les éruptions boutonneuses, par voie orale. Le rhizome contient des substances diurétiques et une forte proportion de tannin.

Renoncule aquatique
Batrachium aquatile (L.) DUM.

C'est une plante vivace, dont le rhizome émet des tiges longues de 1 à 2 m qui flottent au fil de l'eau.
Les feuilles se présentent sous deux formes différentes: celles qui sont immergées sont finement laciniées, et de 2 à 3 fois trifoliées. Elles se laissent mollement agiter par le courant et se réunissent en pinceau quand on les tire de l'eau.
D'autres feuilles portées par de longs pétioles flottent à la surface. Leur limbe est arrondi ou réniforme, palmé à 3 ou 5 lobes. C'est cette même forme de feuilles qu'on voit apparaître quand la plante se trouve sur la terre ferme. Il se montre de nombreuses formes intermédiaires entre les deux types.
Un long pédoncule floral se dresse audessus de la surface et porte des fleurs blanches de 1 à 2 cm de diamètre. Chacun des 5 pétales porte à sa base une tache jaune qui abrite des glandes nectarifères. Le calice est caduc et les étamines sont nombreuses comme chez tous les représentants de la famille.
Après la pollinisation, le pédoncule se recourbe et le fruit pluricarpellé mûrit sous la surface. Les carpelles sont ridés et terminés par une sorte de bec.
Certaines fleurs restent submergées durant toute leur vie. Dans ce cas, elles ne s'ouvrent pas et se fécondent ellesmêmes par leur propre pollen.
La renoncule aquatique forme des colonies étendues dans les eaux tranquilles ou à faible courant.
Elle est fréquente dans toute l'Europe, en Asie centrale et orientale, de même qu'en Afrique tropicale et en Amérique du Nord. Elle est très âcre et on ne lui connaît aucun usage.

Châtaigne d'eau
Trapa natans L.

C'est une plante annuelle, pourvue d'une longue tige (jusqu'à 1,50 m) parfois ancrée au fond, mais le plus souvent flottant sur l'eau. La tige porte de longues racines vertes, opposées, qui fonctionnent comme des feuilles submergées. L'extrémité de la tige porte une rosette de feuilles très décoratives qui flottent à la surface. Les limbes sont en forme de losange denté sur les bords antérieurs. Ils sont de couleur vert sombre, de consistance coriace et recouverts de poils bruns. Les pétioles sont nettement renflés, surtout au moment de la floraison et de la fructification: ils contiennent en effet un tissu lacunaire et servent de flotteurs, en maintenant à la surface toute la plante avec ses fruits pesants.

La floraison a lieu de juin à août. Les fleurs apparaissent à l'aisselle des feuilles de la rosette et se dressent audessus de l'eau sur de longs pédoncules. Elles sont isolées, et présentent une symétrie par quatre; les pétales blancs tombent au moment de la floraison. Au moment de la fructification le calice prend une consistance cornée. Le fruit est une noix monocarpique de forme bizarre: elle est entourée par le calice corné, orné de grosses épines latérales en nombre variable. Les fruits mûrs pendent sous la surface, puis finissent par se détacher de la rosette et tombent au fond. Au printemps ils donnent d'abord naissance à un long cotylédon qui portera la tige et la racine. La racine est tout d'abord orientée vers le haut, puis elle se recourbe peu à peu vers le sol. Les épines de la châtaigne d'eau maintiennent la jeune plante sur le sol à la façon d'une amarre. Au bout d'un certain temps, le vieux fruit finit par se détacher de la plante qu'on peut voir flotter sur l'eau dès le mois de mai. Les vieilles coques noires sont souvent rejetées en grand nombre sur les rives.

La châtaigne d'eau est une plante des eaux stagnantes, présentant un fond de vase peu profond. Elle est assez commune dans toute l'Europe tempérée, encore qu'en France elle semble disparaître peu à peu sans qu'on en connaisse les raisons. On la trouve aussi en Asie et jusqu'en Chine. Elle a existé en Amérique où on en retrouve les fossiles, mais elle en a disparu de nos jours.

Quand elle trouve des conditions favorables, elle devient envahissante et peut transformer la surface d'un étang en prairie verdoyante.

L'amande de la graine est blanche, farineuse et nourrissante. Elle contient une grande proportion de protéines, de l'amidon et des matières grasses. Elle a donc été recherchée en tant que nourriture depuis l'époque néolithique, comme le prouvent les découvertes

Grenouillère

Utriculaire

Châtaigne d'eau

qu'on a faites de ses coques dans les sites préhistoriques des cités lacustres. De nos jours le fruit reste une nourriture populaire et un peu folklorique dans de nombreuses régions. On peut le consommer cru, rôti, bouilli, ou en faire de la farine. Son seul inconvénient est le fait de ses épines vulnérantes et très solides. En Inde, au Japon, en Afrique du Sud, dans l'île de Ceylan, c'est un fruit cultivé qu'on récolte pour le vendre. En Inde il porte le nom de «singara». Dans certains pays il est utilisé comme nourriture pour les porcs, ailleurs on en fabrique des objets décoratifs, des colliers, des bracelets, et dans l'ouest de la France on en faisait des chapelets.

Utriculaire
Utricularia vulgaris L.

L'utriculaire est une plante vivace qui flotte librement dans l'eau. Elle possède de longues tiges fines (jusqu'à 70 cm) assez peu ramifiées. Les feuilles alternes atteignent 8 cm de long et se subdivisent en plusieurs lobes principaux, eux-mêmes découpés en lanières filiformes et pennées, qui portent une quantité de vésicules piriformes qui ne dépassent pas 4 mm de section. Avant la floraison, ces vésicules s'emplissent d'air et soutiennent toute la plante à la surface, mais leur fonction essentielle est d'attraper de petits animaux aquatiques, car l'utriculaire est une plante carnivore. En effet, l'entrée de chaque vésicule est frangée de longs cils et protégée par une fine membrane qui s'ouvre vers l'intérieur et qui peut laisser entrer de petits insectes, mais s'oppose à leur sortie. Sous l'effet du contact la vésicule se contracte et aspire sa proie qui est ensuite tuée par un liquide sécrété par de petites glandes situées dans ses parois. Le même liquide assure la digestion de l'animal dont la substance est ensuite assimilée par la plante. On peut ainsi voir se former sans arrêt de nouvelles vésicules sur les feuilles, qu'on reconnaît à leur teinte rougeâtre alors que les anciennes sont bleues.

De juin à août on voit apparaître au-dessus de la surface les longues hampes florales qui portent des inflorescences pauciflores (de 4 à 15 fleurs). Le calice est rougeâtre, la corolle en forme de gueule est d'un jaune éclatant. Le fruit est une capsule, mais la plante se reproduit surtout par multiplication végétative grâce aux bourgeons qui hivernent au fond de l'eau et par des fragments de tiges.

On trouve cette plante surtout dans les eaux stagnantes, chaudes, à fond boueux, riches en animalcules. Elle est répandue dans toute l'Europe, en Afrique du Nord, en Amérique du Nord et dans les régions tempérées de l'Asie.

Les mêmes sites peuvent abriter *Utricularia neglecta* LEHM., *Utricularia minor* L. qui est très rare ainsi que *Utricularia ochroleuca* HARTM., et bien d'autres encore. Remarquons à ce propos que les plantes carnivores sont à peu près toutes des plantes de marécages; droséras de chez nous, népenthès des tropiques, et toutes ces plantes ont trouvé par ce moyen les nitrates dont leur milieu naturel est dépourvu.

Grenouillère
Hydrochais morsus-ranae L.

C'est une plante vivace, qui vit libre dans l'eau et qui possède un court rhizome terminé par une rosette de feuilles qui flottent à la surface de longues pousses grêles, et qui émet une touffe de petites racines pendantes. La base des feuilles porte deux stipules en écailles, et les limbes cordiformes ou ovales-réniformes sont portés par de longs pétioles. La face supérieure des feuilles est lisse et imperméable, la face inférieure est souvent teintée de violet.

Les rameaux portent de nouvelles rosettes de feuilles, réunissant ainsi les plantes mères et filles en vastes colonies à texture de réseau. En automne on assiste aussi à la formation aux extrémités des pousses de bourgeons riches en amidon qui finissent par tomber au fond et hivernent dans les couches les moins froides. Ces «hibernacles» s'épanouissent au printemps et remontent à la surface pour donner de nouveaux individus.

La grenouillère fleurit en été. Les fleurs mâles apparaissent par groupes de deux ou quatre à l'aisselle de bractées membraneuses. Elles sont portées par une longue hampe florale, leur calice est vert bordé de blanc; la corolle, large de 1—2 cm, est blanche et tachée de jaune. Ces fleurs possèdent 12 étamines. Les fleurs femelles sont plus petites, blanchâtres, portées par une hampe plus longue. La plante a besoin de beaucoup de soleil pour fleurir, et dans les endroits ombragés les fleurs sont rares.

On la trouve dans les eaux dormantes des étangs, des bras morts, dans toutes les régions de l'hémisphère Nord.

Élodée du Canada
Elodea (Anacharis) canadensis MCHX.

L'élodée est une plante vivace pourvue de longues tiges (jusqu'à 1 m) immergées et richement ramifiées, enracinées au fond ou libres dans l'eau. Elles sont entièrement couvertes par de petites feuilles lancéolées, disposées en verticilles par trois, de couleur vert sombre un peu translucide, et traversées en leur milieu par un canalicule aérifère.

C'est une plante dioïque, mais on ne trouve en Europe que des pieds mâles, qui seuls ont été importés du Canada au siècle dernier. Les fleurs sont minuscules: on peut les voir sortir de l'eau de mai en août, portées par de longues hampes qui prennent naissance à l'aisselle des feuilles. L'élodée ne donne donc jamais de fruits dans les eaux européennes, ce qui ne l'a pas empêchée de s'y disséminer avec une rapidité extraordinaire grâce à une multiplication végétative particulièrement intense: chacune de ses courtes pousses fragiles, chaque fragment de tige, peut donner naissance à un nouvel individu. Ses possibilités de reproduction sont en fait infinies et il lui suffit d'un temps très bref

Élodée du Canada

pour envahir complètement fossés, étangs et canaux.

Elle nous vient du Canada, d'où elle fut implantée, grâce aux botanistes ou aux poissons, dans un étang irlandais. C'était en 1836. Quelques années plus tard on a retrouvé cette plante agressive dans d'autres eaux d'Angleterre et d'Écosse. Elle s'y multiplia au point d'entraver la navigation et de provoquer des inondations. Un botaniste berlinois l'introduisit sur le continent entre les années 1854 et 1860. Elle se mit à y proliférer au point de gagner bientôt toutes les eaux disponibles. Sa destruction est malaisée même par des moyens mécaniques car chaque fragment brisé redonne un nouvel individu.

L'élodée s'oppose à la pénétration de la lumière, et elle trouble l'eau en retenant les boues et en facilitant sa putréfaction. Elle entrave les mouvements des poissons et sa croissance rapide finit par épuiser tous les éléments nutritifs de l'eau. Parfois on la combat en installant dans les eaux infestées des carpes qui soulèvent la vase en la fouillant, et comme l'élodée ne supporte pas l'eau trouble, elle périt.

Dans certaines régions l'élodée est utilisée comme fourrage pour les porcs, car on dit que sa valeur alimentaire est égale à celle du trèfle. On peut aussi l'employer pour faire du fumier ou du terreau.

Mais, chose étrange, il semble qu'après quelques bonnes années conquérantes, l'élodée ait perdu de sa fougue. La plupart du temps, maintenant, elle se comporte comme n'importe quelle autre plante d'eau et a perdu peu à peu cette puissance d'invasion qui en avait fait un véritable fléau.

Épi d'eau

Potamogeton natans L.

C'est une plante vivace dont le rhizome porte des tiges flottantes qui peuvent dépasser 2 m de longueur. Sur les tiges apparaissent au printemps de long phyllodes linéaires, qui sont des pétioles élargis en forme de feuilles que l'on a longtemps considérés comme telles et qui disparaissent au bout d'un temps très bref. Les vraies feuilles flottent à la surface. Elles sont elliptiques ou ovoïdes, parfois cordiformes, longuement pétiolées, de consistance coriace. La longueur du pétiole s'adapte à la profondeur de l'eau, et si l'épi d'eau se

Épi d'eau

trouve dans un terrain simplement marécageux, les pétioles peuvent être complètement rabougris; les feuilles se présentent alors en rosette serrée. En été apparaissent au-dessus de la surface des épis fuselés, composés de petites fleurs verdâtres sans attrait. Les fleurs possèdent 4 étamines dont les connectifs sont creux et lobés, et rappellent par leur forme un périanthe. Les creux recueillent le pollen qui est ensuite disséminé par les insectes. Après la pollinisation, l'inflorescence s'enfonce à nouveau sous l'eau. Les fruits sont des akènes carénés.

L'épi d'eau peut former de grandes colonies dans les étangs et les eaux tranquilles comme dans les bras morts des rivières. C'est l'espèce de potamot la plus répandue, et on peut la trouver dans toutes les régions tempérées et tropicales du monde.

Paludine

Viviparus viviparus

Cet escargot d'eau fait partie des prosobranches dont les branchies se trouvent dans une cavité située à l'avant du ventricule. Il habite les mares, les étangs, les petits lacs ou les bras morts de rivières où il se tient de préférence dans la vase du fond. Sa coquille mesure de 30 à 50 mm de haut et de 25 à 35 mm de large. Son corps est court et ramassé, sa sole large; la tête se termine par une trompe en forme de massue. A l'avant de la sole se trouve un opercule qui ferme hermétiquement la coquille lorsque l'escargot s'y retire. Les yeux se trouvent à la base des deux antennes non rétractiles. Fait intéressant: l'antenne droite (ces escargots sont divisés en mâles et femelles) est plus épaisse chez le mâle et lui sert d'organe d'accouplement. La femelle est vivipare; les petits naissent déjà avec une petite coquille. Sur l'opercule on peut discerner des rainures qui indiquent la croissance et permettent d'évaluer l'âge de l'escargot. Cet escargot vit exclusivement dans la plaine et seulement dans des plans d'eau possédant une végétation abondante. Il se nourrit surtout d'algues et de restes organiques. Alors que le *Viviparus viviparus* habite surtout l'Europe centrale, son parent, le *Viviparus fasciatus* est répandu dans toute l'Europe à l'exception du nord, où il se tient dans les grandes rivières ou dans les rivières communiquant avec des bassins d'eau stagnante, enfoui entre des pierres. La coquille de cette espèce est striée; elle mesure environ 30 mm de haut et 20 mm de large.

Paludine

Limnée

Limnée des marais

Limnée
Lymnaea stagnalis

Cet escargot vit dans les eaux stagnantes — étangs, lacs et mares — des montagnes à altitude moyenne. Sa coquille est ovoïde; elle mesure entre 45 et 60 mm de haut et entre 22 et 34 mm de large. Sa sole est large, sa tête courte, pourvue d'antennes non rétractiles à la base desquelles se situent les yeux. Respirant à l'aide de poumons, cet escargot possède un orifice respiratoire particulier en forme d'entonnoir qu'il fait dépasser au-dessus de la surface de l'eau. Il flotte, la coquille en bas, pour ainsi dire suspendu à une fine couche de bave qui recouvre sa surface inférieure et lui sert de berceau. Il a aussi la faculté de comprimer l'air dans ses poumons pour se laisser tomber au fond de l'eau. Lorsqu'il relâche cet air, celui-ci le porte de nouveau à la surface. Cet escargot se nourrit d'algues, de plantes aquatiques fraîches ou en décomposition et de micro-organismes. Il est hermaphrodite. Il attache ses œufs, enveloppés dans une sorte de capsule, à des plantes aquatiques ou à d'autres objets. Par temps sec, il forme un opercule spécial pour fermer sa coquille et se prémunir ainsi contre le dessèchement.
Son parent, plus petit, le *Lymnaea truncatula,* se tient souvent dans l'herbe près de l'eau. Il est l'hôte d'un parasite dangereux, la douve du foie qui, à un moment de son évolution, quitte son hôte pour l'herbe et parvient par là dans le corps des moutons et d'autres animaux où elle se fixe sur le foie. La maladie se manifeste par des diarrhées, perte de poids et enflure, et conduit souvent l'animal atteint à la mort. Les œufs de ce ver sont transférés dans les intestins avec la bile et sont ensuite expulsés avec les excréments. Les larves éclosent dans l'eau et, parvenant dans le corps de l'escargot par l'orifice respiratoire, le cycle recommence. Dans certaines régions, ces parasites ont décimé les moutons. Exceptionnellement, la douve du foie peut parvenir aussi dans le corps de l'homme — notamment dans les pays de l'est où on mange souvent du foie cru — où elle peut se fixer aux parois de la gorge provoquant la mort par étouffement.

Limnée des marais
Galba palustris

Cet escargot aquatique mesurant 38 mm de haut et 18 mm de large vit dans les bras des rivières, dans les fossés remplis d'eau et dans d'autres plans d'eau de la plaine. Sa coquille est oblongue, mate et finement striée. Foncée à l'extérieur, cette coquille est généralement violette à l'intérieur. La sole est large et la tête très courte. Cet animal vit surtout sur les plantes aquatiques; parfois, on peut le voir ramper à la surface de l'eau attaché à une fine couche de bave. Il dépose ses œufs dans des capsules qu'il attache à des plantes aquatiques. En période de sécheresse, il obture l'ouverture de sa coquille. Il vit pendant trois ans. Souvent, on peut trouver des coquilles vides au fond de l'eau, près du bord.

Planorbe
Planorbarius corneus

C'est un escargot aquatique qui porte une coquille ressemblant à une cible et mesurant entre 25 et 37 mm de diamètre et entre 10 et 17 mm de haut. On trouve la planorbe dans toutes les mares, dans tous les étangs et les lacs et aussi dans les eaux à faible courant. Elle habite les plaines de toute l'Europe à l'exception des régions septentrionales. Elle possède une petite sole et une petite tête portant de longues antennes filiformes. Elle respire à l'aide de poumons et, de ce fait, doit faire souvent surface. Elle mange des plantes aquatiques. Sa durée de vie atteint de 2 à 3 ans. Lorsque les mares s'assèchent, elle ferme sa coquille avec une membrane spéciale. A l'opposé de celui de tous les autres mollusques d'eau douce, le sang de cet escargot est rouge.

Planorbe

Anodonte

Mulette

Sphérie des lacs

Sphérie des lacs
Musculium lacustre

Cette moule est répandue dans les étangs, les lacs et les mares mais aussi dans les criques de rivières et de ruisseaux. Elle est relativement petite, ses valves mesurant entre 7 et 10 mm de long, de 6 à 8 mm de large et environ 5 mm d'épaisseur. La coquille est mince et transparente. C'est un hermaphrodite. Elle «donne naissance» à des petits vivants qui se développent dans la cavité des branchies. Elle est capable de supporter une longue sécheresse. Il lui arrive de s'installer dans les conduites d'eau et de les boucher.

Anodonte
Anodonta cygnea

C'est la moule d'eau douce la plus connue et la plus répandue. Elle respire à l'aide des branchies et possède deux valves symétriques à parois fines qui ressemblent à des coquilles et mesurent entre 170 et 260 mm de long. Cette moule vit dans les eaux stagnantes des plaines d'Europe. Elle se tient dans la vase du fond où elle se nourrit de micro-organismes. A quelques exceptions près, elle est hermaphrodite. Un individu dépose jusqu'à 400 000 œufs par an. Ses œufs se forment en hiver, mais ils restent quelques mois dans les branchies où se développent alors les larves appelées glochidiums. Elles possèdent des crochets à l'aide desquels, lorsqu'elles sont expulsées, elles se fixent sur la peau des poissons — généralement sur les nageoires. Elles y continuent leur évolution. Une fois celle-ci terminée, elles se laissent tomber dans la vase du fond où elles continuent leur développement.

Mulette
Unio tumidus

Les rivières à cours lent, mais aussi les plans d'eau de la plaine, abritent une belle moule dont les coquilles peuvent atteindre 90 mm de longueur. C'est la mulette. Elle pond annuellement plus de 200 000 œufs qui se développent dans les branchies de l'animal femelle pendant 4 à 6 semaines. Les larves, appelées glochidiums, s'attachent avec des crochets sur les branchies des poissons. Lorsqu'elles commencent à ressembler aux adultes, elles quittent leur hôte et se laissent tomber au fond de l'eau, où vivent les mulettes, et continuent à s'y développer. Elle se nourrit de divers micro-organismes vivant dans la vase.

Argyronète aquatique

Daphnie

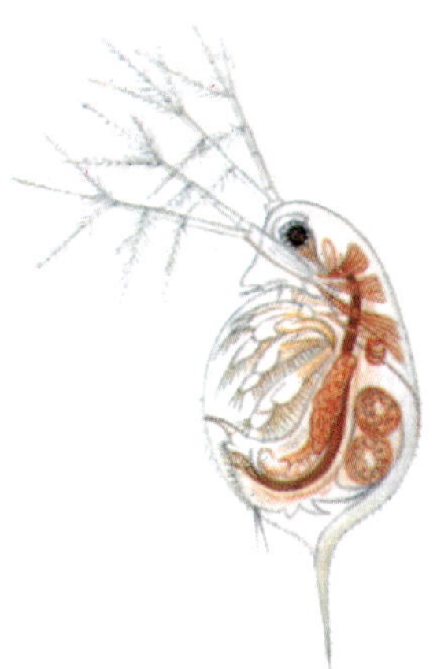

Écrevisse

Argyronète aquatique
Argyroneta aquatica

L'argyronète est très intéressante. Elle vit dans l'eau des mares, des bassins, etc. à condition que l'eau y soit propre et qu'il y ait assez de plantes aquatiques. A la différence de toutes les autres araignées, le mâle de celle-ci est plus grand (jusqu'à 15 mm) que la femelle (environ 8 mm). Elle est d'un gris-brun foncé et relativement peu visible, sauf sur l'eau où son abdomen prend une nuance argentée due à une bulle d'air qui se forme alors entre les poils. Elle tisse sa «toile» sous l'eau, entre les plantes aquatiques. C'est un toit qui prend la forme d'une cloche; sous ce toit elle place quelques bulles d'air et c'est là qu'elle guette et dévore sa proie, généralement des larves et des insectes aquatiques, qu'elle capture à proximité. C'est dans cette cachette «sous-marine» qu'elle mue et c'est dans cette «cloche» que la femelle pond les œufs dont éclosent les petites araignées adaptées, dès leur naissance, à la vie sous l'eau. Mâles et femelles vivent en bonne entente. On rencontre ces araignées tout au long de l'année, aussi longtemps que les eaux ne sont pas prises par la glace. Généralement, elle vit deux ans.

Daphnie
Daphnia pulex

Dans presque toutes les eaux stagnantes, lacs, étangs ou mares, mais aussi dans les fossés remplis d'eau on peut voir quantité de minuscules bêtes rougeâtres. Ce sont les daphnies — crustacés mesurant 2 mm et qui doivent leur nom de «puces d'eau» aux sauts qu'elles accomplissent. Elles finissent souvent dans les filets de ceux qui les capturent pour en nourrir les poissons des aquariums. La tête de la daphnie est sans protection alors que son corps est enchâssé dans un tégument bivalvaire. La deuxième paire d'antennes, natatoire, est biramée et très grande; chaque mouvement de ces organes fait faire un saut à l'animal. L'œil, bien que proportionnellement très grand, n'est visible que sous le microscope. La daphnie est unisexuée. Les femelles pondent des «œufs d'été» non fécondés qui mûrissent dans la poche incubatrice de la femelle, le petit ressemble déjà fortement à l'adulte. De ces œufs éclosent uniquement des femelles qui, à leur tour, pondent des œufs non fécondés de sorte que ces animaux se multiplient incroyablement vite en été. La dernière génération d'été pond des œufs dont éclosent aussi des mâles, et les femelles ne pondent plus alors que des œufs fécondés. Ceux-ci hivernent et, au printemps, donnent naissance à des femelles seulement et le cycle recommence. Les «œufs d'hiver» ont un tégument chitineux. Ils nagent à la surface de l'eau et c'est ainsi qu'ils s'accrochent aux plumes des oiseaux qui les transportent sur d'autres plans d'eau.

Écrevisse
Astacus astacus

Cette écrevisse, mesurant environ 22 cm et pourvue de pinces puissantes sur la première paire de pattes, vit dans les rivières, les ruisseaux et parfois aussi dans les étangs de la plaine. Dans la journée, elle se tient cachée dans un terrier qu'elle creuse sur la rive. Animal nocturne, elle ne va à la recherche de sa nourriture qu'à partir du crépuscule. Elle mange divers insectes, mollusques, têtards et petits poissons, ainsi que la chair de poissons ou d'autres animaux morts. De temps à autre, elle améliore son régime par des plantes. La femelle pond entre octobre et décembre de 60 à 150 œufs qu'elle colle en petits tas sur ses pattes abdominales. Les petites écrevisses naissent entre mai et juillet de l'année suivante et, dès leur éclosion, ressemblent aux adultes. Pendant environ deux semaines, elles restent attachées au corps de la mère. Les jeunes muent (c'est-à-dire qu'ils changent de carapace, y compris celle des antennes et pattes) 5 fois par an, les adultes 2 fois — les femelles âgées une seule fois. On peut souvent trouver dans l'eau des restes de ces carapaces.

Éphémère commune
Ephemera vulgata

Si, entre mai et août, on se trouve à proximité des plans d'eau, on peut voir, le soir, des nuées d'insectes tourbillonner autour des lampadaires. Ces insectes mesurent environ 18 mm, leurs ailes sont transparentes et mouchetées de noir et leur abdomen blanchâtre s'orne de trois longs filaments. Ce sont les éphémères qui, comme leur nom l'indique, n'ont qu'une vie extrêmement brève à l'état d'adulte. Leurs larves habitent les eaux froides à courant lent ou rapide, dans les rivières qui traversent les lacs ou les étangs, etc. Elles y construisent sur le fond de petits abris ressemblant à des tubes en U. Leur évolution s'étend sur deux années. Elles sont carnivores, mais elles complètent leur régime par des algues. Ces larves sont facilement reconnaissables car, comme chez les adultes, leur abdomen porte trois filaments. A la fin de leur évolution, elles donnent naissance aux insectes adultes, ailés, qui sortent généralement le soir. A ce moment leur corps est encore entravé par une mince peau (ce stade de l'évolution est appelé

Éphémère commune

subimago) et ce n'est qu'après une autre mue que l'insecte adulte prend son envol. Toutefois, son orifice buccal étant fermé, il n'est pas en mesure de se nourrir. Ce sont les mâles qui naissent les premiers et qui se rassemblent en formant de grandes nuées qui voltigent. Ils ont de grands yeux et voient très bien. Dès qu'une femelle fait son apparition, elle est sollicitée par les mâles. Aussitôt après l'accouplement, la femelle dépose ses œufs à la surface de l'eau et meurt. Les mâles périssent aussi très rapidement. Souvent, les insectes sont victimes des poissons au moment de quitter le stade larvaire.

Perle à abdomen remarquable

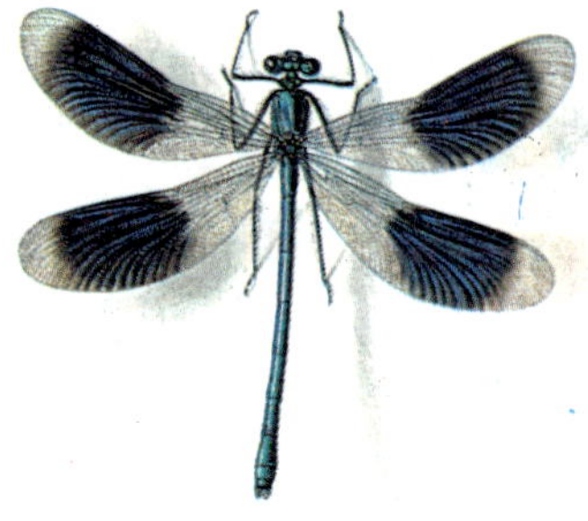

Caloptéryx splendide

Libellule

Perle à abdomen remarquable
Perla abdominalis

La perle est très répandue autour des grands étangs, lacs et rivières. Elle mesure 25 mm et vit entre avril et juillet. Le soir, la femelle dépose ses œufs en petits tas à la surface de l'eau; ces œufs tombent au fond et donnent naissance à des larves; ces larves ont un corps aplati et de fortes pièces buccales; elles sont carnassières et font la chasse aux petits insectes aquatiques, aux larves de ces derniers et aux petits vers. Elles se tiennent généralement au fond sous les pierres. Arrivées au stade d'adulte, elles quittent l'eau et grimpent sur les arbres, les arbustes, les poteaux, les roseaux, etc. Là, le tégument qui les enveloppe éclate et l'insecte adulte, pourvu de deux paires d'ailes densément nervurées, en sort; il s'envole aussitôt et se cache, à proximité de l'eau, dans le feuillage des arbres ou des arbustes, dans l'herbe, où il se pose sur le revers des feuilles. Au repos, les ailes sont repliées et accolées longitudinalement au corps. Leur vol est lourd et hésitant.

Caloptéryx splendide
Calopteryx splendens

C'est un insecte, mesurant jusqu'à 4 cm, aux belles couleurs métalliques, que l'on peut voir voltiger, entre mai et septembre, le long des étangs, des mares, mais aussi des eaux courantes. Les ailes des mâles s'ornent d'un large ruban d'un bleu métallique. Souvent, on peut observer des couples volant rattachés. Leur vol ressemble à un balancement. Au repos, les ailes sont repliées et se touchent au-dessus du corps. La femelle dépose ses œufs sur des plantes aquatiques submergées et doit, pour ce faire, plonger. Les larves sont minces et l'extrémité arrière de leur corps comporte trois plaquettes foliées qui servent de rames. Après un séjour de deux ans dans l'eau, les larves remontent le long des tiges de roseaux, etc. jusqu'à émersion; là, elles s'arrêtent, la peau éclate et l'insecte adulte sort.

Libellule
Anax imperator

C'est la plus grande libellule de son espèce avec ses 60 mm de long. On la rencontre entre juin et août autour des rivières, des ruisseaux et aussi des eaux stagnantes, parfois relativement loin de l'eau. Elle vole très bien et très vite. C'est au vol qu'elle attrape sa proie, ordinairement des mouches et d'autres insectes. Elle possède des yeux à facettes dont la moitié supérieure lui sert pour voir au loin et la moitié inférieure pour voir de près. Elle attaque ses victimes avec une incroyable violence. La femelle dépose ses œufs sur des plantes aquatiques, mais ne s'immerge pas complètement. Les larves, très carnassières, vivent au fond. Elles chassent les larves d'autres insectes, mais aussi les têtards, voire même les petits poissons. Leur abdomen comporte trois branchies. Après une évolution d'une année seulement, la larve se hisse hors de l'eau et, une fois son tégument éclaté, la libellule adulte en sort.

Libellule déprimée
Libellula depressa

Cette libellule ressemble à la précédente sinon qu'elle est dépourvue de taches noires. Son abdomen est large et aplati, brun chez la femelle et bleu ciel chez le mâle. On peut la rencontrer près, ou même assez loin, des étangs, des mares et des rivières où elle chasse en vol divers insectes au-dessus des champs et des prés. Au repos, elle se tient, comme toutes les libellules, les ailes tendues horizontalement, sur les plantes et les buis-

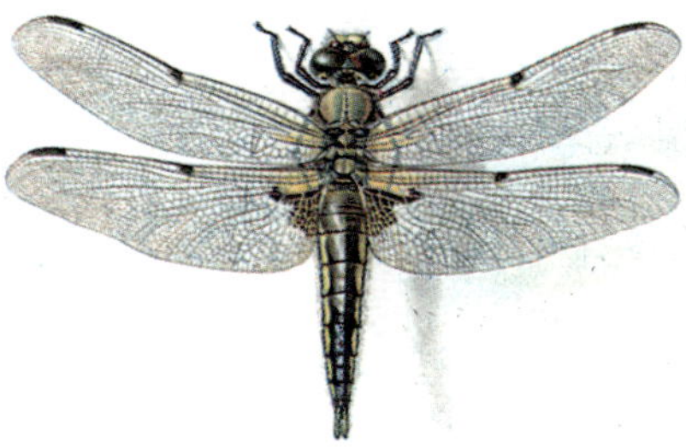

Libellule déprimée

Demoiselle

sons. Elle vole de mai à août. La femelle dépose ses œufs à la surface des étangs, des mares ou lacs. Les larves, dont l'évolution dure deux ans, sont carnassières et vivent au fond, dans la vase. Cette libellule a également tendance à migrer.

Demoiselle
Libellula quadrimaculata

C'est une libellule très fréquente et très répandue presque partout en Europe. Elle mesure environ 30 mm. Elle est facilement reconnaissable à la tache noire qui orne chacune de ses quatre ailes. Elle vit de mai à la mi-août. La femelle dépose ses œufs en vol à la surface des petits étangs et des mares. Ses larves épaisses et courtes vivent au fond et sont carnassières. Leur évolution dure deux ans. Parfois, on peut observer des nuées de ces libellules qui entreprennent de longs vols. Jusqu'à présent, on ne connaît pas les raisons de ces migrations.

Nèpe (Scorpion d'eau)
Nepa cinerea

Sur le fond des étangs et des mares, mais aussi des cours d'eau au débit lent vit une punaise aquatique curieuse, très aplatie, qui mesure jusqu'à 35 mm; c'est le scorpion d'eau. Il se tient généralement enfoui dans la vase. Il respire à l'aide d'un grand tube prenant naissance à l'extrémité arrière de l'abdomen et dépassant la surface de l'eau. Souvent, les hommes craignent ce tube en pensant qu'il sert à piquer; mais il est totalement inoffensif. En revanche, sa trompe, à l'aide de laquelle il suce sa proie, peut provoquer des piqûres très douloureuses. Pour guetter sa proie (divers insectes aquatiques et leurs larves, mais aussi les alevins et les petits têtards) il se tient immobile, les pattes antérieures, qui ressemblent à des pinces crochues, largement écartées.

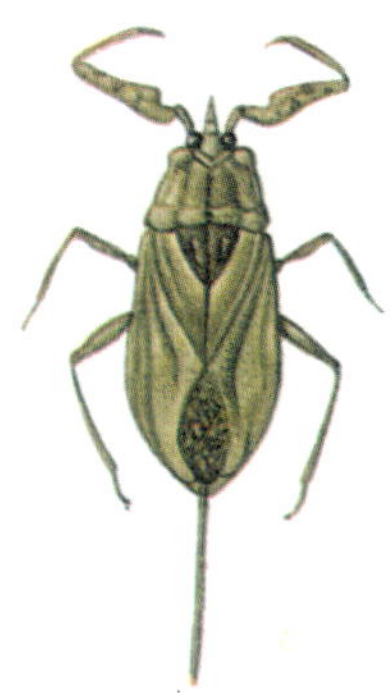

Nèpe

Notonecte

Gerris

Notonecte
Notonecta glauca

Dans toutes les eaux stagnantes, parfois aussi dans des bassins de jardins, on peut observer une punaise aquatique particulière, qui mesure environ 2 cm; ses pattes sont très longues et recouvertes de longs poils. C'est la notonecte qui nage sur le dos. Elle fait de brèves apparitions à la surface pour respirer, puis elle disparaît en un éclair dans l'eau en produisant un énergique raclement avec ses pattes postérieures particulièrement bien développées pour cet exercice. Elle est très carnassière, elle dévore les insectes et leurs larves, parfois aussi de petits têtards. Avec sa forte trompe, elle empale la proie et la vide en la suçant. Cette trompe lui sert aussi de défense, même contre l'homme. Sa piqûre est relativement douloureuse. Lorsque les nuits sont chaudes, elle vole, très rapidement, et se laisse souvent attirer par la lumière des maisons.

Gerris (Araignée d'eau)
Gerris lacustris

A la surface des eaux stagnantes ou dans des criques tranquilles de ruisseaux ou de rivières on peut trouver des bandes de punaises aquatiques, longues d'environ 20 mm, très sveltes et possédant de longues pattes fines. Ce sont les araignées d'eau qui courent rapidement à la surface. Ce mouvement est rendu possible par les poils qui recouvrent entièrement les pattes et le corps. Le corps lui-même n'est jamais en contact avec l'eau; l'avance est réalisée par des mouvements saccadés provoqués par le fait que l'animal avance à chaque fois simultanément les deux pattes d'une paire. Elle se nourrit d'insectes qui vivent à la surface de l'eau ou qui tombent dessus; dans de tels cas on peut voir plusieurs araignées «sauter» littéralement sur la proie. Comme les autres punaises, elle vide sa nourriture en la suçant. La femelle est un peu plus grande que le mâle; lors de l'accouplement, le mâle se tient sur le dos de la femelle. Les œufs (entre 20 et 25) enveloppés dans une couverture gélatineuse, sont pondus sur des plantes aquatiques. Les larves éclosent au bout de 14 jours. L'araignée d'eau adulte est ailée; elle vole très bien et, de ce fait, on peut la rencontrer parfois à la surface des mares. Elle vole de fin mars à octobre. En automme, les araignées d'eau se cachent sous des pierres ou dans des alluvions, où elles passent l'hiver. La plupart d'entre elles périssent au cours de la deuxième année de leur vie.

Gyrin

Dytique

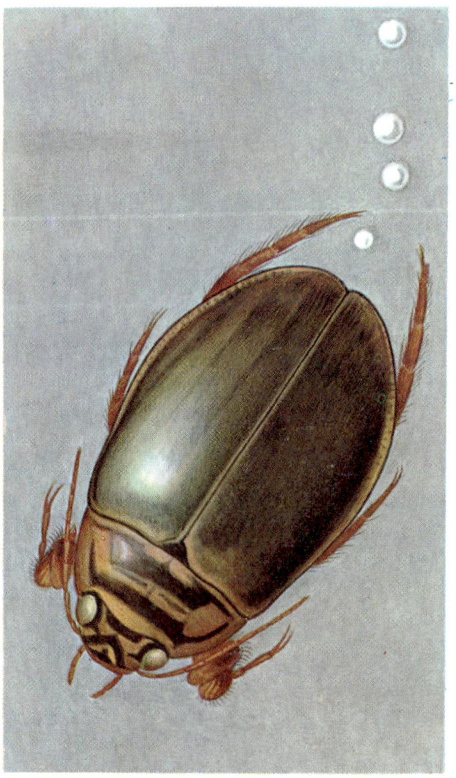
Acilie sillonné

Gyrin

Gyrinus natator

A la surface des eaux tranquilles, on peut parfois observer un très curieux manège. De tout petits points brillants y tournent; si l'on essaie de les capturer, ils disparaissent subitement sous l'eau. Au bout d'un moment, ces points reviennent et recommencent leur jeu. Si on réussit malgré tout à capturer un de ces points mystérieux, on constate qu'il s'agit d'un tout petit coléoptère appelé gyrin ou encore tourniquet, en raison de ce manège. Ses pattes médianes et postérieures sont très courtes et transformées en une sorte de nageoire. Les yeux se composent de deux parties, l'une qui suit ce qui se passe sur l'eau et l'autre ce qui se passe en dessous. Pour cette raison, il est extrêmement difficile à surprendre. Il est carnivore et chasse de petits insectes. Ses larves, pourvues de mandibules crochues et creuses sont également carnassières. En général, les gyrins adultes vivent en groupe; ils volent très bien et se laissent facilement attirer par la lumière.

Dytique

Dytiscus marginalis

Ce dytique habite les mares, les étangs et les petits lacs à forte végétation; il atteint une longueur de 35 mm. La partie inférieure des pattes avant du mâle est élargie en cupule, ses élytres sont lisses alors que ceux de la femelle comportent des stries longitudinales. Les pattes avant du mâle sont adhésives et servent à tenir fermement la femelle au moment de l'accouplement. Ce dytique est vert olive sur le dessus, avec un bord jaunâtre. Il est carnivore, très agressif et fait la chasse aux insectes aquatiques, aux alevins, aux têtards, etc. Parfois, il s'attaque même à des tritons adultes. Au moment de la ponte, la femelle fait de petites entailles dans des plantes aquatiques dans lesquelles elle dépose les œufs un par un. La larve a un corps mou et allongé, une grande tête triangulaire et pourvue de mandibules creuses à l'aide desquelles elle suce sa proie. Elle mange des larves d'insectes, des vers et des petits poissons. Lorsque les dytiques se multiplient beaucoup, leurs larves causent de graves dommages aux alevins. Quand elles ont atteint leur taille normale, les larves se cachent dans un fourreau spécial au bord de l'eau. Là, elles se transforment en chrysalides dont éclôt au bout de quelque temps le dytique adulte. Celui-ci vole au crépuscule et rentre parfois dans les maisons. On peut souvent voir le dytique à la surface de l'eau, où il doit se rendre pour respirer; à ce moment, il est facile de le capturer au filet comme à la main. Mais, dès qu'il a suffisamment aspiré d'air, il disparaît rapidement sous l'eau dans l'enchevêtrement des plantes aquatiques.

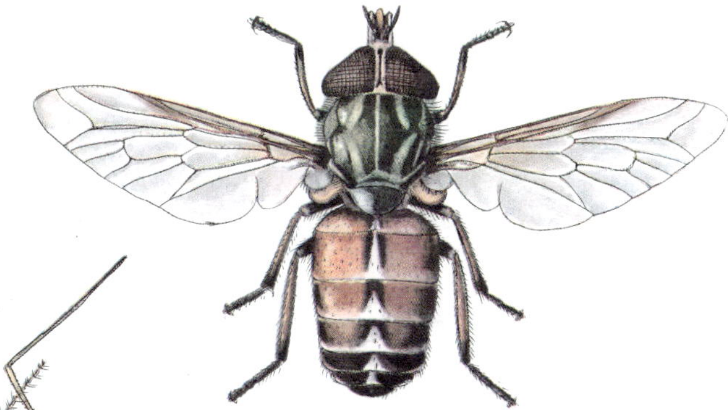

Taon des bœufs

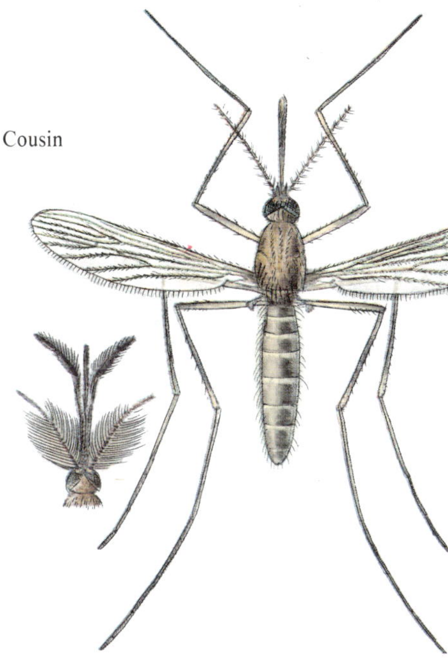

Cousin

Hydrophile brun

Acilie sillonné
Acilius sulcatus

Dans toutes les eaux stagnantes, dans des fossés remplis d'eau ou dans des bassins de jardins, lorsque la végétation y abonde, on rencontre un coléoptère long d'environ 18 mm, l'acilie. Il vole la nuit et se retrouve fréquemment même dans un bac rempli d'eau. C'est un carnassier qui chasse divers insectes et leurs larves, mais il peut aussi manger des œufs de poissons, pouvant de ce fait causer des dégâts assez importants. Ses larves, qui se tiennent entre les plantes aquatiques, sont également carnassières.

Hydrophile brun
Hydrous piceus

Les eaux stagnantes où abonde la végétation hébergent un grand insecte aquatique qui peut mesurer 45 mm, l'hydrophile brun. Ses élytres ont un beau reflet métallique. Pour nager, il se sert de ses deuxième et troisième paires de pattes fortement velues. Il nage très adroitement. C'est un végétarien qui, toutefois, améliore son ordinaire avec des œufs de poissons ou des restes de poissons morts, mais ses larves sont carnassières et se nourrissent surtout de mollusques. La femelle pond environ 50 œufs dans une coque soyeuse qui s'attache à des plantes qui flottent à la surface de l'eau. Les larves éclosent au bout de 16 jours. Elles ont un corps fusiforme, trois paires de très courtes pattes et elles sont noires. Leurs mandibules ne sont pas creuses et, de ce fait, ne servent pas à sucer la proie. Les jeunes larves ne mangent que de petits mollusques, les larves plus âgées et plus grandes s'attaquent aussi à des escargots dont elles brisent la coquille pour pouvoir attaquer le corps. Lorsque la larve a fini son évolution, elle monte sur la berge, s'y enfouit dans la terre humide et se transforme en chrysalide. L'animal adulte éclôt à la fin de l'été et se rend directement dans l'eau.

Taon des bœufs
Tabanus bovinus

Le taon des bœufs est très répandu partout au voisinage des étangs, des mares et des lacs, souvent aussi des rivières. Il mesure jusqu'à 20 mm. Ces taons possèdent de grands yeux à facettes aux belles couleurs métalliques. Les pièces buccales qui servent à piquer sont dégénérées chez le mâle. C'est la femelle qui attaque les mammifères, surtout les bovidés, mais aussi l'homme. Sa piqûre est très douloureuse et provoque chez les personnes sensibles des œdèmes et des démangeaisons désagréables qui durent longtemps. La femelle a besoin du sang qu'elle suce ainsi pour l'évolution de ses œufs. Au moment de la ponte, elle les dépose sur des plantes aquatiques, puis elle meurt. Les larves, après leur éclosion, descendent dans la vase où elles vivent une vie carnassière. Elles sont pourvues de grandes pièces buccales et se nourrissent de vers, de petits mollusques, de larves de divers insectes, etc. Leur corps allongé possède 11 segments. Leur évolution est relativement lente, la transformation en nymphe ne se faisant qu'au bout de 7 à 8 mues. Dans les zones tempérées, il n'y a qu'une génération par an, mais il y en a plusieurs dans les régions chaudes. Ils véhiculent divers agents pathogènes sur leurs stylets, comme le charbon et la tularémie. Peu dangereux en Europe, ils le sont considérablement dans les régions tropicales.

Brochet

Cousin
Culex pipiens

Les femelles du cousin sont en mesure de pondre leurs œufs sans se nourrir de sang; elles peuvent aussi pondre en hiver. Les larves vivent non seulement dans l'eau propre, mais aussi dans l'eau fortement souillée. On les trouve même dans des souches d'arbres creuses ou dans des réservoirs, pourvu qu'il y ait quelque peu d'eau. La femelle dépose ses œufs un à un, soit en petits tas. Les larves sont pourvues d'un long tube de respiration situé à l'arrière du corps; de ce fait, lorsqu'elles font surface pour respirer, elles se tiennent la tête en bas. Elles sont très voraces, se nourrissent de micro-organismes et croissent rapidement. Elles muent trois fois avant de se transformer en nymphes mobiles qui se tiennent à la surface de l'eau. Dérangées, elles impriment de rapides mouvements à leur abdomen pour rejoindre le fond au plus vite. Leur forme les fait ressembler à un point d'interrogation et on peut parfois en observer des milliers à la surface de l'eau. Au bout de 2 à 6 jours, la peau de la chrysalide éclate, libérant l'insecte adulte qui s'envole. L'ensemble du cycle de reproduction du cousin ne dure que deux à trois semaines lorsqu'il fait chaud, jusqu'à deux mois lorsqu'il fait froid. Le cousin se distingue de l'anophèle du fait que, en position de repos, il colle son abdomen sur le support et, surtout, l'anophèle se repose la tête en bas et le cousin la tête en haut. On peut trouver des cousins même en ville, mais jamais dans la montagne. Il a jusqu'à quatre générations par an. En hiver, on peut trouver un grand nombre de femelles dans les caves, les étables ou les endroits sombres des habitations.

Brochet
Esox lucius

Dans les eaux stagnantes et les rivières de l'ensemble de l'hémisphère septentrional vit un poisson extrêmement carnassier, le brochet. Il mesure jusqu'à 1,5 m et peut peser plus de 40 kg. En Europe centrale il fraie très tôt (mars ou avril). Lorsque la température de l'eau a atteint entre 8 et 10 °C, la femelle dépose dans les hauts-fonds entre 300 000

Épinoche à trois épines dorsales

Carpe ordinaire

et un million d'œufs. Pour atteindre la frayère, les brochets font des kilomètres en remontant fleuves ou rivières. A cette saison, ils ne fuient pas l'homme. Après le frai, ils ont faim et il arrive qu'une grande femelle mange le mâle qui l'accompagne s'il est plus petit. Les alevins une fois éclos tombent au fond où, au bout de deux à trois heures, ils se fixent, par la tête, sur des plantes aquatiques ou sur des pierres, à l'aide d'une glande spéciale. Les premiers jours de leur vie, les alevins restent ainsi solidement fixés à leur support et, comme les brochets fraient aussi dans des lieux où l'eau a débordé, beaucoup d'alevins meurent desséchés après que l'eau s'est retirée. Les branchies et les gueules des jeunes brochets ne s'ouvrent qu'au bout de huit jours et ce n'est qu'à ce moment qu'ils se rendent à la surface pour remplir leurs poches d'air. Le brochet se nourrit de poissons, d'amphibiens, etc. Il peut guetter sa proie immobile pendant des heures. Lorsqu'un poisson passe à proximité, il fait un brusque «saut», le saisit de sa gueule et le retient avec ses dents acérées. Une fois la proie bien tenue, il tourne la tête de la proie vers lui et l'avale tout entière. Lorsqu'il s'agit d'un poisson relativement grand, il peut mettre jusqu'à une demi-heure pour l'avaler. Pour prendre un kilo de poids, le brochet doit manger environ 5 kg de poisson. Il est utile dans les étangs car il se nourrit uniquement de petits poissons blancs qui sans lui pulluleraient.

Carpe ordinaire

Cyprinus carpio

La carpe est un des poissons les plus répandus dans les rivières européennes, mais elle est surtout élevée dans les étangs. A l'origine, elle vivait dans les rivières du sud-est de l'Europe et de l'Asie; mais dès le XIIIe siècle, elle a été introduite dans les étangs d'Europe et, plus tard, transplantée dans la plupart des rivières. La forme sauvage de la carpe, celle qui vit dans les rivières, a un corps trapu, écailleux. Dans les élevages, on a sélectionné des carpes à corps très haut et souvent sans écailles; on les appelle carpes cuir ou miroir. La carpe peut atteindre 1,5 m de long et peser 35 kg. Mais de tels exemplaires sont rares car il faut des années pour y parvenir; toutefois cela est possible, car la carpe peut vivre jusqu'à 50 ans. Mais dès l'âge de trois ou quatre ans, elle est fécondable et capable de frayer. Elle fraie en mai ou en juin, lorsque la température de l'eau atteint entre 15 et 20 °C. La femelle dépose alors entre 100 000 et un million d'œufs dont éclosent les alevins au bout de 3 à 6 jours. Les carpes passent l'hiver près de la vase au fond. Elles se nourrissent de petits animaux et de plantes aquatiques. La capture des carpes dans les étangs se fait en automne; elles sont alors transportées dans les viviers à l'aide de camions spéciaux. C'est un des poissons dont l'importance économique est la plus remarquable.

Épinoche à trois épines dorsales

Gasterosteus aculeatus

Cette épinoche ne mesure qu'entre 4 et 8 cm. Autrefois, elle habitait les eaux saumâtres des côtes européennes et passait l'hiver en mer. De nos jours elle vit dans les étangs, les mares et les rivières de toute l'Europe où elle a été généralement importée. Bien que petite, elle est extrêmement carnassière et vorace. Elle mange le frai et les alevins d'autres poissons et peut, de ce fait, causer de graves dommages lorsqu'elle existe en grand nombre. A la saison du frai, au printemps, le mâle devient brillamment coloré; c'est lui qui construit un nid sphérique avec des débris de végétaux qu'il colle sur une plante aquatique à l'aide d'une sécrétion anale. Ce nid reçoit ensuite les 80 à 100 œufs relativement grands de la femelle; parfois, plusieurs femelles se servent du même nid. Le mâle monte alors la garde et chasse tout intrus, même la femelle qui ne se gênerait pas pour manger sa propre progéniture; il garde aussi les alevins. Entre avril et juin, la femelle pond 5 à 6 fois au total. Ensuite, les épinoches se rassemblent en grandes bandes et se tiennent principalement dans l'enchevêtrement des végétaux. L'épinoche a relativement peu d'ennemis, car ses trois épines dorsales la protègent efficacement. Malgré cela, il arrive qu'elle tombe victime d'un brochet ou d'une perche. Cette épinoche peut être gardée en aquarium, mais il lui faut une eau toujours fraîche. Elle ne vit que deux ou trois ans, et tend à disparaître de nos rivières dont elle ne supporte pas la pollution.

Truite d'Europe

Salmo trutta

La truite est actuellement représentée en Europe par trois sous-espèces. La première, la truite saumonée ou de mer *(Salmo trutta trutta)* vit le long du littoral européen, de la France jusque dans la Baltique. A l'instar des saumons, elle remonte les fleuves vers les frayères. Mais, tout comme le saumon, en raison des barrages et de la pollution, elle est devenue rare dans nos cours d'eau. Cette sous-espèce peut atteindre une longueur de 1,3 m et un poids d'environ 1,6 kg. La deuxième sous-espèce, la truite de lac *(Salmo trutta lacustris)* habite les lacs aux eaux fraîches des Alpes et de leurs contreforts et fraie dans les rivières avoisinantes. Elle mesure 80 cm et pèse entre 10 et 15 kg. Après avoir frayé — la femelle dépose environ 30 000 œufs — elle retourne dans les lacs. La sous-espèce la plus connue est la truite de rivière *(Salmo trutta fario)*. Elle vit dans les eaux au cours rapide, dans les torrents et les chutes d'eau jusqu'à une altitude de 2000 m. Elle mesure ordinairement 30 cm, plus rarement 40 cm, et pèse en moyenne entre 500 et 700 g, dans des cas exceptionnels de 2 à 4 kg. Elle ne vit que dans l'eau pure. En réalité, la truite de rivière s'est développée à partir de la truite de mer qui a été transplantée dans de nombreux ruisseaux et rivières de montagne et qui, en raison des barrages et aussi de l'eau polluée, ne pouvait plus retourner à la mer. Elle s'est donc adaptée à ses nouvelles conditions de vie et est devenue un hôte permanent des cours d'eau intérieurs. Elle fraie en hiver — la femelle dépose jusqu'à 1500 œufs. Elle se nourrit d'insectes, de vers, de mollusques, etc. Sa chair est très savoureuse. Dans de nombreuses régions, on produit des alevins par incubation artificielle des œufs, puis on les lâche en eau libre.

Saumon
Salmo salar

Le saumon vit dans la mer le long du littoral septentrional de l'Europe, de l'Asie et de l'Amérique. De là, il remonte en bancs les fleuves pour frayer. Sur la frayère, la femelle fait un creux en frappant le sol de sa queue, y dépose ses 40 000 œufs et les recouvre de sable. Après, ils retournent à la mer, mais beaucoup périssent pendant ce périple, car pendant leur séjour en eau douce non seulement ils ne prennent pas de nourriture, mais aussi tombent souvent victimes des rapaces et des carnassiers. Les saumons fraient entre 2 et 5 fois au cours de leur vie. Alors qu'il n'y a pas longtemps des milliers de saumons remontaient nos fleuves, ils sont devenus très rares de nos jours. La raison réside dans les barrages, mais surtout dans la pollution des eaux. Les jeunes saumons restent souvent 3 à 5 ans dans les eaux douces avant de retourner à la mer. Le saumon est un carnassier qui se nourrit en mer de harengs, de sprats, de crustacés, etc. Les jeunes mangent surtout des insectes et des petits poissons. Ils atteignent une longueur pouvant aller jusqu'à 1,5 m et peuvent peser plus de 50 kg. La chair rose du saumon est très appréciée; elle est vendue soit fraîche, soit fumée.

Gardon blanc
Rutilus rutilus

Le gardon blanc fait partie des poissons les plus répandus dans les rivières et les plans d'eau. Il vit aussi dans l'eau saumâtre des estuaires, parfois aussi dans les baies. Il atteint une longueur de 15 à 35 cm et dépasse rarement un poids de 1 kg. C'est un poisson que les pêcheurs à la ligne connaissent bien; par contre il n'est pas désiré dans les alevinages. Il constitue la nourriture de nombreuses espèces de poissons carnassiers. Le gardon blanc fraie entre avril et mai, près de la rive. La femelle dépose environ 100 000 œufs. Le gardon blanc se nourrit de petits crustacés, de larves d'insectes, de mollusques, mais aussi de végétaux, surtout d'algues.

Truite d'Europe

Saumon

Gardon blanc

Dobule
Leuciscus cephalus

Très répandu, on le trouve dans la plupart des cours d'eau et des lacs. Ordinairement, il mesure environ 30 cm, rarement jusqu'à 70 cm, son poids varie entre 250 g et 5 kg. Il s'adapte facilement aux conditions environnantes et peut de ce fait vivre dans des eaux très sales; parfois, il recherche même les endroits où les égouts se déversent dans la rivière. Sa nourriture est très éclectique: il mange des animalcules et des végétaux, des poissons morts ou des cadavres d'animaux noyés, des débris, etc. Comme il aime aussi divers fruits, les pêcheurs l'appâtent souvent avec des cerises et des prunes, par exemple. Il se nourrit aussi en hiver et on peut alors l'attraper en lui tendant un morceau d'intestin de poule. Mais sa chair n'est pas très bonne; seule celle de spécimens vivant dans l'eau propre est savoureuse. Le dobule fraie en avril et en mai, la femelle dépose alors jusqu'à 200 000 œufs sur des plantes aquatiques.

Rotengle (Gardon rouge)
Scardinius erythrophthalmus

Il habite les eaux au courant lent et les eaux stagnantes. Se nourrissant essentiellement de plantes, il se tient surtout aux endroits où abondent les végétaux aquatiques. Parfois, il mange aussi de petits animaux. Il atteint une longueur de 30 cm et pèse jusqu'à 2 kg. Mais en moyenne, le poids se situe autour de 400 g. Il lui arrive aussi de pénétrer dans des lacs traversés de courants où il se multiplie rapidement. Pendant la période du frai (avril-mai) la femelle dépose dans l'enchevêtrement des plantes aquatiques jusqu'à 100 000 œufs rougeâtres. La chair du gardon rouge est savoureuse.

Goujon
Gobio gobio

Le goujon vit près du fond des rivières et des ruisseaux, mais on peut le trouver également dans les eaux dormantes pourvu que le fond en soit recouvert de sable ou de gravier. Il mesure 10 cm, plus rarement jusqu'à 20 cm. Les coins de sa bouche sont pourvus de barbil-

Dobule

Rotengle

Goujon

Barbeau fluviatile

lons. Il aime se tenir caché sous les pierres. Très adaptable, on le trouve aussi dans l'eau saumâtre, voire même dans les rivières très polluées. Parfois, il pénètre dans les lacs traversés de courants où il se multiplie rapidement. Il fraie entre mai et juin. La femelle dépose jusqu'à 3 000 œufs en petits tas sur des plantes aquatiques ou des pierres. Les alevins en sortent au bout de 10 à 20 jours. Les goujons mangent de petits animaux et des végétaux. En général, ils se tiennent en petits bancs. La chair du goujon est extrêmement savoureuse.

Barbeau fluviatile
Barbus barbus

Ce barbeau vit au fond des eaux courantes limpides entre les cailloux; parfois, on peut le rencontrer aussi dans une mare. Lorsqu'un barrage est établi dans une rivière, il la quitte et se retire dans les affluents. Il mesure jusqu'à 70 cm et atteint un poids de 8 kg. Généralement, il vit en bancs. A la saison du frai, entre avril et juin, il remonte le fleuve et la femelle dépose dans des endroits sablonneux plus de 10 000 œufs jaune doré. Les œufs et le foie de ce poisson sont considérés comme étant toxiques. Il se nourrit de larves d'insectes, de petits crustacés, etc. sans dédaigner un petit poisson mort et, le cas échéant, des alevins. Sa chair est très savoureuse, mais contient beaucoup d'arêtes.

Brème bordelière
Blicca bjoerkna

C'est un habitant des rivières et des étangs. Elle est très répandue et peut, par endroits, se multiplier de manière à empêcher la croissance d'autres poissons dont elle mange la nourriture. Le corps de la brème bordelière est très haut, court, aplati latéralement. Généralement, elle mesure 30 cm et pèse environ 1 kg; là où elle existe en grand nombre, sa taille se limite à 15 cm seulement. Au moment de frayer, en mai et en juin, la femelle dépose environ 100 000 œufs dans l'enchevêtrement des plantes aquatiques. La brème bordelière se nourrit de petits animaux et de plantes. Elle n'est pas désirée dans les alevinages et les pêcheurs ne l'apprécient pas non plus. Bien que sa chair soit relativement savoureuse, elle a trop d'arêtes. Les pêcheurs à la ligne s'en servent plutôt pour appâter les brochets, les sandres et d'autres poissons carnassiers.

Brème bordelière

Brème

Brème
Abramis brama

C'est l'un des plus grands poissons d'eau douce d'Europe qui vit dans les eaux à faible courant ainsi que dans les lacs et les étangs entre la France et l'Oural. Il mesure jusqu'à 70 cm de long et atteint un poids de plus de 7 kg. Son corps est très déprimé latéralement, adapté à la vie au fond. Il ne vient au rivage qu'au moment de frayer (entre mai et juin). La femelle pond, surtout la nuit, jusqu'à 300 000 œufs. Les alevins se nourrissent de plancton, les poissons de larves d'insectes, qu'ils recherchent dans la vase du fond. Les jeunes se déplacent en grands bancs près des rivages. La chair de la brème est relativement savoureuse, mais grasse. Dans beaucoup de pays européens elle est très demandée; elle est vendue fraîche ou fumée.

Bouvière
Rhodeus sericeus

Ce poisson, mesurant entre 4 et 10 cm, vit dans les eaux stagnantes ou à courant lent au nord des Alpes. Chose rare, les mâles sont plus grands que les femelles. Au moment du frai, le mâle resplendit de toutes les couleurs de l'arc-en-ciel et la femelle extériorise un oviducte rouge. A ce moment, ils se rassemblent, généralement en des endroits où vivent les moules d'étang ou de rivière. La femelle dépose ses œufs dans les branchies de la moule. Le mâle déverse à son tour, près de l'ouverture respiratoire, sa laitance qui est aspirée par la moule. Ainsi, les œufs sont fécondés à l'intérieur de la moule. La femelle pond en général 40 œufs dans une moule. Pendant 2 semaines, les alevins demeurent dans les branchies de leur hôte et vivent de leur propre vitellus. Puis, ils quittent la moule. Mais celle-ci ne rend pas ce service au poisson pour rien. Ses larves, les glochidiums, s'attachent sur eux au moment de la ponte et y vivent pendant un certain temps. La saison du frai se situe en mars et, une deuxième fois, en août. Les bouvières se nourrissent surtout de végétaux, mais elles mangent aussi de petits vers et crustacés. La chair de la bouvière est, paraît-il, amère. Il est intéressant de noter que ce poisson se reproduit également dans les aquariums s'il y trouve des moules.

Bouvière

Loche de ruisseau

Loche d'étang

Loche de ruisseau
Noemacheilus barbatulus

La loche de ruisseau vit au fond de tous les cours d'eau limpides et frais de l'Europe, à l'exception de la Norvège, de la Suède et du sud du continent. Parfois elle pénètre dans des étangs où elle se reproduit rapidement. Elle ne mesure que 15 cm de long, mais sa chair est très savoureuse. Jadis, on la séchait et la réduisait en poudre pour servir de médicament populaire. Les loches de ruisseau fraient entre avril et juin. La femelle dépose environ 5 000 œufs sur des plantes aquatiques. Elles se nourrissent de petits animaux trouvés.

Loche d'étang
Misgurnus fossilis

On trouve cette loche au fond des rivières à cours lent, parfois aussi dans des étangs traversés par un courant et dans des bras morts des fleuves. Elle recherche sa nourriture dans la vase et se sert pour celà des 10 barbillons qui entourent sa bouche. Elle ne mesure que 10 cm de long et son corps s'orne d'une série de raies longitudinales. Elle fraie entre avril et juin et la femelle dépose environ 10 000 œufs sur des plantes aquatiques. Elle a la faculté de passer l'hiver dans les étangs vidés pourvu qu'elle ait la possibilité de s'enfouir dans la vase. Cela est dû au fait qu'elle utilise son intestin comme organe respiratoire annexe. Elle avale de l'air et, tandis que celui-ci traverse son système digestif, il en absorbe l'oxygène. On la nomme aussi poisson-tempête parce qu'elle s'agite quand le baromètre tombe. La loche d'étang se nourrit de petits animaux, mollusques, vers, etc. et de débris végétaux. Sa chair est savoureuse, mais, en raison de sa petite taille, elle n'est pas beaucoup pêchée.

Silure d'Europe

Silurus glanis

Le silure, l'un des plus grands poissons d'eau douce de l'Europe, vit dans les rivières profondes au courant lent, dans les lacs et les mares. Dans les eaux profondes, il peut atteindre une longueur de 3 m et un poids de 250 kg. Mais, en moyenne, il est plus petit: sa capture est toutefois pour tout pêcheur un événement inoubliable. C'est un solitaire qui aime se tenir près des barrages. Au moment du frai, on rencontre les deux partenaires ensemble pendant un court laps de temps. Il fraie entre mai et juin près des rivages recouverts de végétation. Il aime la chaleur et la femelle pond ses 200 000 œufs lorsque la température de l'eau se situe entre 18 et 20 °C. Les alevins ressemblent à des têtards. Dans la journée, le silure se tient près du fond et ne fait surface que la nuit. C'est un carnassier qui fait la chasse aux autres poissons et aux petits mammifères; certains grands exemplaires capturent aussi des oiseaux aquatiques pouvant atteindre la taille d'une oie. Lorsqu'il ferme ses mâchoires, il émet des sons caractéristiques. Les alevins mangent des insectes, des mollusques, des têtards, etc. Mais, souvent, ils tombent eux-mêmes victimes d'autres poissons carnassiers. La chair du silure, dépourvue d'arêtes, est très savoureuse. Elle est vendue fraîche, en conserve ou fumée. On peut même se servir de sa peau. Jadis, on en fabriquait des chaussures. Il y a deux siècles, on utilisait encore sa peau translucide pour remplacer le verre des fenêtres. Le silure est répandu en Europe à partir du Rhin jusqu'en Asie. On en a quelquefois observé dans le Doubs.

Silure d'Europe

Perche

Anguille

Anguille
Anguilla anguilla

L'anguille vit le long du littoral européen, mais aussi dans d'autres endroits. La femelle atteint une longueur de plus de 1 m et un poids d'environ 5 kg; le mâle est moitié plus petit. Pendant longtemps, même les experts ne connurent que fort peu la vie des anguilles. On savait seulement que les grandes anguilles adultes quittaient les eaux douces pour la mer et que de grandes quantités d'anguilles beaucoup plus petites revenaient de la mer et remontaient les fleuves. Mais très longtemps on s'est interrogé sur la vie des anguilles en mer et sur le lieu de naissance des petits. Mais le voile du secret des anguilles a fini par être levé: maintenant, on sait qu'elles s'en vont dans la mer des Sargasses, près des Bermudes, dans l'océan Atlantique. Là, elles fraient au début du printemps à une température de 17 °C et à une profondeur de 400 m; puis, elles meurent. Les jeunes, appelées leptocéphales, et que l'on considérait jadis comme une espèce particulière, traversent l'Atlantique en 2 ans et quand elles atteignent les côtes européennes, elles mesurent environ 7 cm de long. Pour cette migration, elles se servent du Gulf Stream. Pendant le voyage, elles se nourrissent de plancton. Arrivées près des côtes, elles y vivent pendant une année, puis deviennent de petites anguilles et certaines remontent les fleuves. Celles-ci deviennent des femelles alors que celles qui restent dans les estuaires se développent en mâles. Quand les mâles atteignent l'âge de 9 ans et les femelles l'âge de 12 ans, c'est-à-dire l'âge où ils sont capables de se reproduire, elles retournent à la mer des Sargasses pour ne jamais revenir. Au cours des dernières années, dans beaucoup de cours d'eau européens, il a fallu capturer les jeunes anguilles dans les estuaires et les transporter par avion en amont, car les barrages interdisent aux poissons de progresser naturellement. Pendant le transport, la température de leur corps est fortement abaissée. L'anguille est un carnassier. Elle se nourrit de divers animaux, poissons y compris. Sa chair, notamment fumée, est très recherchée.

Sandre

Perche goujonière

Perche
Perca fluviatilis

La perche est très répandue dans tous les cours et plans d'eau d'Europe. Elle mesure environ 40 cm et atteint un poids de 4 kg. Elle préfère les cours lents, mais on peut aussi la rencontrer dans des rapides où, toutefois, elle est de taille plus petite. Les perches capturées pèsent généralement environ 500 g. Elles vivent en groupe et fraient d'avril au début de juin. La femelle dépose des cordons d'œufs sur des plantes aquatiques (250 000 au total). Elle parcourt souvent de longues distances pour atteindre la frayère. Elle n'est pas désirée dans les alevinages, mais les pêcheurs aiment la trouver dans les rivières. Sa chair est très savoureuse et, au Moyen Age, elle était plus appréciée que la truite sur la table des puissants. C'est un carnassier qui chasse de petits poissons, souvent même de sa propre espèce. Les perches plus jeunes se nourissent aussi d'insectes, de leurs larves, de crustacés, etc.

Sandre
Stizostedion lucioperca

Le sandre se trouve en Europe, essentiellement dans les fleuves qui se jettent dans la Baltique et dans la mer Noire. C'est un carnassier qui pèse généralement 3 kg; mais il existe des exemplaires qui atteignent une longueur de 1,3 m et pèsent jusqu'à 15 kg. Ils se tiennent dans le fond et n'apparaissent à la surface que pour chasser. Ils fraient entre avril et juin à une profondeur entre 3 et 5 m; la femelle dépose plus de 300 000 œufs en petits tas. De nos jours, on en peuple des lacs et des étangs dans

♂

Triton à crête

♀

des régions où le sandre a été absent jusqu'ici. Il chasse divers poissons tels que perches, ablettes, gardons, etc. Il est intéressant de noter que les sandres vont souvent à la chasse en petits groupes qui se rabattent mutuellement les poissons. Les alevins se nourrissent d'insectes et d'autres petits animaux. La chair du sandre est très savoureuse et donc très recherchée.

Perche goujonière
Acerina cernua

Cette perche, mesurant entre 10 et 20 cm, vit dans les eaux au cours lent. Elle préfère les endroits profonds de l'eau claire; particulièrement répandue dans les lacs, elle se reproduit parfois tellement qu'elle laisse trop peu de nourriture à d'autres poissons plus précieux. Elle mange surtout des larves d'insectes qu'elle trouve au fond, mais elle dévore aussi le frai ou les alevins d'autres poissons. De ce fait, elle est nuisible et les pêcheurs lui font la chasse, souvent en introduisant dans les cours d'eau des sandres qui aiment manger les perches goujonières. Celle-ci fraie entre mars et mai; la femelle dépose jusqu'à 100 000 œufs.

Triton à crête
Triturus cristatus

Le triton à crête vit dans toute l'Europe, de l'est de la France jusqu'au-delà de l'Oural en passant par l'Europe centrale et méridionale. Il atteint une longueur de 14 à 18 cm. Au moment de l'accouplement et de la ponte, qui se font dans l'eau des étangs et des mares, le dos du mâle s'orne d'une haute crête dentée qui est séparée par une fente de la lisière caudale. Pendant cette saison, le mâle est brillamment coloré. Il exécute une série de «danses» devant la femelle, la tête tournée vers elle; ces danses consistent en sauts en avant et en arrière accompagnés de mouvements latéraux de la queue. La femelle pond jusqu'à plus de cent œufs en avril ou en mai sur

Grenouille rieuse

Grenouille verte

des plantes aquatiques; deux à trois semaines plus tard écloront les larves; la métamorphose a lieu au bout de trois mois; les larves perdent alors leurs branchies et se transforment en animaux respirant par des poumons. Une fois la ponte terminée, les tritons quittent l'eau et vivent dans des lieux humides, sous le feuillage, dans la mousse, etc. Les jeunes tritons atteignent leur maturité au cours de la quatrième année de leur vie. L'hiver, ils se cachent dans des creux d'arbres, dans des cavités au sol, sous les feuilles mortes et, exceptionnellement, dans la vase. Ils se nourrissent d'insectes, de vers, de mollusques, d'œufs de grenouilles, de petits têtards, voire même des larves de leur propre espèce.

Grenouille rieuse
Rana ridibunda

La grenouille rieuse vit sur les bords des cours et des plans d'eau dans les régions relativement chaudes de la plaine. C'est l'amphibien anoure européen le plus grand — il mesure entre 15 et 17 cm. Les sacs vocaux du mâle sont gris. Après l'accouplement, en avril ou en mai, la femelle pond entre 5 et 10 000 œufs. Les têtards passent entre 82 et 125 jours dans l'eau, puis ils se transforment en petites grenouilles à respiration pulmonaire. Cette grenouille se nourrit d'insectes, de vers, etc., mais elle mange aussi de petits poissons et, lorsqu'elle est assez grosse, elle ne dédaigne pas les jeunes de petits mammifères et d'oiseaux. En hiver, elle se cache au fond de l'eau; celles qui sont déjà âgées préfèrent alors des eaux à faible courant.

Grenouille verte
Rana esculenta

Dans les plaines et les montagnes de toute l'Europe on peut rencontrer la grenouille verte; le mâle mesure 7,5 cm, la femelle jusqu'à 13 cm. Elles se tiennent en groupe près des étangs, des mares, etc. Le soir et les nuits chaudes, les mâles font entendre leur chant sonore typique. Ils sont alors posés sur une plante aquatique ou, simplement, se tiennent dans l'eau en ne laissant dépasser que leur tête avec les poches qui provoquent ces cris. La saison d'accouplement se situe entre mai et juin. La femelle pond entre 2 et 3 000 œufs en petits tas d'environ 300. Les têtards éclosent au bout de 5 ou 6 jours et la métamorphose dure 130 jours. Cette durée varie avec la température, elle est plus courte lorsqu'il fait plus chaud et plus longue lorsqu'il fait moins beau. Il peut même arriver que des têtards hivernent. La grenouille verte se nourrit d'insectes, d'araignées, de vers, de petits poissons, etc. Elle chasse aussi bien dans l'eau que sur le bord. Les grenouilles adultes passent l'hiver dans la vase au fond de l'eau; les jeunes par contre se cachent généralement au sec sous des pierres, dans du feuillage, etc.

Sonneur à ventre de feu

Crapaud vert

Sonneur à ventre de feu
Bombina bombina

Ce sonneur est très répandu en Europe centrale; vers le nord, on le trouve encore dans les régions méridionales de la Scandinavie; à l'ouest son aire est limitée par la Weser, à l'est par l'Oural. Il vit généralement dans les étangs et les mares de la plaine, mais on peut le rencontrer aussi dans de toutes petites flaques d'eau. Il atteint une longueur d'environ 4,5 cm. Son dos est gris-noir, son ventre bleu-noir, orné d'éclatantes taches orange ou rouge feu. Au moment de l'accouplement, jour et nuit, on peut entendre la voix monotone du mâle qui ressemble au son lointain d'une cloche, d'où son nom. Souvent, ces sonneurs se tiennent en groupes importants. La femelle pond plusieurs fois l'an; la ponte la plus forte a lieu en mai et en juin. Les œufs sont relativement grands (diamètre jusqu'à 8 mm); la femelle les dépose en petits tas sur des plantes aquatiques ou sur des pierres au fond. Les têtards sortent au bout d'environ une semaine; ils continuent leur évolution jusqu'en septembre ou en octobre, moment où la métamorphose se termine, et les sonneurs, mesurant à peine 2 cm, quittent l'eau. Les têtards éclos plus tard dans l'année passent l'hiver dans l'eau. Les sonneurs se tiennent dans l'eau entre avril et octobre et hivernent sur terre dans des creux ou des cavités, sous les feuilles mortes, etc. Ils se nourrissent surtout d'insectes et de leurs larves. Menacés d'un danger, ils disparaissent rapidement dans la vase. S'ils n'ont pas suffisamment de temps pour se cacher, ils croisent leurs pattes sur leur dos et découvrent ainsi la coloration de feu de leur ventre qui, la plupart du temps, a pour effet de faire peur à l'agresseur. Ils se défendent aussi avec les sécrétions toxiques de leurs glandes épidermiques.

Crapaud vert
Bufo viridis

Pendant les nuits printanières chaudes, on peut entendre, venant de bassins situés dans les jardins, ou ailleurs, de longs trilles qui font penser à un canari. Mais c'est la voix du mâle du crapaud vert qui se fait ainsi entendre. Ce crapaud mesure jusqu'à 7 cm environ. La femelle dépose ses 10 à 12 000 œufs en deux rangées longues de 3 à 4 m sur des plantes aquatiques. La métamorphose du têtard commence au bout de 60 à 91 jours, la maturité sexuelle est atteinte au bout de quatre ans. Après la ponte, les crapauds quittent l'eau pour la terre, où ils se tiennent dans les lieux humides, mais aussi souvent dans des endroits secs. Dans la journée, ils sont cachés dans des anfractuosités, mais ils creusent aussi des trous profonds parfois de 30 cm. Ce n'est qu'à la tombée de la nuit qu'ils vont à la chasse aux insectes, vers, mollusques et araignées. En hiver ils se terrent dans le sol ou dans des fentes de roches, parfois en formant de véritables colonies. A l'origine, ce crapaud était un animal de la steppe.

Canard colvert

Oie cendrée

Sarcelle d'hiver

Canard souchet

Oie cendrée

Anser anser

Cette oie niche en Écosse, en Scandinavie, en Europe centrale et orientale. Dans d'autres parties du continent, elle n'apparaît qu'en hiver au moment de la migration. Les oies cendrées vivant dans le nord hivernent en grande quantité en Angleterre. Elles retournent dans leur territoire de nidification à la fin de février ou au début de mars. Leur nid est construit avec des roseaux, des laîches, etc. et posé généralement dans les roseaux. Parfois, surtout dans les lieux qui sont inondés fréquemment, elles posent leur grand nid aussi sur des saules. Ce nid est tapissé avec du duvet. La femelle pond entre 4 et 7 œufs d'un blanc sale et les couve seule pendant 28 jours. Les deux parents s'occupent des oisons et, lorsque le temps est mauvais, ceux-ci se cachent sous les ailes des parents. Ces oies sont très défiantes et vigilantes. Après la nidification, les familles se rassemblent en bandes et s'en vont vers le sud au mois d'octobre. Leur nourriture se compose de graines, d'herbe, de pousses, de limaces et de vers. L'oie cendrée est un gibier recherché en raison de sa chair savoureuse.

Canard colvert

Anas platyrhynchos

Il n'existe probablement pas de plan d'eau d'où le canard colvert soit absent. Il habite dans la végétation autour des mares, des étangs et des lacs et se rencontre aussi sur les plans d'eau des grandes villes. Il vit par couples. Après la pariade du printemps, souvent dès le mois de mars, la femelle construit un nid à l'endroit choisi par le mâle. Généralement, il est posé sur le sol dans l'herbe, dans un buisson ou dans des laîches; parfois il est fixé sur un saule, placé dans un nid de rapace abandonné sur un arbre, etc. Le nid est tapissé de feuilles, d'herbe et de duvet avec lequel la femelle recouvre les œufs lorsqu'elle quitte la ponte un instant pour rechercher de la nourriture. Les œufs gris-vert sont au nombre de 8 à 14; la femelle couve seule pendant 26 jours. C'est elle aussi qui prend soin des petits. Lorsque un danger menace, la mère simule une blessure, et court sur le sol en battant des ailes comme si elle ne pouvait s'envoler pour attirer l'attention de l'ennemi sur elle. Lorsqu'elle y a réussi, elle éloigne celui-ci du nid et, une fois loin, elle s'envole et l'agresseur en est pour ses frais. Bien que le canard colvert ne fasse pas partie des plongeurs, les jeunes savent très bien se submerger pour échapper à un poursuivant. Ils commencent à voler à l'âge d'environ 50 jours et se réunissent alors en bandes. Dans la journée, ils se tiennent sur l'eau ou dans les roseaux: le soir ils vont à la recherche de leur nourriture. Celle-ci se compose d'algues, d'herbe, de graines, d'insectes, de crustacés, de vers, de mollusques, etc. En été, la coloration des mâles ressemble à celle des femelles, mais en hiver ils se parent de belles couleurs.

Canard souchet
Anas clypeata

Ce canard se fait remarquer partout par la coloration bariolée du mâle et par son bec en spatule. La femelle, moins haute en couleur que le mâle, se distingue des autres espèces par les taches bleues qui ornent ses omoplates. Le souchet quitte ses quartiers d'hiver, situés dans la région méditerranéenne, dans la deuxième moitié du mois de mars et s'en va à la recherche d'un territoire de nidification près des étangs où prolifèrent les végétaux. Il préfère les endroits à la limite des roseaux et des prés dans lesquels il construit son nid avec des laîches sèches et le tapisse de duvet gris. La femelle pond entre 9 et 12 œufs gris-vert qu'elle couve pendant 23 ou 24 jours. Le souchet ne plonge pas; il recherche sa nourriture dans les hauts-fonds avec son bec particulièrement adapté à cette activité. Il retourne dans ses quartiers d'hiver en septembre.

Sarcelle d'hiver
Anas crecca

Cette petite sarcelle niche dans toute l'Europe à l'exception de l'Espagne et de l'Italie. Elle ne pèse qu'environ 300 g. Très répandue dans certaines régions, elle préfère les criques des étangs ou des lacs à la végétation luxuriante. Son nid se trouve généralement dans l'herbe d'un pré, assez loin de l'eau. En mai, la femelle y dépose entre 8 et 10 œufs qu'elle couve pendant 22 à 25 jours. En automne, les sarcelles d'hiver se rassemblent en grandes bandes et s'envolent vers le sud-ouest. Celles d'Europe centrale hivernent surtout dans le sud de la France; dans de rares cas elles restent près de leur territoire de nidification. Leur nourriture se compose de graines, d'herbe, d'insectes, de vers et de mollusques. La sarcelle ne plonge pas, mais elle est un excellent et adroit voilier qui peut atteindre des vitesses de plus de 100 km/h.

Milouin

Canard morillon

Milouin
Aythya ferina

Le milouin fait partie des canards plongeurs. Il est surtout répandu en Europe centrale, mais il niche aussi en Angleterre et le long de la Manche, et son aire va jusqu'en Sibérie. En hiver, il se trouve sur toutes les rivières, même dans les grandes villes. Au printemps, les milouins retournent dans leur territoire de nidification par couples. Ils se tiennent généralement sur les lacs et les étangs. Leur nid est construit près de l'eau sur des touffes de laîches ou sur le sol de petites îles. La femelle pond entre 8 et 12 œufs relativement grands, vert jaunâtre, qu'elle couve pendant environ 24 jours. Le nid est tapissé de brins de laîches et de duvet dont la femelle recouvre les œufs lorsqu'elle les quitte. Ils se nourrissent de végétaux ainsi que de vers, d'insectes et de petits mollusques qu'ils vont chercher dans l'eau. Les milouins plongent assez profondément (2,5 m) et peuvent rester environ 25 secondes sous l'eau. Lorsqu'on les dérange, ils s'élèvent, en bandes, très rapidement dans les airs.

Canard morillon
Aythya fuligula

A l'origine, le morillon, canard plongeur, ne vivait que dans le nord de l'Europe, en Asie et en Islande. Mais ces dernières années il a étendu son habitat vers le sud et, de nos jours, il fait partie des canards les plus répandus d'Angleterre et d'Europe centrale. Les individus européens hivernent le long des côtes de l'Europe occidentale et de la Méditerranée. En hiver, on peut en observer de grandes quantités sur les grandes rivières européennes, même dans les villes; il s'agit là de ceux d'entre eux qui nichent dans le nord. Ils retournent dans leurs territoires de nidification en avril. Ils construisent leur nid sur des touffes de laîches ou sur de petits îlots à proximité de l'eau. En mai ou en juin, la femelle pond entre 6 et 9 œufs gris verdâtre qu'elle couve pendant 25 ou 26 jours. Après leur éclosion, les petits sont tout noirs. Le morillon se nourrit de végétaux et d'animaux qu'il recherche sous l'eau. C'est un excellent plongeur.

Grèbe huppé
Podiceps cristatus

Le grèbe huppé se rencontre sur tout étang d'une certaine dimension et sur tous les lacs dont les bords sont recouverts d'une dense végétation de roseaux, car ce sont eux qui offrent les meilleures conditions de nichage. Il y vient de ses quartiers d'hiver tôt au printemps et c'est alors que nous pouvons observer sa pariade très intéressante: les deux partenaires font route l'un vers l'autre sur l'eau, les cous tendus, gonflant leur «collier» de plumes et secouant leur tête. De temps à autre ils plongent, ramenant dans leur bec des plantes aquatiques des profondeurs, et se mettent à faire des mouvements comme s'ils marchaient sur place. Une fois la pariade terminée, ils construisent, avec des plantes aquatiques, un nid d'une hauteur de 60 cm au plus profond des roseaux. La femelle pond 3 ou 4 œufs d'un vert sale; les deux partenaires les couvent ensuite alternativement pendant environ 25 à 27 jours. Les petits minuscules, une fois éclos, s'attachent au dos sous les ailes des parents qui les promènent, voire même plongent et volent ainsi. Les parents nourrissent les petits de poissons et d'insectes qu'ils déposent droit dans leur bec. Lorsqu'il quitte le nid qui contient la ponte, le grèbe le recouvre de plantes. Il tient longtemps sous l'eau et peut y parcourir jusqu'à 50 m. Il se meut très rapidement et adroitement dans l'eau et capture facilement des poissons même extrêmement mobiles. En octobre, les grèbes huppés se rassemblent en bandes et migrent vers le sud et l'ouest de l'Europe. Mais beaucoup parmi ceux qui nichent dans le nord passent l'hiver sur les rivières de l'Europe centrale.

Grèbe castagneux
Podiceps ruficollis

Sur toutes les eaux dormantes, même si la végétation y est rare, se trouve le plongeur le plus petit, le grèbe castagneux. Bien que très répandu, il faut le guetter pendant longtemps, bien caché, avant de pouvoir l'apercevoir. Il construit son nid avec des végétaux et le place sur l'eau entre les roseaux, près de l'étendue libre. La femelle pond entre 4 et 9 œufs blanchâtres à verdâtres qu'elle couve pendant environ 20 jours; le mâle la relaie de temps en temps. On a pu observer qu'un couple de grèbe castagneux avait construit son nid immédiatement sous celui d'un rapace. Lorsqu'un ennemi approche, les deux parents essaient de le faire fuir en l'aspergeant d'eau à l'aide de leurs ailes. Ce grèbe se nourrit surtout d'insectes aquatiques. Souvent, il passe l'hiver dans son

Grèbe castagneux

Foulque macroule

Grèbe huppé

territoire de nidification et, si l'eau gèle, il se transporte sur des rivières qui ne sont pas prises.

Foulque macroule
Fulica atra

L'un des oiseaux aquatiques les plus courants est la foulque macroule, qui fait partie des poules de marais. Elle vit sur toutes les eaux dormantes dont les berges sont couvertes au moins partiellement de roseaux. Elle recherche son territoire de nidification dès le mois de février ou de mars, c'est-à-dire dès la fonte des neiges. Les foulques européennes hivernent en Europe occidentale ou méridionale, mais on peut aussi en rencontrer de grandes bandes sur les rivières d'Europe centrale. Elle construit son nid à la surface de l'eau le long des roseaux avec des tiges et des laîches. Le nid est relié à l'eau par un pont qui facilite l'accès aux oiseaux. Parfois, le nid est protégé d'un toit fait de feuilles. Dans des cas exceptionnels, on peut trouver le nid aussi au sec sur une touffe de laîches. La femelle pond entre

Poule d'eau

5 et 15 œufs tirant sur le violet avec petites taches noires. Au bout de 22 jours éclosent les petits, noirs à tête orange. Au cours des premiers jours de leur vie, les parents leur donnent la becquée. La foulque macroule se nourrit de petits animaux, de graines et de végétaux. Elle fait partie des oiseaux de chasse.

Poule d'eau
Gallinula chloropus

La poule d'eau est répandue partout sur les étangs et les lacs, mais aussi sur les petites mares et sur les bras morts de rivières où la végétation abonde. Elle préfère se tenir dans les roseaux. Mais elle aime aussi rester sur l'eau où il est aisé de l'observer. Pour nager, elle fait des mouvements saccadés avec sa queue. Elle revient dans son territoire de nidification vers la fin de mars, arrivant de ses quartiers d'hiver qui se situent en Afrique du Nord. Plus rarement, certains individus hivernent aussi dans leur lieu de nidification. En avril, elle construit un nid profond, généralement près de l'eau, dans les roseaux ou sur une touffe de laîches, avec des plantes aquatiques, des brins de roseaux, etc. La femelle pond entre 6 et 9 œufs jaunes, mouchetés de rouille. C'est surtout la femelle qui couve, relayée parfois par le mâle. Les petits éclosent au bout de 19 à 22 jours; ils sont recouverts d'un duvet noir et le haut de leur tête est orange. En juin ou en juillet, les poules d'eau nichent une deuxième fois et certains couples encore une troisième fois. Ils se nourrissent d'insectes et de leurs larves, de vers, de mollusques, etc. mais aussi de graines et de végétaux.

Dans les marais et sur les rives

Les marais, marécages et terrains saturés d'eau, intermédiaires entre la terre ferme et le milieu aquatique sont l'habitat des plantes des marécages et des animaux des rives. Milieu riche en eau et en nourriture mais peu sûr car la vase est molle et le niveau de l'eau fluctuant.

Les plantes des marécages sont soumises aux mouvements et de l'eau et de l'air car la plus grande partie de leur corps s'élève au-dessus de la vase et de l'eau. Leurs rhizomes, très ramifiés et munis de petites Les tiges sont longues, solides et souples, les feuilles, souvent lancéolées, cèdent facilement aux mouvements de l'eau et aux vents, les fleurs grâce à leurs longues tiges ne souffrent pas si les eaux montent. seule espèce.

Les tiges sont longues, solides et souples, les feuilles, souvent lancéolées, cèdent facilement aux mouvements de l'eau et aux vents, les fleurs grâce à leurs longues tiges ne souffrent pas si les eaux montent.

L'extension des plantes aquatiques est rapide et une grande quantité de vase provenant des parties mortes se dépose chaque année entre les tiges et les rhizomes. Le fond du marais s'élève, l'eau recule et on tend vers l'assèchement. La zone des plantes de marécage se déplace vers l'eau libre laissant derrière elle un terrain consolidé où s'installent de nouvelles espèces moins avides d'eau. Marais ou marécages se transforment progressivement en terre ferme; dans des conditions favorables, ce processus peut avancer à la vitesse d'un mètre par an. Ce phénomène n'est pas tolérable dans les étangs d'élevage où il faut faucher les plantes aquatiques et rejeter sur les rives le magma de racines, de rhizomes et de vase. Par

ailleurs les grands peuplements de roseaux et de plantes aquatiques sont une aire de nidification, un biotope, surtout pour les oiseaux aquatiques et on en fait souvent des réserves ornithologiques.

Près de l'eau, mais déjà sur la terre ferme, se développent de riches peuplements de plantes des rives. Ce sont souvent des espèces élevées, à croissance exubérante, mais parfois aussi des espèces rampantes ou volubiles. Elles constituent la bande plus ou moins large de la végétation des rives. L'exubérance de la croissance est due à l'abondance d'eau et à l'humidité atmosphérique, à la richesse de l'humus mais aussi au fait qu'habituellement l'homme ne s'y intéresse pas sauf si on construit une rive en pierres ou en béton. Les cours d'eau amènent certaines espèces qui deviennent partie intégrante de la végétation de leurs rives. En dehors des plantes herbacées, on y trouve également des plantes ligneuses: aulnes, diverses espèces de saules, peupliers, etc.

Les plantes qui poussent sur les rives les protègent efficacement: les longues racines entremêlées, surtout celles des plantes ligneuses les consolident, empêchent l'eau de les miner et d'emporter la terre. L'aulne, en particulier, a un système radiculaire très efficace et un aspect nettement plus esthétique que celle d'une quelconque consolidation artificielle.

De nombreux animaux recherchent l'abri des peuplements étendus et denses de plantes des marécages où ils se sentent plus en sécurité. Bien des oiseaux y bâtissent leur nid et y élèvent leurs petits, parmi eux les anatidés et les râles ainsi que les échassiers et les oiseaux chanteurs en particulier les bruants. Les merveilleux nids des bruants, qui ressemblent à de profonds petits paniers, sont bercés par le vent parmi les chaumes des roseaux.

Les roseaux offrent aussi un abri à de nombreux groupes d'oiseaux chanteurs migrateurs qui descendent vers le sud à l'automne. De milliers d'hirondelles y passent la nuit avant de gagner leurs lointains hivernages.

Les colonies d'échassiers s'installent souvent sur les plantes ligneuses des rives. De nombreux insectes et les chenilles de diverses espèces de papillons vivent sur les feuilles des arbres et des arbustes.

Les animaux aquatiques, qui ont besoin d'un milieu sec pour se reproduire, s'installent sur les rives où la végétation leur offre des endroits favorables. Diverses espèces de canards sauvages construisent leurs nids parmi les touffes d'herbe. Beaucoup d'oiseaux mais aussi des mammifères qui vivent au voisinage de l'eau creusent leur terrier dans les rives sableuses ou argileuses. Ils y fondent leur famille. Les terriers des animaux aquatiques débouchent souvent sous la surface de l'eau ce qui les met à l'abri de certains dangers.

De nombreux amphibiens, surtout les grenouilles, vivent dans les marais et sur les rives, à la limite de l'eau.

Populage
Caltha palustris L.

Le populage est une plante vivace pourvue d'une touffe de racines fasciculées et des tiges dressées ou couchées, peu ramifiées, creuses et lisses.
Les feuilles inférieures sont longuement pétiolées, réniformes ou cordiformes, de couleur vert foncé et qui brillent d'un éclat mat. En s'élevant le long de la tige les pétioles deviennent de plus en plus courts et les feuilles supérieures sont toutes petites et complètement sessiles.
Les fleurs d'un jaune brillant apparaissent très tôt au printemps, elles ont 4 cm de diamètre, 5 pétales et de nombreuses étamines. Les fruits sont des follicules arqués vers l'arrière d'une manière caractéristique et dressés avant leur ouverture.
Le populage est une plante des marais des mouillères qu'on trouve à toutes les altitudes dans l'ensemble de l'Europe, dans les régions tempérées de l'Asie et en Amérique du Nord.
C'est une plante toxique, âcre et amère, que le bétail évite de lui-même. Si le foin en contient une trop forte proportion, il en est déprécié et peut même causer des ennuis digestifs.
Dans certaines régions on fait mariner les jeunes boutons floraux dans du vinaigre et on les consomme à la façon des câpres sous le nom de «câpres allemandes». Signalons qu'il en existe une variété horticole à fleurs pleines très décorative.

Trèfle d'eau
Menyanthes trifoliata L.

Le trèfle d'eau est une plante vivace, pourvue d'un gros rhizome rampant, de tiges dressées et de feuilles trifoliées portées par de longs pétioles.
Les hampes florales, nues, portent des grappes serrées de fleurs blanches ou rosées. Calice et corolle sont de type cinq et la corolle en entonnoir est découpée jusqu'à la mi-hauteur. Les pointes sont ciliées et les cinq anthères colorées en violet. Le fruit est une capsule ovoïde et contient de nombreuses graines aplaties.
Le trèfle d'eau se trouve généralement en station semi-immergée, dans les mouillères , les bas-fonds en voie de colmatage et les tourbières, de la plaine jusqu'en montagne. Il est répandu dans tout l'hémisphère Nord, on le trouve en Europe jusqu'en Islande, en Asie tempérée jusqu'au Japon et en Amérique du Nord il longe les montagnes Rocheuses jusqu'en Californie.
Toute la plante contient un glucoside amer et brûlant, la ményanthine. Elle est aussi très riche en iode, en sels de manganèse et de fer.
C'est une plante médicinale qui a été par endroits complètement anéantie ou qui se trouve au moins très menacée. C'est pourquoi elle est protégée dans certains pays. En France elle est particulièrement commune dans les tourbières du Jura et des Alpes.
Son utilisation dans la médecine populaire et officielle se perd dans la nuit des temps. L'infusion amère faite avec les feuilles séchées fortifie l'organisme, stimule l'hématopoïèse, les fonctions digestives, et chasse la fièvre. Toute la plante possède au plus haut degré les vertus des «amers» classiques.
En outre, dans certains pays on l'a utilisée dans la fabrication de la bière pour remplacer le houblon.

Populage

Trèfle d'eau

Myosotis des marais
Myosotis palustris (L.)

C'est une plante vivace pourvue d'une tige glabre ou couverte de poils adhérents et qui atteint jusqu'à 50 cm de hauteur. La tige est portée par un rhizome rampant et sa base a une section carrée formée par les feuilles concourantes. Les feuilles sont longues, lancéolées, les supérieures sessiles, les inférieures courtement pétiolées.
Les fleurs en forme de trompe sont réunies en cymes terminales scorpioïdes. Elles sont d'abord de couleur rosée, puis virent au «bleu myosotis». L'intérieur de la trompe est ordinairement de couleur jaune. Les fleurs entièrement roses sont rares, de même que les blanches. Le fruit est un akène brillant, dur, de couleur brun-rouge.
C'est une espèce commune dans les marécages, les mouillères, les clairières humides, répandue de la plaine jusqu'en montagne dans tout l'hémisphère Nord.

Myosotis des marais

Elle est très accommodante et peut donner des formes terrestres, semi-submergées, ou complètement aquatiques. Les formes immergées apparaissent surtout dans l'eau froide en hiver.

Grande ciguë

Cicuta virosa L.

C'est une plante vivace qui atteint 2 m de hauteur et qui possède un rhizome massif divisé intérieurement en loges. Si on le brise, il dégage une odeur de céleri et laisse sourdre un suc jaunâtre, fonçant à l'air libre, de goût vaguement sucré. La tige est creuse et se divise d'une manière presque verticillée dans sa partie supérieure. Les feuilles sont grandes, bi- ou tripennées, formées de folioles lancéolées, fortement dentées. Celles du haut n'ont qu'un court pétiole ou adhèrent à la tige par leurs gaines et sont nettement moins divisées.

Les ombelles sont portées par de longues hampes florales. Elles apparaissent de juillet à septembre et sont formées de petites fleurs blanches. Les fruits sont ovoïdes et latéralement aplatis, ornés de 10 côtes obtuses et d'un calice peu apparent.

La grande ciguë est fréquente dans les eaux boueuses et dans les marais de tout l'hémisphère Nord, des plaines jusqu'aux plateaux. Elle supporte même une eau courante, et se laisse parfois emporter par une crue pour aller se fixer plus loin. Elle préfère un sol de vase acide où elle arrive à se multiplier au point de devenir envahissante. C'est une mauvaise herbe difficile à détruire.

C'est une plante extrêmement vénéneuse, sans doute la plus toxique de toute la famille des ombellifèracées. Tous ses organes, et surtout le rhizome, contiennent un poison amer, la cicutoxine, qui s'accumule dedans surtout au printemps. La plante contient en outre un alcaloïde, la cicutine, et une huile aromatique non toxique. La cicutoxine agit sur le système nerveux central, sur le cerveau et sur l'épiderme. L'empoisonnement est marqué par de violents vomissements, des maux de tête

Grande ciguë

Cresson du cheval

Butome

et des spasmes cardiaques, suivis d'une paralysie du cerveau, puis de la mort. Dans la Grèce antique, ce poison, probablement mêlé à d'autres, servait à l'exécution de citoyens condamnés, que la loi interdisait de frapper, mais que leur honneur obligeait à se suicider en absorbant publiquement ce breuvage.

Cresson de cheval
Veronica beccabunga L.

Le cresson de cheval est une plante vivace dont les tiges peuvent atteindre 50 cm de hauteur. La base de la plante est rampante est possède de nombreuses racines adventives. Le sommet est dressé.

Les feuilles sont ovoïdes, elliptiques, succulentes, et d'aspect brillant, disposéses en opposition le long de la tige.

Les fleurs d'un bleu profond sont disposées en grappes lâches qui se montrent à l'aisselle des feuilles supérieures de mai en juillet. Le fruit est une capsule arrondie qui contient une abondance de petites graines.

Le cresson de cheval forme souvent de grandes colonies dans les ruisseaux peu profonds, les canaux et les marais propres. C'est une plante à demi ou totalement immergée, mai elle peut aussi présenter des formes terrestres. La forme submergée reste verte tout le long de l'hiver.

Elle est répandue dans toute l'Europe, en Asie occidentale et septentrionale, et jusqu'à l'Himalaya. On la trouve aussi en Afrique du Nord.

La plante contient des glucosides et des huiles volatiles qui ont un effet calmant et expectorant. La médecine populaire s'en servait pour soigner l'asthme, la tuberculose, la jaunisse et les maladies hépatiques. L'extrait de feuilles fraîches est un remède ancien pour purifier le sang.

Butome
Butomus umbellatus L.

Le butome est une plante de marais vivace, pourvue d'un rhizome qui peut atteindre 1 cm d'épaisseur, et d'un bouquet de feuilles linéaires, triangulaires à la base et qui s'élargissent progressivement vers le haut. Elles peuvent mesurer jusqu'à un mètre de haut. Au centre de la touffe apparaissent une ou plusieurs hampes florales, de section arrondie, non ramifiées et toujours plus hautes que les feuilles. Elles se terminent par une inflorescence de 15 à 30 fleurs disposées en ombelle. Elles sont longuement pédonculées et apparaissent à l'aisselle de plusieurs bractées membraneuses. Le calice est vert, teinté de rose, les pétales sont rosés et les 9 étamines ont des anthères rouges. La floraison a lieu de juin en août, les fruits sont des follicules qui contiennent des graines longues de presque 1 cm et qui peuvent flotter sur l'eau. La multiplication végétative par les fragments de rhizomes est particulièrement intense. En eau profonde ou lorsque le courant est fort, les feuilles peuvent dépasser 2 m de longueur, mais alors la plante ne fleurit pas.

Les formes étirées des feuilles et des hampes florales font du butome une plante caractéristique des roselières. Il est répandu dans toutes les régions tempérées de l'Europe et de l'Asie.

Le rhizome épais et amer contient plus de 50% d'amidon, des protides et des matières grasses. Il sert d'aliment dans certaines régions orientales: les Iakoutes, les Kalmouks, les Toungouzes et les Kirghiz le consomment sous le nom de «pain iakoute», soit cru, soit séché, soit rôti. On peut aussi en faire une farine qui sert à la fabrication d'une espèce de pain, ou de galettes. Torréfié, le rhizome est également utilisé comme ersatz du café.

Iris faux-acore

Iris pseudacorus L.

Le faux-acore (dit aussi glai ou iris d'eau) est une plante vivace issue d'un gros rhizome ramifié, et dont les feuilles en forme de lames de sabre sont disposées deux à deux, longues de 1 à 2 m. Les hampes florales ont la même longueur, sont aplaties et ramifiées.

Les fleurs présentent un long pédoncule qui prend naissance à l'aisselle d'une bractée verte qui cache l'ovaire infère et triloculé. Le périanthe est jaune, soudé à la base en tube, et comporte 6 pièces florales. Les 3 externes sont horizontales, réfléchies et dépourvues de barbes qui sont pourtant le signe distinctif de la plupart des epèces d'iris. Les trois pièces internes sont dressées et nettement inférieures en taille aux trois lames pétaloïdes stigmatiques. Les stigmates recouvrent les étamines. Le fruit est une capsule pendante, cylindrique, à 3 loges arrondies, qui contiennent des graines aplaties.

Le faux-acore est le compagnon usuel des roseaux, il peuple les trous d'eau, les bras morts et les eaux calmes de toute l'Europe, de l'Asie et de l'Amérique du Nord.

Le rhizome contient une proportion considérable de tannin et peut être utilisé dans l'apprêt des peaux. Mélangé à des sels de fer, il donne une teinture noire de belle qualité.

Il a été également utilisé, à cause de ses propriétés astringentes, comme hémostatique par les médecins d'autrefois sous le nom précisément de «faux-acore».

Iris faux-acore

Acore

Acore

Acorus calamus L.

Cette plante de marais peut mesurer 1,50 m de haut et se présente en touffes peu fournies, issues d'un rhizome épais, ramifié, de consistance spongieuse mais dense, de couleur blanche ou rosée à l'intérieur. Sa face inférieure porte de courtes radicelles adventives. Les feuilles sont distiques, longues d'environ 1 m, en forme de glaive, pourvues d'une gaine en gouttière épaissie à la base.

Les hampes florales ont une section à peu près triangulaire, aiguë d'un côté, canaliculée de l'autre.

Les fleurs sont petites, sans attrait, de couleur vert jaunâtre avec un périanthe scarieux et 6 étamines. Elles sont disposées en un épi cylindrique, d'abord vert puis brunâtre, qui peut mesurer 8 cm de longueur. L'épi semble naître sur le côté de la tige: en fait il est terminal, mais la spathe caractéristique de la famille est verticale et le déporte de côté. Elle a l'aspect d'une longue lame foliacée qui prolongerait la tige.

Les fruits sont de longues baies de couleur rouge. On ne les voit jamais dans nos régions, parce que l'acore est une plante introduite et naturalisée, mais elles se forment couramment en Asie orientale qui est sa patrie d'origine.

L'acore est donc originaire des régions tropicales de l'Asie de l'Est d'où il s'est étendu vers l'occident, puis dans le monde entier, car il a été importé partout à cause de ses vertus médicinales connues depuis des temps reculés. De nos jours il abonde dans toute l'Europe centrale et orientale, en Italie du Nord, dans les Balkans, en France, en Asie et dans les régions orientales de l'Amérique du Nord.

L'acore à l'état vivant fut introduit pour la première fois en Europe en 1574: le botaniste Clusius (l'Ecluse) le reçut de l'ambassadeur à la cour de Constantinople, Augerius Ghislenius Busbequius, et arriva à le cultiver à titre de curiosité dans les collections du jardin botanique de Vienne. D'autres chroniques font remonter son introduction en 1557: ce serait Matthioli qui l'aurait reçu à Prague, toujours de Constantinople. Les botanistes, les amoureux de la nature, puis les moines et les herboristes se sont chargés ensuite de le disséminer en pleine nature où il s'est rapidement multiplié.

L'acore possède une odeur particulièrement forte. C'est surtout la souche qui est très aromatique, car elle contient de l'acorine qui est un glucoside amer, deux alcaloïdes, la calamine et la choline, beaucoup d'amidon et surtout des huiles éthérées aromatiques. Les propriétés médicinales du rhizome sont connues depuis des temps immémoriaux: on l'utilisait dans l'Inde ancienne, dans les pays arabes, en Grèce et à Rome. L'extrait servait à nettoyer les plaies, à soigner les crampes d'estomac, les flatuosités, la scrofulose infantile et diverses maladies épidémiques. Il stimule la digestion et ajouté à l'eau du bain il fortifie les nerfs. Les femmes romaines ajoutaient de la décoction du rhizome à leur bain pour être encore plus belles et plus fraîches. La mastication du rhizome frais protège contre les maladies infectieuses, grâce à son pouvoir antiseptique.

Il peut aussi se conserver dans l'alcool et sert à la fabrication de liqueurs: son extrait entre pour une part dans la fabrication de la vraie Bénédictine française et aussi dans la Chartreuse.

Anguine

Ruban d'eau

On se sert également du rhizome dans la composition des dentifrices, de certains parfums, et dans la confiserie. En Turquie il est particulièrement apprécié à l'état de confit.

Anguine
Calla palustris L.

L'anguine est une plante vivace haute de 15 à 30 cm, issue d'une souche cylindrique, verte et creuse qui peut atteindre une cinquantaine de cm de longueur. Les feuilles distiques ont un long pétiole, un limbe arrondi-cordiforme, pointu, large de 4 à 11 cm, brillant et coriace.

L'extrémité de la souche porte une tige dressée, nue, terminée par une spathe déroulée, aiguë, longue de 6 à 7 cm. Cette spathe est verte à l'extérieur, blanche à l'intérieur et contient un court spadice cylindrique, composé de petites fleurs serrées, porté par un court pédoncule.

Les fruits sont des baies rouges au goût brûlant, qui contiennent des graines violacées incluses dans une gelée vitreuse et transparente. Elles sont disséminées par l'eau et les oiseaux.

L'anguine forme des groupes étendus dans les marais, les bras morts et les aulnaies de toute l'Europe centrale et du Nord. Elle se trouve aussi en Amérique du Nord, dans ses régions atlantiques, et en Sibérie. Elle s'est naturalisée en Angleterre, mais n'apparaît que de façon isolée en Suisse.

Les rhizomes ont une saveur très âcre et sont toxiques. On les a utilisés jadis en médecine sous le nom de *«Rhizoma dracunculi palustris»* surtout comme vésicatoire. La tradition populaire de son côté en faisait un remède contre les morsures de serpents.

Ruban d'eau
Sparganium erectum L.

Le ruban d'eau est une plante vivace, qui atteint 1,20 m de haut, et pourvue d'un rhizome ramifié et rampant. Les

tiges sont dressées, parfois légèrement recourbées par le poids des fruits, à section arrondie, plus ou moins ramifiées dans leur partie supérieure.
Les feuilles apparaissent en touffes et peuvent atteindre 1,50 m de long. Elles ont un limbe en forme de lame de glaive et sont de section triangulaire à la base, carénées jusqu'à leur extrémité.
Les fleurs minuscules à sexes séparés, à périanthe brun et parcheminé, sont disposées en une panicule de capitules arrondis, les femelles à la base, les mâles au sommet. La floraison a lieu en juin et en juillet et la pollinisation se fait par le vent. Les fruits sont des akènes de 8 mm de long, disposés en têtes piquantes.
Le ruban d'eau est une espèce adaptable et changeante, qui abonde dans les marais, les bras morts, etc., surtout en plaine. On le trouve dans toute l'Europe tempérée et en Asie, mais aussi en Afrique du Nord, aux confins du cercle polaire arctique et jusqu'au Japon.
Les tonneliers se servent de ses feuilles très minces pour assurer le joint entre les douves des tonneaux et des baquets. C'est sans doute la seule utilité de cette plante.

Saponaire

Reine des prés

Saponaire
Saponaria officinalis L.

La saponaire est une plante vivace, pourvue d'un rhizome traçant et de tiges dressées, ramifiées, parfois presque ligneuses à la base.
Les feuilles sont elliptiques-allongées, pointues à leur extrémité, les inférieures courtement pétiolées, celles du haut sessiles. A l'aisselle de ces feuilles principales qui portent 3 à 4 nervures apparaissent souvent des bouquets de feuilles secondaires.
Les fleurs, disposées en cymes bipares, axillaires ou terminales, sont portées par un court pédoncule. Elles se composent d'un calice violacé et pubescent et d'une corolle blanche ou rosée, dont les pétales sont légèrement échancrés à leur extrémité. Elles sont délicatement parfumées, surtout le soir et la nuit. Elles s'ouvrent de juin à septembre. Le fruit est une capsule ovoïde qui contient un grand nombre de graines noires.
La saponaire est caractéristique des haies humides et des bords de l'eau, mais elle est également commune le long des routes et dans les terrains rapportés.
Elle est répandue dans toute l'Europe, dans toute l'Asie tempérée, au Japon et en Amérique du Nord. Elle est particulièrement commune dans l'est de la France.
On la cultive en Autriche, en Hongrie et en Allemagne pour ses propriétés médicinales. La plante entière (et surtout la racine) contient un glucoside, la saponine; substance toxique qui mousse dans l'eau comme le savon, qui provoque des éternuements et irrite la gorge. On y trouve aussi des saccharides et des substances lipidiques.
Les racines sont utilisées pour laver les tissus qui craignent, et elles peuvent remplacer le bois de Panama.
On utilise en pharmacie l'extrait des racines, ou bien l'infusion qui est diurétique, sudorifique, et efficace contre la toux. On en a fait aussi un usage externe pour déterger les abcès et diverses maladies épidermiques. En France, son usage semble être tombé en désuétude.

Reine des prés
Filipendula ulmaria (L.) MAXIM.

Une souche noire, rampante et articulée donne naissance aux nombreuses tiges dressées, solides et anguleuses, de cette grande plante vivace qui peut atteindre deux mètres de haut.
Les feuilles composées sont imparipennées, formées de 2—5 groupes de folioles opposées, ovoïdes, et d'une foliole terminale palmée. Les stipules découpées

en cœur et dentées ont une forme caractéristique. Le dessus des feuilles est vert foncé, le dessous est plus pâle et légèrement velu.
Les fleurs sont très nombreuses et forment des corymbes très ramifiés. On les reconnaît de loin à leur couleur blanc jaunâtre, à leur odeur spécifique aromatique et éthérée, à leur longues étamines qui dépassent la corolle, et à leur aspect plumeux.
La floraison a lieu de juin à septembre et on distingue de loin les grandes colonies de reines des prés, repérables par la hauteur de leur tiges, la couleur claire de leurs inflorescences, et leurs parfum particulier. Après la pollinisation, on voit se former des follicules bruns de forme spiralée très spéciale.
C'est une plante des berges, des prés humides et des fossés, abondante dans toute l'Europe et dans l'Asie du Nord.
Elle contient en abondance des tannins, un peu de vanilline et d'héliotropine et un glucoside, la gaulthiérine.
Les sommités fleuries servent à la préparation d'une infusion fébrifuge. Au Portugal on récolte aussi la souche qui est dite apaiser les crampes qui accompagnent les calculs rénaux ou biliaires. Il est vrai qu'elle contient aussi de l'acide salicylique, et de là son utilisation la plus classique contre les rhumatismes, du moins en France.
La médecine populaire en faisait grand usage pour soigner la scrofulose, la goutte et même les morsures de serpents.
Dans les pays scandinaves on ajoute les fleurs au vin et à la bière pour leur donner un parfum spécial.

Herbe aux corneilles
Lysimachia vulgaris L.

C'est une plante vivace, pourvue d'une longue souche traçante aux ramifications écailleuses, hérissées de nombreuses propagules.
Les tiges atteignent 1,50 m de haut. Elle sont à peine ramifiées, velues, anguleuses-arrondies.
Les feuilles caulinaires peuvent être opposées ou verticillées par 4—4, les supérieures sont parfois alternes. Toutes possèdent un pétiole court et un limbe entier, arrondi, aigu au sommet et couvert de points rouges. La nervation est apparente.

Herbe aux corneilles

Salicaire

Les fleurs sont groupées en panicules terminales fournies dont les ramifications inférieures prennent naissance à l'aisselle des feuilles. Les fleurs de la partie supérieure sont axillées par des bractées. La fleur elle-même atteint 1 cm de diamètre; elle comporte un calice profondément divisé aux sépales bordés de rouge et une corolle d'un beau jaune d'or. Le fruit est une capsule arrondie pluriséminée.
L'herbe aux corneilles fleurit de juin à juillet et forme souvent de vastes colonies au bord des ruisseaux, le long des marécages, des fossés et dans les anses aquatiques peu profondes.
Elle est répandue dans toutes les régions tempérées d'Europe et d'Asie de l'Angleterre au Japon. Elle a été observée en Algérie.
On l'a employée jadis pour soigner les fièvres et les abcès. La tige fournit une teinture jaune, la racine une teinture brune, et les fumées dégagées par sa combustion passent pour éloigner et détruire les mouches.

Salicaire
Lythrum salicaria L.

La salicaire est une belle plante vivace qui atteint plus d'un mètre de haut. Elle sort d'une souche qui se lignifie avec l'âge et ses tiges simples sont pourvues d'arêtes aiguës.
Les feuilles sont sessiles, lancéolées, cordiformes à la base et nervurées sur l'envers, celles de la base opposées et les supérieures alternes.
Au sommet de la tige, des bractées axillaires portent des groupes de 3 à 6 fleurs d'un bleu violacé, parfois rougeâtres, rarement blanches, qui forment une longue grappe ininterrompue. La floraison se situe de juin à septembre et le fruit est une capsule biloculée qui contient de nombreuses graines.
La salicaire est une habituée des associations des bords des rivières, des marais et des mouillères, de la plaine jusqu'au pied des montagnes. On la trouve dans l'ensemble de l'Europe en Asie

centrale et septentrionale, çà et là en Australie et en Amérique du Nord. Elle contient des corps gras et du fructose, et sa richesse en tannins l'a de tout temps destinée aux apprêts des cuirs. Les fleurs fournissent un colorant autorisé en confiserie.
Dans certaines régions on consomme les jeunes pousses, les feuilles et le rhizome brun à cœur blanc comme légumes.
Les compresses de feuilles broyées sont astringentes et hémostatiques, et feuilles et fleurs servaient jadis à soigner les saignements et les diarrhées.
Elle avait en France un usage folklorique presque oublié: les paysans surmontaient la dernière voiture de foin de la saison d'un gros bouquet de salicaire, qui était censée porter bonheur et assurer sa conservation.

Douce-amère
Solanum dulcamara L.

La douce-amère est un arbrisseau vivace, pourvu d'une souche ramifiée et rampante. Les tiges sont grimpantes, rampantes à l'occasion, ligneuses à la base, et de longueur variable selon la taille du support qui leur est offert: les tiges grimpantes, qui sont toujours plus longues, atteignent 3 m et davantage.
Les feuilles sont de forme variable: le plus souvent arrondies-lancéolées, les supérieures fréquemment sagittées ou en pertuisane, certaines portant deux petits segments à la base du limbe. D'autres sont si profondément étranglées qu'elles en paraissent trilobées.
Les fleurs d'un bleu-violet profond sont disposées en panicules lâches terminales et inclinées qui prennent toujours naissance à l'opposé d'une feuille. Les pétales aigus sont tendus à l'horizontale, ensuite recourbés en arrière, et portent à la base une tache verdâtre bordée de blanc. Les filets des étamines sont soudés en tube et les anthères sont d'une belle couleur jaune brillant. La floraison a lieu de juin à août.
Les fruits sont des baies elliptiques, d'un rouge brillant à maturité, portés par des pédoncules épaissis.
La douce-amère est fréquente le long des cours d'eau, des fossés et des trous d'eau, mais aussi dans les clairières et les bois clairs, soit à l'état rampant, mais le plus souvent enroulée autour d'autres plantes. Elle est répandue dans la plus grande partie de l'Europe et s'étend jusqu'en Chine et au Japon. On peut aussi la rencontrer en Afrique du Nord, et elle a été signalée en Amérique, mais sans qu'on sache si elle y est indigène.
C'est une plante toxique: les organes jeunes surtout — feuilles et tiges — contiennent de la solanine, de la dulcamarine et son produit dérivé, la solanidine. Toutes ces parties ont une saveur changeante: elles commencent par donner une impression d'amertume, puis elles deviennent douces sous l'action des sucs salivaires qui décomposent la solanine. Son nom spécifique, comme son nom vulgaire en français, est dû à cette propriété.
Les jeunes pousses, et également le bois aoûté, sont utilisés en infusion comme tranquillisants contre les toux nerveuses, et en compresses contre les maladies de la peau. Mais c'est un remède dangereux à haute dose, et qui doit être manié avec précaution.

Chanvre d'eau
Bidens tripartitus L.

C'est une plante annuelle pourvue de tiges dressées, largement ramifiées, souvent veinées de rouge, qui peut atteindre 1 m de haut.
Les feuilles caulinaires sont opposées, divisées en 3 à 7 folioles de couleur vert sombre. Les folioles sont rhomboïdales à lancéolées, à marge dentée, la terminale étant souvent trilobée. La base du limbe se transforme insensiblement en un pétiole à ailettes.
Les capitules terminaux sont dressés de forme conique. L'involucre est pourvu de deux types de bractées: les externes sont grandes et foliacées, les internes petites et de couleur brun jaunâtre.
Les capitules sont tubuliflores et tous les fleurons sont de la même teinte ocre. La floraison a lieu de juillet jusqu'en automne et les fruits sont des akènes aplatis de couleur brun-vert aciculés,

Douce-amère

Chanvre d'eau

munis de 2 à 5 arêtes retroussées. Ces aiguillons s'accrochent à la fourrure des animaux qui en assurent ainsi la dissémination. Ils peuvent être dangereux pour les poissons, car ils se plantent dans leur ouïes ou dans leur gueule et les empêchent de se nourrir normalement. Ils peuvent même provoquer leur mort.

La chanvre d'eau est fréquent sur les berges, dans les mouillères, les fossés et les marais, mais il préfère avant tout les abords et les fonds des étangs vidés.

On le trouve à l'état spontané dans presque toute l'Europe et en Asie occidentale et septentrionale. Il a probablement été introduit en Australie. Dans certaines régions méridionales, il se comporte comme un parasite des champs de pommes de terre et de maïs.

Il existe deux espèces voisines de la précédente:

Chardon des champs

Cirsium oleraceum (L.) SCOP.

Ce chardon accroche le regard par sa couleur vert clair ou même jaune. C'est une plante vivace dont la grosse souche noueuse et traçante donne naissance à des tiges creuses, cannelées, parfois un peu ramifiées dans leur partie supérieure et qui atteignent 1,5 m de haut.

Les feuilles sont grandes, de couleur vert clair, molles, les inférieures ovoïdes ou elliptiques, lobées ou profondément découpées, aux bords et nervures aciculés, mais à peine piquants contrairement aux autres espèces du genre.

Les feuilles caulinaires supérieures sont cordiformes, embrassantes, de forme lancéolée, entières ou pennatiséquées.

A l'extrémité des tiges on trouve ordinairement plusieurs capitules portés par de longues tiges et formés de fleurs blanc jaunâtre, rarement rougeâtre, à odeur sucrée. Les capitules portent à leur base un involucre de grandes bractées foliacées de couleur claire. Après la floraison on voit apparaître des akènes terminés par un appendice hérissé de plusieurs rangées de soies plumeuses. Les capitules attirent particulièrement les papillons de l'espèce *Rhodocera rhamni* dont les ailes imitent l'allure générale des bractées par leur couleur jaune-vert clair et leur maintien dressé.

C'est une plante banale des rives, des marécages et des prairies très humides, dans toute l'Europe et en Asie. Sa haute taille et sa couleur originale provoquent l'attention et permettent de reconnaître de loin les terrains d'une excessive humidité.

C'est une très mauvaise herbe dans les prés, car elle est dure, sèche mal, et est refusée par les bestiaux.

Chardon des champs

Chapelière blanche

Verne

Chapelière blanche

Petasites albus (L.) GAERTN.

Chez cette espèce les inflorescences sont portées par des tiges creuses d'un blanc verdâtre qui apparaissent dès la fonte des neiges. Les plantes femelles portent des grappes de capitules d'un jaune blanchâtre. Chez les plantes mâles les capitules moins nombreux forment une manière de corymbe.

Les feuilles ressemblent à celles de l'espèce précédente: elles sont arrondies-cordiformes, pubescentes sur l'envers à l'état jeune.

Saule blanc

Rare en plaine, la chapelière blanche est répandue dans toutes les régions montagneuses de toute l'Europe.

Verne (Aulne)

Alnus glutinosa (L.) GAERTN.

C'est un arbrisseau qui vient en bouquet quand on le recèpe, et un arbre qui peut atteindre 20 m de haut quand il est à toute venue. Il se distingue par son écorce d'un gris noirâtre et par le port particulier de ses branches qui sont d'abord droites, puis pendantes. Les jeunes rameaux ont une section nettement triangulaire et un toucher légèrement visqueux. Les feuilles se composent d'un court pétiole et d'un limbe arrondi, à base cunéiforme, avec un sommet plus ou moins rétus et un bord bidenté. Les bourgeons de couleur violacée sont pédonculés. Les jeunes feuilles ont le même toucher visqueux que les rameaux.

Les fleurs mâles, staminées, ont un périanthe écailleux et sont disposées en chatons retombants qui s'allongent pendant la floraison. Ils sont apparents sur les branches dès l'automne sous la forme de courts cylindres verts.

Les chatons femelles sont plus courts, elliptiques et dressés. Les bractées soudées se lignifient après la floraison pour former un fruit qui ressemble à une toute petite pomme de pin pédonculée, d'abord verte puis noire, et qui reste fixé sur l'arbre jusqu'à l'année suivante même après la dispersion des graines.

Le verne fleurit de mai à juin et la pollinisation se fait par le vent. Les fruits sont de petits akènes plans, bordés d'une membrane aérienne qui leur permet de flotter.

Cet arbre exige une humidité constante du sol, et c'est de ce fait un habitant typique des berges, des lisières des marais, et des zones plus ou moins inondées des plateaux et des plaines. Dans les forêts sa présence décèle souvent la présence d'une source cachée. Il peut former des taillis étendus, qu'on appelle aulnaies ou vernois. Dans les sols instables des marais, le verne forme parfois des racines-échasses comme celles des palétuviers tropicaux qui renforcent sa stabilité. Il est courant dans toute l'Europe, de la Sicile à la Finlande, à l'est jusqu'en Transcaucasie et jusqu'à l'Oural. Son bois est mou, léger, cassant et facile à travailler. De couleur blanc jaunâtre, il rougit fortement et rapidement à l'air libre. Sa richesse en tannins lui permet de résister à l'humidité et c'est pourquoi on l'utilise souvent pour les conduits des fontaines. Mais il convient aussi pour la petite menuiserie, la fabrication de crayons, de bobines, de diverses écuelles, d'objets décoratifs, de moules de verreries, etc.

Les racines portent de nombreuses nodosités de la taille d'une perle, souvent disposées en longs chapelets: ces formations sont dues à une bactérie symbiotique (*Schinzia alni*) qui a le pouvoir de fixer l'azote de l'air qu'elle restitue à l'arbre au moment de sa mort. De plus, le verne héberge un nombre considérable de champignons, surtout des lactaires, qui lui sont particuliers, mais ne présentent qu'un intérêt purement botanique.

L'écorce contient une grande quantité de tannin et on l'emploie en corroierie. L'extrait de l'écorce donne par cuisson un bon colorant brun.

L'infusion des feuilles est utilisée comme fébrifuge ou en gargarismes pour soulager les angines, car elle est fortement astringente. On a utilisé également les compresses de feuilles écrasées pour faire mûrir les abcès.

Saule blanc (Saule argenté)

Salix alba L.

Le saule blanc est un arbre qui peut atteindre et dépasser 20 m de haut. Les jeunes rameaux sont velus, souples et difficiles à briser et l'envers des feuilles est couvert d'un velours soyeux qui leur donne un aspect argenté, surtout quand le vent les retourne.

Il est très fréquent au bord de l'eau de l'Europe entière et de l'Asie tempérée, mais il a aussi pénétré en Afrique et la culture l'a répandu en Amérique et en Australie.

Les branches et les rameaux sont d'une vigueur énorme et capables de régénération illimitée, et une taille répétée aboutit à la forme en «têtards», si caractéristique des paysages humides.

Le saule blanc est souvent cultivé pour la grosse vannerie. Ses feuilles de saveur amère sont recherchées par les chèvres, et leur infusion est fébrifuge et antirhumatismale. C'est de ces feuilles qu'a été extrait la première fois l'acide salicylique dont l'aspirine est le dérivé le plus connu. Son écorce, encore plus amère a été longtemps le fébrifuge majeur, et on a pu l'appeler le «Quinquina indigène».

Ambrette commune

Succinea putris

Cet escargot vit sur les bords des étangs, des lacs et des mares, mais on le trouve aussi dans des marais et sur le bord des fossés remplis d'eau. Il mesure entre 16 et 22 mm de haut (certains individus, le long du Danube, peuvent avoir des coquilles d'une hauteur de 27 mm). La coquille est ovoïde à cunéiforme, généralement de couleur ambrée, et mesure environ 13 mm de diamètre. Ils vivent accrochés à des plantes aquatiques et, lorsque le niveau de l'eau s'élève, en cas d'inondations par exemple, ils montent le long des troncs d'arbres ou d'arbustes pour se maintenir hors de l'eau. Ils se nourrissent de parcelles de plantes, de préférence fraîches. Cet escargot est hermaphrodite, mais lors de l'accouplement l'un agit comme mâle, l'autre comme femelle. Il dépose de 50 à 100 œufs en des endroits humides du sol. En hiver il se cache dans les fissures de l'écorce des saules ou dans le feuillage en décomposition; de la même façon il survit aussi aux étés particulièrement secs. Il atteint l'âge de trois ans.

Donacie
Donacia crassipes

Dans les étangs et les lacs qui sont recouverts de nénuphars, on rencontre souvent un coléoptère long de 9 à 11 mm, de couleur verte à éclat métallique et aux fortes pattes arrière. C'est la donacie qui fait partie de la famille des chrysomélidés. La donacie se tient sur les feuilles de nénuphars ou d'autres plantes aquatiques à la surface de l'eau. La femelle, au moment de la ponte, y perce des trous grâce auxquels elle dépose ses œufs sur la face inférieure de la feuille. Une fois écloses, ses larves blanches épaisses et hexapodes descendent plus bas dans l'eau où elles entaillent, à l'aide d'ardillons spéciaux, les canaux d'air des plantes pour y puiser l'oxygène dont elles ont besoin pour subsister. Elles se transforment, toujours sous l'eau, en nymphes dans une coque liée aux canaux d'air des plantes aquatiques. Il existe dans toute l'Europe plusieurs autres espèces de donacies que l'on trouve sur les plantes aquatiques ou dans des marais.

Tétragnathe étendue
Tetragnatha extensa

Parfois, on rencontre des toiles d'araignées dans des lieux humides près des fossés, des ruisseaux et de petites rivières ou des étangs, accrochées entre les roseaux ou l'herbe. Dessus, on peut voir une petite écharde immobile qui, après minutieuse observation, s'avère être une araignée très longue qui se tient les pattes allongées. C'est la tétragnathe qui possède de très importantes pièces buccales. Son corps atteint une longueur d'environ 10 mm. Posée dans sa toile ou à proximité, elle guette sa proie: mouches ou autres insectes. La femelle, après avoir pondu ses œufs, les entoure d'un cocon qu'elle attache sur des tiges de roseaux ou d'autres plantes.

Ambrette commune

Tétragnathe étendue

Donacie

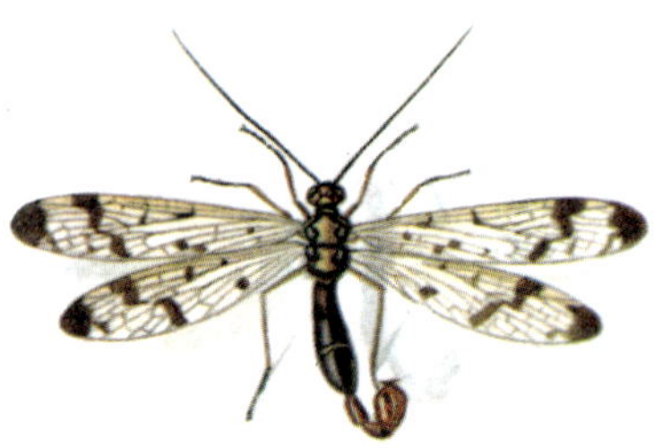

Mouche-scorpion

Aromie musquée

Mouche-scorpion
Panorpa communis

En été on peut voir dans les forêts, près des ruisseaux ou des marécages, un insecte étrange, long d'environ 20 mm, à la tête très allongée et se terminant par une sorte de trompe; c'est la mouche-scorpion. Ses ailes sont nervurées et bariolées. L'abdomen du mâle comporte un appendice étrange recourbé vers le haut qui fait penser à la queue du scorpion. Beaucoup de gens la craignent car ils pensent que cette queue sécrète du venin. Par endroits, la mouche-scorpion est très fréquente. La femelle pond ses œufs (jusqu'à 75) dans des creux au sol. Les larves, qui ressemblent à de petites chenilles, vivent dans la mousse, dans le feuillage humide, etc. L'insecte se nourrit de végétaux et d'animaux. Parfois, il attaque d'autres insectes blessés et suce leur sang.

Aromie musquée
Aromia moschata

Parée de magnifiques couleurs, l'aromie musquée se rencontre de juin à août sur des saules, généralement près des rivières. Elle mesure jusqu'à 35 mm, ses antennes étant plus longues que son corps. Elle est d'un vert métallique, bleuâtre ou cuivré. Elle aime se tenir sur les fleurs de plantes élancées et lorsqu'elle est posée sur une branche de saule, elle disparaît pratiquement dans le vert de l'arbre. Sa sécrétion d'une odeur pénétrante trahit sa présence. Les larves se développent ordinairement sur de vieux saules, et lorsqu'il y en a un grand nombre, ces arbres peuvent mourir au bout de quelques années. Dans des cas exceptionnels, les larves se développent aussi sur des peupliers ou des aulnes.

Clytre à quatre points
Clytra quadripunctata

Aux bords des rivières et des grands ruisseaux on trouve sur les feuilles des saules ou des aulnes, parfois aussi sur des tilleuls, une grande quantité de coléoptères mesurant environ 10 mm; ce sont des clytres à quatre points. Leurs élytres sont rouge-jaune et sont ornés chacun de deux taches noires. Les larves se développent dans les nids de la fourmi rousse. Là, elles vivent et se transforment en nymphes dans des fourreaux faits en grande partie de leurs propres excréments.

Clytre à quatre points

Obérée

Agélastique

Queue fourchue

Phalère

Obérée
Oberea oculata

Cette obérée, qui mesure entre 15 et 21 mm, est très répandue dans les pâturages des plaines et de la montagne situés à proximité des rivières et des ruisseaux. Elle est facilement reconnaissable à son bouclier rouge comportant deux points noirs. Les élytres sont noirs, parsemés de poils gris cendré; la tête et les antennes sont noires. Souvent, on peut voir un grand nombre de ces coléoptères sur des branches de saules et entendre leurs sons grinçants. La femelle dépose ses œufs un à un dans des creux qu'elle aménage dans les branches de saules ou de marsaults. Les larves forent des galeries de 30 cm dans le bois. Elles se transforment en nymphes au bout d'un an. L'adulte, une fois éclos, se fraie un chemin vers la surface et, en sortant du bois, laisse une ouverture circulaire. Les adultes volent surtout en juin et en juillet, mais parfois on peut encore en rencontrer au début de septembre.

Agélastique (Chrysomèle de l'aulne)
Agelastica alni

Ce coléoptère, mesurant de 5 à 6 mm, vit l'été sur les aulnes aux bords des rivières et des ruisseaux. Il est très fréquent et se tient surtout sur les feuilles qu'il mange. Le dos est violet foncé ou bleu nuit brillant, la face ventrale noir-bleu. Souvent, on peut voir des exemplaires à l'abdomen tellement gros que les élytres n'arrivent pas à le recouvrir. Ce sont les femelles fécondées, à l'abdomen rempli d'œufs. Elles déposent ceux-ci en mai ou en juin en tas de 50 à la surface inférieure des feuilles. Au total, une femelle pond environ 900 œufs. Les larves se nourrissent également de feuilles et, une fois terminée leur évolution, elles descendent au sol et se transforment en nymphes. Le coléoptère adulte éclôt en août et s'envole sur les aulnes. En hiver, il se cache dans le feuillage mort sur le sol et en ressort en mai de l'année suivante.

Queue fourchue
Cerura vinula

De juillet à septembre, on peut trouver sur les saules ou les peupliers à proximité des rivières une grande chenille verdâtre bossue dont l'abdomen se termine par une fourche. Quand elle est attaquée, elle étale sa queue fourchue à l'extrémité de laquelle jaillissent des filaments rouges qu'elle agite comme des fouets. Pour se transformer en nymphe elle s'entoure d'un cocon fait d'éclats d'écorce et se loge dans une fissure de l'arbre. Les adultes ont une envergure d'environ 70 mm. Ils volent de mai au début de juillet à la tombée de la nuit. Leurs ailes antérieures sont grises et ornées de lignes en zigzag plus foncées; les ailes postérieures sont plus claires, grises chez le mâle et brunâtres chez la femelle. Lorsque cet insecte se multiplie beaucoup, ses larves peuvent causer des dégâts considérables dans les pépinières.

Phalère
Phalera bucephala

Entre juin et octobre, on rencontre les chenilles de la phalère, noir-brun à bandes jaunes recouvertes d'un fin duvet, sur les saules, les peupliers, les bouleaux et les tilleuls. Au début de leur vie, elles vivent en communauté et dévorent les feuilles. Plus tard, elles se dispersent, chaque chenille choisissant ses branches pour pouvoir satisfaire son appétit. L'évolution larvaire une fois terminée, les chenilles se transforment en nymphes sur le sol. La chrysalide est foncée, brillante et, lorsqu'on la touche, elle réagit par des mouvements rapides et saccadés. Le papillon, d'une envergure d'environ 50 mm, vole pendant les chaudes soirées des mois de mai et de juin. Ses ailes antérieures sont gris foncé avec des bandes transversales plus sombres et des lignes ondulées; elles s'ornent chacune d'une grande tache dorée sur le bord supérieur. Les ailes postérieures sont blanc jaunâtre. C'est un papillon de nuit très répandu partout en Europe.

Déliéphile de la vigne

Déiléphile de la vigne
Deilephila elpenor

Le long des ruisseaux, on trouve souvent des épilobes aux belles fleurs rouges. En examinant ces plantes d'un peu plus près, entre juin et fin août, on y trouvera des chenilles épaisses, longues de 8 cm, avec des «yeux» sur les segments antérieurs et une «corne» sur l'abdomen. Elles sont ordinairement brunes, mais certaines tirent sur le noir et parfois on en trouve des vertes. Ce sont les chenilles d'un papillon de nuit, le déiléphile de la vigne. Elles mangent les feuilles des épilobes, mais aussi celles du gaillet et de la vigne. Le papillon aux très belles couleurs vole, très rapidement, pendant les chaudes soirées des mois de mai et de juin, plus rarement encore en septembre. L'envergure de ce déiléphile est environ 65 mm.

Demi-paon

Demi-paon
Smerinthus ocellatus

Les soirs d'été, on peut souvent voir un grand papillon s'égarer dans une maison éclairée, surtout lorsque celle-ci est située près d'un cours d'eau. C'est le demi-paon dont les ailes postérieures s'ornent d'un ocelle et qui a une envergure

Déliéphile de l'euphorbe

Grand Mars changeant

Grand sylvain

Tabac d'Espagne

de 85 mm. Au repos, ses ailes postérieures sont cachées par ses ailes antérieures aux couleurs de l'écorce des arbres. Lorsque un danger menace, le papillon déploie subitement ses ailes découvrant les ocelles qui, souvent, font peur à l'agresseur. La chenille est verte avec des lignes transversales obliques bleues sur les flancs et un appendice bleu en forme de corne à l'extrémité abdominale. Ces chenilles vivent entre juin et septembre sur les saules à proximité des ruisseaux et des rivières, plus rarement aussi sur des peupliers ou de jeunes arbres fruitiers.

Déiléphile de l'euphorbe
Celerio euphorbiae

Le long des rivières et, plus généralement, partout où pousse l'euphorbe, on rencontre en juillet et en août des chenilles noirâtres avec une longue bande longitudinale rouge clair sur le dos et des bandes et taches jaunâtres sur les flancs. L'abdomen se termine par une longue «corne». Le papillon vole au crépuscule entre mai et septembre et butine les fleurs. Son envergure est d'environ 70 mm. C'est un papillon très répandu. Les chenilles se chrysalident dans le sol. Il est intéressant de noter que la chrysalide peut hiverner plusieurs fois ne donnant naissance au papillon qu'au bout de plusieurs années.

Grand sylvain
Limenitis populi

Le grand sylvain, lépidoptère diurne, d'envergure de 80 mm, est parmi les plus beaux papillons européens. La femelle est un peu plus petite que le mâle. Les ailes postérieures s'ornent d'une bande, large et blanche chez la femelle, tandis qu'elle est étroite et brunâtre chez le mâle. Mais la face inférieure des ailes est encore plus belle: fond doré, parsemé de taches argentées. Le grand sylvain habite surtout les vallées des rivières où il plane autour des cimes des arbres. Souvent, on peut le voir posé sur le sol humide, sur la boue ou les excréments. La chenille est verte avec des excroissances. Elle vit sur les feuilles des peupliers, plus rarement sur celles des trembles. En automne, elle s'enroule dans une feuille pour hiberner et recommence à se nourrir au printemps. Puis, elle se transforme en chrysalide dont le papillon éclôt au bout de 3 ou 4 semaines.

Grand Mars changeant
Apatura iris

Ce papillon diurne — envergure environ 60 mm — vit de juin à août près des rivières ou dans des forêts de feuillus clairsemées aux alentours des ruisseaux. Ses ailes brillent d'un bel éclat métallique. A l'aube, il vole au ras du sol où il se pose fréquemment sur des cadavres d'animaux ou des excréments ou encore sur des endroits marécageux pour se nourrir. Plus tard dans la journée, il voltige entre les cimes des arbres. Ses chenilles vivent à partir du mois d'août sur des saules, des marsaults ou des trembles. Elles sont vertes avec des bandes et des points jaunes et facilement reconnaissables aux deux longues «cornes» bleues qui ornent leur tête. Elles hivernent et retournent manger les feuilles entre avril et juin, moment où elles chrysalident.

Tabac d'Espagne
Argynnis paphia

Ce papillon diurne, d'une envergure d'environ 70 mm, est très répandu dans les clairières ou les prés humides des forêts à proximité des ruisseaux. Ordinairement, il se tient sur les feuilles des chardons dont il suce le nectar. La femelle dépose ses œufs en août sur des violettes. Les chenilles éclosent au bout

Hémérobe aux yeux d'or

Stratiomye

de deux semaines et continuent à vivre sur les violettes. Elles hibernent et réapparaissent l'année suivante entre mai et juin. A ce moment, elles se chrysalident sur des troncs d'arbres. Elles sont difficiles à trouver, car elles se tiennent cachées dans la journée. Les chenilles sont brunes avec une bande jaune sur le dos, des bandes foncées sur les flancs et entièrement recouvertes de longues épines jaunes.

Hémérobe aux yeux d'or

Chrysops caecutiens

Mesurant entre 8 et 9 mm, l'hémérobe aux yeux d'or est très répandu aux bords des cours d'eau et dans les environs de ceux-ci. Il tire son nom du fait que la femelle a des yeux vert doré. Il vit entre mai et septembre et suce le sang des grands mammifères et des hommes. La femelle dépose des œufs noirs brillants sur des plantes aquatiques. Les larves, au corps cylindrique, sont carnassières et vivent dans la vase. Pour se chrysalider, elles quittent l'eau et se rendent dans des endroits sablonneux.

Crapaud accoucheur

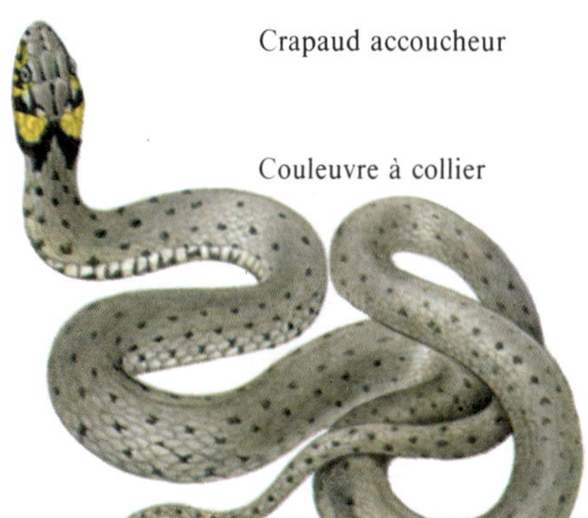

Couleuvre à collier

Stratiomye (Mouche armée)

Stratiomys chamaeleon

C'est une mouche remarquable à l'abdomen aplati, longue d'environ 14 mm, et qui, par endroits, est très répandue l'été à proximité de l'eau où elle se tient sur les fleurs et les buissons. Elle se nourrit de nectar. La femelle dépose ses œufs sur des plantes aquatiques au-dessus de la surface de l'eau. Les larves s'immergent et vivent dans les hauts-fonds entre les végétaux. Elles ont un très long tube respiratoire se terminant par un stigmate. Carnassières, elles se nourrissent de larves d'autres insectes ou de petits vers. Lorsque leur évolution est terminée, elles quittent l'eau et se chrysalident au sec dans le sol.

Crapaud accoucheur

Alytes obstetricans

Ce crapaud, d'une taille d'environ 5 cm, habite l'Europe occidentale et méridionale ainsi que la partie ouest de l'Europe centrale. On peut le rencontrer aussi bien le long du littoral que très haut dans la montagne. Dans la journée, il se tient caché sous des pierres ou dans des cachettes qu'il creuse lui-même; il ne va à la chasse qu'à la tombée de la nuit. Il se nourrit d'insectes et de leurs larves, de vers et d'araignées. Au moment des noces, il chante d'une voix qui ressemble à une clochette. Il se reproduit au printemps et en été. L'accouplement a lieu sur terrain sec. Ensuite, la femelle dépose un chapelet composé de 20 à 100 œufs relativement gros que le mâle accroche autour de ses pattes arrière et qu'il porte pendant 3 à 6 semaines, c'est-à-dire jusqu'au moment de l'éclosion des têtards. Pour éviter que les œufs ne sèchent, le mâle se tient pendant ce temps dans un milieu humide. Lorsque le temps est très sec, il plonge ses pattes arrière avec les œufs pendant quelque temps dans l'eau. Juste avant l'éclosion, il se rend également dans l'eau pour que les têtards puissent sortir. La métamorphose a lieu

Bruant des roseaux

Rousserolle turdoïde

en automne, parfois seulement l'année suivante; dans ce cas, les têtards hivernent dans l'eau.

Couleuvre à collier
Natrix natrix

La couleuvre à collier est très répandue en Europe; elle atteint une longueur de 1,5 m; généralement les femelles sont plus longues que les mâles. Des deux côtés de la tête, elles s'ornent d'une tache blanchâtre ou orange. Elle vit tout l'été près des étangs, des mares et des rivières; en automne, elle va à la recherche d'une cachette pour l'hiver qu'elle trouve dans des anfractuosités, des terriers de mammifères ou des grottes qu'elle partage souvent avec des compagnons de son espèce ou d'autres serpents. On peut la voir aussi dans l'eau où elle nage lentement mais avec endurance, parcourant souvent de grandes distances; ainsi, on a pu en observer dans la mer à une distance de 23 km du rivage. Souvent, elle se repose sur des objets qui flottent, parois même sur des canards. Cela a conduit, dans certaines régions, à la superstition que la couleuvre s'accouple avec le canard, ce qui a conduit des gens superstitieux à ne pas manger d'œufs de cane. La couleuvre à collier craint l'homme et le fuit. Lorsqu'on l'attrape, elle ne se sert que très rarement de ses dents qui sont très courtes, et sa mâchoire s'ouvre très peu. Comme défense contre ses ennemis, elle sécrète, d'une glande située près du cloaque, un liquide malodorant. Elle se nourrit de divers amphibiens, plus rarement aussi de petits poissons et de mammifères. Les jeunes mangent aussi des insectes. Entre juillet et août, la femelle dépose entre 6 et 30 (exceptionnellement plus) œufs sous le feuillage, dans la berge ou dans la mousse près de l'eau; ces œufs ont une coque élastique ressemblant à du cuir. Les petits éclosent au bout de deux mois où plus tôt lorsque le climat est plus clément.

Bruant des roseaux
Emberiza schoeniclus

Cet oiseau, paré de belles couleurs, a élu domicile dans toute l'Europe. Il habite les roselières impénétrables au bord des étangs et des mares de la plaine. Le mâle est souvent haut perché, sur une branche de saule ou une tige de roseau, d'où il fait entendre sa chanson, principalement au début de la première nidification en avril. Il niche une deuxième fois en juin. Les bruants construisent leur nid avec des brins d'herbe sèche dans l'herbe ou dans les laîches des prés et des champs situés à proximité de l'eau. Ce nid est posé dans un creux du sol et caché par la végétation environnante. Plus rarement, il arrive que le nid soit accroché dans un buisson. La femelle pond entre 4 et 5 œufs brunâtres ou tirant sur le violet, tachetés et mouchetés de brun-noir. Mais, en fait, la coloration des œufs est très variable. La femelle couve pendant 12 à 14 jours en alternance avec le mâle. Les oiseaux adultes nourrissent leurs petits avec des insectes et leurs larves alors qu'eux-mêmes mangent surtout des graines de plantes. Parfois nous rencontrons des bruants des roseaux même en hiver; dans ce cas, il s'agit d'oiseaux qui sont venus du nord. Ceux d'Europe centrale passent l'hiver en France et en Italie d'où ils repartent en mars vers leurs lieux de nidification.

Rousserolle turdoïde
Acrocephalus arundinaceus

Très répandue par ailleurs en Europe, cette rousserolle est absente d'Angleterre et des pays scandinaves. Elle vit dans les roseaux autour des étangs, des mares ou des lacs. On ne l'aperçoit que très rarement, mais son chant qui sonne comme «karr karr kiit kiit kiit» est audible de loin. Pour chanter, le mâle se tient sur le haut d'une tige de roseau. Les rousserolles turdoïdes d'Europe nous quittent dès le mois d'août pour passer l'hiver en Afrique équatoriale et ne reviennent que vers la mi-mai. Elles construisent leurs nids entre des tiges de roseaux au ras de l'eau; le nid ressemble à une petite corbeille large de 10 cm et profonde de 20 cm. La femelle y pond en juin de 4 à 6 œufs bleuâtres, tachetés de vert olive et de brun. Les deux parents couvent en alternance pendant 14 ou 15 jours et ce sont aussi les deux parents qui nourrissent les oisillons pendant environ deux semaines. La rousserolle turdoïde se nourrit de divers insectes et de leurs larves, d'araignées et de petits escargots.

Busard harpaye
(Busard des roseaux)
Circus aeruginosus

On peut rencontrer ce beau rapace dans presque toutes les régions d'Europe riches en étangs et en lacs; il est spécialement fréquent en Alsace; il vit là dans les roselières étendues et, souvent, on peut le voir voler en cercle au-dessus. Après leur retour de l'Afrique tropicale, généralement fin mars, les couples dessinent des boucles acrobatiques haut dans les airs, signe que l'accouplement est proche. Peu après, les oiseaux commencent à ramasser des branches et des brins d'herbe sèche qu'ils posent sur des roseaux penchés au-dessus de l'eau. Généralement, la construction mesure 40 cm de haut et environ 80 cm de diamètre. La femelle y pond ses 3 à 6 œufs blanc verdâtre; comme elle commence à couver dès la ponte du premier œuf, les oisillons naissent à la suite les uns des autres. Au cours de la couvaison, le mâle alimente la femelle. Les petits éclosent au bout de 32 ou 33 jours. Les deux parents vont alors à la chasse, mais seule la femelle donne la becquée; le mâle lui transmet la proie constituée de jeunes mouettes, de campagnols et de grenouilles. Les oisillons restent 40 jours au nid, puis ils prennent leur envol, mais les parents continuent à les nourrir pendant encore quelque temps. Le busard harpaye retourne dans ses quartiers d'hiver à la fin d'août ou au début de septembre.

Busard harpaye

Butor étoilé

Bihoreau commun

Héron cendré

Héron cendré
Ardea cinerea

Le héron cendré est un oiseau puissant qui vole lourdement le cou recourbé en S. Il se pose sur les hauts-fonds où il attend, debout, des heures durant s'il le faut, sa proie: petits poissons, amphibiens, mollusques et insectes; mais il capture aussi de petits mammifères et des oiseaux. Dans ce travail il est merveilleusement aidé de son long bec qui lui sert de harpon. Les hérons cendrés arrivent dans leur territoire de nidification au début d'avril. Ils vivent en colonie et construisent leur nid haut dans les pins, les peupliers, les chênes, etc. Sur de très grands arbres, on peut trouver plusieurs de ces nids. Ceux-ci sont confectionnés avec des branches sèches et tapissés de brindilles, de brins d'herbe, etc. La femelle pond 4 ou 5 œufs bleu-vert que les deux parents couvent alternativement entre 25 et 28 jours. La couvaison commençant dès la ponte du premier œuf, les oisillons éclosent à la suite les uns des autres. Au début, les parents déposent la nourriture dans le bec des petits; plus tard, ils se contentent d'apporter la proie au nid. Les oisillons savent voler au bout de 6 à 7 semaines et à l'âge de 8 à 9 semaines, ils quittent le nid et se répandent dans les environs. En automne et même en hiver, lorsque la température est clémente, on peut rencontrer des bandes de ces hérons près des étangs en Europe centrale et occidentale; mais ce sont ceux qui nichent dans le nord de l'Europe. Les hérons cendrés de nos régions hivernent dans les régions méditerranéennes et en Afrique où ils se rendent en août et en septembre.

Butor étoilé
Botaurus stellaris

Dans les roselières étendues voisines d'étangs ou de lacs on peut, au printemps, entendre un son lugubre qui, jadis, effrayait les gens superstitieux qui attribuaient ce cri à des êtres surhumains vivant dans les marais et y entraînant leurs victimes. Maintenant, nous savons que c'est la voix du butor étoilé. Lorsque la nuit est très calme, on peut l'entendre à plusieurs kilomètres à la ronde. Quand on le dérange, il s'élève sans faire de bruit et disparaît rapidement dans l'enchevêtrement des roseaux. Mais, lorsqu'il sent un danger approcher, il se tient immobile, le cou et le bec allongés vers le haut, imitant un tronc d'arbre; ce stratagème réussit d'ailleurs souvent. Il construit son nid avec des brindilles sur des roseaux tassés; en mai, la femelle y dépose entre 4 et 6 œufs gris-vert. Les petits éclosent au bout de 25 ou 26 jours. On suppose que la femelle couve seule, car il n'a pas encore été possible de découvrir le mâle à cette besogne. Le butor étoilé se nourrit de grenouilles, de petits poissons, d'insectes, etc. En octobre, il s'en va en Afrique d'où il revient dès le mois de mars.

Bihoreau commun
Nycticorax nycticorax

Ce bel oiseau habite le sud de l'Europe; plus rarement, il niche aussi en Europe centrale et, dans des cas exceptionnels, sur le littoral allemand et hollandais; on le voit fréquemment dans le delta du Rhône. C'est un oiseau sociable qui niche en colonies souvent avec d'autres espèces. Il construit son nid avec peu de soin en superposant simplement quelques branches sur des îlots ou sur des buissons, ou bien sur des arbres situés en plein dans les roseaux. La femelle pond généralement 4 œufs vert-bleu qu'elle commence à couver dès le premier printemps alternativement avec le mâle pendant 21 à 23 jours. En présence d'un ennemi, les tout jeunes essaient de

Vanneau huppé

Chevalier gambette

se défendre en lui assénant des coups de bec, les plus grands tentent déjà de s'échapper en grimpant sur les branches. Pour pouvoir se mouvoir plus facilement, ils rejettent la nourriture non encore digérée. Les bihoreaux se tiennent le jour sur des arbres ou sur de grands buissons et ne vont à la chasse que le soir. Ils se nourrissent surtout de poissons qu'ils vont parfois chercher assez loin de leur lieu de nidification. En septembre, ils partent vers l'Afrique d'où ils reviennent à la fin de mars ou au début d'avril.

Vanneau huppé
Vanellus vanellus

On rencontre le vanneau huppé, élégant et beau, partout où il existe de l'eau entourée de prés et de champs. Dès la fin de février, il quitte ses quartiers d'hiver pour revenir en Europe méridionale et occidentale, sa patrie. Son vol est acrobatique et de loin on peut entendre sa voix «kii-wit». Si, par hasard, on approche son nid, le mâle se laisse tomber courageusement de sa hauteur sur l'intrus feignant de l'attaquer, mais au dernier moment il bifurque et continue son vol. Ce nid se trouve sur le sol placé sur une touffe d'herbe et est tapissé de quelques brins d'herbe. La femelle y pond 4 œufs brunâtres à ocre tachetés qui, comme chez tous les oiseaux des marais, sont posés comme un trèfle à quatre feuilles, la pointe vers le centre. Les deux partenaires couvent en alternance pendant 24 jours. Deux jours après l'éclosion, les petits quittent le nid et se tiennent à proximité dans l'herbe, entre les touffes et les pierres. Ils sont tachetés et, lorsqu'ils se tiennent immobiles, ils sont difficiles à apercevoir. Au bout de cinq semaines, les jeunes commencent à voler; c'est alors qu'ils se rassemblent en grandes bandes qui fréquentent les alentours des étangs; en août généralement, ils partent vers le sud. C'est alors que l'on peut voir en octobre en Europe centrale et en France des oiseaux qui viennent du nord. Le vanneau huppé se nourrit d'insectes, de vers, de mollusques, de graines et de végétaux.

Chevalier gambette
Tringa totanus

Le chevalier gambette habite les hauts-fonds de grands étangs, de lacs ou encore le littoral. A la fin de mars ou au début d'avril, il revient de ses quartiers d'hiver en Afrique où il retourne entre août et octobre. Au printemps, on peut entendre son chant mélodieux qui sonne comme «dudu, du». Au moment de la pariade, le mâle sautille, les ailes baissées, autour de celle qu'il a élue, s'incline et bat des ailes. Ensuite, il prépare dans un endroit marécageux du rivage ou dans l'herbe, un creux peu profond qu'il tapisse de quelques brins d'herbe. C'est là que la femelle pond 4 œufs gris mouchetés de noir que les deux parents couvent alternativement entre 22 et 25 jours. Les jeunes volent au bout de 25 jours et à l'âge de 40 jours ils sont complètement indépendants. Lorsqu'un ennemi approche du nid ou des oisillons, les parents s'élèvent et voltigent en proférant des cris perçants. Le chevalier gambette se nourrit d'insectes, de vers, de mollusques, de petits crustacés et de poissons.

Sterne pierregarin
Sterna hirundo

Au début de mai, apparaît sur les étangs, les lacs et sur le littoral de toute l'Europe un oiseau svelte à la queue fourchue, la sterne pierregarin. Elle est facilement reconnaissable à ses longues ailes étroites. Elle vit en petites bandes, souvent au milieu ou à proximité des colonies de mouettes. Elle préfère les endroits sablonneux. Son nid est construit avec quelques morceaux de bois, des racines, des brins d'herbe, etc. à même le sol. La femelle pond entre 2 et 4 œufs tachetés à la coloration extrêmement variable. Le mâle la relaie pendant la couvaison qui dure entre 20 at

Sterne pierregarin

Mouette rieuse

22 jours. Son vol est élégant et adroit. Elle se nourrit surtout de petits poissons qu'elle capture dans l'eau en piquant droit sur eux. Parfois, on peut aussi la voir suspendue au-dessus de l'eau battant des ailes à la quête d'une proie. Les parents nourrissent les petits d'insectes et de petits poissons. Elle hiverne en Afrique du Sud où elle retourne dès le mois d'août.

Mouette rieuse
Larus ridibundus

La mouette rieuse est chez elle partout sur les grands étangs, les lacs, le long du littoral et dans l'estuaire des fleuves. Au moment de la pariade, au printemps, sa tête est d'un beau marron chocolat; en hiver, cette coloration disparaît. Les mouettes rieuses vivent et nichent en colonies. Elles reviennent vers leurs lieux de nidification en mars et dès le début d'avril les femelles pondent leurs œufs dans des nids faits de morceaux de bois, de brins d'herbe, etc. Ces nids se trou-

Cincle plongeur

Bergeronnette grise

Rossignol chanteur

vent sur des îlots ou flottent librement sur l'eau au milieu des roseaux. La femelle pond généralement 3 œufs tachetés à la coloration si variable qu'il est pratiquement impossible de trouver deux œufs semblables dans toute une colonie. Le mâle relaie la femelle pendant la couvaison qui dure entre 22 et 24 jours. Les petits sont ravissants. Lorsqu'on s'approche du nid, ils restent immobiles et leur coloration tachetée les fait à peine distinguer de leur entourage. Devenus plus grands, ils essaieront de s'échapper dans les roseaux ou à la nage. Les mouettes se nourrissent d'insectes, de petits poissons, de vers, de petits amphibiens, etc. Mais elles sont aussi végétariennes et, parfois, on peut les voir picorer même des cerises. Sur les champs, on peut les observer aussi quand elles suivent la charrue et retirent de la terre ainsi retournée des larves d'insectes. Il leur arrive de parcourir des kilomètres à la recherche de nourriture. En automne, elles retournent dans leurs quartiers d'hiver situés en Europe occidentale et méridionale; mais même en Europe centrale on rencontre de plus en plus de mouettes sur les rivières des grandes villes.

Bergeronnette grise
Motacilla alba

Très répandue dans toute l'Europe, la petite bergeronnette grise trottine près des ruisseaux, des rivières ou des étangs, souvent même au milieu du village ou de la ville, tout en remuant sans cesse sa queue. Elle revient d'Afrique dès la fin de février et, pas plus tard qu'en avril, on peut voir les couples construire leur nid avec des petites branches, des brindilles et des radicelles qu'ils tapissent ensuite de poils, de plumes et de crin. Le nid est situé dans des murs lézardés, entre les poutres d'un toit, entre des pierres, etc. Les bergeronnettes grises ne sont pas très difficiles quant à l'endroit. En avril ou en mai, la femelle pond 5 ou 6 œufs blanchâtres, mouchetés et striés de gris foncé. Au bout de 12 à 14 jours, éclosent les petits qui restent environ 2 semaines au nid avant de s'envoler. En août, les bergeronnettes grises se rassemblent en bandes, comportant parfois plusieurs centaines d'oiseaux, qui se tiennent à proximité des étangs où elles passent la nuit dans les roseaux. En septembre ou en octobre elles quittent leur patrie pour l'Afrique équatoriale. Dans de rares cas, elles hivernent en Europe et se tiennent alors près des ruisseaux qui ne sont pas pris par la glace. Elles se nourrissent d'insectes, de vers, d'araignées, de petits crustacés, etc.

Cincle plongeur (Merle d'eau)
Cinclus cinclus

Le merle d'eau, oiseau très fragile avec une queue très courte, vit dans les montagnes près des ruisseaux et des petites rivières. Il ne quitte jamais sa patrie, même en hiver. Sa nourriture est constituée par des insectes et leurs larves, et de petits crustacés. Il les recherche en courant sur le fond, sous l'eau, s'aidant de ses ailes comme de rames, picorant sa proie et même déplaçant de petites pierres sous lesquelles il est certain de trouver des gammares. Il est capable de cet exploit, car ses plumes, fortement imbibées de graisse, sont imperméables à l'eau. Il construit son nid tout près de l'eau. Parfois même en dessous d'une chute qu'il doit traverser, en un vol rapide, pour arriver à sa progéniture. Pour la construction du nid, il se sert de plantes aquatiques. La femelle pond de 4 à 6 œufs blancs; les petits éclosent au bout de 15 à 17 jours et s'envolent après trois semaines. Souvent, le merle d'eau niche une deuxième fois en juin ou en juillet.

Rossignol chanteur
Luscinia megarhynchos

Le rossignol vit dans les buissons qui bordent les rivières ou les étangs ou encore dans les forêts de feuillus qui peuplent les vallées. Il fait son apparition en avril et s'annonce par son chant. Il chante le jour et la nuit. Mais les rossignols ne chantent pas tous aussi bien, car, comme ils doivent apprendre en écoutant, c'est le talent de chacun qui intervient dans l'art. Il construit son nid avec des brindilles, des radicelles et de la mousse dans l'enchevêtrement des branches d'un buisson non loin du sol et le tapisse de poils. La femelle pond 5 ou 6 œufs olive tachetés qu'elle couve pendant 13 jours. Les petits quittent le nid dès l'âge de 11 jours.

Le rossignol repart au mois d'août pour rejoindre ses quartiers d'hiver en Afrique du Nord et équatoriale. Il se nourrit essentiellement d'insectes, de vers et d'araignées.

Hirondelle de rivage

Martin-pêcheur d'Europe

Rat musqué

Musaraigne aquatique

Castor

Hirondelle de rivage
Riparia riparia

Cette hirondelle vit dans les environs des rivières et des lacs où elle trouve des carrières sablonneuses ou de raides parois d'argile. Elle revient dans la deuxième moitié du mois d'avril ou en mai de ses quartiers d'hiver et commence tout de suite à construire son nid. Celui-ci est une cavité sphérique à l'extrémité d'une galerie, longue de 1 à 1,5 m, creusée dans une paroi sablonneuse ou argileuse. Cette cavité est tapissée de brins de paille et d'herbe ainsi que de plumes, parfois très grandes comme des plumes de poules que l'hirondelle a peine à porter. Ces hirondelles nichent en colonie. La femelle pond de 5 à 7 œufs d'un blanc pur que les parents couvent alternativement pendant 15 jours. Les petits sont nourris pendant 23 jours au nid. L'hirondelle de rivage se nourrit surtout d'insectes qu'elle sait très bien attraper au vol. En général, elle chasse au-dessus de l'eau. Dès le mois d'août elle s'en va en Afrique équatoriale au du Sud.

Martin-pêcheur d'Europe
Alcedo atthis

Ce bel oiseau paré d'un plumage étincelant de bleu-vert est un sédentaire qui vit le long des rivières et des ruisseaux importants. L'hiver, il lui arrive aussi de faire des excursions dans les environs; ceux qui habitent les régions les plus septentrionales se transfèrent alors un peu vers le sud. Il préfère l'eau claire, mais ne se rencontre que là où les parois du rivage sont abruptes, dans lesquelles il creuse, pour nicher, des galeries de 1 m de profondeur. Il tapisse le nid d'écailles et d'arêtes de poisson qu'il n'a pas digérées. La femelle pond 7 ou 8 œufs blancs sphériques dont éclosent, après 21 jours, des petits aveugles et nus qui se développent très rapidement. Une fois capables de voler, ils restent encore quelque temps avec les parents avant de se disperser dans les environs. Le martin-pêcheur se nourrit de petits poissons, qu'il chasse dans l'eau, de larves d'insectes et, parfois, il capture aussi une libellule au vol. Les écailles et les arêtes des poissons qui ne sont pas digérées sont régurgitées.

Rat musqué
Ondatra zibethica

Le rat musqué vivait à l'origine en Amérique du Nord entre l'Alaska et la Louisiane. Il y était chassé par les aborigènes pour sa chair et, plus tard, par les chasseurs blancs pour sa belle fourrure. En 1905, le comte Colloredo-Mansfeld fit libérer à Dobříš (près de Prague) 10 couples de rats musqués. Ces animaux, venus d'Amérique, s'acclimatèrent rapidement dans l'étang du village. Les conditions de vie y étaient excellentes et ils se multiplièrent rapidement. L'étang devint alors trop petit et ils commencèrent à peupler les environs. Peu d'années après, ils avaient colonisé toute la Bohême; de là ils partirent à la conquête du reste de l'Europe et, de nos jours, on les rencontre même en Mongolie et en Chine. Dans le temps, le rat musqué était considéré comme nuisible; de nos jours, sa fourrure est recherchée. Chaque année, le rat musqué progressait d'environ 25 km de son habitat à la conquête de nouveaux territoires. Il vit dans les lacs, les étangs, les mares et les rivières et, en montagne, on peut le rencontrer jusqu'à une altitude de 1000 m. Il pèse jusqu'à 1,5 kg. Il construit dans les berges des terriers profonds de plusieurs mètres; lorsque ces rats sont nombreux, ils peuvent sérieusement endommager les digues des étangs. Pour l'hiver, ils construisent avec des roseaux, des joncs et des branches un terrier haut de 1 m et mesurant 2 m en diamètre qui dépasse la surface de l'eau. De cette construction puissante, qui sert d'habitat, plusieurs couloirs mènent dans l'eau. La femelle met bas quatre fois par an entre 5 et 14 petits aveugles qui n'ouvrent les yeux qu'au bout de 11 jours et qui quittent le nid à l'âge de 3 semaines. Le rat musqué se nourrit principalement de plantes, de feuilles, de radicelles, etc.; plus rarement il mange aussi des mollusques ou des poissons. Il atteint un âge de 5 ans. C'est, pour l'essentiel, un animal nocturne qui n'hiberne pas.

Loutre d'Europe

Castor
Castor fiber

Jadis, le castor était répandu dans toute l'Europe; mais il a été décimé et ne survit de nos jours que dans quelques rares endroits. A la fin du siècle dernier, on le trouvait encore dans quelques étangs de l'Europe centrale; maintenant il n'existe plus qu'une petite colonie près de Magdebourg. On peut le rencontrer encore le long du Rhône et, un peu plus fréquemment, en Europe du Nord et du Nord-Est. Il habite les berges d'eaux stagnantes ou à faible courant où il érige des digues avec des branches et de l'herbe. Ses huttes peuvent mesurer 2 ou 3 m de haut. Les castors vivent par couples et forment des communautés. Fin avril, la femelle met bas entre 2 et 7 petits déjà pourvus de fourrure et qui voient. Il va à la recherche de sa nourriture la nuit; il mange des plantes, des pousses et de petites branches. Pour l'hiver, il constitue des réserves de branches de saules. Il a été chassé en raison de sa fourrure et, jadis, également pour sa chair, notamment sa queue grasse était particulièrement recherchée. On l'a réintroduit dans certaines régions de France avec succès.

Musaraigne aquatique
Neomys fodiens

On rencontre cette musaraigne partout en Europe près des eaux dormantes et courantes, même haut dans les montagnes. Elle mesure de 7 à 11 cm de long; la fourrure du dos est d'un beau noir brillant. Très agile, elle chasse les insectes sur les rives ainsi que, dans l'eau, les petits poissons, les tritons, les crustacés, les vers et les mollusques. Parfois, elle attaque aussi un petit oiseau ou un petit mammifère. Elle construit son terrier dans des lieux secs sur la berge ou utilise le terrier d'un rongeur. Parfois, on trouve son nid aussi dans des creux d'arbre jusqu'à 50 cm du sol, mais toujours à proximité de l'eau. Le nid lui-même est bien tapissé. La femelle met bas entre 4 et 10 petits nus et aveugles qui n'ouvrent les yeux qu'au bout de 3 semaines et qui tètent pendant 5 à 6 semaines. Ils ont atteint le stade d'adulte au bout de 3 à 4 mois. La musaraigne aquatique a deux ou trois portées par an. En hiver, on peut la trouver dans les caves s'il s'y trouve de l'eau. C'est un animal nocturne qui vit environ 1 an et demi. Elle n'hiberne pas.

Loutre d'Europe
Lutra lutra

Ce beau mustélidé carnassier habite les rivières et les fleuves ainsi que des plans d'eau. Il est parfaitement adapté à la vie dans l'eau. Sous l'eau, il se dirige avec ses yeux, mais aussi avec son sens tactile; les poils qui entourent sa bouche lui permettent de chasser même en eau trouble. Sa nourriture se compose essentiellement de poissons, mais la loutre mange aussi des grenouilles, de petits mammifères, des oiseaux et des écrevisses. Elle a été décimée en Europe, mais grâce aux lois sur la protection de la nature, on la retrouve de nouveau dans ses lieux habituels. Elle creuse un terrier dans la berge, l'ouverture étant toujours située sous la surface de l'eau; parfois, elle se sert aussi de cavités déjà existantes. Ce terrier comporte 1 ou 2 galeries d'aération. La femelle met bas de 2 à 6 petits qui n'ouvrent leurs yeux qu'au bout de 4 semaines. Ces petits sont ravissants et très joueurs. Une loutre élevée en captivité dès son jeune âge est très confiante et suit son «maître» comme un petit chien.

Au bord de la mer

Les surfaces sableuses, généralement plates du bord de la mer, représentent un milieu particulier. La plus ou moins grande quantité de sel dans l'eau ou dans le sol, ainsi que les propriétés physiques du sol (sable) constituent des facteurs déterminants. Le rivage marin est le domaine des espèces halophiles et des espèces vivant dans le sable qui forment des bandes caractéristiques nettement délimitées selon la salinité ou la mobilité du substrat, conditionnées par les marées.

Les plantes halophiles qui ne sont pas gênées par la submersion régulière d'eau salée sont celles qui se trouvent le plus près de l'eau. Pour s'accommoder de l'eau salée, leurs tissus renferment une plus forte concentration de sel et, par suite, une pression osmotique 4 à 8 fois supérieure à celle des autres plantes pour lesquelles les terrains salés constitueraient un milieu sec. D'autre part, les plantes halophiles possèdent des tiges et des feuilles charnues et leur épiderme a une texture qui s'oppose à une perte excessive de l'eau absorbée.
Une seconde particularité du rivage marin est constituée par le substrat sableux mobile, pauvre en éléments nutritifs, et pauvre aussi en eau qui traverse rapidement le sol. Par ailleurs, les racines des plantes qui y poussent se développent dans un milieu très frais car le sable est mauvais conducteur de la chaleur. Les plantes qui se développent sur le sable ont des tiges et des feuilles de type xérophile qui s'oppose à une évaporation excessive. Afin d'atteindre l'eau en profondeur, elles forment des racines et des rhizomes longs et profonds: ils donnent naissance à de nombreux rejets, à de nouvelles touffes, grâce auxquels ces plantes échappent à la dispartion car elles sont souvent rapidement et profondément recouvertes par le sable transporté par le vent.

Le sable transporté par le vent donne naissance à des dunes. Le sable commence par se déposer contre les obstacles au vent — pierres, morceaux de bois, touffes de plantes — et forme une petite dune primaire (embryonnaire). Derrière, à partir du rivage, s'accumule d'autre sable; si l'obstacle a été une touffe de plantes, celle-ci est constamment recouverte et doit former de nouveaux rejets, ce qui concourt à la fixation de la dune. Ainsi celle-ci s'éloigne peu à peu du rivage. Dès qu'elle est hors d'atteinte de l'eau salée, le sel est emporté par l'eau de pluie et l'on a alors affaire à la dune secondaire, la dune blanche, dessalée mais enrichie par la chaux des coquillages et des autres animaux marins. Ainsi sont crées les conditions pour la vie d'autres espèces de plantes qui, à leur tour, consolident la dune et l'enrichissent en humus. Ainsi peu à peu se forment les dunes tertiaires, fixes, plus riches en humus et généralement d'une végétation continue. Dans les parties supérieures, se trouvent les plantes xérophiles et des buissons bas, dans les parties inférieures, dans les creux, humidifiés par l'eau sous-jacente se fixent souvent des espèces semblables à celles des tourbières. Si la couverture végétale d'une dune tertiaire solide est inconsidérément endommagée, on se retrouve devant une dune blanche dangereusement mobile et tout le processus recommence à moins que l'on ne plante des espèces marines qui fixent les dunes.
La mer nourrit une grande quantité d'êtres vivants. Dans les océans, se forment journellement des millions de tonnes de plancton, mousses, crustacés, mollusques, etc. qui servent de nourriture à de nombreuses espèces de poissons et même à certains énormes cétacés.
Les poissons à leur tour nourrisent les ptéropodes par exemple mais surtout les oiseaux marins carnivores. Les poissons nourrissent également des millions d'êtres humains. En Europe, les pêcheurs rapportent chaque année des centaines de milliers de tonnes de poisson de mer. Les poissons qui vivent en bancs, tels que les harengs, les maquereaux, les sardines, s'approchent régulièrement des côtes pour trouver de la nourriture ou pour frayer. A ce moment, les oiseaux marins trouvent abondance de nourriture dans les eaux littorales pour eux et leurs petits. Des dizaines de milliers d'oiseaux occupent régulièrement chaque année leurs aires de nidification sur les rochers élevés des îles ou bien sur les sables des plages. Dans les endroits favorables, les colonies d'oiseaux marins comptent parfois plus de 15 000 couples. Leurs nids sont souvent si près les uns des autres que les oiseaux, pendant la couvaison, se touchent presque.
Les oiseaux de mer sont parfaitement adaptés à leur mode de vie. Leurs ailes sont longues et relativement étroites ce qui en fait de remarquables voiliers. Les pétrels, les hirondelles de mer ou les mouettes volent ou planent pendant des heures au-dessus de l'eau à la recherche de nourriture. D'autres oiseaux, comme les fous, sont non seulement des voiliers remarquables mais aussi d'excellents plongeurs. Ils sont adaptés pour pêcher jusqu'à 30 mètres de profondeur; ils ont de larges membranes natatoires entre les quatre doigts, leur corps fuselé porte un cou raccourci.
Sur le rivage, se trouvent, surtout à marée basse, de nombreuses espèces de mollusques et de crustacés.

Roquette de mer
Cakile maritima SCOP.

La roquette de mer est une plante annuelle ou bisannuelle, parfois vivace, atteignant 30 ou 40 cm de hauteur, glauque, charnue, et toute farineuse. La base des tiges est dressée, parfois ligneuse.

Les feuilles sont épaisses-charnues, pennatifides, avec des pinnules écartées, les inférieures parfois entières. Elles ont une saveur à la fois âcre et salée.

Les fleurs ont une odeur suave de giroflée quarantaine, elles sont violet clair ou blanchâtres, rarement d'un blanc pur, dépourvues de bractées et disposées en grappes terminales. Les sépales étroitement resserés compriment les onglets des pétales pour former un étui de plusieurs millimètres, souvent rempli à moité de nectar.

Le fruit est une silique dure, fissile, d'un jaune brillant. Elle est formée de deux articles: l'inférieur, plus court, est légèrement aplati et porte deux cornes au sommet, le supérieur, plus long, est ovale-aigu. On peut rencontrer la roquette de mer dans de nombreuses stations: sur le littoral depuis la ligne des marée jusqu'au revers des dunes blanches, dans les prés périodiquement inondés par la mer, et comme espèce secondaire au bord des marais salants et près des décombres à l'intérieur des terres, dans le ballast des voies ferrées. Elle supporte une forte concentration de sel, mais peut aussi s'accommoder de son absence. Elle fleurit surtout de juillet en octobre. Elle est particulièrement abondante en France sur les côtes de l'Atlantique et sur les rochers du bord de mer en Méditerranée. On la trouve de la mer Noire à la mer Égée, en Afrique du Nord, d'Égypte jusqu'à Madère, mais elle manque en Suède septentrionale et dans une partie de la Finlande.

Salicorne
Salicornia europaea L.

La salicorne est une halophile exclusive, de teinte vert-gris, plus tard lavée de rouge, annuelle ou bisannuelle. Elle est faite d'une tige charnue qui peut mesurer jusqu'à 60 cm, formée d'articles apparents, opposés et massifs, ramifiés dès la base. Les feuilles ont la même forme que les articles de la tige et donnent à toute la plante une allure de prêle. Les fleurs peu apparentes sont pourvues d'un périanthe quadrangulaire, entier, qui devient spongieux lors de la fructifi-

Roquette de mer

Salicorne

Soude

Plantain corne de cerf

cation. Elles sont disposées à l'aisselle des articles caulinaires. Le fruit reste enfermé dans le périanthe.

La salicorne fleurit de juillet à septembre. Elle forme le plus souvent des colonies étendues sur les littoraux et sporadiquement sur les sols salés à l'intérieur des terres. On peut aussi la trouver exceptionnellement sur des sols argileux. C'est une plante halophile typique qui supporte les plus fortes concentrations salines dans l'eau et dans le sol, ainsi qu'une submersion périodique et durable comme la marée. Elle est répandue dans le monde entier à l'exception de l'Australie.

Les feuilles sont légèrement amères et salées. On les a longtemps consommées comme légume. Aujourd'hui, c'est une spécialité gastronomique des départements du Nord et de la Somme, où on fait de ses jeunes rameaux marinés dans le vinaigre d'excellents «pickles».

Soude

Suaeda maritima (L.) DUM.

La soude est une plante annuelle à port bas dont les tiges rampantes et abondamment ramifiées depuis la base peuvent mesurer de 5 à 30 cm de long. Toute la plante est de couleur glauque, parfois lavée de rouge. Les feuilles sont allongées, souvent linéaires, épaisses, renflées, planes seulement sur l'endroit. Les inférieures sont plus longues et opposées, les supérieures plus courtes et alternes. Les fleurs axillaires ont un aspect insignifiant: elles sont minuscules et pourvues d'un périanthe hémisphérique-ovoïde.

Les fruits ont une forme légèrement aplatie; ils contiennent des graines noires, brillantes, finement ponctuées.

La soude fleurit de juillet à septembre et peut former de véritables colonies halophiles sur les côtes de tous les continents. Il arrive qu'on trouve des individus à l'intérieur des terres.

Le nom du genre est d'origine arabe.

Kali

Salsola kali L.

Cette plante annuelle charnue, légèrement épineuse, peut atteindre 1 m de haut. Les tiges épaisses et rameuses, souvent couchées, sont de couleur gris-vert, fréquemment striées de rouge.

Les feuilles en alêne triangulaire sont élargies vers la base et terminées par un aiguillon, les supérieures étant plus courtes et plus larges.

A l'aisselle des feuilles supérieures s'abritent de très petites fleurs à périanthe ovoïde, pointu, qui devient parcheminé, caréné ou ailé au moment de la fructification. Les bractées rigides, à section triangulaire et épineuses, sont plus longues que les fleurs.

Kali

Panicaut maritime

Le kali fleurit de juillet à septembre et abonde le long des côtes, sur les dunes et dans les marais salants. Il couvre d'énormes surfaces en Camargue. Il peut aussi s'introduire comme adventice dans les champs sablonneux, le long des chemins, sur les remblais des chemins de fer et les bords des rivières à l'intérieur des terres. Sa présence dans ces stations et dans les sablières est d'habitude transitoire.
C'est une plante répandue en Europe centrale et méridionale, mais elle remonte jusqu'au sud de la péninsule scandinave, de l'Angleterre et de la Finlande. Elle vient aussi en Afrique du Nord, en Transcaucasie et en Sibérie. Elle a été introduite en Nouvelle-Zélande et en Amérique du Nord où elle devient parfois une adventice des prairies.
Selon son habitat elle peut présenter des formes très diverses, surtout remarquables par les différences de leur port. La cendre de kali contient jusqu'à 25 % de soude: au XVIIIe siècle on l'extrayait sous le nom de «soude végétale», «barilla» en Espagne, «rochetta» en Sicile, «blanquette» ou «salicor» en France. Il s'en faisait un grand commerce.

Plantain corne de cerf
Plantago coronopus L.

La corne de cerf est une annuelle qui dépasse rarement 20 cm de haut. Toute la plante est nettement pubescente et s'ancre dans le sol par une souche courte et peu ramifiée.
Les feuilles en rosette forment sur le sol une touffe dense, d'habitude étalée. Elles sont allongées-ovoïdes, aux bords profondément divisés et laciniés en pinnules linéaires-lancéolées, parfois à leur tour redécoupées.
La rosette feuillée émet de nombreuses hampes dressées, de section arrondie, velues et plus longues que les feuilles. Elles portent des épis terminaux étroits et cylindriques, composés de petites fleurs serrées à corolle blanchâtre.
Les fruits sont des capsules qui renferment 4 graines. La corne de cerf fleurit de juin à septembre. Elle abonde sur les côtes de l'Europe centrale et orientale, dans les Açores, et en Asie proche. Elle a été artificiellement introduite en Amérique du Nord, en Australie et en Nouvelle-Zélande.
Quoiqu'elle préfère le bord de la mer, on la trouve un peu partout, et autrefois elle colonisait les interstices des pavés de Paris.

On l'utilisait autrefois pour soigner diverses maladies, et elle passait pour être efficace contre la rage. On l'a longtemps consommée en salade, bien qu'elle soit coriace, et on la cultive encore en Hollande et dans les pays nordiques comme plante dépurative.
On raconte aussi qu'elle a servi d'unique aliment aux habitants de l'île de Minorque après la destruction de toutes les récoltes par les sauterelles en 1865.

Panicaut maritime

Eryngium maritimum L.

Le panicaut maritime est bien reconnaissable à sa teinte gris-vert clair ou glauque, d'un beau bleu améthyste dans sa partie supérieure. Il est bisannuel, parfois vivace, et peut atteindre 60 cm de hauteur, quoiqu'il soit plutôt rampant.
La racine, noire et épaisse, est exceptionnellement longue: elle s'enfonce très profondément dans le sable et donne naissance au printemps à une rosette de feuilles longuement pétiolées, puis à de fortes tiges rigides, ramifiées au sommet. L'ensemble forme des touffes hémisphériques ou aplaties.
Les feuilles sont raides, bleu-gris, arrondies ou légèrement crénelées, les inférieures arrondies ou réniformes, lobées et bordées d'épines, les caulinaires légèrement embrassantes, palmatilobées et épineuses. Toutes possèdent une marge cartilagineuse et une nervation très apparente.
Les capitules des fleurs bleu pâle sont d'abord arrondis ou ovoïdes, puis s'allongent après la floraison. A la base des inflorescences se trouvent plusieurs grandes bractées épineuses et foliacées. Les bractées florales sont plus longues que les fleurs et nettement épineuses. Les sépales aussi portent une épine acérée dans le prolongement de la nervure centrale bien apparente. La corolle ne dépasse pas le calice.
Les fruits sont ovoïdes, aplatis et gardent le calice desséché.
L'ensemble de la plante est extrêmement décoratif. La floraison a lieu de juin à août. On chercherait en vain ce panicaut à l'intérieur des terres, car c'est une plante exclusivement littorale. Elle est répandue sur les côtes méditerranéennes du Maroc jusqu'en Asie Mineure, sur la côte atlantique du Portugal jusqu'à l'ouest de l'Angleterre, de l'Irlande aux îles Shetland. Elle existe aussi sur les côtes de la mer du Nord, de la Baltique et de la mer Noire.
Malheureusement, les touristes, tentés par sa beauté, en font de telles provisions pour en fabriquer des bouquets perpétuels que dans beaucoup de stations où elle abondait autrefois, elle est en voie de disparition.
Le panicaut maritime supporte très bien l'ensablement. Ses longues racines et les rejets nouveaux qu'elles émettent lui permettent de regagner rapidement l'air libre. C'est aussi un bon fixateur des dunes côtières.
La racine douceâtre à odeur de carotte est parfois utilisée en médecine populaire pour soigner diverses affections pulmonaires, et aussi comme diurétique et dépurative. En Europe du Nord on consomme parfois en salade les jeunes feuilles et les racines. En automne, les racines des pieds morts portent un champignon délicieux: le *Pleurotus eryngii* var. *maritima*.

Herbe à lait

Glaux maritima L.

C'est une petite plante gris-vert, aux tiges plutôt charnues, droites, plus ou moins dressées, peu ramifiées à la base et densément couvertes de feuilles. Elle est vivace et s'ancre dans le sol par une souche traçante et ramifiée. Les parties aériennes ne dépassent pas 20 cm de hauteur.
Le feuilles sont petites, sessiles, charnues, ovoïdes-lancéolées, entières, les inférieures opposées, les supérieures alternes.
Les fleurs sont minuscules et isolées, à l'aisselle des feuilles médianes. La corolle est toute rabougrie et le périanthe

Herbe à lait

Plantain maritime

se réduit au calice persistant, profondément divisé en 5 lobes rougeâtres ou blanchâtres. Les étamines sont de couleur rouge et le fruit est une capsule déhiscente par 5 valves.

L'herbe à lait abonde sur les sols de sable et de vase, le plus souvent sur les côtes, plus rarement à l'intérieur des terres sur des sols humides et salés. Elle supporte très bien la submersion par l'eau de mer et l'ensablement, ainsi qu'une très forte concentration saline à laquelle seules les graines sont sensibles.

La floraison se fait de mai à juillet.

On peut la rencontrer aussi bien en Europe occidentale, au nord des Pyrénées qu'en Europe centrale ou septentrionale ou encore en Asie, en Sibérie, en Chine, au Japon ou au Tibet et sur les côtes de l'Amérique. Elle est plus rare dans le Bassin méditerranéen.

Plantain maritime

Plantago maritima L.

Cette espèce de plantain, haute d'une quarantaine de cm, est vivace. Elle est pourvue d'une souche ramifiée et une rosette de longues feuilles un peu charnues, de couleur gris-vert, d'abord repliées en gouttière, puis planes. Le limbe est le plus souvent entier, parfois légèrement denté de loin en loin.

Les hampes plus longues que les feuilles portent des épis cylindriques de petites fleurs serrées à calice coriace et à corolle brune. L'ensemble peut mesurer 10 cm de long.

Les fruits sont des capsules ovoïdes à 2 graines.

La floraison a lieu de juillet en octobre.

Le plantain maritime abonde sur les rives de la Baltique et de la mer du Nord, il est plus rare dans les sols doux ou salés de l'intérieur des terres, en Europe, en Asie, en Afrique du Sud et en Amérique.

C'est un végétal halophyte occasionnel et facultatif: il préfère les sols salés mais supporte des sols doux et peut même apparaître comme adventice des cultures.

Aster tricolore

Aster tripolium L.

L'aster tricolore est une plante herbacée bisannuelle qui peut atteindre 90 cm de hauteur. Une courte souche porte des tiges plus ou moins dressées, feuillées et ramifiées en corymbe dans leur partie supérieure. Les feuilles sont légèrement charnues et présentent à l'état frais un réseau de nervations transparentes. Elles ont une disposition alterne sur la tige, et une forme lancéolée, celles de la base étant plus allongées et portées par un large pétiole.

Les capitules sont souvent abondants. Ils atteignent de 2 à 3 cm de section et se composent de fleurons centraux jaunes et de ligules périphériques bleu clair ou mauves, rarement blanchâtres. L'involucre ressemble à une large cloche.

Les fruits sont des akènes soyeux.

La floraison a lieu de juin à septembre.

L'aster tricolore est particulièrement abondant sur les côtes où il est un des premiers habitants des sols mouillés, sableux ou vaseux. On peut aussi le trouver çà et là sur les sols salés et aux environs des sources salées de l'intérieur des terres.

C'est une plante répandue en Europe et sur les rivages de la Caspienne, mais aussi en Europe centrale, en Asie occidentale et en Sibérie.

Aster tricolore

Carex des sables

Carex arenaria L.

Le carex des sables est vivace et peut mesurer une cinquantaine de cm de hauteur. On le reconnaît à sa souche épaisse, longue de plusieurs mètres et ramifiée dans tous les sens, recouverte des restes de gaines brunes et fibreuses. Le rhizome ainsi que ses ramifications donnent naissance à de nouvelles souches, plus ou moins alignées et espacées.

Les tiges feuillées sont triangulaires et presque aussi hautes que les feuilles, surtout à l'époque de la floraison. Le limbe foliaire est étroit, rigide et creusé en gouttière.

L'inflorescence est un épi composé, formé de 6 à 16 épillets, le supérieur uniquement mâle, les médians portant des fleurs mâles au sommet et des fleurs femelles à la base, et les inférieurs uniquement femelles.

Les utricules sont ovoïdes et portent des ailettes latérales.

La floraison se produit de mai à octobre.

Le carex des sables est commun sur tous les littoraux européens, le long de la mer Noire, en Sibérie et en Amérique du Nord. Il colonise rapidement les dunes, les sables mouvants, les plages, les bruyères et les forêts de pins à l'intérieur des terres grâce à la longueur de son rhizome et à ses ramifications exceptionnelles. C'est pourquoi on le plante souvent comme fixateur.

La souche a été utilisée en médecine populaire, mais la tradition semble s'en être perdue.

Roseau des sables

Ammophila arenaria (L.) LINK.

(Syn.: Psamma arenaria R. S.)

Le roseau des sables est une graminée vivace, de couleur gris-vert clair, qui forme de fortes touffes à souche abondamment ramifiée.

Les chaumes sont dressées et atteignent 1 m de hauteur. Ils sont nettement plus longs que les feuilles des touffes stériles.

La feuille est pourvue d'un limbe rugueux et enroulé, et de longues ligules frangées.

La panicule est cylindrique, très fournie, compacte et mesure une quinzaine de cm de longueur. Les épillets qui la composent sont jaune paille clair, les latéraux étant parfois courtement pédonculés.

La floraison se produit entre juin et juillet en colonies abondantes sur les dunes et les endroits sableux. L'espèce est commune sur toutes les côtes européennes, dans le Bassin méditerranéen et en Amérique du Nord.

Le roseau des sables est une herbe caractéristique des dunes littorales qu'il fixe solidement, et c'est pourquoi il est souvent planté pour ses propriétés.

Roseau des sables

Carex des sables

Orge des sables

Argousier

Spartine

Orge des sables
Elymus arenarius L.

C'est encore une plante vivace qui dépasse 1 m de hauteur, de couleur glauque, à souche très rampante pourvue de longs et abondants rejets.

Les tiges sont dressées, rigides et solides.

Les feuilles coriaces sont larges de 1 cm environ, et toutes scabres. Elles commencent par être planes, puis elles s'enroulent, surtout en période de sécheresse. L'extrémité porte une arête piquante. Les ligules sont très courtes.

Les épillets, grands, mollement velus, portent chacun de 2 à 3 fleurs et forment un épi fermé, droit, épais et long d'une trentaine de cm. La floraison a lieu de mai à août.

L'espèce est originaire des dunes et des plages de la mer du Nord et de la Baltique, d'où elle a été disséminée par la culture. On a même tenté de l'acclimater à l'intérieur des terres, parfois avec succès.

On la trouve maintenant couramment sur les rivages de l'Europe septentrionale et centrale, jamais en Méditerranée. Elle existe aussi en Sibérie et en Amérique du Nord.

Elle colonise rapidement et fixe très bien les dunes et les sables mobiles, de sorte qu'on la plante souvent.

En Islande, les grains de cette espèce servaient autrefois à faire du pain.

Spartine
Spartina townsendii H. *et* J. GROVES

C'est aussi une graminée vivace fixée dans le sol par des rhizomes traçants, très profonds et ramifiés.

Les tiges sont rigides, de 20 à 40 cm de hauteur, dressées, parfois ascendantes en arc. Elles présentent une surface lisse, un peu charnue, ridée par temps sec, souvent veinée de rouge.

Les feuilles de couleur vert clair ont un large limbe (jusqu'à 1 cm), rugueux sur l'avers, plus ou moins enroulé au sommet et aristé, mesurant une dizaine de 3 cm de longueur. Le gaines sont lisses et glabres, verticalement côtelées par temps sec, celles des feuilles supérieures étant souvent lavées de pourpre.

L'inflorescence peut mesurer une vingtaine de cm: elle est caractérisée par un axe très solide qui porte de 2 à 4 épis plats, groupés, longs de 7 cm et formés d'épillets distiques.

La spartine fleurit de juillet à août et vient exclusivement sur des sol salés et les bas-fonds de la mer du Nord. Elle supporte très bien la submersion.

Elle fait partie de ces plantes qu'on plante et cultive pour la fixation des dunes et des sols sableux.

Argousier
Hippophae rhamnoides L.

L'argousier est un arbre caractéristique des dunes intérieures européennes. On le reconnaît facilement à ses longues racines, ses branches touffues garnies de

nombreuses épines terminales et ses stolons souterrains qui lui assurent une diffusion rapide. Les jeunes rameaux sont écailleux et argentés.
Les feuilles sont alternes, linéaires-lancéolées et nettement argentées au revers, parfois recouvertes d'écailles rouge-brun.
C'est une espèce dioïque qui fleurit avant l'apparition des feuilles. Les fleurs mâles apparaissent par touffes axillaires et leur périanthe profondément divisé se compose de deux sépales. Les fleurs femelles, tubiformes, sont groupées en grappes.
Les fruits sont des baies abondantes, riches en vitamine C, d'un orangé brillant ponctué de brun.
La floraison a lieu d'avril à mai.
L'argousier vient à l'état sauvage sur les dunes sableuses du littoral et sur les berges sableuses ou graveleuses de certaines rivières. C'est ainsi qu'il a brusquement colonisé les déblais accumulés de long du Rhin entre Kembs et Strasbourg depuis les travaux hydroélectriques dont le fleuve a été l'objet. Les rejets souterrains consolident très efficacement les sols instables où on le plante souvent, et il est souvent cultivé comme plante ornementale, sourtout dans les jardins du bord de la mer, où très peu d'arbustes sont capables de résister aux embruns. On peut aussi récolter ses fruits, qui font de bonnes confitures, et peuvent être distillés avec profit.

Huître ordinaire (Huître plate)
Ostrea edulis

On reconnaît facilement l'huître plate à ses valves asymétriques. La valve gauche, plus longue et plus épaisse, est fixée sur le support. La valve droite est plus petite et divient un couvercle. Les valves ont des formes différentes et ne se distinguent qu'avec peine de leur support car elles sont recouvertes des mêmes algues qui les entourent. Étant toujours fixé au même endroit, le pied a régressé. Cette huître atteint de 8 à 10 cm et peut se reproduire à l'âge d'un an. Chaque huître pond en une seule année jusqu'à 3 millions d'œufs. Elles sont hermaphrodites, mais le stade mâle et le stade femelle sont successifs, de sorte que toute autofécondation est impossible. Cette énorme quantité d'œufs constitue une défense contre de nombreux ennemis, et pourtant cette énorme fécondité ne peut pas toujours compenser les pertes. A certains endroits, cette huître a disparu du fait de son exploitation par l'homme. Dans le passé, les huîtres plates formaient un banc continu du Danemark jusqu'en Espagne en passant le long de la côte occidentale de l'Europe; elles existaient en plusieurs couches superposées. On les capturait par centaines de milliers dans des filets tirés par des bateaux, pratique aujourd'hui interdite. Les huîtres ne peuvent plus être capturées qu'à certains endroits, pendant un à trois jours par an et seulement à certaines heures. Mais la plupart des huîtres ainsi capturées sont placées dans des parcs où elles continuent leur croissance, à l'abri des parasites. Depuis peu de temps, l'ostréiculture est devenue l'affaire de spécialistes qui ont étudié leur biologie et qui sur la base de la connaissance qu'ils ont de leur mode de vie interviennent dans sa reproduction. Entre juin et août, les œufs restent peu de temps entre les valves et les branchies, et se développent en larves que l'huître expulse en effectuant de rapides mouvements d'ouverture et de fermeture de ses valves (d'habitude au moment de la marée haute). Les larves nagent alors au moyen de leurs cils vibratiles à la recherche d'un support calcaire sur lequel elles pourraient se fixer et trouver de quoi constituer leurs valves. Les ostréiculteurs attirent ces larves sur des tuiles recouvertes d'un mélange de sable et de chaux. Ces tuiles chaulées sont ensuite intégrées à des planches qu'ils attachent à des poteaux immergés. Les larves s'y fixent et commencent à fabriquer leurs valves. En un an, les huîtres atteignent une taille de 2 à 3 cm. L'ostréiculture est un art difficile et complexe. Pour éviter le dépôt de boues qui empêcheraient les larves de se fixer et afin de ne pas manquer le moment où les huîtres expulsent leurs larves, les tuiles chaulées doivent être mises en place juste avant le début de la marée haute. L'ostréiculteur doit donc journellement surveiller le stade d'évolution des larves sous la valve. Les petites huîtres ont de nombreux ennemis, en particulier les crabes et les étoiles de mer. Pour les écarter, les ostréiculteurs entourent les lieux de reproduction de filets. En mars de la deuxième année, on les décolle et on les place dans de grandes caisses plates fermées par une toile métallique pour les abriter de leurs ennemis. Ces caisses qui contiennent environ 10 000 huîtres sont ensuite immergées au fond. Là, les huîtres grandissent et, au bout de quelques mois, on les met dans des parcs spéciaux. A l'âge de trois ans elles sont de taille marchande. Souvent on les livre plus tôt aux engraisseurs qui les mettent dans des bassins dits «claires», peu profonds, où elles prennent rapidement du poids. Les huîtres se nourrissent de plancton et de détritus. A Marennes, certaines claires sont abondamment

Huître ordinaire

Coque

Pétoncle

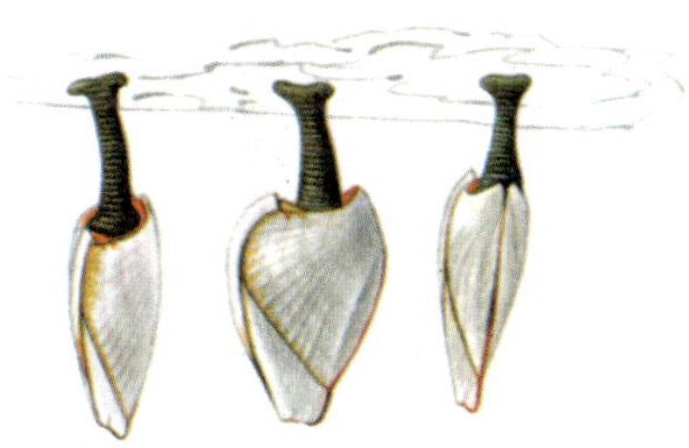

Anatife

pourvues d'une diatomée spéciale, la navicule bleue, qui donne aux huîtres qui s'en nourrissent une teinte particulière: c'est l'huître verte, spécialité de cette station. D'autres espèces d'huîtres très appréciées viennent du Schleswig en Allemagne, de la région d'Ostende en Belgique, et aussi de la côte méridionale de l'Angleterre. La quantité d'huîtres consommée en un an est énorme: un demi-milliard à Londres, plusieurs millions à Paris, etc. Dans certains pays, l'huître, très nourrissante, est mise en conserve. Les huîtres sont consommées crues, mais elles doivent être très fraîches pour éviter toute intoxication. Dans la mer, en liberté, les huîtres vivent à une profondeur comprise en 1,5 et 30 m; dans les parcs, à une profondeur de 2 m environ.

Coque
Cardium edule

La coque comestible possède deux valves en forme de cœur et qui sont de la même taille. Son pied, recourbé et très fort, lui permet de faire des sauts de près de 50 cm. Pour ce faire elle prend appui sur une pierre, puis elle contracte brusquement son pied. Elle vit enfouie à environ 2 ou 3 cm dans le sable ou dans la vase. Elle peut atteindre jusqu'à 4 cm, mais les exemplaires de la Baltique sont plus petits. Elle varie de blanc au jaunâtre. Généralement, on la trouve dans la zone de la haute marée à une profondeur d'environ 10 m, plus rarement jusqu'à 25 m. Elle existe dans toutes les mers européennes, et surtout dans l'Atlantique et dans la Méditerranée. Elle préfère les endroits où il y a de la vase, et c'est pourquoi elle est plus fréquente dans les estuaires. La coque est recueillie à marée basse avec une sorte de râteau. Dans certains pays comme l'Italie, la coque fait partie de la nourriture quotidienne des habitants du littoral. On les vend toutes lavées dans de grands paniers. La coquille de la coque sert à faire de petits objets d'ornement, ou bien on la transforme en chaux.

Pétoncle
Pecten varius

Les pétoncles vivent en grandes quantités dans toutes les mers européennes. Beaucoup d'espèces sont comestibles et parfois même préférées aux huîtres. La mer rejette souvent la plus grande valve qui est bombée sur la plage. L'autre valve, la gauche, est plate. Le pétoncle *Pecten varius* est l'espèce la plus répandue. Il vit en grandes quantités dans l'Atlantique, de l'Espagne à la côte occidentale de Norvège. On le rencontre aussi en mer du Nord. Les coquilles atteignent de 3 à 7 cm. Leur coloration est très variable. Sur le bord de ses valves se trouvent des filaments sensoriels, ainsi que des «yeux» qui frappent par leur reflet émeraude. Les jeunes se meuvent en refermant brusquement leurs valves; l'eau ainsi expulsée projette l'animal en avant. Les adultes au contraire vivent fixés sur un support.
Le pétoncle est souvent attaqué par les étoiles de mer qui sont friandes de sa chair.

Anatife
Lepas anatifera

L'anatife vit le long des côtes de la mer du Nord et jusqu'en Méditerranée. Sa coquille est comprimée latéralement, son dos est prolongé par un long pédoncule fixé sur un support. Les anatifes s'attachent sur des supports fixes flottant en mer, tels que des planches, ou même sur des animaux comme les requins ou les baleines. Il leur arrive aussi de s'accrocher sur des rochers ou des poteaux immergés. Le plus souvent l'anatife vit en colonies. De ses valves jaillissent 6 paires de flagelles avec lesquelles l'anatife approche de sa nourriture en brassant l'eau. Les anatifes mangent du plancton, des animalcules et des algues. Ils sont hermaphrodites. La fécondation s'opère dans les colonies le plus souvent entre exemplaires fixés côte à côte. C'est à l'intérieur des valves qu'éclosent les œufs pour donner naissance à des larves appelées nauplius. Ceux-ci se transforment ensuite en cypris qui nagent librement pendant un certain temps; puis ils se fixent à l'aide d'une sécrétion produite dans une glande située dans la première paire des antennes. Ces antennes ainsi que la partie antérieure de la tête se transforment ensuite en un organe de fixation, tandis que la deuxième paire d'antennes et les yeux se résorbent. En même temps l'animal commence à produire des plaques pour protéger son corps. Leur nom vient de la légende selon laquelle ils auraient donné naissance à des canards. Cette légende a été maintenue par les moines du Moyen Age, parce qu'elle leur permettait de manger du canard les jours maigres.

Homard
Homarus vulgaris

Les endroits rocheux de l'Atlantique sont la patrie du homard. C'est de là qu'il rayonne jusque dans la Méditerranée et la mer du Nord. Il peut atteindre une longueur de 50 cm; il est de couleur bleu-vert ou bleu noirâtre. Le homard possède deux pinces très fortes, l'une toujours plus petite que l'autre. La plus petite est pourvue de dents et de soies sensorielles; c'est avec elle qu'il capture sa proie: crustacés et escargots de mer, échinodermes, poissons, etc. Il aime aussi manger les poissons morts. La deuxième pince est plus grande et n'est qu'irrégulièrement dentée; elle sert à écraser les parties dures de la proie, comme les coquilles de certains mollusques. Dans la journée, le homard se tient caché entre des rochers, dans des fissures, etc. et ne va à la chasse que la nuit. Une année sur deux, la femelle pond jusqu'à 4 000 œufs qu'elle porte accrochés sous son abdomen. Onze mois plus tard seulement, éclosent les larves qui nagent librement et ne se fixent sur le fond pierreux de la mer qu'après la quatrième mue, alors qu'elles ressemblent déjà à des adultes. Au début de son évolution, le jeune homard mue chaque année, mais il ne croît que très lentement. Au bout de 7 à 10 ans, il n'atteint qu'une taille de 25 cm et pèse de 250 à 500 g. C'est à ce stade ou plus tard encore qu'on le trouve sur les marchés. Mais il peut atteindre un âge de près de 30 ans et un poids de plusieurs kilos. Le homard est d'habitude appâté avec des poissons et capturé dans des paniers en forme de nasses verticales qui ne lui permettent pas de sortir. Avant de transporter les homards vivants, il faut leur nouer les pinces, sans quoi ils s'attaquent entre eux et peuvent se blesser ou s'arracher leurs pinces, sans compter qu'ils peuvent aussi pincer cruellement les pêcheurs. La chair du homard est très appréciée; elle donne lieu aux apprêts les plus précieux et se vend également en conserve.

Crevette grise
Crangon crangon

La chair de cette crevette grise est également très appréciée. Sa couleur ne varie pas à la cuisson. Elle est grise ou verdâtre avec des points bruns, presque translucide, et elle atteint une longueur de 4 à 6 cm. En été elle se tient près de la côte tout le long de nos rivages et elle avance souvent assez loin dans les estuaires. Dans certains endroits, on la pêche à l'aide des filets tirés par des chevaux, ailleurs on se sert de chalutiers spéciaux. On utilise aussi des barrages tressés avec des baguettes fines qui retiennent les crevettes quand la marée descend. Les crevettes grises se nourrissent de petits mollusques, œufs de poissons, etc. Entre avril et juin, elles font une première ponte; une deuxième se situe entre octobre et novembre. Elles préfèrent les fonds sablonneux.

Bernard-l'hermite
Eupagurus bernhardus

Ce crustacé qui mesure environ 3,5 cm de longueur est très répandu sur toutes nos côtes. Il a un abdomen mou facile-

Homard

Crevette grise

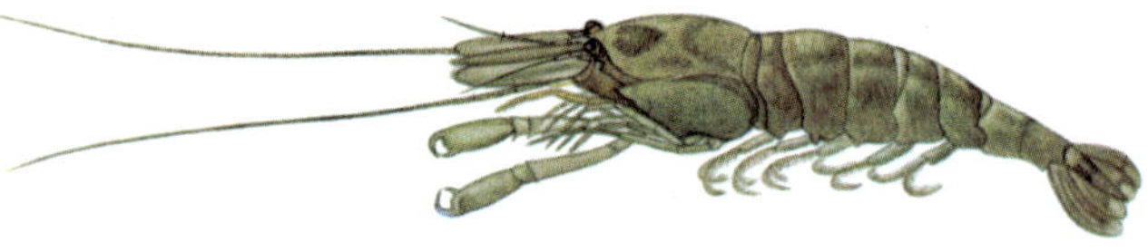

Bernard-l'hermite

Crabe enragé

ment attaquable; c'est pourquoi il se sert des coquilles de divers crustacés pour s'y cacher. En vaquant sur le fond, il transporte sa «maison» avec lui. En cas de danger, il se retire dans cette coquille et en bouche l'orifice de sa large pince. Si on veut alors le déloger, il aime mieux se laisser arracher sa pince que de se montrer. Mais on peut employer une ruse: il suffit de tirer un peu sur la pince et de verser un peu de sable sec dans la coquille. Il en sortira alors de lui-même, car le sable blessera son abdomen fragile. Si ensuite on le dépose dans une eau peu profonde, on le verra aussitôt chercher une cachette appropriée. Du reste, à mesure qu'il grandit, il lui faut changer de coquille de temps en temps. Il se nourrit surtout d'animalcules et de débris qu'il recherche sur le fond.

Crabe enragé
Carcinus maenas

Ce crabe long de 5 à 6 cm et large de 8 cm habite du littoral de la Méditerranée à celui de l'Irlande, et on le trouve aussi sur les plages sablonneuses de la Baltique. Ses pinces sont d'une extrême puissance. Il se meut surtout sur le fond, mais parfois aussi en dehors de l'eau; il peut aussi parcourir des distances considérables en nageant. Lors des marées basses, beaucoup d'entre eux restent sur la plage. Quand on les dérange, ils se mettent à courir en tous sens et essaient de s'ensabler ou de se cacher sous une pierre. Ils se nourrissent de divers débris animaux ou végétaux.

Roussette à petites taches
Scyliorhinus canicula

Cette roussette est très fréquente dans toutes les mers de l'Europe. Elle atteint une longueur d'un mètre et elle est sans danger pour l'homme. Elle capture surtout des mollusques et des crustacés au fond, mais elle aime aussi se tenir tout près des bancs de poissons, et surtout des harengs. Parfois, elle se trouve ainsi prise dans les filets qu'elle déchire; les pêcheurs ne l'apprécient donc guère. Avant de la vendre, on lui coupe la tête dont la laideur couperait l'appétit du client, et on lui enlève la peau. Mais sa chair est très savoureuse. On considère que son foie est toxique. En hiver, la femelle dépose jusqu'à 20 œufs revêtus d'une capsule cornée. Les coins de ces capsules sont prolongés en filaments qui se fixent sur les plantes aquatiques. L'incubation dure 9 mois.

Raie bouclée
Raja clavata

La raie bouclée est une des plus répandues sur les côtes de l'Europe. On la trouve aussi à l'ouest de la Baltique et dans la mer Noire. Son corps est rhomboïde et doit sa forme à l'élargissement de ses nageoires pectorales. Le mâle atteint 70 cm, et souvent bien davantage, la femelle 125. Sa gueule est pointue, sa queue longue et tout son dos porte des crochets. Elle préfère l'eau froide et se tient à une profondeur qui varie de 20 à 100 m, généralement sur un fond de vase. Elle se nourrit de crabes, de crevettes et de divers poissons. La femelle dépose ses œufs enveloppés d'une capsule coriace un à un dans le sable. L'incubation dure de 4 mois et demi à 6 mois. On capture la raie au filet. Sa chair est très savoureuse, mais la forme même de l'animal en interdit une belle présentation dans la grande cuisine.

Orphie
Belone belone

L'orphie vit sur toutes les côtes européennes. Elle mesure 90 cm et peut peser 1 kg. Son corps est allongé comme ses mâchoires qui portent une rangée de dents cunéiformes. C'est un carnassier qui fait la chase aux poissons plus petits, aux crabes, aux crustacés et aux insectes. Mais il tombe à son tour victime de poissons carnassiers plus grands que lui, comme le thon; les pêcheurs s'en servent de ce fait comme appât pour cette pêche. L'orphie fraie sur les hauts-fonds où la femelle dépose de mai à juin, au milieu des plantes aquatiques, 10 000 œufs qui s'attachent à la végétation grâce à de longs filaments. On la pêche souvent en hiver, moment où sa chair est la plus grasse. Par exemple, on

Roussette à petites taches

Raie bouclée

Orphie

Baudroie européenne

Sole

Maquereau commun

en pêche environ 500 t dans la mer Noire et près de 5000 t le long de la côte espagnole. Au moment de la cuisson, les arêtes du poisson deviennent vertes, mais sans aucune conséquence fâcheuse sur la qualité de sa chair.

Sole
Solea solea

La sole est surtout un poisson de la Manche et de l'Atlantique, quoiqu'on la trouve aussi en mer du Nord, dans la Baltique et en Méditerranée. Elle atteint une longueur de 50 cm et un poids de 3 kg. On en pêche annuellement 12 000 t. Les adultes vivent sur le fond sablonneux avec lequel elles se confondent. Elles vivent à des profondeurs variant de 5 à 50 m. Elles ne sont actives que la nuit et se nourrissent de vers, de mollusques, de crustacés et de petits poissons. Les jeunes ont un corps symétrique avec un œil de chaque côté. Jusqu'à l'âge de 2 ans, les jeunes restent à proximité de la côte, et pénètrent aussi dans les fleuves. Le frai se produit entre avril et août. La chair de la sole est maigre et savoureuse, et elle se prête aux apprêts culinaires les plus variés. Comme sa peau est très épaisse, elle se transporte facilement et peut de ce fait être vendue jusqu'à l'intérieur du continent.

Baudroie européenne
Lophius piscatorius

C'est un poisson curieux, d'allure menaçante, pourvu d'une gueule énorme par rapport à son corps. Il est commun sur les côtes de l'Europe occidentale, dans la mer du Nord et au nord de la Méditerranée. Il peut atteindre une longueur de 2 m. La tête et la partie antérieure du corps comportent des rayons dorsaux libres pourvus à leur extrémité d'un appendice qui ressemble à un petit étendard. La gueule porte plusieurs rangées de dents acérées. La baudroie se tient le plus souvent envasée et se camoufle ainsi à la perfection. Seuls ses étendards émergent; elle les agite de temps en temps pour attirer d'autres poissons. Elle est capable de capturer de petits requins et même des raies. Ces poissons fraient à une profondeur de 1000 à 2000 m. Les œufs remontent et les alevins ont une forme bizarre. On pêche la baudroie surtout le long des côtes de l'Europe occidentale. La quantité pêchée annuellement sur les côtes anglaises se monte à près de 2000 t. Sa chair est très savoureuse et dépourvue d'arêtes. On la vend sans tête et pelée. Sur les marchés français, elle porte le nom de lotte et atteint des cours très élevés.

Maquereau commun
Scomber scombrus

C'est un des poissons les plus importants pour l'alimentation humaine. Il est très répandu dans toutes les mers européennes, y compris la mer Noire. Il atteint 50 cm de long et peut peser 1,5 kg. Il forme de grands bancs: tous les individus d'un même banc ont la même taille. En été, ces bancs se rapprochent des côtes, mais en hiver ils recherchent les eaux plus profondes. Ils fraient entre mai et août près du littoral; la femelle pond jusqu'à 400 000 œufs. Les jeunes sont adultes à l'âge de 3 ans, au moment où ils mesurent 30 cm. Ils se nourrissent surtout de crustacés. Les adultes mangent aussi de petits harengs et des mollusques. Les maquereaux sont pêchés à l'aide de chaluts, généralement près de la surface, car ils préfèrent les eaux relativement tièdes. Les bancs de maquereaux atteignent des vitesses de 10 km/h lors de leurs migrations. La chair du maquereau est très savoureuse et rougeâtre en raison du grand nombre de ses vaisseaux capillaires. On lui reproche d'être grasse et lourde à digérer. Cependant il s'en fait un grand commerce et on le vend aussi fumé ou surgelé.

Pygargue à queue blanche

Pygargue à queue blanche
Haliaeetus albicilla

Le pygargue à queue blanche habite le littoral, les environs des grands lacs intérieurs et les berges des grands fleuves. Il est répandu en Europe centrale et septentrionale; en Europe occidentale il ne s'est maintenu qu'en Écosse. Ce grand rapace a une envergure qui va jusqu'à 2,30 m. Il construit son nid sur des rochers, ou dans la toundra sur le sol. A l'intérieur du continent, sur les branches d'arbres. Un couple de pygargues utilise le même nid plusieurs années de suite, mais en l'agrandissant chaque fois. De cette façon, la construction peut être énorme, mais le nid lui-même reste au centre tout petit. La femelle pond souvent dès le mois de mars 2 ou 3 œufs blancs. Les deux parents se relaient pour couver pendant environ un mois et demi. Toutefois, c'est la femelle qui fait le plus gros travail. Les jeunes restent environ 10 semaines au nid et sont nourris par les parents qui chassent pour eux surtout des poissons, plus rarement des oiseaux jusqu'à la taille d'un héron. Mais ils ne capturent que des oiseaux malades ou affaiblis, et rendent ainsi un grand service sanitaire. Après avoir quitté le nid, les jeunes souvent se fixent à des centaines de kilomè-

Grand cormoran

Pélican blanc

tres de leur lieu de naissance. En hiver, le pygargue chasse sur les étangs qui ne sont pas pris par les glaces. Ils volent au ras de l'eau et dès qu'ils aperçoivent une proie, ils la saisissent avec leurs serres. Quand les poissons ne viennent pas à la surface, le pygargue se laisse tomber dans l'eau même pour attraper la victime dans les profondeurs. Mais souvent ils se contentent de poissons ou d'autres vertébrés crevés que l'eau rejette sur la berge. De nos jours le pygargue à queue blanche est protégé dans tous les pays européens, car il est en voie de disparition.

Tadorne de Belon

Fou de Bassan

Grand cormoran
Phalacrocorax carbo

Le cormoran est un oiseau tout noir qui mesure jusqu'à 90 cm. Il est répandu à peu près dans le monde entier. On le voit souvent en importantes colonies et il habite les côtes, les îles rocheuses de la mer, mais aussi les lacs et de grands fleuves, pourvu qu'il trouve assez près des arbres de bonne hauteur pour y construire son nid avec des morceaux de bois. Il arrive aussi que les cormorans nichent parmi les colonies de hérons, et on peut souvent observer un grand nombre de leurs nids sur le même arbre. La femelle pond, généralement en mai, 3 ou 4 œufs d'un bleu vert qui se couvrent peu après d'une couche blanchâtre. Comme la femelle se met à couver dès la ponte du premier œuf, les jeunes éclosent successivement au bout de 28 à 30 jours. Ils restent 8 semaines au nid avant de savoir voler. Au début les parents les nourrissent de poisson régurgité et prédigéré, plus tard de poisson frais qu'ils apportent dans leur gorge, qui leur sert également de réservoir pour apporter de l'eau. Les cormorans se nourrissent surtout de poissons qu'ils savent capturer avec maîtrise sous l'eau. Pour pêcher, ils se joignent souvent aux pélicans (qui en revanche ne plongent pas) et ils se rabattent mutuellement la proie. Dans certains pays, surtout au Japon et dans l'Asie du Sud-Est, les cormorans ont été et sont encore utilisés pour la pêche. Les pêcheurs les dressent et les amènent dans leur bateau, en leur mettant un anneau autour du cou pour les empêcher d'avaler leurs captures. Perché sur le bord de la barque, le cormoran se précipite dans l'eau dès qu'il voit un poisson et le rapporte. Les cormorans européens partent en août ou en septembre vers les régions méditerranéennes et vers l'Afrique du Nord.

Pélican blanc
Pelecanus onocrotalus

En Europe, le pélican blanc ne vit en permanence que dans le delta du Danube. Dans d'autres régions, il apparaît isolément après la période de nidification, plus souvent en Espagne, plus rarement vers le nord jusqu'en Finlande. Il hiverne surtout en Asie Mineure, en Égypte, au Kenya, au Sénégal et en Inde d'où il retourne en troupes vers ses lieux de nidification situés dans le delta des grands fleuves, autour des grands lacs qui comportent une végétation dense de roseaux et d'autres plantes des rivages. Il recherche toujours des endroits où le poisson abonde. Les couples qui vivent en colonies construisent leurs nids avec des roseaux, des herbes, etc. sur des roseaux couchés et tout près les uns des autres. Les femelles pondent le plus souvent 2, plus rarement 1 seul ou 3 œufs blancs entre avril et juin. Pendant qu'elles couvent, elles sont relayées de temps en temps par le mâle. Les jeunes éclosent au bout de 33 jours. Ils sont nus, mais leur duvet pousse rapidement. Les parents les nourrissent deux fois par jour. Les jeunes pélicans sont bruns, et le plumage blanc-rosé ne leur vient qu'à l'âge de deux ans. Dès qu'ils ont deux mois et demi, ils savent voler et se joignent à la troupe des adultes. Les pélicans se nourrissent essentiellement de poissons. Ils en consomment environ 3 kg par jour. Un pélican adulte peut attraper des poissons qui mesurent jusqu'à 25 cm. Ils ne savent pas plonger et chassent en surface, le bec ouvert, et se servent de leur gosier comme d'une nasse. Ils chassent en commun: ils forment un demi-cercle et remuent le fond. Ils forment ainsi une sorte de filet et acculent les poissons sur les hauts-fonds où il leur est facile de les attraper. Il arrive aussi, parfois, que des pélicans dévorent de petits canards qui se sont aventurés trop près d'eux.

Flamant rose

Combattant

Eider à duvet

Fou de Bassan
Sula bassana

C'est un oiseau de rivage au corps blanc, aux ailes noires et à la tête rosée, qui mesure environ 90 cm. Il est proche parent du pélican. Les jeunes sont d'un brun foncé, vergeté de blanc. Quand ils volent, on remarque leur longue queue qui présente la silhouette d'une quille. Le fou de Bassan niche sur les côtes d'Angleterre, d'Islande, de Bretagne et dans quelques endroits de Norvège. A part quoi, il vagabonde au-dessus de la mer. Ceux de l'Europe occidentale vont jusqu'aux côtes d'Espagne et de la Méditerranée. Il construit son nid avec des plantes maritimes sur des rochers abrupts. La femelle pond, d'habitude en avril ou en mai, un seul œuf que les parents couvent pendant 39 à 45 jours. L'oisillon est alimenté par ses parents pendant environ 10 semaines au nid avant de savoir voler. Les fous de Bassan forment de grandes colonies et se nourrissent principalement de poissons, de crustacés et de mollusques. Ils plongent et sont très voraces. Un seul fou pêche jusqu'à 10 harengs par jour. Cette espèce est appréciée pour sa fiente, qui s'accumule en un riche guano. Il est très rare qu'un individu s'égare à l'intérieur des terres, et alors c'est qu'il a été poussé par le vent.

Flamant rose
Phoenicopterus ruber roseus

Le flamant est devenu un oiseau rare. Actuellement on ne connaît que six endroits où il niche encore régulièrement: en Europe, il s'agit d'une station bien connue en Camargue; mais cette colonie est strictement protégée car au cours des 50 dernières années les oiseaux n'ont niché en moyenne qu'une fois tous les trois ans, et de ce fait la colonie s'est considérablement amenuisée. Des flamants isolés vivent aussi le long de la côte sud de l'Espagne. Il niche en outre en Tunisie, rarement en Égypte ainsi que le long du golfe Persique, plus souvent en Inde et sur les bords de la mer Caspienne. Les flamants européens hivernent en Tunisie, au Maroc, et en Sardaigne; certains aussi le long des lacs de l'Afrique orientale et méridionale. Le plumage des oiseaux adultes est dans l'ensemble rosé; les plumes qui recouvrent les ailes sont rose orangé, les ailes noires. Une colonie de flamants est un merveilleux spectacle. Les femelles construisent leur nid avec de l'argile et du sable dans des eaux peu profondes ou sur le rivage. Elles apportent d'abord le matériau, puis elles en forment un cône qu'elles dament de leurs pattes selon un rythme régulier. Ensuite, elles creusent avec leur bec, au sommet de ce cône — qui est haut de 30 à 50 cm — un trou dans lequel elles ne déposent d'habitude qu'un seul œuf. Pour couver, les flamants se posent comme les autres oiseaux avec les pattes repliées sous eux. Trente jours plus tard éclosent les petits qui ne ressemblent pas aux parents car leurs pattes sont courtes et leur bec droit. Ce n'est que 30 jours plus tard que le bec commence à se recourber et que les pattes s'allongent. Bien qu'ils soient indépendants dès leur naissance, les jeunes restent 4 jours au nid. C'est seulement quand on les dérange qu'ils sautent en bas pour essayer ensuite de remonter la pente argileuse en s'aidant de leur bec. Ensuite ils quittent le nid, forment des troupes et s'ébattent dans l'eau peu profonde. Les parents les nourrissent avec une bouillie à moitié liquide qu'ils leur régurgitent dans le bec. Il est curieux de noter que les parents ne reconnaissent plus leur progéniture une fois que celle-ci se trouve mêlée au troupeau, et qu'ils nourrissent les jeunes sans distinction. Deux semaines plus tard les jeunes sont capables de trouver leur propre nourriture en imitant les adultes, c'est-à-dire qu'ils immergent leur bec et leur tête tout entiers. S'il y a un danger, ils se sauvent à la nage car ils ne savent voler qu'à l'âge de 2 à 3 mois. Le vol des flamants est très rapide et peut atteindre 60 km/h. Pour attraper leur nourriture, ils sont obligés de prendre une position étrange: ils mettent leur tête et leur bec recourbés à angle droit sous l'eau. Ainsi la mandibule supérieure est en bas et la mandibule inférieure en haut. Alors que tous les autres oiseaux ont une mandibule inférieure mobile, celle des flamants est rigide et non articulée. C'est la mandibule supérieure qui est capable de mouvement. Une fois cette position prise, leur langue épaisse avance et se retire rapidement en travaillant comme une pompe. Elle aspire ainsi l'eau et la vase jusqu'à l'articulation du bec où alors le tout est filtré le long d'un réseau de sortes de peignes disposés en biais sur les mandibules. Ce filtre retient les vers, les crustacés, les mollusques, les insectes, etc. qui se trouvent dans l'eau et l'oiseau les avale. Les flamants couvrent parfois des dizaines de kilomètres à la recherche de leur nourriture. Ce sont les seuls animaux à même de consommer des animaux vivant dans une solution saline titrant 18 %.

Tadorne de Belon
Tadorna tadorna

Ce tadorne est répandu le long des côtes de l'Europe septentrionale et occidentale, de la mer Noire à l'est et jusqu'en Mongolie. En Europe centrale, on le rencontre surtout en hiver sur les eaux qui ne sont pas prises par les glaces, mais on le voit parfois jusqu'au printemps. Toutefois, jusqu'à présent on n'a pas pu prouver qu'il y nichait aussi. C'est un oiseau bariolé avec un bec carmin. Pour nicher, il recherche des cavités entre des pierres ou dans la terre, à moins qu'il se serve de terriers de renards abandonnés, ou d'autres bêtes. La femelle pond de 6 à 16 œufs jaunâtres qu'elle couve seule pendant 28 jours. Le tadorne de Belon se nourrit d'insectes, de vers, de crustacés, ainsi que de végétaux.

Eider à duvet
Somateria mollissima

L'eider est un des canards les plus célèbres. Il vit dans les régions les plus septentrionales de l'Europe. Il atteint une taille de 60 cm et pèse environ 2 kg. La livrée du mâle est très belle et bariolée, tandis que la femelle est de coloration insignifiante, le plus souvent brunâtre. L'eider est facile à reconnaître en vol, car contrairement aux autres canards, il est capable de planer. Il construit son nid sur le littoral entre des pierres ou des touffes d'herbe et le tapisse d'une grande quantité de duvet, qui a fait sa renommée. Les habitants de ces pays ramassent encore aujourd'hui les plumes, mais ils chassent aussi les canards adultes et font de leurs peaux tannées des couvertures, des vêtements, et même des tapis. Ils ramassent aussi les œufs, mais heureusement, dans ce cas, la femelle fait une deuxième ponte. On ramasse les plumes dès que la femelle a commencé de couver, car alors elles ne sont pas encore souillées. Pour un édredon et un oreiller, il faut environ 2,5 kg de ce duvet, et il faut 50 nids pour fournir cette quantité. Dans certains endroits, l'eider est protégé par les habitants. Ils leur préparent même des nids et ne font que récolter le duvet. La femelle pond 4 ou 5 œufs verdâtres qu'elle couve seule. Pendant ce temps elle se laisse approcher et même caresser par l'homme. Les petits éclosent au bout de 24 à 27 jours. Les eiders se nourrissent de petits animaux et aussi de végétaux. En hiver, certains, surtout les jeunes, s'envolent vers l'Europe centrale où on les capture complètement épuisés. Il est curieux d'observer que ces individus deviennent très vite confiants et s'habituent à prendre leur nourriture dans la main des hommes.

Goéland cendré

Combattant
Philomachus pugnax

C'est un oiseau des marais intéressant qui niche dans les régions septentrionales de l'Europe, mais aussi en Hollande, Belgique et en Pologne. Au moment des amours, les mâles adultes se parent d'un plumage voyant et d'un grand collier de longues plumes qu'ils gonflent. Sur la tête poussent des plumes qui se dressent toutes droites et

Goéland argenté

Uria aalge

ressemblent à des cornes. Il vaut la peine de noter que chaque mâle a un collier de couleur différente, et du blanc au noir, du roux au tacheté, on trouve pour ce collier toutes les nuances. On avait même organisé en Angleterre un concours qui promettait une forte récompense au chasseur qui rapporterait deux mâles de la même nuance. Or ce prix n'a jamais été décerné, et de toute façon cet oiseau est heureusement protégé de nos jours. Au moment de la pariade, les mâles se combattent, mais sans se faire le moindre mal. Ces danses ne servent qu'à attirer les femelles. Les rivaux se précipitent l'un vers l'autre, le cou tendu et le collier ébouriffé. Ils passent l'un à côté de l'autre en courant ou passent l'un au-dessus de l'autre en volant. Sur le lieu de la pariade on peut toujours voir plusieurs mâles assemblés. Ces «combats» se livrent même avant, au moment de la migration, alors que la livrée nuptiale n'est pas complète. En automne les mâles ne se distinguent plus des femelles qui sont d'une teinte insignifiante. La femelle construit son nid dans une cavité du sol qu'elle tapisse de brindilles. Elle y pond 4 œufs tachetés qu'elle couve seule pendant 20 ou 21 jours. Elle s'occupe également seule des petits. Ces oiseaux se nourrissent de vers, d'insectes et de petits mollusques.

Goéland cendré
Larus canus

Le goéland cendré, qui mesure environ 45 cm, est très répandu dans les parties septentrionales de l'Europe ainsi qu'en Angleterre. De là il rayonne jusqu'en Asie et en Amérique du Nord. Pendant l'hiver ces goélands fréquentent le littoral de l'Europe occidentale et rendent souvent visite aux fleuves du centre du continent. Ils retournent vers leurs lieux de nidification en avril, les couples étant déjà formés, et ils les occupent aussitôt. Ils commencent alors leur jeu nuptial. Les deux oiseaux se placent côte à côte, prennent de temps en temps des pierres ou des morceaux de bois et les lancent sur leur partenaire. Puis ils commencent — surtout la femelle d'ailleurs — à construire le nid. Celui-ci est situé sur le sol entre des touffes d'herbe, sur une île ou des falaises, parfois aussi sur la plage. La femelle pond 3 œufs tachetés d'où éclosent les petits 25 jours plus tard. Dès le jour suivant ils quittent le nid et se cachent dans les environs. Les parents les nourrissent encore pendant 35 jours avec des insectes, des mollusques, des vers, de petits crustacés, etc. Les adultes mangent aussi les œufs des autres oiseaux et attaquent de petits vertébrés, mais ils peuvent également se contenter de fruits et de graines.

Goéland argenté
Larus argentatus

Le goéland argenté, qui mesure jusqu'à 65 cm, habite entre autres régions, les côtes de l'Europe occidentale et septentrionale. Il niche également dans les Balkans. Il vit parfois en grandes colonies. Son nid se trouve sur le sol, sur des rochers. Curieusement, en Bulgarie, et seulement là, on le trouve aussi sur les toits des maisons. La raison en est un mystère pour les ornithologues. Ces dernières années, le goéland argenté s'est répandu sur les îles situées devant les côtes allemandes. Par endroits, il faut en réduire le nombre sans quoi ils décimeraient les autres oiseaux, surtout les canards dont ils mangent les œufs et les canetons. La femelle pond de 2 à 3 œufs tachetés d'où éclosent les petits 26 jours plus tard. En automne ces goélands remontent souvent les fleuves vers l'intérieur.

Uria aalge

Pas de nom français pour cet oiseau du Grand Nord, et qui niche pourtant parfois au Portugal dans les endroits rocheux. Ces urias viennent à leur lieu de nidification à la fin d'avril et s'y livrent bataille pour trouver l'endroit le meilleur. Ils ne construisent pas de nid; la femelle dépose son grand œuf unique tout tacheté à même le sol dénudé d'un rocher. Les deux parents couvent alternativement pendant 35 jours. Ils nour-

Macareux moine

rissent aussi ensemble le petit qui est capable au bout de 25 jours sinon de voler du moins de sauter dans l'eau. Là, il passe encore quelques semaines avec ses parents. Cet oiseau se nourrit de crustacés, de poissons et de mollusques qu'il chasse dans la mer. En hiver ils vivent en troupes sur les côtes de l'Allemagne du Nord, de l'Europe occidentale et aussi de la Méditerranée.

Macareux moine
Fratercula arctica

Le macareux moine habite les côtes et les îles de la partie septentrionale de l'Atlantique, les Shetland, les Orcades, les Hébrides, les Féroé, la côte occidentale de l'Écosse, les côtes de la Norvège, du Labrador et le Spitzberg. On peut aussi en rencontrer dans la mer du Nord et en Bretagne. C'est un alcidé qui mesure environ 30 cm et qui se tient souvent droit. Son grand bec est triangulaire, fortement aplati sur les côtés. Au moment de la nidification la racine du bec s'épaissit et devient rouge, bleue et jaune. Les becs des jeunes sont encore de conformation ordinaire. Le macareux moine se tient au large, loin de la côte ou des îles vers lesquelles il ne retourne que pour nicher. Pour placer son nid il préfère les pentes herbeuses, mais il se contente aussi bien de rochers — où il niche dans des creux —, de fentes ou de trous. La pente choisie pour le nid descend généralement tout droit dans la mer. Certains nichent aussi dans des terriers de lapins abandonnés. D'habitude, ils creusent à l'aide de leurs pattes et de leur bec un terrier long de 1 ou 2 m qui se compose de plusieurs compartiments que les oiseaux utilisent successivement. Le compartiment choisi est tapissé d'herbe, de plumes et de varech. En mai, la femelle pond 1 œuf (rarement 2) blanchâtre, tacheté de jaune ou de lilas que les deux parents couvent alternativement pendant 40 à 42 jours. Ensuite ils nourrissent les petits pendant 40 jours, puis ils repartent. L'oisillon qui ne sait pas encore voler doit rester seul pendant 7 à 10 jours dans le nid, en vivant sur ses propres réserves de graisse, ce qui le fait maigrir énormément. Après quoi il est capable de s'envoler et de se nourrir lui-même. Le macareux moine mange surtout des poissons (petits harengs, etc.) mais aussi des crustacés et des mollusques. Il chasse sous l'eau et nage tant avec ses ailes qu'avec ses pattes. Détail curieux: il peut tenir de 10 à 12 poissons dans son bec avant de les apporter au nid. Il les enserre, tout près de la tête, entre sa langue et le bord latéral de son bec, de sorte qu'il a le bout du bec libre pour continuer ses captures. Les macareux moines vivent en colonies. Il peut y en avoir plus de 100 000 au même endroit.

Phoque veau-marin

Ours blanc

Vers la mi-août, quand les jeunes sont devenus indépendants, leurs troupes repartent vers la haute mer. De nos jours, ces oiseaux sont protégés dans de nombreux pays, car en raison de la qualité de leur chair, ils ont été impitoyablement chassés dans le passé et ont failli être complètement exterminés.

Phoque veau-marin
Phoca vitulina

Le phoque est un habitant des eaux côtières de l'Atlantique Nord et de la région septentrionale du Pacifique. Mais on le trouve aussi dans la mer du Nord, plus rarement dans la Baltique, et il abondait autrefois dans la Méditerranée. Il lui arrive même de voyager en remontant les fleuves, et on en a trouvé dans l'Elbe à 700 km en amont. Ce sont des animaux sociaux qui vivent en troupeaux le plus souvent de 20 à 50 individus, mais on en a vu un, le plus important jamais recensé, qui comptait 264 animaux. Les mâles atteignent un poids de 150 kg, les femelles pèsent d'habitude environ 100 kg. Les phoques adultes restent fidèles à leur lieu de naissance, même si la surface de l'eau vient à geler. Dans leur station, ils se déplacent dans un rayon de 10 à 15 km et font la chasse aux poissons, surtout aux plies, mais aussi aux crustacés et aux mollusques. Entre le début de juin et le mois de juillet, la femelle après une gestation de 340 jours met bas un ou deux petits sur une côte rocheuse. La femelle ne va à l'eau qu'avec un seul petit; il semble bien que ce n'est pas le petit qui suit la mère, mais l'inverse; c'est pourquoi, ne pouvant suivre deux petits à la fois, le deuxième est condamné à périr. Les habitants de certaines îles, particulièrement celles qui ont été déclarées comme étant entièrement protégées, adoptent ces petits abandonnés et s'en occupent. En revanche, dans d'autres stations, l'homme les chasse et les tue pour s'emparer de leur belle fourrure. Un petit phoque, qui à la naissance pèse de 10 à 15 kg et qui mesure 90 cm (la moitié de la longueur de la femelle), est déjà capable de nager et de plonger immédiatement. Il tète pendant 4 ou 6 semaines, puis pendant 6 autres semaines, il mange des crevettes. Ce n'est qu'ensuite qu'il se met à chasser le poisson. Le phoque peut normalement rester de 5 à 6 minutes sous l'eau, et jusqu'à 15 minutes en cas de danger. Les chasseurs les guettent pour les tuer près des trous pratiqués dans la glace au moment où ils apparaissent pour respirer. Le plus souvent l'animal réussit quand même à plonger; il disparaît alors et il est perdu pour le chasseur. C'est pourquoi on se sert de préférence de harpons. Le phoque dort aussi sous l'eau; il émerge toutefois pour prendre l'air sans ouvrir les yeux. Normalement il nage à une vitesse de 17 km/h, mais il peut pousser jusqu'à 35 km en cas de danger.

Ours blanc
Thalarctos maritimus

L'ours blanc est particulièrement fréquent au Groenland, ainsi que sur les côtes de l'Amérique du Nord et de l'Asie septentrionale. Mais on le trouve aussi au nord de la Norvège et dans la partie nord de l'Islande. A cause de la chasse effrénée qu'on a faite naguère à l'ours blanc, il a été si fortement décimé qu'il était en voie de disparition et qu'il est maintenant entièrement protégé. Seuls les Esquimaux ont le droit d'en chasser un certain nombre rigoureusement limité. L'ours blanc atteint une longueur de 2,5 m et pèse environ 400 kg. Il se trouve parfois des individus d'un poids vif de plus de 700 kg. Les femelles pèsent un peu moins et sont aussi plus petites. Ils se tiennent sur des bancs de glace ou sur la côte. En Islande ils pénètrent même à l'intérieur de l'île. Ils sont actifs dans la journée et au crépuscule. Ils courent, marchent ou grimpent sur des parois parfois abruptes à la recherche de leur nourriture. Ils sont souvent dans l'eau. Ils nagent lentement, mais avec endurance. Ils plongent à 2 mètres au plus et ne peuvent rester que 2 minutes sous l'eau. Ces insuffisances ont été utilisées par les chasseurs qui avaient beau jeu de les poursuivre dans de petits bateaux d'où ils les harponnaient quand ils remontaient à la surface. Les Esquimaux les chassent encore de cette façon (l'usage des armes à feu étant interdit pour protéger non seulement les ours mais aussi les autres animaux). Leur nourriture est essentiellement constituée par les phoques, et sourtout les jeunes. L'ours blanc a un odorat très développé qui lui permet de dépister n'importe quel phoque même s'il est caché dans un trou sous la neige le long de la côte. Dès que le phoque sort sa tête pour respirer, il l'attrape. Il y est aidé du fait que le phoque est aussi gêné sur la terre que lui-même l'est dans l'eau. D'ailleurs il arrive souvent que des phoques lui fassent la chasse dans l'eau et le mordent. Souvent il se contente des entrailles de l'animal et laisse le reste de sa proie aux renards et autres carnivores. D'autre part il se nourrit aussi de poissons que la mer rejette sur la plage ou de cadavres. En été il mange également des baies. Il attaque rarement l'homme, bien que dans l'eau il ait plusieurs ennemis dont le morse est le plus dangereux. La femelle met bas, en novembre ou en décembre, de 2 à 3 petits qui ne pèsent que 600 g et dont les yeux ne s'ouvrent qu'au bout de 4 semaines. Elle les cache dans un trou creusé dans la neige. Grâce à la température de son corps, elle chauffe ce terrier à 20 °C et pour les réchauffer davantage elle serre ses petits contre elle avec ses pattes. Ce n'est qu'au printemps que les petits sont autorisés à sortir et à rechercher leur nourriture. Bien que l'ourse allaite ses petits, elle ne mange rien pendant les mois d'hiver. Les jeunes restent deux ans avec leur mère avant d'acquérir leur indépendance.

Dans les tourbières

Les tourbières constituent un biotope humide caractéristique. Elles se forment sur un sol imperméable, acide, aux endroits où s'accumule l'eau des pluies, des sources et des cours d'eau. Les tourbières occupent les dépressions des plaines ou les creux sur les flancs ou les sommets des montagnes, à proximité des sources, des cours d'eau ou des réservoir naturels.

Là, dans l'humidité ambiante, croît en abondance une épaisse végétation d'une espèce particulière de mousse, la sphaigne *(Sphagnum)*. Elle n'a pas de racine et vit de l'humidité atmosphérique — très élevée dans les tourbières — et de l'humus apporté par le vent. La sphaigne possède des cellules recourbées en S, remplies d'eau. C'est une plante d'une grande longévité: la sphaigne se développe constamment au sommet et meure à la base. Les parties mortes se décomposent difficilement par suite de la grande acidité et de l'insuffisance d'oxygène; elles forment des couches qui atteignent parfois plusieurs mètres d'une substance grasse brun-noir: la tourbe. La superficie des tourbières peut être restreinte ou atteindre plusieurs kilomètres carrés. La végétation se développe souvent plus rapidement sur le pourtour où il y a plus de nourriture et une moindre concurrence des mousses. Un petit lac arrondi occupe souvent le milieu.

Les tourbières sont comme une éponge qui se gorge de l'eau des pluies et des sources; elles humidifient et rafraîchissent l'atmosphère et restituent l'eau progressivement au voisinage. Dans les régions de montagne, riches en sources, elles ont un intérêt écologique considérable, que des drainages inconsidérés ou une extraction abusive de la tourbe peuvent facilement compromettre ou détruire.

Une tourbière est un biotope très humide, frais, acide et pauvre en nourriture. La teneur en acide humi-

que rend difficile l'absorption de l'eau par les racines et, pour les plantes supérieures, la tourbière est finalement un sol sec.
La végétation des tourbières n'est pas riche en espèces car peu d'entre elles s'accommodent des conditions qu'elles y trouvent. Elle n'en est que plus intéressante. On y trouve par exemple des plantes carnivores qui capturent des insectes dont les corps sont décomposés par des sucs digestifs, améliorant ainsi l'alimentation offerte par ce milieu déshérité. On y trouve de nombreuses espèces de laiches, de linaigrettes et de joncs dont les tiges et les feuilles ont une structure xérophile caractéristique car elles ne peuvent utiliser l'eau froide et acide. Sur le sol meuble, au milieu des sphaignes à développement rapide, croissent d'autres plantes en touffes et des buissons bas. Ce n'est qu'aux endroits surélevés et donc plus secs que l'on trouve des buissons de pins des marais, de pins alpestres, de bouleaux nains ou d'épicéas rabougris. De nombreux buissons des tourbières restent verts en hiver et peuvent donc, s'il n'y a pas de neige et si la température n'est pas trop basse, continuer à assimiler.
Grâce à la fraîcheur et à l'acidité du milieu, les restes de plantes et d'animaux se conservent parfaitement dans la tourbe et en particulier les grains de pollen des arbres et des arbustes poussant dans la tourbière ou aux environs. L'analyse pollinique permet, d'après les grains de pollen trouvés dans les diverses couches de la tourbe, de déterminer quelles espèces d'arbres croissaient aux environs il y a plusieurs milliers d'années. Dans les épaisses couches de tourbe, on peut lire les modifications du climat et de la végétation d'un endroit donné depuis la fin de la période glaciaire.
Les épaisses couches de tourbe recèlent des restes d'insectes dont surtout les parties dures telles que les élytres se sont conservées. On apprend ainsi quels insectes vivaient aux différentes époques et sur quelles plantes.
Les tourbières étendues, des plaines, des montagnes ou du Grand Nord, même si elles sont froides et pauvres en nourriture sont néanmoins habitées par de grands animaux. Les êtres vivants les plus fréquents sont ceux dont la vie est courte. Dans les eaux peu profondes des tourbières, facilement réchauffées en été par le soleil, les moustiques par exemple trouvent un milieu extrêmement favorable pour leur développement. D'autres espèces d'insectes élisent domicile dans les petites mares: coléoptères aquatiques, punaises des bois ou larves de libellules.
Les tourbières constituent un milieu favorable pour certains amphibiens, et certains oiseaux qui aiment l'humidité trouvent un abri dans l'épaisse végétation.
De nombreuses araignées hantent les endroits plus secs et diverses espèces de coléoptères et les chenilles de papillons vivent sur les buissons.

Rossolis à feuilles rondes
Drosera rotundifolia L.

Le rossolis est une petite plante vivace qui ne dépasse pas 20 cm de hauteur. Elle se présente sous la forme d'une rosette de feuilles terrestres longuement pétiolées. Le limbe est rond et tout couvert de poils glanduleux dont les extrémités portent une gouttelette mucilagineuse et collante.
Les jeunes feuilles sont enroulées en spirale vers l'intérieur.
Le centre de la rosette émet une et rarement plusieurs hampes rougeâtres, souvent flexueuses, terminées par une cyme lâche de petites fleurs blanches.
Le fruit est une capsule uniloculée qui s'ouvre par trois valves.
La plante fleurit entre juin et août selon l'altitude dans les tourbières, parfois dans les prairies d'Europe centrale, d'Asie septentrionale, du Japon et des régions tempérées des États-Unis. On la trouve aussi au Groenland.
Le rossolis est une plante carnivore: un petit insecte qui se pose sur une feuille produit une excitation qui amène les longs poils à se recourber et à se reformer sur lui jusqu'à l'emprisonner. Les glandes sécrètent alors un enzyme digestif qui décompose le corps de la victime, puis la feuille absorbe les éléments nutritifs ainsi libérés. Il ne reste pour finir qu'une enveloppe chitineuse emportée par le vent.
Charles Darwin et son fils Francis se sont livrés en 1877 à des expériences «d'alimentation» du rossolis. Les spécimens nourris atteignaient une taille plus grande que les autres. Les plantes «aimaient» tout particulièrement la viande crue et rôtie, le fromage, la saucisse, le blanc d'œuf et le lait, mais refusaient le sucre, l'amidon et les graisses végétales.
Remarquons à ce propos que toutes les plantes carnivores, que ce soient les rossolis, les sarracenias, les népenthès ou les dionées sont des plantes de marais acides, et toutes ont adopté la même solution pour se nourrir.

Rossolis à feuilles rondes

Le rossolis est une plante médicinale connue de longue date, mais on en a souvent surestimé les vertus. Elle contient des quinones qui entravent la croissance et la prolifération bactériennes, divers acides, des tannins et l'enzyme déjà cité qui se rapproche de la pepsine.
Les extraits apaisent et détendent les crampes de la musculature lisse, abaissent la glycémie, soulagent les rhumes et ont un léger effet diurétique. En France le rossolis entre surtout dans la composition de remèdes contre la coqueluche.
Les anciens peuples d'Italie mêlaient l'extrait de rossolis à une eau-de-vie très appréciée. La boisson ainsi obtenue était appelée «rossoglio», d'après le nom originel latin de la plante qui signifie rosée du soleil.

Grassette
Pinguicula vulgaris L.

La grassette est une petite plante de 5 à 15 cm, qui se compose d'une rosette de feuilles allongées-ovoïdes, nettement

Grassette

charnues, étalée sur les coussins de sphaignes. Les feuilles d'un jaune vert clair ont des bords retroussés et leur surface est couverte de petites glandes sessiles qui sécrètent des substances digestives et de glandes pédonculées qui sécrètent une matière gluante et mucilagineuse.

Les fleurs sont la plupart du temps solitaires, portées par de longs pédoncules glanduleux et duveteux. Elles sont d'un beau bleu-violet et offrent une corolle à deux lèvres ornées d'une tache blanche à l'intérieur de la gorge et terminée par un éperon recourbé.

La floraison dure de juin à juillet. C'est une plante des tourbes et marais montagnards commune dans presque toute l'Europe jusqu'en Islande.

La grassette est aussi une plante carnivore qui attrape les insectes avec ses feuilles charnues et collantes. La feuille excitée s'enroule sur sa proie et les glandes verruqueuses sécrètent une substance digestive qui décompose le corps de l'insecte. Après l'absorption des sucs nutritifs la feuille se déroule à nouveau.

Les feuilles réduisent les crampes et augmentent les sécrétions des voies respiratoires supérieures. On les utilise pour soigner la toux, l'asthme, mais la plante est assez rare et elle est protégée par ia loi dans de nombreux pays.

Linaigrette à feuilles larges
Eriophorum latifolium HOPPE.

Cette espèce a des feuilles plus larges, planes, et son inflorescence comporte de 5 à 12 épillets de fleurs duveteuses. A la différence de la précédente, les pédoncules des épillets sont rugueux et les soies sont coupées à la même longueur. On la trouve dans toute l'Europe, en Asie Mineure, dans le Caucase, en Sibérie et en Amérique du Nord.

Pin à crochets
Pinus mugho ssp. *uncinata* (ANT.) DOM.

Le pin à crochets a des allures de végétal souvent nain, mais qui peut aussi se présenter sous la forme d'un petit arbre dressé et pourtant rabougri. Il est souvent étalé avec des branches couchées, souples et ascendantes à leur extrémité. Quand il a la forme d'un conifère classique, comme on le voit dans le Jura, sa tête est ovoïde, peu fournie, et généralement couverte de lichens.

Les fruits procurent un moyen facile de détermination: ce sont des «pommes» nettement asymétriques qui possèdent une basse oblique, soit pendantes, soit horizontales sur les branches. Le bois est souple, solide et dense.

La floraison se fait de mai en juin et l'espèce est commune dans les tourbières de plateaux et de la montagne. Elle peut former des fourrés de dimensions variées, parfois très étendus, épais et en fait impénétrables. La forme arborescente vient en bois clairs, souvent en

Bouleau nain

Linaigrette à feuilles larges

Pin à crochets

compagnie du pin sylvestre et de *Ledum palustre* dans la strate inférieure. Il est presque toujours accompagné de *Boletus leucophaeus,* et de plusieurs lactaires et russules qui lui sont associés par symbiose mycorhizique.

Bouleau nain
Betula nana L.

Le bouleau nain est un arbrisseau rabougri qui atteint tout au plus 70 à 80 cm, avec un port souvent prostré. Les jeunes rameaux sont brun-gris et tomenteux. Les feuilles sont petites, souvent plus larges que longues, arrondies, crénelées et courtement pétiolées.
Les chatons femelles sont dressées et les fruits sont des akènes à ailettes très étroites.
On le rencontre souvent en lisière des fourrés de pins à crochets, mais il peut aussi former des couverts exclusifs. Il colonise avec prédilection les anciennes exploitations de tourbe.
Le bouleau nain est une plante caractéristique des contrées froides: l'Europe nordique, l'Asie septentrionale, les régions arctiques américaines. Il est rare en Europe centrale. En France, il n'en existe qu'une ou deux stations dans les Ardennes et une autre à la source du Doubs, dans la tourbière de Mouthe.
Les racines très fines du bouleau nain sont utilisées par les Lapons qui en tissent des couvertures.

Lédon
Ledum palustre L.

C'est un bien curieux arbuste, tout roux et tout velu dans sa jeunesse, haut d'environ 1 m, mais capable de vivre une trentaine d'années.
Les feuilles persistantes sont alternes, linéaires à largement lancéolées, plus ou moins sessiles. Le limbe est vert sombre à l'avers, couvert de poils roux et de petites glandes jaunes qui dégagent un parfum fort et capiteux au revers. Les bords des feuilles sont roulés vers le sol.
Les fleurs blanches à étamines saillantes sont disposées en ombelles terminales fournies. L'arbuste fleurit de mai à juin et le fruit est une capsule penchée.
Le lédon peut former une strate très dense sous le couvert des pins à crochets, mais on peut aussi, quoique moins souvent, le trouver dans les anfractuosités des rochers de grès suintants et moussus. C'est une espèce relativement rare qui est protégée dans de nombreux pays.
On le trouve surtout en Europe centrale et septentrionale, en Asie du Nord et jusqu'au Japon, en Amérique du Nord

Orcette

Canneberge

Lédon

et jusqu'en Alaska et au Groenlad. Il semble qu'il n'ait jamais été signalé en France, à notre grand regret.
C'est une plante toxique: tous ses organes, mais surtout la feuille, contiennent jusqu'à 3 % d'une substance siliceuse qui renferme un poison irritant, le lédol, des glucosides, l'arbutine et l'éricoline, des cires, des lipindes, etc. Toute la plante dégage un parfum fort et enivrant qui est censé chasser et même détruire les insectes indésirables. En revanche, les abeilles recherchent avidement ses fleurs.
La médecine populaire et officielle en faisait autrefois grand cas et grand usage; les tiges et les fleurs étaient béchiques, pectorales, fébrifuges et abortives. Les feuilles séchées servaient à préparer une poudre insecticide. Au Moyen Age on les ajoutait à la bière comme substance aromatique et conservante. A la fin du XVe siècle, on l'utilisait encore par endroits comme succédané du houblon.

Orcette

Vaccinium uliginosum L.

L'orcette est un sous-arbrisseau dense d'une soixantaine de cm qui possède plusieurs axes rampants et qui s'enracinent facilement, plus des rameaux dressés.
Les feuilles sont caduques, coriaces, de couleur glauque bleuâtre, à revers nettement bleuté et à nervation très apparente.
Les fleurs ont une corolle blanche en clochette. Elles peuvent être solitaires ou disposées en courtes grappes axillaires. Les lobes de la corolle sont raides et rebroussés, et il se trouve des sujets à fleurs rosées.
C'est une plante fréquente dans les tourbières de la plaine jusque dans les montagnes où elle forme souvent des groupes compacts qu'on distingue de loin à la couleur insolite de leur feuillage. On la trouve dans les régions septentrionales de l'Europe, de l'Asie et de l'Amérique. Elle peut monter jusqu'à

Sphagnum palustre

une altitude de 3100 m dans les Alpes. Les fruits se rapprochent de la myrtille, ou brimbelle. Ils ne sont pas toxiques, mais en grande quantité ils donnent une sensation d'ivresse, des nausées et des maux de tête. Dans le Haut-Doubs, on en fait des tartes renommmées. La chair de ces fruits est blanche au lieu d'être violette comme chez les myrtilles ordinaires.
Les Lapons, les Samoyèdes et les Ostiaks composeraient, dit-on, une boisson hallucinogène avec le suc des feuilles, de l'amanite tue-mouches, et du lait.

Canneberge

Vaccinium oxycoccos L.

C'est un tout petit sous-arbrisseau, très fin, étalé sur les coussins de sphaignes. Les axes atteignent 80 cm de longueur, ils sont filiformes et seules les extrémités en sont ascendantes.
Les feuilles persistent pendant l'hiver. Courtement pétiolées, elles ont une forme ovoïde, terminée par un mucron, et légèrement roulée vers le bas. La face supérieure est d'un beau vert, l'inférieure un peu pruineuse.
Les fleurs roses sont inclinées et portées par de courts pédoncules qui donnent naissance en leur milieu à deux minuscules bractées. La corolle aux lobes profonds est rebroussée. Les étamines aux filets rouges et aux anthères jaunes rehaussent les couleurs de l'ensemble.
Les fruits sont des baies rouges à maturité, un peu plus grandes que les myrtilles, vert pâle et marbrées au début de leur formation.
La floraison a lieu de mai à juillet en Europe centrale et dans la toundra septentrionale. La plante existe aussi en Amérique du Nord.
Les baies peuvent contenir jusqu'à 8 % de sucre, elles sont en même temps riches en acides malique et citrique, en tannin et en un pigment rouge, l'idaeine. On les récolte souvent pour en faire des compotes ou des confitures. En Finlande et dans le nord de l'U.R.S.S. où la plante croît abondamment, on les fait fermenter pour obtenir une boisson rafraîchissante, légèrement alcoolique, appelée «kwass».
Elles ont été employées autrefois comme remède contre les inflammations et les feuilles servaient à la préparation d'une tisane.

Sphaignes

Sphagnum sp.

Les sphaignes sont un genre de mousse dont les parties mortes forment au cours des temps les couches de tourbe. Elles se présentent sous la forme de coussin d'un beau vert, parfois rougeâtres, et gorgés d'eau. Il en existe de nombreuses espèces difficiles à déterminer et dont on laisse d'habitude l'identification aux spécialistes.
Les tiges sont le plus souvent simples,

rarement ramifiées, hautes de 10 à 40 cm. Chez les espèces ramifiées, les tiges se disposent en boules au sommet. Les feuilles présentent plusieurs aspects selon qu'elles sont caulinaires ou portées par les ramifications. Le limbe se compose de deux types de cellules: les unes, longues, sont vertes et recourbées en S, les autres sont grandes et pleines d'eau. C'est à ces dernières que la plante doit son extraordinaire pouvoir de rétention: elle peut emmagasiner jusqu'à 29 fois son propre poids d'eau! La plante déshydratée devient nettement blanchâtre, mais elle peut se dessécher et reprendre vie à la moindre ondée.
La multiplication se fait au moyen de spores de couleur jaune, formées dans des capsules spéciales, mais elle est surtout végétative par la multiplication des tiges et des rameaux qui se bouturent naturellement, par la formation de bourgeons adventifs et de longues ramifications stoloniformes.
La sphaigne exige pour vivre une grande quantité d'eau, un milieu acide rigoureusement dépourvu de calcium et beaucoup de lumière.
La croissance est assez rapide: elle peut s'allonger d'environ 3 cm par an, mais dans le même temps la même longueur meurt à sa base.
Les sphaignes les plus courantes sont *Sphagnum cymbifolium* EHRH. et *Sphagnum acutifolium* EHRH. L'illustration représente *Sphagnum palustre* L.

Ambrette de Pfeiffer
Succinea pfeifferi

Cette succinée vit dans les roseaux près de l'eau ou dans les marais; elle est petite et porte une coquille oblongue, transparente, de couleur ambre jaune, mesurant environ 13 mm de haut et 6 mm de large. Parfois, on en rencontre de grandes quantités fixées sur des plantes nageant dans l'eau. Elle se nourrit de végétaux frais et fanés. Elle est hermaphrodite. Lors de l'accouplement, les deux partenaires déposent tous les deux le produit sexuel mâle. Puis, chacun des deux se développe en femelle et pond entre 50 et 100 œufs dans des lieux humides du sol. En hiver, et au moment de la grande sécheresse d'été, cet escargot se cache dans des fentes, sous des pierres ou encore dans le feuillage humide qui tapisse le sol.

Lamie
Lamia textor

Sur les saules, mais aussi sur les trembles, près des rivières ou des grands ruisseaux vit un coléoptère longicorne, la lamie. Son corps est ramassé, long de 20 à 30 mm, et ses antennes sont plus courtes que son corps. Elle est grise ou gris-brun terne. Les élytres sont granuleux et comportent de petites taches et des points clairs. En été, la lamie se tient immobile jusqu'au soir sur des branches de saules. Ce n'est qu'au crépuscule qu'elle devient active et qu'elle vole. Les larves vivent dans le vieux bois ou les racines de saules et de trembles. Bien que largement répandue, elle ne cause pas de dégâts majeurs.

Rainette verte
Hyla arborea

La rainette verte, aux belles couleurs, est répandue dans toute l'Europe. Elle modifie sa coloration en fonction du milieu ambiant. Certaines peuvent être jaune-vert, vert foncé, bleu-vert, etc. Elles mesurent entre 3,5 et 4,5 cm. C'est un excellent sauteur, très adroit, aidé en cela par ses doigts gluants qui lui assurent une bonne prise sur les feuilles, par exemple. C'est aussi ce qui lui permet de monter ou de descendre le long des parois de verre verticales. Au moment de l'accouplement, généralement entre avril et juin, les rainettes vertes vont dans l'eau où, après la fécondation, la femelle pond jusqu'à 1000 œufs qu'elle dépose en petits tas. C'est pendant cette saison que l'on peut entendre le cri du mâle qui ressemble au son de clochettes. La rainette est souvent tenue en captivité pour prédire le temps. Mais il est erroné de croire qu'elle en est capable. On prétend que lorsque la rainette se tient au fond du bocal et qu'elle coasse, c'est signe de pluie. Mais, dans la nature, la rainette ne coasse que lorsqu'il fait beau; quand il fait frais ou qu'il pleut, elle se tait. On dit également que lorsque la rainette monte dans le bocal, c'est signe de beau temps. En réalité, la rainette n'essaie par là que de s'échapper de sa prison. La rainette, ou plus exactement le mâle de la rainette, ne fait entendre sa voix qu'au moment de l'accouplement. Elle sert donc à tout autre chose qu'à prédire le temps. Les têtards de la rainette verte sont jaune doré brillant et ont une queue à la pointe très allongée. La métamorphose se fait au bout d'environ 90 jours et les petites rainettes quittent alors l'eau. Les adultes, une fois la ponte terminée, se rendent également sur la terre ferme où elles vivent sur des arbres, dans des buissons, etc. Elles se nourrissent d'insectes, de leurs larves et d'araignées. En automne, elles quittent les arbres à la recherche d'une bonne cachette abritée dans des creux, sous des pierres, etc. pour passer l'hiver. Certaines hibernent dans la vase.

Blongios nain
Ixobrychus minutus

Ce petit héron, de la taille d'un pigeon environ, se rencontre dans presque toute l'Europe à l'exception de l'Angleterre et des pays scandinaves. Il vit dans les roseaux des étangs, des lacs et des mares. Le soir ou la nuit on peut entendre la voix du mâle. Il construit son nid au-dessus de l'eau sur des roseaux couchés. La femelle pond 5 ou 6 œufs d'un blanc de chaux. Le mâle la relaie pendant la couvaison qui dure entre 16 et 19 jours. A peine une semaine après leur éclosion, les petits sont adroits et vivaces et grimpent sur les roseaux à l'approche d'un danger. Les parents déposent la nourriture directement dans le bec des oisillons. La nourriture du blongios nain consiste en insectes, en petits poissons et en amphibiens. C'est un oiseau migrateur qui part vers l'Afrique orientale dès la fin d'août pour revenir au début de mai. Bien que très répandu, ce héron échappe généralement à l'attention de l'homme en raison de son mode de vie très retiré. Dérangé, il se met à voler au ras des roseaux; il est alors facilement reconnaissable à sa coloration noire et aux taches blanches qui ornent ses ailes.

Ambrette de Pfeiffer

Rainette verte

Bécassine des marais

Lamie

Blongios nain

Râle d'eau

Bécassine des marais
Gallinago gallinago

La bécassine, oiseau des marais de la taille d'un merle environ, habite des prés humides et les tourbières à proximité des grands étangs et des lacs. On ne peut la contempler que rarement; mais, en passant dans un pré, on peut souvent l'apercevoir qui s'envole en faisant un crochet pour disparaître rapidement à l'horizon. Elle construit son nid dans de l'herbe haute dans un creux profond du sol qu'elle tapisse de brindilles. La femelle pond 4 œufs olive tachetés de verdâtre qu'elle couve, seule, pendant 19 à 21 jours. Au moment de la pariade, le mâle s'envole haut dans les airs, puis il descend en écartant les plumes caudales qui, du fait de la vibration dans l'air, émettent des sons typiques qu'on entend de loin. Les petits qui volent au bout de 3 semaines sont soignés par les deux parents. Les bécassines se nourrissent d'insectes, de vers et d'araignées. En automne, elles se rassemblent en bandes qui fréquentent les marais formés par des étangs plus ou moins asséchés. Les bécassines européennes hivernent surtout en Afrique d'où elles reviennent en mars. Leur chair étant très délicate, c'est un gibier apprécié.

Râle d'eau
Rallus aquaticus

Le râle d'eau, avec son long bec rougeàtre, est aussi un habitant fréquent des roselières étendues. Lui aussi est très difficile à voir. Dans la journée, il se cache et ce n'est que le soir qu'il va à la recherche de sa nourriture: insectes, mollusques, graines et diverses feuilles. Il est plus facile de le voir en automne au moment de la migration. Il construit son nid avec des laîches et d'autres végétaux dans les roseaux ou les touffes de laîches. La femelle pond entre 6 et 12 œufs jaunâtres, tachetés de rouille qu'elle couve en alternance avec le mâle pendant 20 jours. Les petits sont tout noirs et sont nourris par les parents. Ils restent avec ceux-ci jusqu'en automne, et lorsque les parents nichent une deuxième fois, la famille se compose de deux générations d'enfants. Il est intéressant de constater que, parfois, les

Grue cendrée

Guifette noire

Sterne arctique

aînés donnent la becquée aux plus petits.

Grue cendrée
Grus grus

La grue, un oiseau fort, à pattes et au cou longs, habite le nord de l'Europe, plus rarement aussi les régions septentrionales de l'Europe centrale d'où elle se répand vers l'Asie. Les grues européennes hivernent en Afrique du Nord et le long du Nil. Elles sont absentes de l'Europe occidentale, même pendant leurs migrations. Pendant celles-ci, au printemps et en automne, elles volent dans des formations typiques en V. Très rarement, on peut en rencontrer au moment de la nidification en Espagne et dans les Balkans où il existe encore quelques lieux de nidification de cet oiseau. Les grues vivent dans de grandes étendues marécageuses. Elles ne reviennent de leurs quartiers d'hiver qu'en avril ou en mai. La femelle construit, au milieu du marécage, un grand nid avec des végétaux et y pond ordinairement deux œufs gris-vert, tachetés d'une nuance plus foncée. Au moment des amours, les grues mâles «dansent»: ils sautillent, sautent en l'air, écartent les ailes et émettent des sons de «trompette». Les petits éclosent au bout de 29 ou 30 jours; à ce moment, leurs pattes et leurs becs sont encore courts. En même temps qu'ils grandissent, les pattes et les becs s'allongent incroyablement vite.

Les grues se nourrissent de végétaux, d'insectes, de mollusques, de vers et, exceptionnellement, de grenouilles, de serpents et de petits oiseaux.

Guifette noire
Chlidonias nigra

Souvent, on peut voir au-dessus des eaux continentales, qu'il s'agisse des étangs ou des lacs, un oiseau noir et rapide, la guifette noire qui fait entendre son chant caractéristique: «krek» et «krrr». Elle arrive dans son territoire de nidification en mai et dès le mois de juillet retourne dans ses quartiers d'hiver, en Afrique équatoriale. Elle n'est pas très répandue et ne possède pas non plus de terrain de nidification fixe. Elle peut apparaître pendant un certain temps sur un étang pour disparaître pendant des années. Elle vit en petites colonies et construit son nid sur des amas de débris végétaux qui flottent au large. La femelle pond 2 ou 3 œufs tachetés. Les petits, qui éclosent au bout de 14 à 17 jours, sont nourris par les parents avec des insectes et de petits poissons, des mollusques ou des vers. A la recherche de leur nourriture, ces guifettes peuvent parcourir des kilomètres. Elles attrapent leur proie au ras de la surface de l'eau avec leur bec et s'envolent aussitôt dans les airs.

Sterne arctique
Gavia arctica

En hiver, on peut rencontrer régulièrement sur les fleuves et les rivières qui ne sont pas prises par les glaces un grand hôte du nord: la sterne arctique. Elle mesure environ 70 cm et se tient le plus au large possible se faisant ainsi invariablement reconnaître. Dès qu'elle aperçoit un être humain, elle plonge et peut parcourir jusqu'à 400 m sous l'eau. De ce fait, elle échappe facilement aux divers dangers qui la guettent. Par endroits, on peut voir des bandes entières de ces sternes arctiques. Au moment de la migration, il peut arriver qu'elle confonde une route mouillée brillante avec la surface de l'eau, qu'elle y atterrisse et se blesse. Elle niche dans le nord de l'Europe où elle construit son nid sur les berges de lacs. La femelle pond de 1 à 3 œufs que les deux parents couvent alternativement. Au moment de la pariade, le mâle danse en soulevant son corps droit au-dessus de l'eau.

Harfang des neiges

Nyctea scandiaca

Le harfang des neiges habite les toundras et niche régulièrement en Norvège, en Suède et en Islande où on peut l'observer aussi bien dans la plaine que dans la montagne. Il mesure environ 60 cm. Son plumage est blanc varié de brun-noir. Son iris est jaune soufre. Quoique ayant l'apparence d'un oiseau de nuit, il chasse avant tout à la lumière du jour et poursuit surtout les lemmings. Selon le nombre de lemmings qu'il peut trouver, la femelle pond de 0 à 10 œufs. Elle les dépose dans une cavité du sol et commence à couver dès le premier œuf. C'est pourquoi les petits naissent successivement, et quand la ponte est importante, les derniers-nés meurent le plus souvent car les aînés ne les laissent pas accéder à la nourriture. Les oiseaux nichent à partir de la moitié du mois d'avril, souvent seulement en juin. C'est la femelle qui couve seule pendant 32 ou 33 jours; pendant ce temps elle est nourrie par le mâle. Les petits restent environ 2 mois au nid. Les parents leur apportent surtout des lemmings, et chaque jeune mange jusqu'à 4 de ces rongeurs par jour. Après la période de nidification, les harfangs vagabondent et parcourent de grandes distances. Lorsque l'hiver est particulièrement rigoureux, ils descendent davantage vers le sud, et c'est alors qu'on peut en voir çà et là en Europe occidentale ou centrale.

Grand labbe

Stercorarius skua

Ce laridé, qui mesure jusqu'à 58 cm, est facilement reconnaissable au «miroir» blanc qu'on peut voir sur ses ailes repliées. Mais lorsque l'oiseau étend ses ailes, ce miroir se transforme en bande longitudinale. Il habite les côtes et les îles de l'océan Atlantique, notamment l'Islande, les Orcades et les Féroé. Il est curieux de noter que la deuxième région de nidification de cette espèce se situe aux antipodes, c'est-à-dire sur les côtes de l'Antarctique, sur les îles situées devant la pointe sud de l'Amérique du Sud et jusqu'à la la Terre de Feu. Au moment de la nidification, ils se tiennent dans les marécages voisins du littoral où ils construisent leur nid sur le sol, dans l'herbe. Entre mai et juin, la femelle pond 2 œufs brun olive tachetés de gris que les deux parents couvent alternativement pendant 28 à 30 jours. Les jeunes restent 6 à 7 semaines au nid et sont nourris par les adultes. Près du nid leur cri habituel «ga ga» se transforme en «hoo». Après la nidification, ils errent dans la région orientale de l'Atlantique et peuvent alors arriver jusqu'au sud de l'Europe. Certains isolés font même leur apparition sur les fleuves de l'Europe centrale. Le grand labbe possède un bec puissant, recourbé, que craignent les oiseaux et les mammifères. Il chasse en fait toutes les proies possibles: vers, crustacés, oiseaux, oisillons, mammifères, d'autres espèces de mouettes, sternes qui souvent sont contraintes de céder au grand labbe leur proie qu'il se hâte d'avaler. Les grands labbes nichent par couples ou petites colonies. Pendant la nidification ils défendent leur nid contre tout intrus, même les faucons, et ils attaquent aussi l'homme quand par hasard il s'égare dans leur voisinage.

Lièvre variable

Lepus timidus

Ce lièvre vit dans les pays scandinaves, dans le nord de la Pologne, en Écosse, en Irlande ainsi que dans les Alpes, où il est considéré comme une «relique glaciaire». Dans les régions septentrionales il atteint un poids de 5,8 kg, mais les in-

Harfang des neiges

Lièvre variable

Lemming

dividus des Alpes ne dépassent pas 3,5 kg. Ils ont des oreilles relativement courtes dont les pointes restent noires toute l'année. En été, leur fourrure est fauve, mais elle devient toute blanche en hiver, ce qui le rend invisible sur la neige et le protège contre ses nombreux ennemis. Il habite les forêts jusqu'à la limite de neiges. Dans les pays scandinaves et dans la toundra il descend jusqu'au bord de la mer. Dans le nord il est actif toute la journée, ailleurs seulement le soir et le matin. Il n'est pas capable de faire des crochets comme les autres lièvres, mais il sait bien nager et peut traverser des fleuves même très larges. Il lui arrive de vivre en petites troupes. Il se cache entre des pierres, des touffes d'herbe, sous des buissons, etc. Il ne creuse que très rarement des galeries, encore celles-ci sont-elles très courtes. Lorsqu'il est irrité, il émet des sifflements. La femelle a 2 ou 3 portées par an de 5 à 8 petits chacune. Elle met bas dans une cavité du sol. Les petits naissent les yeux ouverts. En hiver, il se laisse parfois recouvrir d'une couche de neige, et respire par l'ouverture qui se forme par la chaleur de son haleine. Ses ennemis les plus redoutés sont — entre autres — les renards.

Lemming
Lemmus lemmus

Le lemming ressemble au campagnol. Il mesure 15 cm de long, pèse entre 24 et 45 g et sa robe est de coloration variable. Il habite les montagnes et les toundras des pays scandinaves et surtout de la Norvège. Dans la journée il se cache sous les pierres ou dans la mousse et va à la recherche de sa nourriture, qui est végétale, le soir. A peine sous le sol ou sur celui-ci, il fait un nid avec des brins d'herbe, des ramilles et des feuilles dans lequel la femelle met bas 3 à 4 fois par an de 5 à 6 petits, parfois plus. Il s'ensuit que régulièrement, tous les 3 ou 4 ans, il y a surpeuplement, et on assiste alors à de véritables migrations de masse. Les animaux vont du nord au sud et font alors leur apparition jusque dans les rues des villes. Ces migrations sont nocturnes. Mais la plupart des lemmings périssent, car ils sont suivis des renards, des harfangs et autres oiseaux rapaces qui accourent même de très loin à la curée. Cette abondance de nourriture provoque à son tour un surpeuplement de ces rapaces carnassiers. Les raisons de ce surpeuplement et de ces migrations vers la mort ne sont pas encore entièrement élucidées. Le lemming construit — tout comme les campagnols — un système de fossés aériens. Il n'hiberne pas mais creuse des galeries sous la neige, il y forme des nids et s'y tient jusqu'à la fonte du printemps.

Glouton
Gulo gulo

Ce carnassier est le plus grand des mustélidés. Il habite le nord de l'Europe: Norvège, Suède, le nord de l'Asie et de l'Amérique. Il atteint une longueur de 1 m, une hauteur de 50 cm et pèse de 9 à 30 kg. Il vit dans les régions montagneuses de la taïga et de la toundra où il se cache dans les rochers ou les terriers de renards abandonnés. Animal nocturne, il ne chasse que la nuit, sauf dans le très Grand Nord. Il n'hiberne pas à proprement parler. Pour sa nourriture il n'est pas très difficile: il mange de petits mammifères, des oiseaux et leurs œufs, des insectes, des escargots, etc. Parfois des vers et aussi des cadavres. Dans les périodes de disette il s'attaque aux jeunes rennes ou élans et s'approche même des maisons pour s'en prendre aux animaux domestiques. Souvent il guette sa proie à l'affût sur une

Grand labbe

Glouton

Élan

Renne

branche d'arbre. Il court relativement vite, saute, grimpe bien, même sur des arbres ou des rochers, et nage. Au moment des migrations de poissons, il se rend aux cours d'eau et pêche. La gestation est de 4 mois, la portée de 2 à 4 petits dont les yeux ne s'ouvrent qu'au bout de 4 semaines. Les petits sont très joueurs et ravissants. Le glouton est chassé en raison de sa fourrure, bien que celle-ci est assez lourde à porter et n'atteigne pas la qualité de celle des renards polaires. On le chasse à l'aide de chiens spécialement dressés. Mais le glouton est fort capable de venir à bout d'un chien isolé, et quand il est blessé, il s'attaque même à l'homme, qu'autrement il fait tout pour éviter.

Élan
Alces alces

L'élan est le plus grand des cervidés. Les mâles pèsent entre 320 et 450 kg. Les mâles portent des bois très larges qui peuvent peser jusqu'à 20 kg et porter jusqu'à 30 andouillers. Les mâles âgés perdent leurs bois en novembre ou en décembre, les jeunes en janvier ou en février. L'élan habite les forêts de Norvège, de Finlande et de Russie. Ces dernières années il est fréquent aussi au Danemark et en Pologne. Il est très rare qu'un élan isolé fasse son apparition en Europe centrale où cependant il était très répandu aux XIIIe et XIVe siècles. Maintenant il se rencontre aussi dans le sud de la Suède et c'est de là qu'il est passé au Danemark, car il est très bon nageur. L'élan préfère les forêts claires et mêlées, et surtout celles où se trouvent des bouleaux. Il se nourrit de plantes aquatiques, d'herbes, de jeunes branches, etc. En été on le trouve souvent dans l'eau où il se plonge pour se rafraîchir et se protéger des moustiques. En hiver il se retire dans les régions où il y a peu de neige, car il a du mal de se mouvoir dans la neige profonde, qui lui fait risquer de tomber victime des loups. Il sait non seulement bien nager, mais plonge tout aussi bien, et il atteint à la course des vitesses de 50 km/h. D'habitude il est actif à l'aube et au crépuscule, mais il se déplace aussi le jour ou la nuit. La plupart du temps, l'élan vit en solitaire. Le rut débute fin août, dans certaines régions plus tard. Pendant cette période leur chair est immangeable à cause de son odeur trop forte. Généralement les jeunes n'ont qu'une femelle, les mâles âgés plusieurs. Après le rut, les mâles redeviennent solitaires. La gestation dure de 240 à 250 jours. En mai ou en juin la femelle met bas un (plus rarement jusqu'à 3) petit. Ceux-ci restent sur place pendant deux jours, puis ils suivent leur mère. En décembre les femelles se rassemblent avec les petits pour partir vers des lieux plus cléments. Les mâles aussi migrent vers le sud ou descendent des montagnes vers la plaine. En été les élans retournent dans la toundra du nord. Leurs ennemis les plus acharnés sont les ours et les loups. Dans certains pays, les élans ont été domestiqués et sont utilisés comme animaux de trait ou de monte: ainsi en Suède depuis Charles IX (1550—1611). L'élan est capable de porter jusqu'à 120 kg.

Renne
Rangifer tarandus

C'est un cervidé qui vit à l'état sauvage dans le nord de l'Europe, de l'Asie et de l'Amérique. Il atteint une hauteur au garrot de 120 cm. Le mâle pèse de 120 à 150 kg, la femelle un peu moins. La femelle porte des bois comme le mâle, fait exceptionnel dans cette famille, mais ceux du mâle sont plus développés. Le renne vit dans la toundra, la taïga ainsi que dans les régions montagneuses. En Europe on le trouve en Norvège, en Suède et en Islande. Mais en Suède les rennes sont à peu près complètement domestiqués. Dans les autres pays, les troupeaux de rennes vivent sous le contrôle continu de leurs éleveurs. La domestication du renne a commencé il y a environ 1000 ans. Si on en croit les écrits chinois, le renne aurait été élevé en Chine comme animal domestique dès l'an 499. Aujourd'hui un essai de réintroduction du renne dans le Jura français, dans le massif de la Dôle, semble prometteur. Le renne américain, qu'on appelle caribou, n'a jamais été domestiqué et vit encore de nos jours à l'état complètement sauvage. Le renne trouve sa nourriture lui-même et dans les troupeaux surveillés l'éleveur ne lui en fournit qu'un complément. Pour rechercher cette nourriture, les troupeaux parcourent des distances considérables. Chaque troupeau est conduit par une vieille femelle suivie d'une «garde» de quelques mâles vigoureux, puis vient le reste de la troupe, et les animaux marchent souvent serrés les uns contre les autres. Le renne est capable de surmonter des obstacles considérables, et c'est ainsi qu'il peut traverser à la nage des fleuves d'une bonne largeur. Ces troupeaux sont poursuivis par des hardes de loups qui attaquent les rennes égarés ou affaiblis. Les autres ennemis du renne sont les renards, les gloutons ainsi que les grands oiseaux rapaces. Le rut a lieu en automne. Pendant cette période les mâles se combattent. Le vainqueur s'entoure ensuite de ses femelles, qui peuvent être une vingtaine. La femelle met bas d'habitude un petit, plus rarement deux ou trois. Le renne se nourrit essentiellement de lichens, mais aussi d'herbe et de feuillage. Il est utilisé aussi bien comme animal de trait que de monte. Un animal bien reposé court à une vitesse de 13 à 15 km/h et peut parcourir jusqu'à 100 km par jour. La viande du renne est de très bon goût. Le lait est très riche en matières grasses mais les femelles sont difficiles à traire. Leur cuir sert à la confection de tentes, de vêtements, de chaussures, etc.

Sur les rochers

C'est sans doute le biotope qui offre les conditions d'existence les plus diverses et aussi les plus difficiles. Les rochers apparemment sans vie, sont le domaine d'associations végétales diverses de plantes dites pétrophytes.

La richesse en nourriture dépend de la nature chimique de la roche : les roches calcaires offrent un substrat plus nutritif que les roches granitiques ou gréeuses. Certaines espèces s'accomodent de l'un ou de l'autre des substrats, certaines ne se développent que sur les roches calcaires, d'autres uniquement sur les roches acides.
La surface joue un rôle : une surface lisse est moins favorable au développement des plantes qu'une surface rugueuse ou crevassée.
La pierre absorbe, conduit et conserve la chaleur mieux que la terre. C'est pourquoi on trouve au cours de l'année de grandes différences. En Europe centrale, certains sols rocheux peuvent atteindre des températures tropicales — 60 °C — et constituent des stations où l'on trouve des plantes qui ne devraient normalement pousser que dans le sud du continent. En hiver, les rochers gèlent plus vite au détriment des plantes qui, souvent aussi, n'y trouvent pas la protection d'une couverture de neige. Sur les rochers poussent des espèces aux feuilles en rosette, au port nain ou en coussin; collées à la surface du rocher, elles en utilisent pleinement la chaleur. Basses, elles résistent mieux aux assauts du vent.
L'exposition a aussi une influence sur la variété des conditions d'existence : les espèces qui aiment la chaleur et la lumière poussent sur les pentes exposées au midi, les espèces moins exigeantes sur les pentes tournées vers le nord.

L'eau ne séjourne pas sur les rochers, elle glisse à la surface ou s'infiltre dans les crevasses. Sur les parois verticales, l'eau n'est fournie que par l'humidité atmosphérique sous forme de rosée. Là poussent des espèces à longues racines qui pénètrent profondément dans les crevasses pour trouver l'humidité. Certaines plantes se protègent du dessèchement, au moment de la sécheresse, par l'enroulement des feuilles, d'autres par une abondance de poils. Nombreuses sont les espèces à feuilles charnues renfermant une provision d'eau. Les espèces qui aiment l'humidité se trouvent souvent sur des rochers constamment humides soit par suite d'infiltrations soit à cause du voisinage d'une cascade.
Les plantes saxicoles s'adaptent également à ce milieu pour leur multiplication. La multiplication végétative est fréquente: la plante forme des drageons qui lui restent reliés jusqu'à ce qu'ils se soient fixés et enracinés dans un endroit convenable. D'autres espèces produisent des quantités de graines petites et légères, facilement transportées par le vent. D'autres ont des graines collantes qui adhèrent à la roche.
Le sol — facteur déterminant pour chaque plante — se forme difficilement sur les rochers à partir de la décomposition de ceux-ci et des restes de végétaux. Il s'accumule dans les inégalités de la surface. Sur les rochers nus où la pente est supérieure à 40° ne poussent que de minuscules mousses et champignons et les organismes mixtes qui en naissent : les lichens. Ces plantes, ainsi que les mousses, sont appelées lithophytes. Elles décomposent les rochers mécaniquement et chimiquement, préparant ainsi le sol — au vrai sens du mot — pour d'autres végétaux. Les parties mortes des plantes et la poussière s'accumulent dans les fissures et les crevasses, formant un sol où poussent les premières fougères; peu à peu, on voit s'installer une société de plantes particulières dites chasmophytes. Arbustes et arbrisseaux poussent dans les larges anfractuosités dont les racines désorganisent la roche et agrandissent les fissures.
On trouve dans les régions rocheuses une faune particulière adaptée à la vie sur les pentes peu accessibles et les parois verticales. Certains animaux, comme les chamois ou les bouquetins, ont élu pour domicile les régions rocheuses les plus élevées où ils sont protégés des fauves qui ne peuvent égaler l'agilité et la grâce dont font montre ces animaux pour se déplacer sur les pentes et les surplombs rocheux. La moindre saillie leur offre un tremplin sûr pour leurs sauts téméraires au-dessus des crevasses et des précipices. Ses petits sabots durs aux rebords acérés permettent au chamois de se maintenir même sur les pentes abruptes. Les pattes vigoureuses et musclées de ces animaux de montagne sont adaptées à la vie sur ces terrains malaisés. Les jeunes naissent sur des saillies rocheuses difficilement accessibles où ils sont parfaitement en sécurité. Ils suivent leurs mères quelques heures seulement après leur naissance. Ils escaladent sans crainte les rochers abrupts sur leurs faibles pattes.
Les parois élevées absolument inaccessibles servent de refuge à de nombreuses espèces d'oiseaux. Dans ces fentes, les crevasses et les petites cavernes, ils établissent leurs nids bien protégés contre leurs ennemis à quatre pattes. On y trouve de nombreuses espèces de rapaces. Ils y jouissent d'une vue étendue loin aux alentours et sont parfaitement en sécurité, eux et leurs petits, sur les rochers qui dominent la vallée et les précipices. Ils trouvent souvent dans les ravins les charognes d'animaux dont ils se nourrissent. Les aigles réussissent à capturer quelque rongeur ou les petits des chèvres et des brebis sauvages de la montagne.

Capillaire
Asplenium trichomanes L.

La capillaire est une petite fougère vivace à souche épaisse, couverte d'écailles ciliées. Elle forme des touffes denses de feuilles persistantes, à pétioles brun-rouge, rigides et brillants, nettement plus courts que le limbe. La feuille est une fois pennatiséquée et elle est pourvue d'un rachis roux. Les pinnules sont arrondies, alternes, dentées et asymétriques, celles des extrémités plus petites que les médianes, caduques, coplanaires, de couleur vert foncé.

Les sores longs et linéaires se rejoignent à maturité.

C'est une fougère xérophile des fissures ensoleillées, mais aussi et surtout des vieux murs de toute l'Europe, de l'Asie centrale, du continent américain, de l'Afrique et de l'Australie.

Les feuilles froissées dans les mains dégagent une odeur nauséabonde. On les a utilisées en médecine et en sorcellerie.

Fougère verruqueuse
Cystopteris fragilis (L.) BERNH.

Cette fougère tendre et fragile, pourvue d'un court rhizome, apparaît et disparaît selon les périodes de pluie ou de sécheresse. Les feuilles sont portées par de longs et fragiles pétioles bruns, le limbe a un contour allongé, ovoïde à largement lancéolé, 1 ou 2 fois pennatiséqué, avec des pinnules profondément lobées et dentées, chaque paire inférieure plus petite que la suivante et un peu rebroussée.

Les sores sont sur deux rangs sur le revers des feuilles. Les sporanges sont lancéolés ou ovoïdes et longuement aigus.

C'est une fougère qui préfère les rochers humides, les moraines, mais qui peut aussi se trouver sur les vieux murs les plus secs dans les moindres fissures et dans les vieilles forêts des plaines et des montagnes.

Elle existe dans le monde entier, remonte au-delà du cercle polaire et jusqu'à 2400 m dans les Alpes.

Polypode
Polypodium vulgare L.

Le polypode est caractérisé par sa souche toujours superficielle, couverte d'écailles brunes, brune au dehors, verdâtre à l' intérieur, et qui atteint 1 cm de diamètre. Les feuilles coriaces mesurent jusqu'à 40 cm, elles sont une fois pennées, et les pinnules sont alternes et arrondies. Les jeunes frondes sont roulées en crosse et les anciennes persistent tout l'hiver. Par temps très sec tout le limbe s'enroule et limite ainsi la transpiration. Les sores sont grands, alignés sur deux rangs au revers du limbe, d'abord orangés puis bruns, dépourvus d'indusies.

Le polypode est très commun sur les rochers humides, mais il s'installe aussi sur les vieilles souches plus ou moins pourries et sur les troncs des vieux arbres. On le trouve dans tout l'hémisphère Nord, du cercle polaire jusqu'en Afrique du Sud, et dans le Nouveau Monde jusqu'au Mexique.

Son rhizome a une saveur très sucrée et qui rappelle celle du bois de réglisse. Il est d'ailleurs riche en sucre et en mannitol. C'est souvent une friandise rustique pour les enfants. Il est également riche en tannin, contient un lipide et une substance amère encore peu connue. A l'état frais on y trouve surtout du mucilage, de la saponine et de la silice.

La médecine populaire l'utilisait autrefois pour soigner l'apoplexie, et la mé-

Polypode

Fougère verruqueuse

Capillaire

decine officielle pour les maladies de foie, de la vésicule biliaire, et contre la goutte. On le récolte encore de nos jours car il entre dans la composition de nombreux médicaments.

Corbeille d'or

Alyssum saxatile L.

La corbeille d'or est une plante vivace qu'on reconnaît à sa souche demi-ligneuse, qui porte une rosette de feuilles étirées, longues d'une dizaine de cm et recouvertes de poils étoilés, veloutés et gris.
Les hampes florales dressées et ramifiées dans leur partie supérieure atteignent 30 cm de longueur. Les tiges elles-mêmes sont à peine feuillées ou pas du tout. Les fleurs d'un jaune éclatant, à 4 sépales caducs, sont disposées en corymbes lâches; le fruit est une silique.
C'est entre avril et mai qu'on peut voir ses riches touffes dorées éclater çà et là sur les rochers ensoleillés. Elle est commune en Europe centrale jusqu'aux Balkans, en Asie Mineure, et jusqu'aux régions orientales de l'U.R.S.S. européenne. Elle est originaire des régions pontiques. En France on ne la rencontre que dans les montagnes.
Elle est protégée par la loi dans certains pays, et on la cultive souvent comme ornement dans les jardins de rocaille, surtout sa variété à fleurs pleines, qui est encore plus éclatante. Malheureusement, cette plante en plaine craint les hivers froids qui la font geler, faute de neige protectrice.

Œillet de Grenoble

Dianthus gratianopolitanus VILL.

L'œillet de Grenoble est une petite plante vivace de couleur glauque, en touffes épaisses, parfois même en coussinets. Elle est formée d'une souche courte et ramifiée qui donne naissance à une quantité de tiges stériles très feuillées. Les feuilles sont aiguës, raides et linéaires.

Corbeille d'or

Œillet de Grenoble

Joubarbe

Mais la souche produit aussi des hampes d'une trentaine de cm de hauteur qui portent de 1 à 3 fleurs terminales aux corolles rouge sombre, formées de pétales frangés. Le calice cylindrique est d'habitude rougeâtre.
L'œillet de Grenoble fleurit de mai à juillet dans les fissures des rochers, sur les éboulis et les pentes caillouteuses de la plaine jusqu'aux collines. Il affectionne le calcaire et la dolomie, mais peut apparaître aussi sur le basalte, la phonolithe, ou en terrain sablonneux. C'est une plante caractéristique de l'Europe occidentale, sporadique en Europe centrale.
Cet œillet est protégé dans certains pays et on le cultive souvent dans les jardins de rocaille.

Artichaut de muraille (Joubarbe)
Sempervivum tectorum L.

C'est aussi une plante vivace qui se caractérise par une rosette terrestre de feuilles très charnues, lancéolées, de teinte vert clair, lavées de rouge. Les bords des feuilles sont ciliés et la rosette peut mesurer 20 cm de diamètre.
Le moment venu, le cœur de cette rosette donne une hampe de 20 à 40 cm, laineuse et blanchâtre, couverte de feuilles lancéolées, pubescentes et parfois rougeâtres. Les fleurs d'un rose terne, glanduleuses, ciliées, parfois ponctuées de pourpre, comportent en général 13 pétales linéaires et aigus et le même nombre de sépales. Les filets des étamines sont roses, les anthères orange. Le fruit est un follicule. La plante est monocarpique et périt après avoir fructifié.
La joubarbe est originaire des Alpes du sud et de leurs contreforts, mais on la trouve aussi dans les Pyrénées, le Jura, les Apennins et le nord des Balkans. Depuis le Moyen Age elle est souvent cultivée et s'est naturalisée dans beaucoup d'autres régions.
Ses vertus médicinales et magiques sont connues depuis très longtemps. Théophraste et Dioscoride vantent sa propriété de soigner les brûlures et toutes sortes d'autres affections. Depuis le Moyen Age on la cultive comme une protection «assurée» contre le lessivage des toits de chaume ou de tuiles, contre la foudre, ce qui explique sa présence fréquente sur les toits encore de nos jours. Charlemagne aurait même ordonné sa culture par décret.
La médecine populaire en fait un remède universel: elle le recommande contre les maux de dents, les brûlures, les taches de rousseur et les cors. A l'intérieur, la joubarbe soigne aussi bien les inflammations que la surdité. C'est aussi un vermifuge. Aujourd'hui son suc est réputé fébrifuge. En France, la tradition le considère à juste titre comme un excellent coricide. Une feuille de joubarbe, pelée et appliquée sur un cor

Orpin brûlant

Trique-madame

jour après jour le ramollit et permet son extraction.
Dans certaines régions les jeunes feuilles sont consommées en salade, et en Suisse on les écrase dans de l'eau pour obtenir une boisson rafraîchissante. Mélangée à d'autres ingrédients, elle donnait une substance miraculeuse, l'arcane, dont l'application sur les mains les rendait invulnérables et permettait de saisir sans douleur même un morceau de fer chauffé à blanc.

Poivre de muraille (Orpin brûlant)
Sedum acre L.

C'est une petite herbe touffue de 5 à 10 cm de haut, de couleur vert terne. Son rhizome mince et puissamment ramifié donne naissance à des tiges stériles couvertes de feuilles et à des tiges florifères qui le sont moins. Les feuilles charnues, convexes, largement ovoïdes, à sommet obtus, ont une saveur caractéristique, fortement âcre et poivrée.
L'inflorescence en cyme scorpioïde se compose de petites fleurs d'un jaune éclatant, courtement pédonculées. Le fruit est un follicule qui ne s'ouvre que sous la pluie ou par temps très humide: les graines sont probablement disséminées par l'eau et ne germeraient qu'à la lumière.
La floraison a lieu de juin à juillet. C'est une plante caractéristique des fissures de rochers ensoleillés, des terrasses rocheuses, des coteaux pierreux, des talus, des sables, des vieux murs, et qu'on trouve également sur les vieux toits. Elle est répandue dans toute l'Europe, monte jusqu'à 2300 m dans les Alpes, existe en Asie septentrionale jusqu'aux monts Altaï et en Afrique du Nord. Elle est cultivée comme plante de rocaille en Amérique du Nord où elle se naturalise souvent. Toute la plante, mais surtout les feuilles, contient un alcaloïde, la sématine, et un glucoside, le rutine. Elle est également riche en sucre, en mucilage et renferme de nombreuses aiguilles de carbonate de calcium. Ces aiguilles se joignent à une substance encore inconnue pour provoquer une irritation des muqueuses et de l'épiderme.
L'orpin brûlant est parfois utilisé en médecine populaire pour soigner les brûlures, les abcès, les plaies suppurantes, les mycoses et les cors. Séchées et réduites en poudre, les feuilles étaient adminis-

trées en cas de diarrhée et d'épilepsie. L'infusion combattait la sclérose et l'hypertension.

De nos jours on récolte encore la tige feuillée qui entre dans la composition de médicaments hypotenseurs. Prise en trop grande quantité, l'orpin peut causer un léger état de stupeur, des maux de tête et des nausées, propriété qui a justifié son emploi comme émétique dans les cas d'empoisonnements.

Quant au nom de trique-madame appliqué à l'espèce suivante, elle le doit au fait qu'on frottait les contusions diverses avec les feuilles écrasées, et comme on avait autrefois le droit de battre sa femme...

Trique-madame
Sedum album L.

La trique-madame est une petite herbe vivace qui forme des touffes lâches ne dépassant guère 10 cm de hauteur. Elle a deux espèces de tiges: les unes sont stériles et bien feuillées, les autres florifères, plus longues, ascendantes, aux feuilles moins serrées.

Les feuilles, convexes, allongées, sessiles, cylindriques, s'appliquent contre la tige par une base en éperon, puis s'en écartent latéralement. Elles sont parfois lavées de rouge.

Les fleurs sont blanches, parfois rosées, pédonculées, à anthères rouges. Elles sont groupées en cymes denses. Le fruit est un follicule cylindrique.

La floraison a lieu de juin jusqu'à l'automne, sur les rochers et les terrasses pierreuses, les pâtures sèches, souvent sur les vieux murs. C'est une plante des régions chaudes, qui étend son aire de la plaine jusqu'à la zone des plateaux, jusqu'à 1500 m dans les Alpes, de l'Europe au sud de la Suède, en Angleterre, en Afrique du Nord, en Asie occidentale, et aussi en Amérique du Nord. On en voit dans les Alpes une forme luxuriante particulièrement décorative, apte à être cultivée dans les jardins de rocaille.

Saxifrage perpétuelle
Saxifraga aizoon JACQ.

Comme les sempervivums, la saxifrage perpétuelle est formée des rosettes foliaires décoratives. C'est une plante vivace, cespiteuse, à feuilles vert terne, charnues et rigides, cunéiformes à subovoïdes, un peu rebroussées, à bords dentés et cartilagineux. L'extrémité des feuilles porte une dépression qui sécrète et accumule du carbonate de calcium qui se dépose sous forme d'écailles blanches.

La rosette donne naissance à une hampe d'une trentaine de cm, qui porte quelques très petites feuilles dentées. Cette hampe se termine par une inflorescence pauciflore de fleurs blanches, souvent ponctuées de rouge, portées par des pédoncules glanduleux. Le fruit est une capsule sphérique.

La saxifrage perpétuelle fleurit de juin à juillet. La rosette initiale, qui périt après la floraison, donne auparavant naissance à de nombreux stolons aériens terminés par de jeunes rosettes qui s'enracinent facilement. Des colonies entières peuvent ainsi se former et recouvrir de leurs coussins les aplats, les éboulis et les talus, surtout en terrain calcaire. Les jeunes rosettes se détachent facilement du pied mère et roulent pour s'enraciner plus loin.

C'est une plante caractéristique des rocailles, répandue dans trois grandes

Saxifrage perpétuelle

Gentiane acaule

Edelweiss

Aster des Alpes

Cotoneaster à feuilles entières

zones: en Europe centrale de l'Espagne jusqu'aux Balkans, en Scandinavie entre 69 et 67 degrés de latitude, et enfin dans l'est et l'ouest du Groenland, en Amérique arctique et dans le Labrador. On la cultive souvent, ainsi que plusieurs espèces voisines, dans les jardins de rocaille.

Gentiane acaule

Gentiana acaulis WAHLB.

C'est une petite herbe vivace de 2 à 10 cm de hauteur pourvue d'une courte souche simple et d'une rosette terrestre de feuilles vert clair, coriaces et lancéolées. La tige très courte porte une ou deux paires de feuilles beaucoup plus petites.

Cette tige se termine toujours par une fleur unique et solitaire, longue de 5 à 6 cm. Cette fleur est d'une rare beauté: la corolle, d'un bleu profond (on l'appelle dans les Alpes «culotte de gendarme»), très rarement claire ou jaune, a la forme d'un entonnoir étroit aux lobes aigus. La trompe d'un brun violacé est ponctuée de taches sombres et la gorge est généralement plus claire. Le calice a également la forme d'une clochette.

La floraison a lieu d'avril à juillet selon l'altitude, sur les rochers, les éboulis et les pierrailles calcaires un peu humides, mais aussi dans les pelouses, dans les zones alpine et subalpine. Elle peut aussi descendre plus bas dans la plaine et apparaître dans les prairies simplement alpestres, comme dans le Jura par exemple où elle descend jusqu'à 600 m. Son habitat originel se trouve dans les Alpes et les Carpates.

C'est une espèce essentiellement montagnarde, abondamment utilisée avec l'edelweiss dans l'industrie des souvenirs, des insignes, etc. où elle symbolise la haute montagne.

On la cultive souvent dans les jardins de rocaille, où il est parfois difficile de la conserver.

Edelweiss

Leontopodium alpinum CASS.

Voici une espèce typiquement montagnarde, vivace, fortement cotonneuse, mesurant une trentaine de cm de hauteur. Une courte souche émet une rosette terrestre de feuilles sublancéolées, entières, blanches et densément velues. Le limbe s'amincit progressivement en pétiole. Les feuilles caulinaires sont allongées-lancéolées. Les tiges sont droites, simples et peu feuillées.

Au sommet de la tige se trouvent plusieurs petits capitules hémisphériques, groupés en têtes compactes soutenues par des bractées très velues, inégales, disposées latéralement en étoiles. Tout l'ensemble ressemble à une étoile blanche et compose ce qu'on peut biologiquement appeler la fleur. Mais les vraies fleurs sont petites, blanc jaunâtre, les centrales étant tubuliformes, hermaphrodites, mais stériles, les périphériques tubuliformes et femelles. Le fruit est un akène à aigrette.

L'edelweiss fleurit de juin à l'automne sur les rochers calcaires des Alpes, des Pyrénées, des Carpates, des montagnes balkaniques, du Pamir, de l'Himalaya, du Tibet, de la Chine et du Japon. Il vient en plaine en Sibérie et monte jusqu'à 3400 m dans les Alpes. Cette plante a de tout temps été considérée comme le symbole des alpinistes et de la montagne, et par extension de toutes sortes de touristes et de sociétés. La fleur stylisée orne les boutonnières, les chapeaux, les uniformes et sert de modèle à de nombreuses décorations. Elle est séchée et pressée et vendue ainsi, bien que de nombreux pays la protègent. Les exemplaires à grande étoile sont les plus prisés. En 1891, les habitants de Sacratal (Tyrol du Sud) auraient offert au duc Charles-Louis un spécimen de 12 cm de diamètre qui comportait 29 bractées!

Autrefois la plante servait de remède contre la rage, la dysenterie, et sa fumée chassait les mauvais sorts du bétail.

De nos jours, on la cultive souvent dans les jardins de rocaille où malheureusement elle est constamment dévorée par les limaces qui en sont friandes.

Le nom du genre en latin vient de deux mots grecs: *leon*, lion, et *podion*, trace, car la forme générale de l'inflorescence ressemble si l'on veut à la patte ou l'empreinte d'une patte de lion.

Aster des Alpes

Aster alpinus L.

L'aster des Alpes est une plante vivace qui mesure une vingtaine de cm. Les feuilles de la base en fer de lance s'amincissent progressivement pour donner le pétiole, les caulinaires sont longuement lancéolées et sessiles, les

Alouchier

Sur
les rochers

deux formes, tout comme la tige, sont très velues. Le sommet de la tige porte de superbes capitules qui peuvent atteindre 4 cm de diamètre. Les fleurons centraux en tube sont jaunes, les fleurs périphériques sont ligulées et bleu-violet, rarement roses ou blanches. Les akènes sont hérissés de soies.
L'aster des Alpes fleurit de juin à juillet dans les fissures, sur les terrasses et les pentes herbeuses ou pierreuses des plateaux jusqu'à la montagne. Il peut monter jusqu'à 3100 m dans les Alpes.
C'est une plante commune dans les Alpes, les Pyrénées, le Jura, dans les montagnes du centre de la Bohême, les Carpates, les Balkans, le Caucase, la Perse et la Sibérie. Une forme voisine a été décrite des montagnes Rocheuses et de l'Amérique arctique.
On en connaît plusieurs formes horticoles abondamment cultivées dans les rocailles. Elles sont malheureusement peu durables.

Cotoneaster à feuilles entières (Cotoneaster vulgaire)

Cotoneaster integerrima MEDIK. ou *vulgaris* L.

Le cotoneaster à feuilles entières est un arbuste de petite taille à branches couchées peu étalées, tomenteuses dans leur jeunesse, nues et rougeâtres par la suite.
Les feuilles arrondies-elliptiques sont entières, courtement pétiolées, d'un vert glaucescent et tomenteuses sur le revers.
Les petites fleurs à calice brun rougeâtre et à corolle rouge ou blanche sont disposées en corymbes pendants et lâches.
Les fruits sont petits et d'un rouge violacé.
C'est une plante qui s'insère dans les fissures, sur les pentes rocheuses, sur les rocailles de la plaine mais surtout de la montagne. Elle fleurit d'avril en juin. Ce cotoneaster est fréquent en Europe centrale, orientale et méridionale. Il se rencontre jusqu'en Angleterre, au sud de la Scandinavie et en Finlande au

Chênette

Rosage

nord, en Espagne, Italie, Crimée, Sibérie, dans les Balkans et le Caucase au sud et à l'est. C'est une espèce héliophile et thermophile qui préfère les sols calcaires.

Alouchier
Sorbus aria (L.) CR.

L'alouchier est un arbuste, parfois un arbre de taille moyenne à branches d'un rouge brillant, nettement tomenteuses dans leur jeunesse. Les feuilles à pétiole court sont rigides, ovoïdes, irrégulièrement dentées, très velues et blanches au revers.
Les fleurs à corolle blanche, à calice et rachis tomenteux forment une panicule corymbiforme.
Les fruits sont ovoïdes, orange à rouges extérieurement, à chair jaune et farineuse.
Cet arbuste des rochers, des pentes rocheuses de la plaine jusqu'à la zone subalpine fleurit de mai à juin, surtout dans les stations chaudes et ensoleillées. Il est fréquent en Europe centrale et du Sud, à l'est jusqu'à l'Altaï et à l'Himalaya, au nord jusqu'en Suède.
Les fruits contiennent une dose infime d'amygdaline toxique qui peut servir à obtenir par extraction de l'acide cyanhydrique. Toutefois, les oiseaux, et surtout les merles, sont friands de ces baies.

Chênette
Dryas octopetala L.

La chênette est un sous-arbrisseau minuscule à tronc couché et très ramifié qui forme des touffes plates et des coussinets gazonnants qui peuvent s'étendre sur plusieurs mètres carrés. Certains spécimens atteignent un âge de 70 à 100 ans.
Les feuilles persistantes sont pétiolées, ovoïdes-allongées et irrégulièrement dentées, coriaces, vert sombre et brillantes sur l'avers, blanches et tomenteuses au revers.
Les fleurs blanches atteignent un diamètre de 5 cm. Elles sont solitaires et portées par un pédoncule velu et glanduleux tout comme le calice. La corolle comporte le plus souvent 8, mais parfois 10 pétales. Les fruits sont des akènes pourvus de longues aigrettes soyeuses.
La floraison a lieu de juin à août sur les rochers, les éboulis et les friches, presque uniquement sur le calcaire, de la zone montagneuse jusqu'à la zone alpine des régions nordiques de l'Europe, de l'Asie et de l'Amérique du Nord. On peut aussi la rencontrer en altitude dans les montagnes du centre de l'Europe et du sud, où elle est une relique de l'ère glaciaire.
C'est une plante alpine très intéressante et qui n'a été découverte qu'au XVIe siècle au cours des premières ascensions. Dans ces régions, les feuilles servent à faire des infusions, et elles entrent encore dans la composition du fameux «thé suisse». On la cultive couramment dans les rocailles.

Rosage (Rose des Alpes)
Rhododendron ferrugineum L.

Le rosage est un modeste arbuste à feuilles entières, vert sombre à l'avers et brillantes, toutes couvertes de glandes écailleuses de couleur rousse sur le revers. Avant la floraison les fleurs sont protégées par des bourgeons spéciaux, couverts de grandes bractées imbriquées. Elles sont de couleur rouge sombre et forment une sorte d'ombelle. Les graines sont parmi les plus légères. Elles ne pèseraient que 0,000025 g! Le rosage, souvent appelé aussi rose des Alpes, vient dans les anfractuosités des roches acides et humides, des moraines alpines, pyrénéennes et apennines, ainsi que dans les montagnes du sud de la Croatie. Il peut remonter jusqu'à la limite des neiges éternelles et former la strate arbustive des bois clairs de résineux, surtout de mélèzes.
C'est une plante toxique: les feuilles contiennent des glucosides, l'andromédotoxine, l'éricoline et l'arbutine, etc. et ont été souvent la cause d'empoisonnements de chevaux, de moutons et de bétail.

Apollon
Parnassius apollo

Ce papillon diurne d'une envergure qui va jusqu'à 70 mm est très fréquent par endroits dans les régions chaudes de l'Europe, mais surtout dans les massifs montagneux. On en trouve dans les Alpes une variété très foncée. On le rencontre entre juin et août sur les versants ensoleillés où il semble préférer les fleurs des chardons. La chenille est noire, avec deux rangées de grandes taches rouges et des mamelons bleus. Elle vit en mai et en juin sur l'orpin brûlant. Elle se chrysalide ensuite sur le sol dans un cocon lâchement tissé; la chrysalide est bleuâtre.

Merle à plastron
Turdus torquatus

Le merle à plastron est un oiseau noir avec une bande blanche sur la poitrine. Il vit dans les Alpes, les Karpates, les Pyrénées ainsi qu'en Scandinavie, en Angleterre et en Irlande. Dans le nord de l'Europe, il habite les tourbières; ailleurs, il se cantonne dans la montagne, à la limite supérieure de la forêt. Il prend ses quartiers d'hiver dans le bassin méditerranéen d'où il revient entre la mi-mars et le mois d'avril pour repartir entre septembre et octobre. Son nid, qui ressemble à celui du merle, est construit sur un arbre près du sol, ou dans un fourré à même le sol entre des pierres. Les deux parents participent à la construction du nid. C'est la femelle qui couve ses 4 à 6 œufs qui rappellent ceux du merle; elle n'est relayée par le mâle que très exceptionnellement. Les petits éclosent au bout de 14 jours et quittent le nid 14 ou 16 jours plus tard. Il arrive alors que le couple niche une deuxième fois. Les oisillons sont nourris par les deux parents. Le merle à plastron se nourrit d'insectes, de petits mollusques, de vers, mais aussi de baies et de divers autres fruits tendres.

Tichodrome

Tichodroma muraria

C'est un oiseau aux belles couleurs, mais qu'on ne trouve chez nous que dans les Alpes, et on ne lui connaît pas de nom vulgaire. Il s'en trouve aussi dans les Pyrénées, dans les Balkans et jusque dans l'Himalaya. Il mesure environ 17 cm et habite les hauts massifs rocheux d'où il ne descend dans la plaine qu'en hiver. C'est un solitaire qui ne vit en compagnie qu'au moment de la reproduction. Il construit son nid dans des fentes de rochers qu'il tapisse d'herbe et de mousse. A la fin de mai, la femelle pond de 3 à 5 œufs blancs, tachetés et mouchetés de rouille qu'elle couve seule pendant 18 jours. Les oisillons quittent le nid à l'âge de 22 jours. Cet oiseau se nourrit d'insectes, de larves, d'œufs et d'araignées.

Aigle royal

Aquila chrysaetos

Ce puissant et magnifique rapace vit en Europe surtout dans les Alpes, les Pyrénées, en Corse, en Écosse et dans d'autres grands massifs montagneux. Il peut atteindre 90 cm de longueur et déployer une envergure de 2 m. On peut observer, en mars, haut dans les airs, les vols nuptiaux de l'aigle. Après ce prélude, les oiseaux construisent leur nid grossier avec des branches au sommet de rochers abrupts. La femelle pond alors 1, 2 ou 3 œufs blancs tachetés de brun que les deux parents couvent alternativement pendant 45 jours. C'est une des plus longues couvaisons connues. Les jeunes restent au nid pendant 70 jours avant de savoir voler. C'est le mâle qui leur apporte la nourriture et c'est la femelle qui la déchiquette et leur donne la becquée. Les aigles royaux tuent des oiseaux et des mammifères qui peuvent atteindre la taille d'un chamois. Mais leur proie favorite est la marmotte. Il arrive qu'un jeune aigle inexpérimenté ayant saisi une marmotte avec ses serres, celle-ci l'entraîne à moitié dans son terrier, et l'aigle ne pouvant retirer ses griffes, les deux animaux meurent ensemble. Aujourd'hui, cet aigle est complètement protégé.

Apollon

Merle à plastron

Aigle royal

Tichodrome

Marmotte

Chamois

Bouquetin

Marmotte
Marmota marmota

En Europe, la marmotte habite les Alpes, les Carpates, et les Tatras. Elle vit en colonies sur les versants rocheux à une altitude de 800 à 3000 m. Lorsque les marmottes vont à la recherche de leur nourriture, il y en a toujours une qui sert de sentinelle, qui émet un long sifflement aussitôt qu'elle aperçoit quelque chose de suspect, et toutes les autres se mettent alors en garde. Quand elles voient un aigle ou un homme, un autre sifflement bref les fait disparaître dans leur terrier. Ce terrier peut atteindre une profondeur de 3 m et une longueur de 10 m, et il est pourvu de plusieurs issues. La femelle met bas de 2 à 6 petits aveugles qui n'ouvrent les yeux qu'au bout de 20 jours. Les marmottes sont actives de jour et de nuit. Elles se nourrissent d'herbes, surtout d'ombellifères, de graines, de fruits, et parfois d'insectes. Pour l'hiver elles creusent des terriers spéciaux dont elles ferment l'orifice avec de l'herbe ou des feuilles. Elles y dorment profondément de la fin de septembre au mois d'avril. Mais auparavant elles se sont recouvertes d'une épaisse couche de graisse qui leur fournit durant leur sommeil les calories dont elles ont besoin. Il arrive souvent que toute la famille dorme ensemble dans le même terrier.

Chamois
Rupicapra rupicapra

Le chamois habite les hautes montagnes d'Europe jusqu'au Caucase vers l'est. Depuis quelques années on l'a réimplanté dans des montagnes plus basses, dans les Vosges ou le Jura par exemple, où il avait été exterminé, et il s'y réacclimate très bien. Pendant l'été il se tient à la limite des neiges, mais descend beaucoup plus bas en hiver. Il se plaît sur les falaises abruptes presque nues sur lesquelles il grimpe et saute avec virtuosité. Il bondit jusqu'à 8 m et peut ainsi passer par-dessus des ravins profonds en se jouant. Les chamois vivent en petits troupeaux qu'on appelle des hardes, le plus souvent dirigés par une vieille femelle. Les mâles vivent séparés du troupeau. Au moment du rut, qui dure d'octobre à décembre, les mâles se livrent des combats acharnés qui se terminent fréquemment par la mort d'un des rivaux. La femelle met bas, entre avril et juin, un, plus rarement 2 ou 3 petits qu'elle soigne pendant deux ans. Les chamois se nourrissent d'herbe, de feuilles, de jeunes pousses, et sont particulièrement friands de genépi. En cas de danger, ils se préviennent mutuellement par des sifflements stridents. Le mâle peut peser jusqu'à 60 kg, la femelle 40.

Bouquetin
Capra ibex

En Europe, le bouquetin vit exclusivement dans les Alpes et dans les hautes montagnes d'Espagne où il se maintient au-dessus de la limite des forêts, généralement entre 2300 et 3200 m. C'est là également qu'il passe l'hiver. Il vit en petits troupeaux; les femelles, les petits et les jeunes mâles forment un troupeau indépendant; les vieux mâles se rassemblent en troupeaux d'une trentaine d'individus, mais les plus vieux vivent en solitaires, si ce n'est à la période du rut. Le mâle pèse de 75 à 110 kg, la femelle à peu près 50. Mâles et femelles portent des cornes; celles de la femelle sont relativement petites, mais celles du mâle peuvent mesurer plus d'un mètre et peser jusqu'à 15 kg. Les petits troupeaux broutent du matin au soir en parcourant les parois les plus abruptes. Dès le crépuscule ils cherchent un endroit pour dormir. En été ils choisissent les plates-formes les plus éleveés, et l'hiver l'abri d'un rocher. A midi, ils font la sieste pendant que l'un d'eux se met en sentinelle; celle-ci est très vigilante, et à l'approche d'un danger, elle avertit tous les autres par un sifflement strident qu'on entend de loin. Au moment du rut, les mâles se livrent des combats acharnés. Après une gestation de 22 à 23 semaines, la femelle met bas un petit, rarement deux, qui quelques heures après leur naissance suivent leur mère sur les rochers, en sautant d'une vire sur l'autre. Le bouquetin est protégé sur tout le territoire de l'Italie, de la Suisse, de l'Autriche et de la France. Il n'en reste plus guère que 3000 individus sur tout ce vaste territoire.

Dans les stations ensoleillées

Les coteaux, les bordures, les pentes, les pâtures, mais aussi les remblais de routes ou de voies ferrées et autres lieux analogues constituent un milieu dont les principales qualités sont l'abondance de lumière et de chaleur solaires, un sol suffisamment épais (même s'il est sec et souvent pierreux), et assez d'abris.

C'est le domaine d'élection d'associations variées de très nombreuses espèces de plantes aimant la chaleur et la sécheresse et habituellement de buissons épineux. On y trouve surtout des espèces vivaces et pluriannuelles car les plantes annuelles ne résistent pas à la chaleur, à la sécheresse et à la concurrence des plantes mieux adaptées.
C'est le monde des herbes des steppes et des espèces à floraison précoce qui ont déjà accompli leur période végétative quand arrivent les chaleurs et la sécheresse de l'été et qui survivent grâce à leurs organes souterrains. On y trouve un grand nombre d'espèces thermophiles provenant de régions plus méridionales et qui atteignent les limites les plus septentrionales de leur aire d'extension. On trouve là également des espèces qui ne fleurissent et ne fructifient qu'à l'automne, après les chaleurs caniculaires. Toutes ces espèces ne se sont pas seulement adaptées aux conditions de ce biotope mais ont appris à en tirer profit.
La température élevée qui règne en ces endroits a une influence favorable sur les plantes : elle favorise la croissance et par suite la formation importante de matière vivante; une fois morte, celle-ci forme en automne une épaisse couche protectrice contre le froid et après décomposition elle enrichit le sol. Les micro-organismes qui la décomposent lentement produisent, ce faisant, de la chaleur, ce qui fait que cette couverture est chauffante.

L'éclat de la lumière solaire a une influence favorable sur la photosynthèse, favorise la germination, la floraison et la maturation des fruits. La lumière par elle-même a une action positive sur la formation de la matière vivante, mais elle freine la croissance. Un fort éclairage peut aboutir à la formation de feuilles de taille différente sur la même plante ou nuire aux tissus. De nombreuses espèces des stations considérées possèdent souvent des poils formés de cellules mortes, poils blancs qui font ombrage et qui reflètent la lumière.

La sécheresse des stations ensoleillées est un facteur fortement négatif. Ne peuvent survivre que les espèces qui s'accommodent pour une longue période des traces laissées par l'eau qui s'est rapidement évaporée ou infiltrée. C'est pourquoi les peuplements d'herbes xérophiles — ceux qui ne sont pas créés ou modifiés par l'homme — ne se transforment pas en buissons et finalement en forêt.

Les espèces de ces stations ont des systèmes radiculaires profonds et très ramifiés utilisant l'humidité des couches inférieures et dont le squelette interne se compose de cellules à parois épaisses, partiellement lignifiées. La protection contre une évaporation excessive est très importante. L'évaporation est nécessaire pour le transport des sels dissous depuis les racines jusqu'aux feuilles mais la consommation d'eau ne doit pas être plus élevée qu'il n'est nécessaire et l'eau ne doit quitter le corps de la plante que par les stomates. Les plantes xérophiles possèdent un épiderme épais, les stomates sont profonds et souvent recouverts de poils. Quand la sécheresse se prolonge, ils se ferment hermétiquement, ce qui freine en même temps la photosynthèse.

De nombreux buissons de ces stations sont munis d'épines qui les protègent contre la dent des animaux car tout rameau mordu représente une perte d'eau fâcheuse.

La mauvaise habitude de brûler les herbes sèches sous prétexte que la cendre enrichit le sol a un effet très négatif sur les populations de ces biotopes. Les restes résultant de la décomposition naturelle des plantes enrichissent bien davantage; brûler favorise la croissance des mauvaises herbes annuelles et détruit une grande quantité de micro-organismes et de petits animaux utiles.

Les lieux, généralement de faible étendue, à micro-climat chaud sont fréquentés par de petits animaux qui aiment la chaleur et qu'on ne rencontre pas ailleurs. De nombreuses espèces méridionales s'installent en Europe centrale dans les endroits chauds et ensoleillés. Parmi les oiseaux, notons le guêpier bariolé dont les colonies s'installent dans les parois des berges argileuses ou sableuses ou des sablières abandonnées. Elles y creusent de profonds terriers mais à la fin de l'été elles regagnent leurs lieux d'hivernage en Afrique.

Les lézards et autres reptiles aimant la chaleur passent la mauvaise saison dans des fissures et des trous profonds. Les reptiles doivent leur température corporelle a des causes extérieures : le substrat ou les rayons solaires. Ces animaux qui ont pour vivre un besoin absolu d'une source extérieure de chaleur recherchent dans les régions froides de l'Europe les endroits ensoleillés les plus chauds. En hiver, dans leurs abris souterrains, leur température s'abaisse considérablement et n'atteint plus que quelques degrés au-dessus de zéro. A cette époque, les reptiles ne respirent pratiquement plus et les battements de leur cœur sont à pcinc décelables. Le métabolisme est maintenu au point où les réserves d'énergie ne sont pas utilisées.

Diverses araignées aimant la chaleur recherchent les pierres et les endroits des murs ou des clôtures chauffés par le soleil. Elles guettent les mouches qui y sont abondantes. Les petites guêpes dorées dont la carapace brille comme une pierre précieuse cherchent des endroits analogues ou se posent sur les

fleurs. D'autres espèces de guêpes recherchent les endroits sableux ensoleillés pour y creuser les loges où se développeront leurs larves.
Sur les coteaux pierreux ensoleillés, on rencontre souvent les sauterelles qui recherchent la chaleur et dont les ailes inférieures bigarrées captent l'attention quand l'insecte prend son vol.
Les cicindèles, coléoptères féroces et rapides, hantent les sables chauds et larves de fourmilions trouvent abri dans la terre meuble chauffée au soleil.

Pulsatille des prés
Pulsatilla pratensis (L.) MILL.

La pulsatille des prés est une plante vivace de 7 à 30 cm de hauteur, pourvue d'une grosse souche noire qui émet d'abord au printemps des hampes florales très velues. Immédiatement sous la fleur on trouve une collerette de bractées découpées en fines lanières.
Les tiges portent des fleurs isolées, penchées, de couleur violet sombre. Les pétales sont tomenteux à pointes retroussées et abritent une abondance d'étamines à anthères jaunes.
Après la floraison on remarque une forte élongation des tiges, et en même temps la fleur qui était penchée se redresse. Les akènes groupés en une tête sphérique terminale portent de longs appendices soyeux qui peuvent mesurer 6 cm de longueur.
Ce n'est qu'après la floraison qu'apparaît au-dessus de la surface la touffe des feuilles tripennées et de contour général ovoïde. Comme le reste de la plante, les feuilles aussi sont très velues, surtout les jeunes: cette fourrure limite l'excès des pertes d'eau.
La pulsatille est rare par endroits et souvent protégée. Elle marque une nette préférence pour les versants ensoleillés, pierreux ou rocailleux, sablonneux aussi, de nature calcaire, pour les bois clairs, surtout pour les pinèdes et pour les zones chaudes d'Europe centrale, septentrionale et du Sud, mais peut se trouver jusqu'en Sibérie. En France, elle est commune çà et là, et çà et là introuvable. Il en existe de belles stations en Normandie.
Elle est très variable et présente toute une série de formes et d'hybrides avec d'autres espèces du genre.
La tige fraîche contient une substance toxique, la protoanémonine, qui peut causer chez des sujets sensibles des inflammations de l'épiderme, des nausées

Pulsatille des prés

Adonis de printemps

Hélianthème nummulaire

et des diarrhées, mais ces propriétés disparaissent au séchage. Les feuilles séchées étaient autrefois employées par la médecine officielle pour soigner les crampes et par la médecine populaire pour soigner la coqueluche. A l'extérieur, on l'utilisait contre les éruptions de boutons. Aujourd'hui, sous forme d'alcoolature, la pharmacopée française l'utilise dans les spasmes douloureux et les douleurs utérines. Mais elle ne peut être prescrite que sur ordonnance médicale, vu sa toxicité.
Comme elle est aussi décorative par ses graines plumeuses que par ses fleurs, on la cultive couramment dans les rocailles.

Adonis de printemps

Adonis vernalis L.

L'adonis de printemps est une plante vivace qui peut mesurer 40 cm de haut, à souche épaisse, toute couverte de longues fibres.
Les tiges sont droites, souvent simples, écailleuses à la base et toutes couvertes de feuilles pennées de 2 à 4 fois divisées. Il n'y a pas de feuilles basiliaires.
Les tiges portent des fleurs terminales, jaune d'or brillant, de 3 à 7 cm de diamètre. Elles se composent d'un calice velu de type 5, et de 10 à 30 pétales qui abritent un grand nombre d'étamines. Elles s'ouvrent au soleil et se referment par mauvais temps.
Groupés en têtes ovoïdes, les fruits sont des akènes monospermes ridés et terminés par un court crochet.
La floraison a lieu d'avril à mai sur les pentes ensoleillées, sur les versants steppiques, les lisières des bois chauds, les pâturages secs, etc. surtout en terrain calcaire. Cette espèce, courante en Europe centrale et du Sud-Est, est très rare en France, où on ne la signale que dans deux stations d'Alsace et çà et là dans les Causses. Toute la plante est imprégnée de glucosides toxiques: l'adonidoside, l'adonivernoside, l'adoninine l'adonitoxine, etc. Elle contient aussi des substances bactéricides. Toutes ces matières toxiques sont de puissants stimulants cardiaques et sont utilisées dans certains médicaments. Mais ils ne doivent être prescrits que sur ordonnance, et leur usage par le profane serait extrêmement dangereux.
Le nom générique vient du nom latin d'une plante à fleurs rouges, l'*Adonium*, en quoi Vénus métamorphosa son amant, éventré par un sanglier. Mais ledit Adonis était une divinité asiatique dont le culte avait été importé tardivement à Rome.

Hélianthème nummulaire

Helianthemum nummularium (L.) MILL.

C'est un sous-arbrisseau vivace, haut de 5 à 50 cm au plus, aux rameaux couchés ou ascendants, ligneux à la base et couverts de touffes de soies.
Les feuilles alternes ont une forme ovoïde-allongée, elles sont tomenteuses au revers et sont pourvues de stipules linéaires.
Les fleurs d'un beau jaune d'or, rarement blanches ou au contraire orangées, sont généralement groupées par deux, mais elles peuvent aussi former une grappe terminale qui groupe parfois jusqu'à 15 fleurs.
La floraison a lieu de juin jusqu'en automne sur les talus chauds, les coteaux, les lisières des bois, etc. de la plaine jusqu'à la montagne. C'est une plante commune en Europe centrale et du Sud qui peut remonter au nord jusqu'au centre de la Suède et de la Finlande. On la trouve aussi en Asie et son record d'altitude est 2820 m.
C'est une espèce très changeante qu'on rencontre sous de multiples formes, dont l'une à grandes fleurs est très décorative.

Silène enflé

Silene cucubalus WIBEL.

Le silène enflé est une plante vivace qui atteint 50 cm et davantage de hauteur, de teinte glauque, à souche croissant dans plusieurs directions et qui donne des rosettes basiliaires d'où sortent des tiges dressées et ramifiées seulement dans leur partie supérieure.
Les feuilles sont ovoïdes-lancéolées, les inférieures presque, les supérieures complètement sessiles.

Silène enflé

Casse-pierre

Les fleurs se reconnaissent facilement à leur gros calice renflé, jaunâtre ou lavé de violet et orné d'un réseau de nervations. La corolle est blanche à pétales profondément lobés et les fleurs pédonculées sont disposées en cymes bipares bien fournies.

Le fruit est une capsule sphérique à ovoïde.

Le silène enflé fleurit de juin à septembre, surtout en terrain sec, de la plaine jusqu'à la montagne. Il est commun dans la plus grande partie de l'Europe et remonte au nord jusqu'en Norvège, en Laponie et en Islande. Il existe aussi en Asie tempérée, en Inde orientale et en Afrique du Nord.

Il peut peupler les prairies et les pâturages où il est très recherché par le bétail, car c'est une bonne plante fourragère qui passe pour stimuler la sécrétion lactée. Il attire aussi les abeilles. Il a servi autrefois de plante médicinale, et on peut manger les jeunes feuilles en salade.

Casse-pierre
Saxifraga granulata L.

Le casse-pierre est une plante vivace qui atteint une quarantaine de cm de hauteur. Il forme des touffes peu fournies à rosette basiliaire feuillée. Les feuilles sont longuement pétiolées, arrondies-réniformes, profondément denticulées et velues-glanduleuses. A l'aisselle de ces feuilles terrestres se forment un grand nombre de bulbilles de multiplication, souvent de couleur rosée.

Les tiges sont la plupart du temps simples, rarement ramifiées et toutes visqueuses et glanduleuses. Elles portent quelques feuilles presque sessiles, subovoïdes, à pointe profondément bilobée.

Les fleurs sont petites, glanduleuses, à sépales soudés à la base, à corolle blanche, trois fois plus longue que le calice.

Le fruit est une large capsule.

La floraison a lieu de mai à juin sur les pelouses sèches, les pentes et les talus, aussi bien qu'à la lisière des forêts un peu partout à basse altitude. On le trouve aussi parfois sur les vieux murs.

Le casse-pierre est commun dans toute l'Europe, du Maroc et de la péninsule ibérique au sud, jusqu'à l'ouest de la partie européenne de l'U.R.S.S. Au nord il remonte jusqu'en Scandinavie, au sud on le trouve en Sicile. En France, on peut le trouver un peu partout mais il peut aussi manquer complètement dans certains secteurs.

Toute la plante a une saveur acide et le bétail l'évite. La médecine populaire l'utilisait autrefois pour dissoudre les calculs rénaux, ce qui lui a valu son nom vulgaire.

Sainfoin

Coronille panachée

Esparcette (Sainfoin)
Onobrychis viciaefolia SCOP.

Le sainfoin est une grande plante vivace qui peut atteindre près d'un mètre de haut, à souche ligneuse et ramifiée, couverte de poils en touffes. Les tiges sont droites, rigides cannelées, souvent plus feuillées au sommet.

Les feuilles imparipennées à folioles elliptiques à linéaires atteignent 15 cm de longueur.

Les fleurs sont papilionacées de couleur carmin pâle, avec un étendard strié d'écarlate; elles forment de longues grappes ovoïdes à cylindriques.

Le fruit est une gousse plate, longue, terminée par une courte épine. La surface est toute côtelée ou même cannelée en réseau et il ne contient qu'une seule graine.

La floraison a lieu de mai à juin sur les pentes herbeuses, mais aussi sur les remblais des routes ou des chemins de fer de la plaine aux collines, presque uniquement en terrain calcaire. C'est une espèce très variable.

On trouve le sainfoin dans l'ensemble de l'Europe, en Sibérie, en Perse et en Asie Mineure. Il est cultivé non seulement en Sicile et en Sardaigne, mais communément en France, où il donne un fourrage abondant, riche et régulier. On peut aussi s'en servir comme engrais vert.

Coronille panachée
Coronilla varia L.

La coronille panachée est une plante vivace robuste, à grosse souche ramifiée et à tiges capables de dépasser 1 m de

Astragale velue

Anthyllis vulnéraire

Géranium sanguin

longueur, couchées ascendantes, souvent grimpantes.
Les feuilles pétiolées, imparipennées, possèdent de nombreuses folioles à court pétiolule, ovoïdes-allongées à linéaires. La nuit, comme beaucoup d'autres légumineuses, les feuilles exécutent des mouvements de sommeil: les folioles se rassemblent et se replient jusqu'au jour.
Les longues hampes florales portent des ombelles de 10 à 20 fleurs blanches ou rosées. L'étendard est rose sombre, ou violet, la pointe de la carène est violet sombre. Les fleurs sont d'abord inclinées, puis se redressent lors de la floraison et de la fructification. Le fruit est une gousse tordue vers la pointe, légèrement étranglée et contenant des graines brunes et plates.
La floraison se fait de mai à juillet, sur les talus, les pelouses sèches, les coteaux et les lisières des forêts. Cette plante se dissémine souvent avec les graines des plantes fourragères, graminées ou légumineuses. Elle devient facilement gênante comme parasite des cultures, ou sur les remblais de routes ou de chemins de fer. Elle préfère le calcaire.
Toute la plante contient un glucoside, la coroniline, (catharine) qui a des effets laxatifs. Elle est considérée comme toxique: la décoction de la tige peut provoquer la mort. Les animaux n'y touchent jamais, sauf les moutons qui broutent parfois les jeunes pousses, faute de mieux.
Les feuilles entraient autrefois dans la composition d'un remède cardiaque où elles remplaçaient la digitaline. De nos jours, on en utilise encore à l'occasion l'extrait.

Astragale velue

Oxytropis pilosa (L.) DC.

C'est une plante vivace de 15 à 30 cm de haut, toute couverte de poils blancs qui lui donnent l'aspect d'une fourrure laineuse. Elle choisit pour vivre les endroits les plus chauds et les plus secs. Sa fourrure la protège contre un excès d'évaporation.
Les tiges sont fortes, dressées, et portent des feuilles alternes imparipennées, à folioles étroites et lancéolées. Les fleurs jaune clair ont un calice velu en cloche et sont groupées en riches grappes axillaires.
Le fruit est une gousse linéaire, couverte de poils hérissés.
Cette espèce fleurit de juin à juillet dans les zones les plus chaudes: sur les coteaux ensoleillés et les pentes steppiques, de préférence en sol calcaire. Elle est fréquente en Europe centrale, orientale et du Sud, de l'est à l'Altaï, jusqu'à l'Oural et aux contreforts du Caucase. En France, elle n'existe guère que dans les Alpes du Dauphiné et de Provence.

Anthyllis vulnéraire

Anthyllis vulneraria L.

C'est une plante vivace d'une quarantaine de cm de hauteur, pourvue d'une souche qui s'étend dans plusieurs directions et de tiges velues, hautes, souvent dressées, qui partent d'une rosette de feuilles basiliaires. Le reste de la plante est également velu.
Les feuilles de la rosette sont polymorphes et peu nombreuses, de forme souvent imparipennée à folioles ovoïdes et allongées-lancéolées, la terminale nettement plus grande que les autres.
Les fleurs papilionacées de couleur jaune pâle, souvent rougeâtres, forment de petits capitules ronds, tantôt isolés, tantôt groupés à plusieurs à l'aisselle des bractées à 3—7 lobes. Le fruit est une gousse obliquement ovoïde.
L'anthyllis vulnéraire fleurit sur les pentes et les coteaux ensoleillés, les pelouses sèches, et dans les bois clairs de mai jusqu'en août.
Il est commun dans toute l'Europe, au nord jusqu'en Scandinavie, à l'est jusqu'au Caucase et en Asie du Sud. Il a été introduit en Afrique du Nord, au Sahara et en Éthiopie. On le sème souvent sous le nom de «trèfle doré»: c'est un fourrage nutritif qui valorise les sols pauvres (sous-espèce *kerneri* (SAG.)

Euphorbe petit-cyprès

DOM.). Jadis, cette plante comptait parmi les herbes miraculeuses qui gardaient les bêtes et les gens du mauvais œil. Il fallait alors la cueillir en même temps que la petite centaurée la nuit de la Saint-Jean.
La médecine populaire l'utilise encore et de tout temps comme topique vulnéraire sur les blessures; son infusion stimule l'appétit et chasse les nausées et la constipation. De nos jours on recueille dans de nombreux pays la tige feuillée qui est riche en saponine, en tannin, en mucilage, etc. Il est juste de dire que toutes ces substances sont antiseptiques et astringentes.

Géranium sanguin
Geranium sanguineum L.

Le géranium sanguin est une plante vivace à grosse souche rampante à cœur rouge, qui émet des tiges ramifiées, couchées ascendantes, couvertes de soies dressées.
Les feuilles de la base ont la vie brève. Celles de la tige à pétiole velu et au limbe profondément palmé en 7 segments à nouveau divisés en 3 ou 5, sont opposées. Les fleurs carminées de type 5 sont portées par de longs pédoncules à deux bractées, qui naissent à l'aisselle des feuilles. Le fruit se termine par un long bec: l'ensemble, couvert de soies, atteint 5 cm de longueur. A la maturité il se divise en partant de la base en 5 sections monospermes.
La floraison a lieu de mai à septembre sur les pentes ensoleillées, les versants couverts de buissons, les pierrailles et les taillis clairs de la plaine jusqu'aux collines. C'est une plante thermophile et calciphile.
Elle existe dans toute l'Europe, jusqu'au Caucase et en Crimée à l'est, en Grèce, en Italie, en Sicile et au Portugal au sud.
La souche, avec son cœur rouge, contient jusqu'à 29 % de tannin et peut être utilisée pour l'apprêt des cuirs.

Euphorbe petit-cyprès
Euphorbia cyparissias L.

C'est encore une plante vivace qui atteint environ 30 cm de haut, tout imprégnée d'un latex blanc, poisseux et amer. La souche ligneuse, rougeâtre et ramifiée donne naissance à de nombreuses pousses. Les tiges en touffe sont toutes droites, rougeâtres, vite défeuillées à la base, souvent ramifiées au sommet. Les rameaux portent un feuillage dense.
Étroites et linéaires, les feuilles sont moins denses sur les hampes florales. Les bractées situées au-dessous de l'inflorescence sont flavescentes et rougissent rapidement à la fin de la floraison.
Les fleurs elles-mêmes sont réduites et de peu d'apparence: elles comportent soit un pistil, soit une étamine unique. Elles sont groupées en une inflorescence compliquée: il s'agit en fait d'une ombelle terminale fermée et complexe, située au-dessus d'un involucre de bractées. Chaque rayon de l'ombelle est ramifié en fourche et porte à l'aisselle de deux bractées protectrices, l'inflorescence proprement dite: le cyathium. Quelle en est la constitution? Il est hermaphrodite: l'ovaire est central et longuement pédonculé, et 5 bractées portent à aisselles des cymes d'étamines nues et articulées. Entre les bractées se trouvent des glandes en croissant.
Le fruit est une capsule triloculée, verruqueuse et chagrinée qui comporte 3 graines. La multiplication par rejets souterrains est très intense: en peu de temps, on peut avoir à faire à l'invasion d'une mauvaise herbe très gênante.
C'est une plante toxique dont le suc blanc et laiteux contient une grande quantité d'acide euphorbique, un alcaloïde, l'euphorbine, de la gomme, du caoutchouc, des lipides, des essences volatiles, des protéines, etc. Le bétail n'y touche jamais et sa présence en trop grande quantité dans le fourrage peut causer des troubles graves. Seules les chenilles du sphinx de l'euphorbe peuvent vivre sur la plante et s'en nourrir. Ce latex vénéneux peut provoquer des irritations de l'épiderme, des abcès et des cloques. Introduit dans l'œil, il peut causer une cataracte de la cornée et di-

Millepertuis

verses inflammations. La médecine populaire en fait usage contre les verrues, les cors et les taches de rousseur. La plante est souvent attaquée par le stade œcidien de la rouille du pois. Ce champignon transforme toute la plante en un bouquet de longs rameaux simples qui portent de petites feuilles enflées et orangées à l'endroit attaqué, et qui dégage un parfum de miel. Ces sujets difformes sont stérilisés et ne fleurissent pas.

Millepertuis
Hypericum perforatum L.

C'est une robuste plante vivace, qui dépasse 50 cm de hauteur et peut atteindre 1 m. Sa souche est ramifiée, ses tiges sont droites et portent deux lignes saillantes et de nombreuses ramifications stériles mais richement feuillées. Les feuilles elliptiques-ovoïdes sont ponctuées de points nettement translucides et couvertes de quelques petites glandes de couleur noire.
Les fleurs jaune d'or mouchetées de minuscules points noirs, même sur le calice, renferment environ 80 étamines réparties en 3 bouquets. Elles forment de généreuses inflorescences terminales de type corymbiforme. Les pédoncules floraux sont eux aussi ponctués de noir: ces points sont des glandes internes remplies d'une teinture huileuse, de couleur brun-rouge, et parfumée, l'hypéricine. Écrasée entre les doigts, la fleur les colore en rouge sombre. Les fruits sont des capsules glanduleuses également ponctuées.
La floraison a lieu de juin à août dans l'ensemble de l'Europe, en Asie occidentale jusqu'à l'Altaï, en Chine, en Afrique du Nord, aux Canaries et en Asie orientale. Elle a été introduite et s'est totalement naturalisée sur le continent américain et en Australie.
Le millepertuis est très anciennement connu comme plante médicinale et magique. Cueilli dans la nuit de la Saint-Jean, condition indispensable à son efficacité, il soignait les maladies les plus

Chardon Roland

Carotte sauvage

diverses, prédisait l'avenir par l'aspect de son suc, et protégeait contre la foudre. Les maladies de son ressort étaient les affections rénales, stomacales, la sciatique, les fièvres et les brûlures, mais aussi le somnambulisme. Cette herbe magique avait une grande valeur surtout au Moyen Age, et pouvait même influencer la volonté humaine... Son suc, appelé «sang de saint Jean», était un ingrédient nécessaire à la composition des potions magiques et autres préparations du même genre. Sa présence en grande quantité dans le fourrage peut colorer le lait des vaches et des chèvres en rouge, ce qui signifiait autrefois qu'elles avaient le mauvais œil!
De nos jours, la tige feuillée entre dans la composition de nombreux médicaments. Elle contient un glucoside, l'hypéroside, des hypéricines, un tannin et des colorants. L'infusion de millepertuis stimule la circulation sanguine, la sécrétion biliaire et les échanges; elle facilite un sommeil détendu, et a un effet cicatrisant et anti-inflammatoire. Conservée dans l'huile d'olive et placée 14 jours au soleil, elle donne un baume contre les brûlures et les plaies à cicatrisation difficile, ainsi que contre les hémorroïdes. Le suc rouge sert aussi comme colorant et la tige séchée peut remplacer le thé. Il entre dans la compositon du Baume Tranquille. C'est une plante photodynamique dont le jus sensibilise nettement l'épiderme au rayonnement solaire, et parfois de manière pathologique.

Chardon Roland
(Chardon roulant)
Eryngium campestre L.

Le chardon Roland est une plante vivace ou bisannuelle, robuste, de couleur glauque, dont les ramifications étalées finissent par lui donner une forme sphérique. Les racines peuvent descendre à 2 m de profondeur.
Chez les jeunes sujets, les feuilles basiliaires sont simples, dentées et piquantes. A l'époque de la floraison elles sont longuement pétiolées, ovoïdes et 1—2 fois pennatiséquées. Les pinnules sont linéaires mais assez larges; elles sont profondément dentées, acérées et concrescentes sur les rachis. Les feuilles supérieures sont plus simples, plus petites et se transforment graduellement en bractées.

Les fleurs minuscules de couleur gris-vert ou blanche, sont disposées en capitules sphériques. Les bractées externes sont aiguës, les internes souvent triséquées. Les capitules sont réunis en une sorte de cyme. Les bords du calice floral sont eux aussi dentés. Le fruit est arrondi et plat.

Boucage saxifrage

Vipérine commune

C'est une plante des talus secs, des pentes et des pâtures de la plaine jusqu'au pied des montagnes. Ses régions d'origine sont les zones méditerranéennes, du Maroc et du Portugal à l'ouest, jusqu'en Perse et en Afghanistan. Il a pénétré en Europe centrale en suivant les grandes rivières et les voies de chemin de fer. Il est naturalisé en Amérique du Nord.
Sés épines lui assurent une bonne protection contre les herbivores, et il peut devenir une mauvaise herbe difficile à exterminer.
L'année suivant la floraison, la tige aérienne meurt et pourrit au collet: la touffe sphérique se détache et roule, poussée par le vent et dissémine ses graines en chemin. On peut donc le classer parmi les «grands voyageurs steppiques».
La longue racine a été utilisée autrefois en médecine populaire.
Ajoutons que dans les régions méditerranéennes et atlantiques, un champignon délicieux pousse en automne sur les souches mortes: c'est le *Pleurotus eryngii,* ou oreille de chardon, qui ne se montre jamais à l'intérieur du continent.

Carotte sauvage
Daucus carota L.

La carotte sauvage est une espèce annuelle, surtout bisannuelle, parfois vivace, dépassant 1 m de hauteur et facilement reconnaissable à son odeur caractéristique. Sous terre, elle possède une longue et fine racine pivotante. Les tiges sont dressées, couvertes de soies en touffes et ramifiées dans leur partie supérieure.
Les feuilles à contour ovoïde ou triangulaire sont 2—4 fois pennées, les inférieures pétiolées, les supérieures engainantes.
Les petites fleurs blanches, rosées ou jaunâtres à corolle rayonnante forment des ombelles planes et denses. La fleur centrale est souvent violet sombre. L'involucre se compose de grandes bractées pennées. Plans et étalés pendant la floraison, ombelle et involucre se replient en entonnoir, ou même en boule au moment de la fructification. L'inflorescence, puis les fruits, sont tout couverts de soies touffues. Le fruits sont des akènes munis d'un crochet.
La carotte sauvage fleurit durant tout l'été, jusqu'en automne sur les talus, les pentes sèches, les zones herbeuses, et les rochers, mais aussi dans les prairies fraîches, les bois de bouleaux et même les tourbières. Elle est très abondante en Europe, au point d'être considérée comme une mauvaise herbe, parce que ses feuilles tombent en poussière à la dessication. Mais fraîches, les bestiaux et en particulier les lapins en sont friands. On la trouve aussi en Asie du Sud-Ouest et en Afrique du Nord. Elle monte jusqu'à 2500 m dans les Alpes. Elle est acclimatée en Afrique du Sud, en Asie orientale, en Australie, en Amérique du Nord et à la Jamaïque.
La racine, ancêtre de notre carotte potagère, est connue depuis l'Antiquité comme légume, surtout pour son parfum aromatique. Les Grecs, les Latins, les Slaves et les Germains la connaissaient et l'appréciaient déjà. Mais ils n'en connaissaient que la forme blanche, réservée aujourd'hui au bétail, et c'est seulement à partir du XVIIe siècle que par sélection ou par hasard on en a obtenu les formes jaunes et rouges qui paraissent sur nos tables. La souche en est *D.* ssp *sativus.*
La racine fraîche de la carotte sauvage est riche en vitamines A, B et C. Elle contient des essences volatiles, efficaces en cas d'infection par les nématodes, des pectines stimulantes pour la digestion, et des substances bactéricides.
L'infusion des graines soulage les affections des voies urinaires et stimule la digestion; la décoction de racines est tout indiquée pour les hépatites, elle atténue les effets de la jaunisse, et traite les infections intestinales. C'est un bon stimulant pour les gens fatigués, les sous-alimentés et les convalescents, surtout à l'état cru, qui conserve toutes les vitamines.

Boucage saxifrage
Pimpinella saxifraga L.

Le boucage saxifrage est une plante vivace atteignant 60 cm de haut, à souche épaisse et fuselée et à forte odeur de bouc. Les tiges sont pleines, arrondies et finement cannelées.
Les feuilles de la base sont longuement pétiolées, imparipennées, à folioles profondément dentées, la terminale généralement trilobée. Les feuilles médianes sont sessiles-engainantes, le limbe des plus hautes est souvent atrophié.
Les petites fleurs blanches, jaunâtres ou rosées, forment des ombelles composées. Le fruit est un akène côtelé.
La floraison a lieu de juillet à septembre. C'est une plante commune sur les talus, dans les prairies, sur les pelouses sèches, les versants, les lisières de bois de la plaine jusqu'en montagne. Elle existe dans l'ensemble de l'Europe, du nord de l'Espagne jusqu'en Asie Mineure et en Sibérie occidentale. Introduit en Amérique du Nord, il s'y est complètement naturalisé.
C'est une plante aux propriétés médicinales connues depuis longtemps. Au Moyen Age, on l'utilisait contre la peste et le choléra. On l'ajoutait à la bière pour en corser le goût. Cuit dans du vin blanc sec, le boucage fournissait un «vin herbé» fort apprécié.
De nos jours on récolte la racine qui contient un suc amer, la pimpinelline, des huiles essentielles et des tannins. Ces substances stimulent la sécrétion des muqueuses et ont un léger effet constipant. L'infusion est efficace contre la toux, facilite l'expectoration lors des catarrhes des voies respiratoires. On peut aussi l'ajouter au bain et à l'eau de lavage des plaies paresseuses, ou encore l'appliquer en compresses.
Mais c'est surtout une excellente herbe fourragère que le bétail recherche avidement.

Vipérine commune
Echium vulgare L.

C'est une bisannuelle robuste, atteignant parfois 1,20 m de haut et toute couverte de soies caractéristiques, implantées sur des excroissances verruqueuses. Les tiges simples et droites portent des feuilles alternes allongées-lancéolées, sessiles et fortement couvertes de soies rudes et hérissées.
Les fleurs sont grandes, à calice velu et à corolle en tube oblique, presque bilabié. Elles sont groupées en cymes à l'aisselle des feuilles supérieures, ce qui donne finalement de longues inflorescences cylindriques. Au cours de la floraison, les fleurs passent du rose au bleu, phénomène fréquent dans la famille. Elles sont rarement blanches. Le fruit est un tétrakène verruqueux. La floraison a lieu de mai à octobre sur les coteaux, les collines, souvent aussi le long des voies de chemin de fer, dans les carrières, au bord des routes et dans les décombres. On trouve la vipérine dans presque toute l'Europe et l'Asie Mineure. Elle est naturalisée en Amérique du Nord.
On l'utilisait autrefois contre les morsures de serpent, l'épilepsie, et comme dépuratif. Les feuilles de la base, à l'état jeune, ont été consommées à la façon des épinards, et elles entrent encore dans la composition de cette salade composée qu'on appelle dans le Midi «mesclun».

Bugle rampante
Ajuga reptans L.

La bugle rampante est une herbe vivace qui atteint 30 cm de haut, pourvue d'une courte souche et de longs rejets feuillés et traçants.
Les tiges sont droites, simples, quadrangulaires, souvent lavées de pourpe ou de violet. La plante a aussi une rosette de feuilles basiliaires dont le limbe s'amincit progressivement en pétiole. Les feuilles caulinaires sont entières ou crénelées et diminuent de taille vers le sommet de la pousse pour donner des bractées.
Les fleurs à calice en clochette présentent une corolle découpée jusqu'au milieu, d'une belle couleur bleu-violet, rarement rose, parfois blanche, à lèvre inférieure profondément divisée. Elles sont portées par de courts pédoncules axillaires et forment des épis pauciflores fermés. Le fruit est un tétrakène.
La floraison a lieu de mai à août sur les

Bugle rampante

Sauge des prés

talus, les pentes herbeuses, à la lisière des bois ensoleillés, de la plaine jusqu'à la montagne. C'est une plante commune dans toute l'Europe, l'Asie, la Perse et la Tunisie. On l'a autrefois considérée comme médicinale: sa légère amertume la faisait utiliser comme dépurative et rafraîchissante.

Sauge des prés
Salvia pratensis L.

C'est une herbe vivace qui dépasse 50 cm de haut et qu'on reconnaît à son parfum faible mais agréable. Les tiges sont le plus souvent droites, parfois un peu arquées, à la base, rugueuses et glanduleuses au sommet.

Elles prennent naissance au sein d'une rosette de feuilles basiliaires, largement et longuement lancéolées, qui portent une nervation en réseau caractéristique et aux marges légèrement crénelées ou lobées. Les tiges portent parfois de petites feuilles sessiles disposées en 1 à 3 paires.

Les grandes fleurs bleues, rarement roses ou blanchâtres, présentent une courte lèvre inférieure, tandis que la supérieure décrit une voûte arquée. Elles sont disposées en verticilles pauvres à l'aisselle de petites bractées. L'ensemble forme un épi fermé. Les étamines sont munies d'un dispositif de levier: lorsqu'un insecte en quête de nectar pénètre dans la fleur, il actionne une pédale qui lui plaque sur le dos l'autre bras de l'étamine qui porte l'anthère. Le pollen se déverse alors sur le dos de l'insecte. On peut vérifier facilement le bon fonctionnement de cet ingénieux mécanisme en introduisant dans la gorge de la fleur un brin d'herbe: l'étamine et son anthère sont immédiatement repoussés au-dehors. Le fruit est un tétrakène. La floraison a lieu de mai jusqu'en août sur les pelouses sèches, les prairies, les talus et les coteaux des régions chaudes, de la plaine jusqu'à la montagne.

Sur les coteaux secs du Bassin méditerranéen, on trouve une sauge aromatique et médicinale:

Sauge verticillée
Salvia verticillata L.

C'est encore une sauge vivace de grande taille puisqu'elle dépasse 50 cm, toute densément velue, à tiges fortes, feuillées et rameuses.

Au moment de la floraison seules persistent les feuilles caulinaires, cordiformes ou hastées, parfois ovoïdes, irrégulièrement crénelées, les inférieures pétiolées, les supérieures presque sessiles.

Les fleurs à corolle d'un violet vif prennent naissance à l'aisselle de courtes bractées et forment un épi dense qui peut comporter jusqu'à une trentaine de fleurs. Après la floraison, l'inflorescence s'incline vers le sol. La sauge verticillée fleurit de juin à septembre, surtout sur les talus, les coteaux ensoleillés, le long des chemins et sur les remblais des routes et des voies de cheminde fer, surtout dans les endroits chauds de la plaine. En France, elle est plus commune au sud de la Loire.

Cette plante est sans doute originaire de l'Asie Mineure, de la Perse et de la Syrie, d'où elle s'est étendue vers l'Europe en avançant vers l'ouest.

Sauge verticillée

Son odeur désagréable lui enlève toute espèce d'usage.

Origan (Marjolaine)
Origanum vulgare L.

L'origan, plus connu sous le joli nom de marjolaine, est aussi une labiacée vivace qui peut dépasser 50 cm de hauteur, à souche ligneuse et ramifiée et à tiges droites, feuillées, généralement de couleur rougeâtre, ramifiées dans leur partie supérieure. Les rameaux sont axillaires, souvent courts et toute la plante est velue et agréablement parfumée.

Courtement pétiolées, les feuilles sont allongées à ovoïdes, peu dentées ou même entières. Les bractées présentent le même aspect et sont souvent lavées de violet.

Les fleurs sont petites, incarnat foncé, rarement blanches. Elles sont groupées par 1—3 verticilles rassemblés en un capitule compact. L'ensemble des capitules présente la disposition d'une panicule cymoïde qui prend naissance à l'aisselle des bractées. Le fruit est un polyakène brun.

La floraison a lieu de juillet à septembre, surtout sur les talus, les coteaux

Origan

chauds, les bords des sentiers, les lisières des forêts ou des taillis et dans les pâtures. C'est une excellente plante mellifère, et dans le Midi de la France elle entre dans diverses préparations culinaires.

Bouillon-blanc (Bonhomme)

Verbascum thapsus L.

C'est une plante bisannuelle presque géante qui peut atteindre et dépasser 2 m de hauteur, d'une couleur blanchâtre due à une toison de poils groupés en touffes aplaties. La première année on ne voit se former que la rosette terrestre formée de grandes feuilles allongées-ovoïdes finement dentées qui s'amincissent en pétiole à la base. Au cours de la deuxième année la rosette donne naissance à une tige longue et puissante couverte de feuilles lancéolées dont le pétiole se prolonge sur la tige jusqu'à la feuille immédiatement inférieure.
Les fleurs atteignent 2 cm de diamètre. La corolle jaune d'or a la forme d'un entonnoir et les filets des deux étamines inférieures sont environ 4 fois plus longs que les anthères et glabres, ceux des étamines supérieures, sont blancs et veloutés. Les fleurs sont groupées par bouquets de 2 à 7 à l'aisselle de bractées ovoïdes et forment un long épi simple, mais la plante peut aussi être ramifiée en candélabre. Ces fleurs ne durent qu'un jour, mais sont constamment remplacées par des fleurs nouvelles.
Les fruits sont des capsules pleines de nombreuses petites graines noires.
On voit le bouillon-blanc fleurir de juillet à septembre sur les coteaux ensoleillés, les talus, plus rarement dans les pâtures. Sa station favorite semble être constituée par les remblais frais, les dépotoirs et les terrains vagues.
Il est commun en Europe centrale et du Sud, mais remonte jusqu'au nord de l'Angleterre et en Scandinavie. A l'est on le trouve jusqu'en Asie occidentale. C'est une espèce très variable et il existe une abondance de formes et d'hybrides avec les autres espèces du genre.
On récolte à des fins médicinales les corolles et les étamines, en attendant que le soleil ait fait évaporer la rosée. D'une saveur miellée, le remède contient du mucilage, des sucres, et des saponines. L'infusion des fleurs calme les toux irritantes, la coqueluche, les bronchites, facilite l'expectoration, dénoue les crampes et a des effets anti-inflammatoires. A l'extérieur elle agit contre les abcès des jambes et les hémorroïdes. Les feuilles s'utilisent également en cataplasmes émollients. Il arrive qu'on cultive le bouillon-blanc, mais il faut prendre garde aux graines qui sont toxiques.

Bouillon-blanc

Molène à mèches

Verbascum lychnitis L.

C'est encore une bisannuelle, comme toutes les plantes de ce genre. Les tiges ramifiées sont abondamment feuillées. Les feuilles basiliaires sont subovoïdes et s'amincissent en un court pétiole, les caulinaires sont subovoïdes ou lancéolées, presque sessiles.
Les fleurs jaunes à corolle ronde sont disposées en bouquets et forment une panicule pyramidale. Les filets des étamines sont blancs et laineux.
Le fruit est une capsule.
La floraison a lieu de juin à septembre sur les talus, les coteaux secs et les lisières des bois, de la plaine jusqu'au pied de toutes les montagnes de toute l'Europe, jusqu'au Caucase et en Asie Mineure.

Molène à mèches

Linaire commune

Linaria vulgaris MILL.

C'est une autre herbe vivace qui atteint 50 cm de hauteur à souche traçante et à tiges généralement simples, densément couvertes de feuilles alternes, linéaires, un peu glauques, lancéolées et sessiles.
Les fleurs naissent à l'aisselle de bractées et forment une grappe d'abord conique, puis allongée. La corolle est jaune soufre et porte une tache oran-

Linaire commune

Véronique petit-chêne

Gaillet jaune

gée sur la voûte arquée de la lèvre inférieure. Elle se termine par un éperon courbe.
Le fruit est une capsule biloculée qui contient une grande quantité de petites graines.
La floraison a lieu de juin à octobre sur les talus, les friches, les pentes sèches et le long des chemins et des voies ferrées de la plaine jusqu'en montagne.
C'est une plante répandue dans toute l'Europe et en Asie occidentale, à l'exception du Grand Nord. L'abondance de ses graines et surtout son caractère traçant en font une mauvaise herbe parasite des cultures, et surtout gênante pour celle du lin.
La linaire commune est médicinale. Elle est récoltée pour entrer dans la composition de médicaments antiinflammatoires, laxatifs, ou renforçant la solidité des artères.

Véronique petit-chêne
Veronica chamaedrys L.

C'est une plante vivace d'une trentaine de cm de hauteur, à tiges ascendantes et qui portent deux rangées de poils, parfois un peu ramifiées.
Les feuilles sont opposées, ovoïdes-elliptiques, dentées. Les fleurs d'un bleu d'azur, rarement blanches ou rosées ont un calice de type 5 et une corolle ronde qui tombe d'une seule pièce sitôt la floraison achevée. Elles sont groupées en courtes grappes à l'aisselle des feuilles supérieures.
Le fruit est une capsule subcordiforme, velue.
C'est une jolie plante des talus, des pelouses sèches, des prairies, des lisières et des haies. Elle fleurit de mai jusqu'en juin de la plaine jusqu'en haute montagne. La véronique petit-chêne est commune dans l'ensemble de l'Europe à l'exception des régions les plus nordiques et les plus méridionales. On la trouve aussi en Asie occidentale et septentrionale. Elle s'étend jusqu'aux Canaries et monte jusqu'à 2000 m dans les Alpes.
Amère et stimulante, elle est couramment utilisée en France en infusions, et elle entre dans la composition du «thé suisse».

Gaillet jaune
Galium verum L.

Le gaillet jaune est une plante vivace qui atteint 1 m de haut. Il possède des racines traçantes qui donnent naissance à de nombreux rejets courts. Les tiges ramifiées sont dressées ou ascendantes et munies de 4 longues lignes saillantes.
Les feuilles linéaires sont disposées en verticilles par 8—12, tomenteuses sur le revers et elles présentent une nervure centrale très apparente.
Les fleurs sont d'un jaune intense, très petites et disposées en riches panicules terminales. La corolle est quadripartite.
Les fruits nus peuvent être lisses ou verruqueux.
Le gaillet jaune fleurit de mai jusqu'en septembre mais aussi souvent jusqu'en automne. Il est fréquent sur les pentes, les talus, les pâtures et les lieux sableux de toute l'Europe, de l'Asie Mineure et de la Perse.
Outre la propriété qu'ont les feuilles de faire cailler le lait, elles sont utilisées dans la tradition française comme infusion diurétique contre la goutte.

Mollugine
Galium mollugo L.

La mollugine est un gaillet vivace qui dépasse 1 m de haut, à forte souche ramifiée et rampante. Les tiges rameuses sont couchées-ascendantes et peuvent grimper en s'appuyant sur la végétation environnante.
Les feuilles linéaires d'un vert profond sur le revers sont disposées en verticilles nombreux par 4—6.
Les petites fleurs blanches sont disposées en riches panicules aux extrémités des tiges et des rameaux. Les lobes de la corolle portent des prolongements aristés caractéristiques. Le fruit est un peu verruqueux. La floraison a lieu pendant

tout l'été et se prolonge en automne. C'est une plante abondante sur les talus, les coteaux, les pâtures et les pelouses sèches de la plaine jusqu'à la montagne. La mollugine est banale dans toute l'Europe, le Caucase, les régions septentrionales de l'Asie Mineure et en Inde orientale, jusqu'à Ceylan et en Birmanie. Elle ne manque en Europe qu'en Scandinavie arctique, au sud des îles italiennes et en Grèce.

Carline acaule
Carlina acaulis L.

On reconnaît facilement la carline acaule à sa tige nulle ou très courte, et dans ce cas toujours simple et densément feuillée.
Les feuilles sont disposées en une rosette basiliaire très décorative: c'est un soleil plaqué contre le sol. Les feuilles ont un contour allongé et sont 1 à 2 fois pennatiséquées, raides, irrégulièrement dentées et piquantes.
Le centre de la rosette donne naissance à un seul grand capitule qui peut atteindre 15 cm de diamètre. Les bractées externes de l'involucre sont foliacées, les médianes sont brunes et dentées épineuses. Les bractées internes, linéaires, blanches et brillantes sur l'avers, jaunes au revers, simulent les ligules externes de l'inflorescence. Celle-ci se compose de fleurons tubulaires blancs ou rosés. Par mauvais temps les bractées blanches se replient et protègent de la pluie les fleurs intérieures. Elles s'ouvrent en étoile au soleil.
La floraison a lieu de juillet à septembre sur les talus, les coteaux secs et chauds, les pâtures et les pentes pierreuses de la plaine jusqu'à la montagne. En France cette plante se trouve surtout sur les montagnes moyennes, au-dessus de 600 m.
Elle est répandue en Europe centrale et méridionale et dans les régions centrales de l'U.R.S.S.
La racine est amère et fortement aromatique. Elle est connue depuis longtemps pour ses propriétés médicinales. Les herboristes la vendaient sous le nom de «racine de jonc», «racine d'artichaut sauvage», etc. On la trouvait aussi souvent dans les jardins des monastères où elle était cultivée comme une herbe miraculeuse. On la trouve encore cultivée dans certains pays méridionaux où sa racine moelleuse est très appréciée en salade. En France elle semble être sortie complètement de l'usage, sinon que les montagnards la piquent sur un volet de leur maison, où elle annonce non pas le temps qu'il fera, mais celui qu'il fait, car elle se referme quand il pleut.
La racine contient une grande quantité d'essences parfumées, du carlinoxyde, de la carline, des tannins et de la résine. Toutes ces substances sont diurétiques et sudorifiques, elles sont apéritives et antibactériennes. C'est pourquoi on la récolte encore comme matière première de certains médicaments et pour la confection de tisanes, etc. La racine réduite en poudre augmente l'appétit du bétail.
Depuis quelques années, la mode étant revenue des bouquets secs, les fleuristes spécialisés en font une grande consommation.

Mollugine

Le nom du genre est censé rappeler la mémoire de Charlemagne: alors que son armée était menacée d'une épidémie de peste, un ange lui apparut et lui conseilla de donner cette plante aux soldats comme remède ... Plus vraisemblablement, le nom vient tout simplement de l'italien carlina.

Chardon doré
Carlina vulgaris L.

D'habitude bisannuel, le chardon doré peut parfois être vivace. C'est une plante herbacée d'une cinquantaine de cm de haut tout au plus, à tige rigide, droite et anguleuse, parfois ramifiée au sommet.
Les feuilles de la rosette sont allongées-lancéolées, raides, et elles présentent un revers couvert de poils arachnéens. Les feuilles caulinaires sont ovoïdes-allongées, embrassantes par leur base cordiforme, les supérieures se transformant en bractées épineuses et ciliées groupées sous le capitule.
L'inflorescence est solitaire et termine les tiges et les rameaux. Ici aussi, les bractées externes de l'involucre sont fo-

Carline acaule

Chardon doré

Piloselle

Jacée

Achillée mille-feuilles

liacées, les médianes épineuses à la façon d'un peigne; les internes linéaires et jaunâtres, simulant des fleurs ligulées qui se déploient au soleil. Les fleurs tubulaires sont jaunes, rougeâtres au sommet.
Le fruit est un akène aux soies brillantes et rousses qui portent une aigrette soyeuse.
La floraison a lieu de juillet à septembre sur les pâtures sèches, les coteaux et les talus de la plaine jusqu'en montagne.
Le chardon doré est commun dans toute l'Europe, au nord jusqu'en Norvège, en Sibérie, dans le Caucase et en Transcaucasie.

Piloselle (Épervière)
Hieracium pilosella L.

La piloselle est une plante vivace d'une trentaine de cm de haut, aux longs rejets fins, blancs, tomenteux et peu feuillés. La rosette est formée de feuilles ovoïdes-lancéolées à revers tomenteux. Les pousses portent des feuilles plus petites, dont la taille diminue vers l'extrémité.
Les tiges sont nues et portent toujours un seul capitule terminal de fleurs ligulées jaunes. L'envers des fleurs externes est rayé de roux. Les bractées de l'involucre sont linéaires, de couleur gris-vert, à marge velue.
Les fruits sont de nombreux akènes soyeux.
La piloselle fleurit de mai jusqu'en automne sur les talus, le long des chemins et dans les situations les plus arides de la plaine jusqu'en montagne. On la trouve dans la plus grande partie de l'Eurasie tempérée.
Les épervières présentent une infinie variété de types et d'hybrides qui font le désespoir des botanistes qui veulent les déterminer, et les laissent presque toujours aux spécialistes de ce genre difficile entre tous.

Jacée
Centaurea jacea L.

La jacée est une plante vivace qui peut atteindre 1,50 m de haut, à souche ramifiée croissant dans plusieurs directions, et à tiges droites, anguleuses et plusieurs fois ramifiées.
Les feuilles de la rosette sont ovoïdes à lancéolées, et s'amincissent progressivement en pétioles. Elles peuvent être lobées à pennatiséquées et ont un bord denté.
Les feuilles caulinaires sont lancéolées, sessiles, et se transforment progressivement en bractées vers le sommet.
Les fleurs d'un rose pourpré forment des capitules solitaires au sommet des rameaux. Les fleurs externes sont plus grandes et rayonnantes. Comme chez la plupart des centaurées, les anthères sont excitables et rétractiles.
Les fruits sont des akènes nus.
La floraison a lieu de juin à septembre sur les talus, les pâtures sèches, les coteaux et le long des chemins de la plaine jusqu'en montagne. Elle est répandue dans toute l'Europe, en Asie septentrionale, dans le Caucase et en Arménie. On l'a décrite aussi du sud-ouest de l'Afrique.
C'est une espèce variable et polymorphe: ses formes, parfois considérées comme véritables espèces sont peut-être tout simplement fonction des habitats qu'elle occupe.

Épine vinette

Églantier

Prunellier

Achillée mille-feuilles (Herbe aux charpentiers)

Achillea millefolium L.

Vivace, mesurant de 50 à 70 cm de haut, l'achillée mille-feuilles présente une souche ramifiée et traçante, et des tiges rigides, velues et feuillées, abondamment ramifiées à la hauteur de l'inflorescence. Toute la plante dégage une odeur d'abord aromatique et agréable, mais qui évoque fâcheusement celle d'un chien mouillé quand elle est enfermée dans un local clos, où elle est insupportable.
Les feuilles sont alternes, 2 fois pennées, à pinnules linéaires-lancéolées.
L'extrémité des tiges porte de petits capitules disposés en panicules corymbiformes: les fleurs centrales sont d'un blanc sale; les périphériques, ligulées, au nombre de 5 au plus sont blanches ou roses et plus courtes que l'involucre.
L'achillée mille-feuilles abonde sur les talus, les coteaux, les friches, les décombres, le long des chemins de la plaine jusqu'à la montagne. Elle fleurit de juin à octobre.
On la trouve dans toute l'Europe, en Sibérie, et jusqu'à l'Himalaya. Au nord elle monte jusqu'en Islande. Elle s'est naturalisée en Amérique du Nord, en Australie du Sud et en Nouvelle-Zélande.
C'est une plante médicinale connue de tout temps. Les capitules contiennent une essence volatile qui comporte de l'azulène, des alcoloïdes et des tannins, un glucoside, l'achilléine, de l'inuline, les acides acétique et propionique et toute une série d'autres substances, notamment des éléments fluorescents et photosensibles.
Elle sert à préparer une infusion digestive qui combat l'inappétence et la toux. On a constaté aussi son influence sur la tension artérielle, et ses effets anti-inflammatoires, coagulants et cicatrisants. Elle peut également être utilisée en gargarismes, être ajoutée au bain, ou servir pour déterger les plaies. Dans la tradition française, c'est surtout son suc qui est utilisé pour arrêter les hémorragies externes, et de là vient son nom d'«herbe aux charpentiers», corps de métier où on se coupe souvent.
Cependant, son utilisation prolongée peut causer des vertiges, des céphalées, et même un état de stupeur.

Épine vinette

Berberis vulgaris L.

C'est un arbuste qui peut atteindre de 2 à 3 m, à l'écorce lisse et aux feuilles alternes qui se transforment sur les rameaux en épines palmées 2—7-partites. A leurs aisselles prennent naissance de courts rameaux qui portent des touffes de feuilles à peine pétiolées, ovoïdes-allongées et fortement dentées. Ces feuilles se teignent en automne d'un rouge vraiment superbe. Les fleurs dégagent une odeur forte, caractéristique et peu agréable. Elles sont portées en grappes retombantes, d'une belle couleur jaune. Les étamines sont excitables, et permettent de ce fait une facile fécondation par les insectes.
Les fruits sont de petites baies allongées, d'un beau rouge clair translucide et brillant, de saveur acidulée. La florai-

son a lieu d'avril à juin sur les coteaux ensoleillés, les pentes buissonneuses, les talus et les lisières des bois de l'Europe centrale, du Sud et de l'Est, jusqu'à l'Himalaya. Elle est naturalisée en Amérique du Nord et peut monter jusqu'à 2310 m dans les Alpes. C'est par ailleurs une espèce très variable.

Toute la plante contient un alcaloïde, la berbérine, surtout abondante dans l'écorce amère des racines. On la récolte comme matière première de la fabrication de certains médicaments. On a utilisé aussi les fruits pour leurs propriétés plus ou moins réelles. L'écorce peut fournir un colorant autrefois utilisé pour teindre en jaune la laine et les cuirs. Le bois est d'une belle couleur jaune. On l'utilise en marqueterie, en tournage, et pour la fabrication de cure-dents.

Les baies rouges contiennent beaucoup d'acide malique auquel elles doivent leur goût aigrelet. Elles sont également riches en vitamine C. On en fait de très agréables confitures, des sirops, des gelées, et on s'en sert pour colorer certaines pâtisseries.

Les feuilles portent souvent des verrucosités en forme de boutons: il s'agit du stade œcidien de la rouille du blé *(Puccinia graminis* PERS). Les spores attaquent ensuite les céréales cultivées et peuvent provoquer de grosses pertes en rendement. C'est pourquoi cet arbuste s'est raréfié, car dans beaucoup de régions de France son arrachage avait été obligatoire au siècle passé pour éviter l'invasion de ce champignon parasite.

Aubépine

Églantier
Rosa canina L.

C'est un arbuste souvent touffu et robuste, aux rameaux pendants, épineux, qui meurent au bout de 3 ou 4 ans et sont constamment remplacés par de nouveaux rejets. Les épines ont une assise large, elles sont recourbées en serpe et très acérées.

Les feuilles comportent 5—7 folioles ovoïdes et pointues à bords dentés. Les jolies fleurs rose pâle ou blanches sont groupées par 2 à 4 aux extrémités des rameaux. Les sépales sont concrescents et forment un réceptacle en forme de coupe fermée qui contient de nombreux ovaires. Ce réceptacle devient charnu et se colore en rouge à la maturité pour donner un fruit, le cynorrhodon, vulgairement «gratte-cul». Ces fruits de forme ovoïde-allongée sont pleins d'une quantité d'akènes très durs recouverts de courts poils raides qui se plantent facilement dans la peau ou les gencives.

C'est l'espèce de rose sauvage la plus commune et la mieux connue de toute l'Europe. On trouve l'églantier sur les pentes ensoleillées et broussailleuses, sur les talus des routes et les lisières des bois, etc. de la plaine à la montagne. Il est commun partout sauf dans l'extrême nord, en Asie et en Afrique du Nord. Il s'est naturalisé en Amérique du Nord.

On appelle les fruits, en Europe centrale, «oranges du nord», et c'est à juste titre, car ils contiennent une grande quantité de vitamine C. On les récolte souvent pour les faire sécher et en tirer une infusion qui joint l'agrément de sa saveur à ses vertus médicinales. Préparée correctement, cette infusion conserve 60 % des vitamines initiales. On en cultive certaines variétés à gros fruits pour cet usage. On peut en faire une espèce de vin, et surtout une délicieuse confiture, si on prend soin de récolter les fruits après les premières gelées.

La fleur fournit souvent un motif déco-

ratif utilisé dans les arts populaires et en héraldique.
Les branches de l'églantier portent souvent des excroissances sphériques de longs poils roux. Ce sont des galles provoquées par la piqûre d'un hyménoptère, *Rhodites rosae* L. et qui portent le nom de «bédégar».
Ajoutons que la tige bien venue d'un églantier est le porte-greffe idéal des roses cultivées.

Prunellier (Épine noire)
Prunus spinosa L.

C'est un arbuste dense et fourni, à souche traçante, et qui présente une abondance d'épines terminales issues de la transformation de rameaux latéraux. Il forme un grand nombre de rejets qui s'enracinent facilement et contribuent ainsi à sa multiplication envahissante. L'arbuste vit de 20 à 40 ans, à moins de se trouver sous le couvert de plus grands arbres dont l'ombre le fait mourir.
Les feuilles elliptiques et dentées apparaissent après la floraison. Elles éclosent très tôt au printemps (mars-avril) sur les branches nues.
Les fruits sont des drupes sphériques, bleues et pruineuses au moment de leur maturité, à chair verte: elles ont une saveur très âpre et râpent la langue.
L'épine noire est commune sur les talus, les friches, les lisières ensoleillées et elle est presque toujours le premier occupant des terrains abandonnés. On la trouve au nord jusqu'en Chine et dans l'Atlas. Elle s'est naturalisée en Amérique du Nord.
Les fruits, très âpres, sont riches en vitamine C. On peut les récolter après les premières gelées pour en faire une espèce de vin, mais surtout pour les distiller après fermentation. Ils donnent une eau-de-vie supérieure. C'est leur seul emploi en France, où l'abondance des autres fruits les fait négliger.
Les fleurs entrent dans la composition de certains médicaments: elles contiennent un glucoside diurétique, la camphérine, de l'acide cyanhydrique, ainsi que de l'amygdaline dans les noyaux.
Le bois, très dur, dense et bien coloré, sert à faire de belles cannes après tournage, et les fourrés d'épine noire sont un abri idéal pour les nids des oiseaux chanteurs.

Genêt à balais

Ononis épineux

Aubépine
Crataegus oxyacantha L.

C'est un grand arbuste, qui peut devenir un arbre véritable avec l'âge quand il est isolé. Ses branches sont rougeâtres.
Les feuilles sont pétiolées, profondément lobées, à lobes obtus et dentés.
Les fleurs blanches ou rosées ont 2 styles et forment des cymes fournies. Elles répandent une odeur fétide. Les fruits sont des drupes arrondies à ovoïdes et contiennent 2 noyaux.
L'aubépine fleurit de mai à juin sur les pentes ensoleillées, les talus, les lisières, les haies et les berges. Elle s'aventure aussi sur les versants rocheux et pierreux. Elle est banale dans toute l'Europe, au nord jusqu'en Angleterre et en Suède, et même en Finlande. On la trouve aussi au Proche-Orient et jusqu'à l'Himalaya et en Afrique du Nord.
Certaines variétés à fleurs roses sont cultivées comme ornementales.
C'est une plante médicinale importante qui fournit de nombreuses matières premières, et on en récolte aussi bien les feuilles et les fleurs que les fruits. Tous ces organes contiennent entre autres de l'acide triterpénique qui élargit les coronaires et fortifie le cœur. L'infusion ou la teinture d'aubépine soignent les affections cardiaques d'origine nerveuse, l'hypertension et combattent les insomnies.

Genêt à balais
Sarothamnus scoparius
(L.) VIMM. et KOCH.

C'est un arbrisseau aux rameaux caractéristiques, portés par une forte souche souvent pourvue de bulbilles lobées qui abritent des bactéries fixatrices de l'azote atmosphérique qu'ils restituent au sol après leur mort. Les rameaux anguleux de couleur verte sont capables d'assimilation. Les rameaux morts noircissent.
Les feuilles sont alternes, brièvement pétiolées, et le plus souvent trifoliées: les folioles lancéolées ont un revers

doux et soyeux. Les feuilles de l'extrémité des tiges n'apparaissent souvent qu'après la floraison.
Les grandes fleurs papilionacées de couleur jaune sont solitaires ou groupées par bouquets de deux sur des rameaux nains appelés brachyblastes. Les styles enroulés en spirale sortent de la fleur.
Les fruits sont des gousses noires et velues, déhiscentes à maturité: elles s'enroulent alors avec un craquement et projettent au loin leurs graines brunes ou noires. Celles-ci ne germent que l'année suivante, mais elles peuvent garder leur pouvoir germinatif plus de 25 ans.
Le genêt à balais fleurit de mai à juin sur les pentes sèches ou sableuses, les pâtures et les lisières des bois à basse altitude. Il est absolument calcifuge et ne vient que sur les terrains gréseux ou granitiques.
On le rencontre dans la Péninsule ibérique, en Belgique, en Irlande, abondamment en France, en Europe centrale et du Sud, en Pologne du Sud et dans les régions baltiques. Il descend jusqu'en Corse et en Italie du Sud, en Dalmatie, en Bosnie et en Bulgarie, mais manque en Sicile où il est remplacé par d'autres espèces voisines et très belles.
Il existe dans de nombreux habitats où il a été introduit secondairement: c'est le cas de l'Inde et du Japon.
Cette plante contient de nombreux alcaloïdes toxiques, comme la spartéine. Les graines contiennent de la cytisine et différents glucosides. On récolte surtout les rameaux feuillés dont on extrait la spartéine, qui a une action irritante sur les voies respiratoires, mais qui apaise et régularise la respiration si elle est prise en grande quantité.
C'est un bon fourrage d'hiver pour les animaux des forêts, lièvres ou cerfs, mais aussi pour les chèvres et les moutons. Dans certaines régions on va jusqu'à le semer à cet effet. Il consolide efficacement les sols sableux, les dunes et des remblais, il enrichtit le sol en azote et améliore ses propriétés. Mais c'est également un envahisseur dont il faut constamment se défendre. On peut faire des paniers grossiers avec ses rameaux, et surtout des balais. Les tiges, par rouissage, donnent une excellente fibre textile, analogue à celle du chanvre dont on fait de très belles toiles. On l'a exploité pendant la dernière guerre, mais malgré la qualité du produit, la main d'œuvre qu'il exige en fait un textile non rentable et plutôt une curiosité qu'un article d'usage courant.

Ononis épineux (Arrête-bœuf)

Ononis spinosa L.

L'arrête-bœuf est un sous-arbrisseau de 50 cm de hauteur au plus, à longue racine pivotante, aux branches ascendantes-couchées, lignifiées à la base, épineuses et qui portent une à deux rangées de soies. Toute la plante dégage une fétide odeur de bouc.
Les feuilles sont trifoliées, la foliole centrale pétiolée, les stipules grandes, ovoïdes et dentées.
Les rameaux nains, dit brachyblastes, fleurissent de juin à septembre; les grandes fleurs papilionacées à calice bilabié et velu ont une corolle rose, rarement blanchâtre, parfois aussi d'un beau rouge franc.
Les fruits sont des gousses monospermes finement velues.
L'arrête-bœuf vient sur les coteaux secs, les pentes et les talus de toute l'Europe, en Asie occidentale et en Afrique du

Cornouiller mâle

Nord. Il devient souvent une adventice gênante dans les pâtures négligées, car le bétail se blesse à ses épines et la solidité de ses racines rend ensuite les labours très difficiles d'où ce nom vulgaire d'«arrête-bœuf».
Il est connu depuis toujours comme plante médicinale. En médecine populaire (mais très peu en France), les racines, les fleurs et les tiges feuillées sont parfois utilisées pour la confection d'une tisane diurétique efficace contre les calculs biliaires. L'écorce douceâtre des racines contient les glucosides suivants: l'ononine, l'ononidine, l'onone, et des tannins, des résines, de la gomme, etc. Toutes ces substances favorisent l'expectoration. De nos jours, c'est surtout cette racine qui entre encore dans la composition de certains médicaments.
C'est aussi une plante tinctoriale anciennement connue. En effet, les jeunes rameaux, selon les traitements qu'ils ont subis, teignent la laine en roux, en jaune et en vert.

Cornouiller mâle
Cornus mas L.

C'est le plus souvent un arbuste, mais qui peut atteindre dans de bonnes conditions la taille d'un arbre.
Les feuilles brièvement pétiolées sont ovoïdes-elliptiques à base cunéiforme, parfois arrondies, aiguës, couvertes de poils couchés et plus pâles sur le revers.
Les fleurs jaunes en petits corymbes fleurissent dès le mois de mars et d'avril, avant l'apparition des feuilles.
Les fruits sont des drupes charnues et allongées, rouges ou blanches, à noyau dur et bisperme.
Le cornouiller mâle vient dans les lieux chauds et ensoleillés, parfois rocheux et pierreux, dans les bois clairs. On le cultive souvent dans les parcs et les jardins.
Il affectionne particulièrement les stations chaudes à basse altitude. En Europe, on le trouve jusqu'à la région parisienne (il est plus fréquent dans les forêts de la Haute-Marne, où on l'exploite méthodiquement pour faire de son bois d'incomparables manches d'outils), en Belgique, au sud jusqu'en Italie aussi bien qu'en Asie Mineure, en Arménie et dans la Caucase.
Les fruits, ou cornouilles, sont connus et appréciés depuis l'Antiquité, sourtout dans le Bassin méditerranéen. La pulpe à la fois sucrée contient un mélange de glucose et de lévulose, de l'acide malique et d'autres substances. On peut en faire d'excellentes gelées, des marmelades, des sirops. Sainte Hildegarde, au Moyen Age, signale déjà ses propriétés médicinales, et les moines, surtout les Bénédictins, le cultivaient souvent dans leurs jardins.
En Ukraine et dans le Caucase, on en tire une eau-de-vie renommée, appelée dernovka, et en Turquie on en fait un sirop et des sorbets.
Le bois du cornouiller mâle est fin, dur et compact. Outre son rôle dans la fabrication des manches d'outils, il sert à celle des pièces de machines délicates qui doivent résister aux frottements, et pour les instruments de mathématiques.

Araignée sauteuse
Salticus zebraneus

Au début du printemps on voit souvent sur les pierres chaudes, les murs ou les clôtures une araignée trapue, qui mesure environ 6 mm. Elle a un corps strié et des pattes courtes et fortes. Quand elle est dérangée, elle fait des bonds d'une longueur surprenante pour sa taille. C'est aussi en sautant qu'elle saisit sa proie faite d'habitude d'un petit insecte. Au moment des «noces», le mâle exécute devant la femelle une danse sautillante. La femelle tisse un nid où elle pond des œufs qu'elle surveille jusqu'à leur éclosion.

Érèse noir
Eresus niger

C'est une araignée qui vit dans les endroits sablonneux, plus rarement argileux ou pierreux des régions chaudes de l'Europe. Elle atteint une longueur de 8 à 16 mm. La livrée du mâle est rouge et comporte 4 taches noires, alors que la femelle est d'un noir velouté uniforme. Par endroits, ces araignées vivent en colonies. Elles creusent des terriers d'environ 10 cm de profondeur dont elles tapissent les parois avec des fils. L'ouverture en est protégée par un toit sous lequel elles guettent leur proie. Elles disposent aussi à proximité de leur cachette des toiles propres à capturer divers insectes. Certaines de ces araignées, particulièrement vigoureuses, sont même capables de maîtriser des cicindèles carnassières. Le mâle ne vit qu'une année, mais la femelle peut atteindre l'âge de 3 ans.

Guêpe de la rose
Diplolepis rosae

On découvre souvent sur les tiges des églantiers de curieuses excroissances qui ressemblent à des touffes de mousse rougeâtres ou verdâtres. On en voit parfois sur les rosiers dans les jardins. Si on arrache et si on ouvre une de ces excroissances, on trouvera à l'intérieur dans un petit alvéole la larve minuscule de cette guêpe. Elle parasite l'arbuste en en suçant la sève et en provoquant cette grande galle. La guêpe adulte ne mesure qu'environ 4 ou 5 mm et échappe facilement à l'observation. Chose curieuse, on ne connaît de cette guêpe que la femelle qui dépose des œufs non fécondés d'où écloront les larves. Cette galle curieuse porte le nom de bédégar.

Mante religieuse
Mantis religiosa

La mante religieuse, de couleur verdâtre, vit en France couramment au sud de la Loire, mais remonte jusqu'au nord du Jura et dans la région parisienne. La femelle peut atteindre une longueur de

75 mm, le mâle seulement 50. Elle se tient sur des buissons ou de hautes herbes où elle rampe lentement et d'où elle guette immobile à l'affût sa proie qu'elle saisit avec ses pattes de devant qui sont conformées comme des pinces terminées par des crochets acérés. Une fois attrapée, la proie n'a aucune chance de s'échapper, et elle sera dévorée petit à petit à l'exception des parties dures. La mante religieuse capture n'importe quels insectes et il est à la fois courant et proverbial de voir la femelle dévorer son mâle après l'accouplement. Elle dépose ses œufs dans un fourreau spécial qu'elle attache à une branche. Les larves n'éclosent qu'au printemps de l'année suivante. Elles ressemblent déjà aux adultes et sont carnassières. Le stade adulte est atteint au mois d'août. Il est possible de garder des mantes dans un terrarium, mais il faut les isoler, sinon elles se mangeraient entre elles. Les larves muent plusieurs fois et laissent leur tégument transparent sur les branches.

Sauterelle rouge
Psophus stridulus

On rencontre ce criquet, qui mesure jusqu'à 34 mm, entre juin et octobre dans beaucoup d'endroits rocailleux, mais aussi sur les adrets et dans les clairières. Quand il s'envole, il déploie des ailes d'un rouge éclatant et en volant il produit des sons grinçants. La femelle dépose ses œufs en paquets dans le sol et elle les entoure d'une sécrétion mousseuse. Les larves n'éclosent qu'au printemps de l'année suivante; elles deviennent adultes après la cinquième mue. Les larves comme les insectes parfaits se nourrissent exclusivement de végétaux.

Guêpe dorée
Chrysis ignita

Dans les stations chaudes, comme les parois argileuses, les murs secs ou les clôtures, on peut rencontrer de petites guêpes dorées qui brillent de couleurs

Araignée sauteuse

Guêpe de la rose

Érèse noir

Mante religieuse

Sauterelle rouge

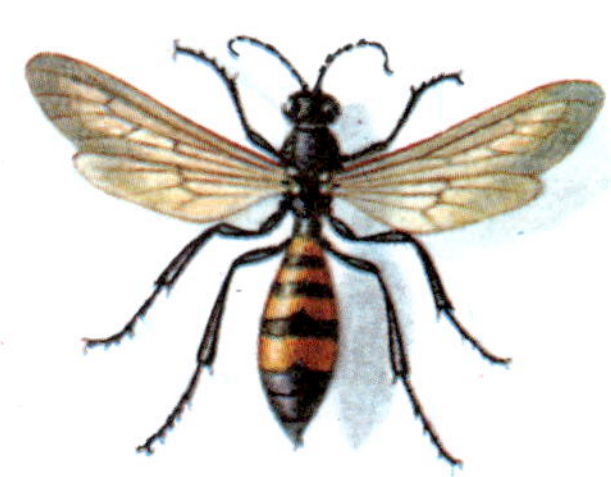
Guêpe fauve

Mouche d'Espagne

Guêpe dorée

Ascalaphe

Fourmi-lion

Semi-Apollon

Zérinthe

admirables. L'espèce *Chrysis ignita* (mot à mot «dorure de feu») au corps rouge doré, qui mesure environ 5 mm, est une espèce commune. La femelle recherche les nids de guêpes solitaires; quand la propriétaire est absente, elle s'y glisse, dépose un œuf dans la larve qui s'y trouve, et s'envole. Il arrive pourtant qu'elle soit surprise au nid par la guêpe légitime. Elle se roule en boule, et devient inviolable du fait de sa solide carapace chitineuse. La solitaire, plus grande et plus forte, l'attrape alors et la jette dehors. Mais l'œuf ainsi déposé laisse bientôt naître une larve qui au moyen de ses fortes pièces buccales, suce et vide la larve de l'hôte. Ensuite elle se chrysalide et devient un insecte adulte au printemps suivant. On peut rencontrer aussi des guêpes dorées dans les prés où elles voltigent de fleur en fleur pour butiner le nectar.

Guêpe fauve
Psammocharus fuscus

C'est une guêpe solitaire de 10 à 14 mm très répandue dans les endroits chauds et ensoleillés d'Europe. Elle se tient surtout là où elle trouve du sable: bord des chemins sylvestres, sablonnières dans la forêt, etc. Il faut beaucoup de patience pour l'apercevoir, car dès qu'elle s'est posée elle se met à courir en tous sens, puis elle commence à creuser dans le sable. En peu de temps elle y disparaît et n'apparaît que par intermittences pour rejeter le matériau du trou, lequel se termine par une enceinte qui servira de nid à la larve à venir. Mais pour commencer, la guêpe apporte des réserves de nourriture. Elle attaque des araignées, qui souvent dépassent sa propre taille. Par une piqûre de son aiguillon elle paralyse sa victime qu'elle traîne ensuite dans sa cachette. Elle dépose alors un œuf sur sa proie, et la larve se nourrit du corps de l'araignée, qui reste vivant encore un mois durant.

Mouche d'Espagne (Cantharide)
Lytta vesicatoria

Dans le sud le l'Europe et dans les endroits chauds de l'Europe centrale vit la mouche d'Espagne, appelée aussi cantharide, qui mesure entre 11 et 22 mm, et qui brille de beaux reflets d'un vert métallique. On la rencontre en grandes

Lézard vert

Traquet motteux

Guêpier d'Europe

quantités sur les frênes et les lilas dont elle dévore les feuilles au mois de juin. La femelle dépose ses œufs en paquets de 40 ou 50 dans le sol. Les larves se tiennent à l'affût sur des plantes, et lorsqu'une abeille solitaire passe assez près, elles s'y accrochent et se font transporter dans son nid. Là, elles pénètrent dans les cellules et y dévorent les œufs et les réserves de l'hôte. Le corps de la mouche d'Espagne contient de la cantharidine, poison violent qui fut employé dans l'Antiquité et au Moyen Age comme vésicatoire et comme aphrodisiaque. C'est un remède qu'on a abandonné à cause de son danger. Lorsqu'on prend un de ces insectes dans la main, il sécrète un liquide brûlant, vésicant, et qui peut provoquer des cloques.

Ascalaphe
Ascalaphus macaronius

On peut voir cet hyménoptère étrange, avec ses ailes marquées de taches jaunes, dans les régions chaudes de l'Europe méridionale et centrale. On le reconnaît facilement à ses longues antennes terminées en massues. Il atteint une longueur de 30 mm. Au cours du mois de juin, par les journées ensoleillées, il vole rapidement au-dessus des plantes en capturant divers insectes. Par moments, il se pose sur une fleur haute pour se reposer. Ses larves qui sont carnassières se nourrissent d'insectes et surtout de fourmis; elles vivent dans l'herbe sur le sol, où elles se chrysalident. Cet hyménoptère est maintenant protégé dans bon nombre de pays.

Fourmi-lion (Fourmilion)
Myrmeleon formicarius

Dans les endroits secs et sablonneux, au bord des chemins, au pied des pins, à l'abri des rochers, on remarque souvent une grande quantité de petits entonnoirs creusés dans le sol meuble. Si on capture un petit insecte, par exemple une fourmi, et qu'on le pose sur le bord d'un tel «cratère», on verra subitement se projeter du fond du trou un jet de sable qui fait glisser l'insecte vers le bas. Il essaiera alors de s'enfuir, mais une nouvelle projection de sable l'amènera impitoyablement vers le fond où des pinces puissantes le saisiront. C'est la larve du fourmilion qui vient de saisir sa victime avec ses fortes mandibules creuses et qui va la sucer. Cette larve est étrange, brune et velue. Elle se métamorphose dans le sol à l'intérieur d'un cocon mélangé de soie et de sable. L'insecte adulte ne vit que de juin à août; il est relativement grand, son envergure pouvant atteindre 75 mm. Il se présente comme un hyménoptère grêle aux antennes courtes. La femelle dépose ses œufs un à un dans le sable ou dans un sol meuble où éclosent les larves qui construisent les entonnoirs décrits cidessus.

taches sur les flancs. Le lézard vert fréquente généralement les endroits rocailleux, ensoleillés et chauds, mais on le rencontre aussi sur les chemins des champs, dans les sablonnières, dans les haies ou dans les vignobles. Au printemps, les mâles se livrent des combats acharnés au cours desquels il arrive assez fréquemment qu'ils perdent leur queue, qui toutefois repousse au bout de quelque temps. La femelle entre mai et le début de juin pond dans le sable de 5 à 25 œufs. Les petits éclosent au bout

Vautour d'Égypte

Semi-Apollon
Parnassius mnemosyne

Ce papillon, d'une envergure d'environ 60 mm, est très répandu par endroits dans les régions chaudes de l'Europe. Il vole au cours des journées ensoleillées de juin, surtout dans les régions montagneuses, mais aussi en plaine dans les stations rocailleuses. La chenille est noire et marquée de rangées de taches rouges. On la trouve en avril et en mai sur les corydales. Mais pour la voir, il faut aller à sa recherche de nuit, car elle se cache le jour et ne va à la quête de sa nourriture que dans les ténèbres.

Zérinthe
Zerynthia hypsipyle

Ce papillon diurne d'une envergure d'environ 50 mm et de belle couleur est très répandu par endroits dans le sud de l'Europe et dans les régions chaudes de l'Europe centrale. Il vole entre avril et mai dans les endroits ensoleillés et découverts, là où croissent les aristoloches sur lesquelles la femelle dépose ses œufs. On trouve les chenilles sur ces plantes qui font leur nourriture. Ces chenilles sont de couleur rouille, tirant parfois sur le gris avec des excroissances rouge clair.

Lézard vert
Lacerta viridis

Le lézard vert habite l'Europe méridionale et centrale. Dans le sud, il atteint 50 cm, plus au nord 30 cm seulement. Le mâle est vert vif avec une gorge bleu clair. La femelle est généralement de couleur rouille à verdâtre et porte des de 6 à 8 semaines. A la fin de septembre ou en octobre, ces lézards se cachent dans des anfractuosités du sol, dans des fissures de rochers, etc. pour hiberner jusqu'en avril. Ces lézards se nourrissent de divers insectes, de mollusques, mais aussi de petits lézards et parfois de jeunes couleuvres. Quand ils se trouvent en danger, ils se cachent dans des trous du sol qui peuvent atteindre une profondeur d'un mètre. Quand on capture un lézard, il essaie de se défendre en mordant. Quoique cette morsure soit fort douloureuse, elle est sans danger pour l'homme.

Guêpier d'Europe
Merops apiaster

Le guêpier d'Europe vit surtout dans le sud de l'Europe; on le trouve aussi dans quelques stations de l'Europe centrale et dernièrement, même en Suède, au Danemark et en Hollande. C'est un migrateur qui passe l'hiver en Afrique, au sud du Sahara. Dans nos régions il habite les lieux argileux ou sablonneux où on peut parfois en trouver des colonies entières. Dès son arrivée, il creuse avec son bec une galerie dans une paroi. Ce travail lui prend trois semaines. Le nid une fois terminé, la femelle pond 5 ou 6 œufs blancs que les deux parents couvent alternativement pendant 20 à 22 jours. Le guêpier se nourrit surtout d'insectes, et notamment d'hyménoptères; il attrape souvent des guêpes, mais aussi des abeilles. C'est pourquoi les apiculteurs n'aiment pas voir une colonie de guêpiers s'installer à proximité de leurs ruchers.

Traquet motteux
Oenanthe oenanthe

Ce traquet vit dans l'Europe et préfère les plaines pierreuses, les montagnes dénudées et rocheuses, les carrières abandonnées, etc. C'est un migrateur qui passe généralement l'hiver dans les régions tropicales d'Afrique pour lesquelles il repart dès le mois d'août ou de septembre. Il revient à son aire de nidification en avril. Le nid est fait de brindilles, de poils et de plumes, et il est placé entre des pierres, dans des trous, etc. La femelle pond en mai de 5 a 7 œufs verdâtres qu'elle couve seule pendant 14 jours. Les jeunes quittent le nid alors qu'ils sont encore incapables de voler et ils se tiennent dans les environs cachés entre des pierres ou des touffes d'herbe. Le traquet motteux se nourrit d'insectes et de leurs larves, d'araignées, etc.

Vautour d'Égypte
Neophron percnopterus

Les oiseaux adultes, vus dans leur ensemble, sont blancs avec des ailes noires et une tête chauve de couleur orangée. Les jeunes sont généralement brun foncé et ne changent de couleur que vers l'âge de 5 ans. Ils atteignent 60 cm en position verticale. On les trouve dans toute l'Afrique, dans le sud-est asiatique, en Espagne ainsi que dans le Midi de la France, en Italie et dans les Balkans. Ils sont très rares dans le reste de l'Europe. Ils décrivent des cercles très haut, souvent en bandes, en commun avec d'autres espèces de vautours. Ils préfèrent les rochers abrupts et volent très loin à la recherche de leur nourriture. Entre mars et avril, la femelle creuse sur un promontoire une cavité qu'elle tapisse maigrement de quelques poils et de morceaux de peau; elle y pond des œufs tachetés de rouge que les deux parents couvent pendant 40 jours. Les jeunes sont également alimentés par le père et la mère. Cette espèce de vautour n'est pas particulièrement sauvage; on la trouve même dans les villes et les villages en quête de quelque chose à manger. Dans certains cas mais rarement, ils peuvent nicher en haut de murs élevés ou sur des tours. Pour leur nourriture, ils ne sont pas difficiles. Ils mangent tout ce qu'ils trouvent: lambeaux de charogne, cadavres, débris, voire même excréments humains. Ils constituent de ce fait une sorte d'«inspection sanitaire» et d'entreprise de voirie qui leur valent la protection des hommes. Ils chassent aussi des serpents, des grenouilles, des lézards, etc. Certains préfèrent les œufs, et sont même capables de briser la coquille d'un œuf d'autruche; pour y parvenir, ils prennent une pierre pointue dans leur bec et frappent l'œuf jusqu'à ce que la coquille cède. Quand il est rassasié, le vautour d'Égypte reste souvent des heures durant immobile au même endroit.

Dans la prairie

Toutes les prairies sont des biotopes artificiels. L'homme les a obtenues par un déboisement progressif, par l'abattage des forêts qui couvraient à l'origine tout l'espace du centre de l'Europe. Il avait besoin des prairies comme source de fourrage frais ou sec pour ses animaux domestiques. Les prairies, biotopes artificiels, doivent être entretenues soigneusement et de façon continue; il faut les faucher, les drainer ou les irriguer le cas échéant, leur apporter de l'engrais, etc. Sinon, ou bien elles se gorgeraient d'eau, le sol deviendrait marécageux et les espèces acides et nuisibles y prolifèreraient, surtout les carex, ou bien les buissons puis les arbres s'y développeraient et la forêt s'installerait à nouveau.

Une prairie est un terrain couvert d'herbe et de plantes herbacées, dépourvu de buissons et d'arbres. Mais de telles associations sont nombreuses depuis les peuplements herbeux près de la mer jusqu'aux pâtures à chaumes courts des stations de montagne élevées, depuis les peuplements secs n'offrant qu'une pauvre pâture jusqu'aux prairies luxuriantes des vallées qui fournissent plusieurs récoltes dans l'année, depuis les belles prairies fleuries des montagnes jusqu'aux espaces couverts de carex et de joncs dont le bétail ne veut pas.

Tous ces peuplements, toutes ces prairies entretenues pour obtenir du fourrage, sont caractérisés par l'action de deux facteurs principaux: un fort ensoleillement continu — il n'y a ni buissons ni arbres pour produire de l'ombre — et, au moins une fois dans l'année, une fauche ou un pâturage. Ne résistent donc dans les prairies que les espèces qui n'exigent pas d'ombre et qui supportent la supression de leurs parties aériennes pendant la période végétative. Les associations végétales des prairies sont donc com-

posées avant tout d'espèces vivaces ou pluriannuelles, d'espèces formant des touffes, des rhizomes ou des rejets, facteurs d'une multiplication végétative aisée et rapide. Ce sont surtout les nombreuses herbes dont les touffes épaississent et se renforcent après la fauchaison. Quant aux espèces qui ne se multiplient que par les graines, on ne trouvera dans les prairies que celles dont les semences mûrissent et tombent avant la fauchaison ou bien celles qui ne poussent qu'à l'automne après l'engrangement du foin.
Le caractère sec, humide ou détrempé des prairies et la richesse du sol en éléments minéraux sont les deux éléments qui déterminent la composition spécifique des prairies. Les prairies grasses renferment un grand nombre d'espèces dont chacune, à l'époque de sa floraison, détermine la coloration générale de la prairie. Cet aspect général se modifie au cours de la végétation et, évidemment, varie selon la situation géographique et l'altitude.
Le travail des champs influence la teneur du sol en humidité et en éléments nutritifs. Le drainage des prairies humides ou détrempées enrichit le rendement mais appauvrit la composition en espèces; on voit disparaître les orchis et autres orchidées, se réduire le nombre des trolles, etc. Un engraissement excessif peut faire disparaître certaines espèces et favoriser le développement d'espèces économiquement peu valables.
Il existait des prairies naturelles là où sous l'action de certains facteurs les plantes ligneuses n'avaient pu se développer: sur les sols salés, détrempés, marécageux, dans les dépressions où les plantes ligneuses ne supportent pas les crues printanières, dans les hautes montagnes où le gel et la neige ne leur permettent pas de se développer; la sécheresse ainsi que d'autres conditions climatiques ou pédologiques particulières permettent l'apparition de prairies naturelles : elles expliquent les savanes africaines, indiennes et américaines à chaumes élevés, la savane intérieure australienne, les steppes à chaumes courts d'Asie et d'Europe (*puszta* hongroise), les pampas argentines et la prairie nord-américaine.
Les prairies en fleurs attirent une grande quantité d'insectes. Les plus visibles de ces invertébrés à six pattes sont les papillons, dont les colorations extraordinaires sont un plaisir pour les yeux. Les papillons se posent sur les fleurs et de leur trompe en puisent le nectar sucré. On trouve leurs chenilles sur les plantes. Parmi les mouches dont les troupes volettent et bourdonnent par les chaudes journées ensoleillées, on remarque surtout les syrphidés.
Dans l'herbe des prairies sèches, surtout à la fin de l'été, fourmillent les petites sauterelles. Sous les pas du promeneur, des dizaines de ces bestioles, s'envolent pour un court instant puis se posent à nouveau sur le sol.
On observe, sur les hautes plantes herbacées, comme l'oseille ou les chardons, et aussi sur les chaumes d'herbes d'étranges masses de mousse. Il y en a des centaines en certains endroits. Ce sont les abris des larves d'aphrophore, insecte qui, à sa maturité, anime toutes les prairies. Certaines espèces sont peu apparentes, d'autres vivement colorées.
De nombreuses prairies, surtout les prairies sèches, servent de pâture pour les bovins ou les moutons. On y trouve abondance d'insectes dont les larves se développent dans les excréments de ces animaux domestiques et se nourrissent des substances en décomposition qu'ils contiennent. Là encore il y a abondance de mouches, en particulier de taons. De nombreux habitants de la forêt viennent chercher leur nourriture dans la prairie; ils s'y rendent après le crépuscule et, dans les endroits où ils ne sont pas dérangés, on peut les observer même de jour à la lisière de la forêt.

Les cigognes hantent souvent les prairies, surtout les prairies humides, à proximité des étangs. Mais bien d'autres espèces d'échassiers les choisissent comme domaine et y bâtissent dans l'herbe un nid rudimentaire.

Renoncule âcre
Ranunculus acer L.

Ce «bouton d'or» (car toutes les renoncules à fleur jaune portent ce nom vulgaire) est une plante vivace à souche courte et à tiges creuses, ramifiées au sommet et hautes de 30 a 100 cm.
Les feuilles basiliaires sont longuement pétiolées, 5—7 fois pennatiséquées, à segments trilobés, à marges dentées, ou même découpées en lanières lancéolées. Les feuilles caulinaires ont la même forme mais un pétiole plus court, et celles du haut, découpés en segments linéaires, sont complètement sessiles.
Les grandes fleurs d'un jaune brillant atteignent 2,5 cm de large. Elles sont de type 5 et possèdent des pistils et étamines multiples. Le calice est velu comme le pédoncule.
La floraison a lieu de mai jusqu'à la fin de l'été, le plus souvent en colonies étendues dans les prairies humides à sous-sol décalcifié et dans les endroits herbus de la plaine jusqu'en montagne.
C'est une plante répandue dans l'ensemble de l'Europe, au nord jusqu'au Groenland; elle existe aussi en Asie orientale, en Afrique du Nord et de l'Est, en Éthiopie et en Amérique du Nord.
Comme toutes les espèces de renoncules, celle-ci contient un suc vénéneux, la protoanémonine. Chez les sujets sensibles, le suc de la plante peut provoquer des rubéfactions, ou même faire apparaître des cloques. On observe par ailleurs des douleurs stomacales et des inflammations des reins quand par hasard on a ingéré des fragments de cette plante.
Dans la prairie sa présence excessive déprécie le fourrage, bien que sa nocivité soit très diminuée par le séchage. Les expériences ont montré que cette protoanémonine a également des effets nocifs sur les poissons et les têtards.

Trolle
Trollius europaeus L.

C'est une renonculacée vivace, à tiges dressées qui peuvent mesurer une soixantaine de cm.
Les feuilles alternes sont profondément palmées à segments tripartites et à nouveau profondément dentées. Les feuilles inférieures ont un pétiole plus long que celles du haut, et les extrêmes sont sessiles.
Les fleurs ont une forme caractéristique: ce sont des sphères jaune d'or qui atteignent 3 cm de diamètre, à sépales également jaunes, parfois légèrement verdâtres. Ainsi refermées, les pièces florales protègent de la pluie les pistils et les étamines, qui sont nombreux.
Les fruits sont des follicules allongés, terminés par un bec court, qui contiennent une quantité de petites graines noires.
Le trolle orne les endroits humides des prairies sous-montagneuses où il peut former de grandes colonies. Il abonde dans les Alpes et le Jura, où il fleurit de mai à juin.
C'est une plante courante des collines jusqu'aux régions montagneuses de toute l'Europe, où on le vend fréquemment pour sa fleur décorative, si bien qu'il faut parfois le protéger pour en éviter la disparition. On trouve des espèces voisines en Chine et en Amérique du Nord.
Comme les renoncules, il contient de la protoanémonine et peut empoisonner le bétail s'il lui est présenté vert. Mais dans une pâture les animaux n'y touchent jamais. De plus, sa nocivité disparaît à peu près complètement au séchage.

Renoncule âcre

Cardamine des prés (Cresson des prés)
Cardamine pratensis L.

C'est une herbe vivace haute de 20 à 40 cm, à courte souche rampante et à tiges dressées, simples et creuses. Au ras du sol on trouve une rosette de feuilles peu fournie. Pennées, longuement pétiolées, ces feuilles se composent de 3 à 8 paires de folioles dentées et arrondies, la terminale plus grande et trilobée. Les feuilles, caulinaires sont pennatipartites, brièvent pétiolées, formées de segments linéaires.

Les fleurs sont disposées par 2 à 20 en une grappe fermée. Les pétales sont roses, au nombre de 4, parfois blancs, veinés de mauve. Les sépales jaune-vert, violacés au sommet, tournent au jaune orangé après la floraison. Le fruit est une silique portée par un long pédoncule.
La floraison a lieu d'avril (d'où son autre nom vulgaire de «Saint-Georges») à juin dans les prairies fraîches de toute la zone tempérée de l'hémisphère Nord.
On peut consommer les jeunes feuilles en salade au printemps, car elles ont la même saveur fraîche et amère que le cresson de fontaine. Les moutons en sont friands, et les fleurs séchées servent de remède contre les crampes.

Trolle

Cardamine des prés

Fleur de coucou

Fleur de coucou
Lychnis flos-cuculi L.

C'est une plante vivace : la souche donne naissance à plusieurs rosettes basiliaires peu fournies, formées de feuilles longuement lancéolées qui s'amincissent progressivement en pétiole. Les tiges ont de 30 à 50 cm de haut, elles sont souvent rougeâtres et visqueuses sous les nœuds. Les feuilles caulinaires sont rares, de forme linéaire-lancéolée.
Les fleurs atteignent jusqu'à 4 cm de diamètre et forment des cymes peu fournies. Les pétales sont roses ou rouges, parfois blancs et de forme caractéristique, découpés qu'ils sont en 4 lobes allongés et minces. La plante possède une deuxième collerette de segments linéaires. Le calice cylindrique s'évase en clochette et les fruits sont des capsules arrondies-ovoïdes.
La fleur de coucou fleurit de mai à juin dans les prairies fraîches, les herbages, parfois aussi, dans les marais, de la plaine jusqu'à la montagne. A basse altitude, elle peut former de véritables colonies.
C'est une plante commune dans toute l'Europe, au nord jusqu'en Norvège et en Islande, mais on la trouve aussi dans le Caucase. Elle est acclimatée en Amérique du Nord.
C'est un hôte typique des prairies, mais elle fournit un fourrage insignifiant.

Compagnon blanc
Melandrium album (MILL.) GARCKE

C'est une plante annuelle, rarement vivace, qui mesure jusqu'à 1 m de hauteur, toute couverte d'un duvet mou, glanduleuse à la hauteur de l'inflorescence. Les tiges sont dressées et souvent ramifiées.
Les feuilles inférieures sont subovoïdes, s'amincissant en pétiole, et celles du haut, ovoïdes-lancéolées sont sessiles.
Les fleurs de type 5 sont inclinées vers le sol et forment une cyme bipare peu fournie. Le calice est enflé et présente une forme en cloche caractéristique. Les fleurs dégagent un léger parfum, surtout sensible le soir, et ne s'ouvrent que dans l'après-midi. La pollinisation est laissée aux soins des insectes vespéraux et nocturnes. Le fruit est une capsule ovoïde entourée par les restes du calice.
La floraison a lieu de juin en septembre dans les prairies et les herbages secs de la plaine jusqu'au pied des montagnes. On le trouve souvent aussi dans les tréflières ou comme adventice des cultures. Il existe dans toute l'Europe et jusqu'en Scandinavie, aussi bien qu'en Asie Mineure et en Sibérie, à l'est jusqu'au Baïkal. On le trouve aussi en Afrique du Nord.

Oseille
Rumex acetosa L.

L'oseille est une plante vivace, qui atteint une cinquantaine de cm de hauteur. A la base de la tige on trouve des feuilles ovoïdes, sagittées, dont les lobes aigus sont dirigés vers le sol. Les stipules concrescentes forment une gaine dentée ou frangée.
L'inflorescence est compacte et composée de petites fleurs à périanthe vert formé de 6 pièces. Les 4 externes sont arrondies-ovoïdes et portent de minuscules excroissances dures, rondes ou tétragonales. Les sépales internes se rebroussent au moment de la fructification.

Compagnon blanc

Oseille

Alchemille commune

La floraison de l'oseille est surtout abondante de mai à juillet dans les prairies humides, sur les talus, dans les fossés et autres lieux similaires, de la plaine à la montagne. La présence de l'oseille est presque toujours le signe d'une décalcification excessive du sol. Elle existe dans presque toute l'Europe, en Asie tempérée et en Amérique du Nord. Elle monte en altitude en Europe orientale.
Toute la plante a une saveur fortement acide, due à la présence d'une grande quantité d'oxalate de calcium. Consommée en trop grande quantité dans le fourrage frais, elle peut, surtout si le reste de l'alimentation est carencé en calcium, provoquer des troubles chez les chevaux et les moutons.
La cuisine française fait une grande consommation d'oseille.

Alchemille commune (Pied de lion)
Alchemilla vulgaris L.

Le pied de lion est une herbe vivace d'aspect très variable, haute de 10 à 20 cm, de couleur vert clair. Sa longue souche reste couverte des cicatrices des feuilles mortes et donne naissance à une rosette terrestre. Les feuilles pétiolées ont un contour arrondi-lobé et des marges dentées. Dans leur jeunesse surtout elles sont pliées en éventail selon les nervures proncipales. La tige ascendante ou même dressée porte des feuilles de même forme. Les stipules sont dentées.
Les petites fleurs d'un vert jaunâtre sont groupées en cymes et apparaissent au sommet des rameaux caulinaires. Les fruits sont des akènes.
La floraison a lieu de mai à septembre, surtout dans les prairies, les herbages, les lisières des bois, ainsi que le long des ruisseaux et des chemins de la plaine jusqu'à la montagne.
La forme des feuilles surtout est très variable : on a pu ainsi décrire de nombreuses formes parfois considérées comme de bonnes espèces. Le pied de lion vient un peu partout en Europe, en Asie septentrionale, dans le Caucase, l'Himalaya et la Sibérie. Il remonte jusqu'au Groenland au nord et existe aussi dans les régions orientales de l'Amérique du Nord.
C'est une plante riche en tannins et en substances amères. La médecine populaire l'utilise depuis toujours contre les diarrhées, les saignements, les calculs rénaux, en compresses contre les piqûres d'insectes, ou comme détergent des plaies des abcès. La tige feuillée est encore récoltée de nos jours et s'utilise soit en infusion, soit pour la préparation de divers médicaments.
Pour les alchimistes du Moyen Age, le pied de lion était une plante extrêmement importante : les gouttes de rosée qui brillent le matin sur la frange des feuilles étaient la fameuse «Eau cé-

leste», indispensable pour la fabrication de la pierre philosophale, d'où son nom générique en latin.

Pimprenelle officinale
Sanguisorba officinalis

C'est aussi une plante vivace qui dépasse 1 m de hauteur, à grosse souche rameuse et à tiges dressées, cannelées et ramifiées au sommet.
Les feuilles inférieures forment une rosette. Elles sont de type imparipenné, à folioles ovoïdes allongées, dentées au bord.
Les petites fleurs pourpres, à corolle inexistante sont groupées en capitules subsphériques aux extrémités des rameaux caulinaires. Le fruit est un akène emprisonné dans les restes du calice.
La floraison a lieu de juin en septembre dans les prairies, les lieux herbeux, etc. de la plaine à la montagne. C'est une plante commune dans toute l'Europe tempérée et Asie. Au nord elle remonte jusqu'en Islande, en Écosse et au sud de la Scandinavie, à l'est jusqu'au fleuve Amour, au Japon et à la Chine. Elle existe également en Amérique du Nord. La souche est riche en tannin et contient aussi une saponine, la sanguisorbine, et d'autres substances. Elle est récoltée comme matière première pour la fabrication de certains médicaments. L'infusion est sudorifique et soulage les débâcles intestinales. En gargarismes, la pimprenelle se montre efficace contre les saignements et les inflammations des dents et des gencives. Le rhizome réduit en poudre peut être prisé pour arrêter les saignements de nez, et les tiges écrasées s'emploient dans la médecine populaire comme topiques sur les plaies et les abcès. Les jeunes feuilles encore tendres, ont une légère odeur de concombre et s'ajoutent souvent comme fourniture dans la salade ou dans les potages.

Pimprenelle officinale

Gesse des prés

Gesse des prés
Lathyrus pratensis L.

La gesse des prés est une plante vivace à longue souche traçante et à tiges ascendantes ou grimpantes, anguleuses, atteignant 60 cm de longueur.
Les feuilles comportent une seule paire de folioles lancéolées et se terminent par une vrille simple.
Les fleurs à corolle papilionacée de couleur jaune forment généralement une grappe unilatérale portée par une longue hampe et composée de 3 à 12 fleurs. Le fruit est une gousse allongée lancéolée.
La gesse des prés fleurit de mai à juin dans les prairies, les pâtures, et à la lisière des bois clairs, des taillis, des fourrés des bords de l'eau, de la plaine jusqu'en montagne.
Elle existe dans presque toute l'Europe, en Asie du Sud-Est et jusqu'en Sibérie et à l'Himalaya. Elle peut aussi pousser en Afrique du Nord où elle s'aventure même dans les régions steppiques jusqu'en Abyssinie. C'est une espèce acclimatée en Amérique du Nord.

Lotier corniculé
Lotus corniculatus L.

C'est encore une plante vivace qui se distingue par sa souche qui croît dans plusieurs directions, et par ses tiges couchées, à sommets ascendants, nettement quadrangulaires et qui mesurent une trentaine de cm. Les feuilles imparipennées comportent 5 folioles sublancéolées à revers gris cendré.

Lotier corniculé

Les fleurs d'un jaune profond parfois lavé de rouge forment des ombelles pauciflores subsphériques et axillaires. La floraison a lieu de mai jusqu'en automne dans les prairies, sur les talus, etc. à toutes les altitudes.
Le lotier corniculé est banal dans toute l'Europe à l'exception du Grand Nord. Il vient aussi en Asie tempérée, en Afrique du Nord et de l'Est et en Australie. Il manque sur l'ensemble du continent américain. Dans certaines régions on le cultive depuis le XVIIe siècle car c'est un très bon fourrage aux exigences modestes. Ses racines profondes lui permettent de résister aussi bien à un excès d'humidité qu'à la sécheresse. De plus, il peut se maintenir aussi au même endroit pendant 20 ans et davantage sans en souffrir beaucoup.

Berce spondyle (Branc-ursine, Patte de loup)
Heracleum sphondylium L.

La branc-ursine est une robuste plante vivace, qui dépasse 1,50 de hauteur, à odeur aromatique qui déplaît à certaines personnes. La souche puissante donne naissance à une ou plusieurs tiges dressées, creuses, à surface cammelée et couvertes de soies rudes et cespiteuses.

Berce spondyle

Rhinanthe crête de coq

Les feuilles sont grandes et d'aspect très variable. Les inférieures sont portées par un long pétiole en gouttière, celles du haut son sessiles. Les gaines en sont renflées. Le limbe varie d'une forme lobée à trilobée à une forme pennatipartite ou 3–5 foliée. Les segments foliaires sont irrégulièrement lobés à pennatiséqués, dentés ou crénelés. Sur le revers des feuilles, la nervation est couverte de soies.
Les petites fleurs blanches, parfois jaunâtres, aux corolles souvent rayonnées, forment de grandes ombelles dépourvues d'involucre. Les involucelles sont ciliées.
La branc-ursine fleurit de juin à septembre dans les prairies fraîches, au bord de l'eau, mais aussi dans les décombres, le long des chemins ou dans les clairières des forêts. C'est une fidèle compagne des prairies largement fertilisées. Elle existe dans l'ensemble de l'Europe, en Asie occidentale et septentrionale et dans les régions occidentales d'Afrique du Nord. Introduite en Amérique du Nord, elle s'y est plus ou moins acclimatée, surtout sur la côte orientale.
Le toucher de la plante ou le contact avec son suc provoque chez certaines personnes sensibles une rubéfaction ou même une vésication de l'épiderme. Cette irritation apparaît surtout après une exposition au soleil: c'est une photodermatose.
En Angleterre, on obtient une liqueur en faisant mariner les graines dans de l'alcool. Les feuilles sont récoltées partout pour la nourriture des lapins qui en sont friands, et dans certaines régions méridionales on cultive cette berce comme fourrage, car ses racines profondes lui permettent de résister aux pires sécheresses et de donner constamment un fourrage vert très nourrissant.

Rhinanthe crête de coq
Rhinanthus alectorolophus POLL.

Le rhinanthe crête de coq est une plante annuelle, semi-parasite, velue, mesurant jusqu'à 80 cm de haut. Les tiges dressées d'un vert pâle, sont simples ou ra-

Plantain lancéolé

mifiées. Les feuilles sont opposées, sessiles, lancéolées et dentées.
Les fleurs à corolle jaune portent sur la lèvre supérieure une touche blanche ou violacée; elles forment de riches épis interrompus par des bractées. Le calice est nettement renflé, clair, velu, et les bractées sont presque triangulaires et fortement dentées.
Le fruit est une capsule aplatie, enfermée dans une sorte de vésicule formée par le calice.
La floraison a lieu de mai à juin dans les prairies, sur les talus herbeux, etc., surtout en terrain calcaire, de la plaine jusqu'à la montagne, surtout en Europe centrale et occidentale.
Comme tous les rhinanthes, celui-ci est une plante à moitié parasite qui se nourrit partiellement aux dépens des espèces herbacées de la prairie. Il est très variable et présente de nombreuses formes qu'on considère souvent comme espèces ou sous-espèces légitimes.

Plantain lancéolé
Plantago lanceolata L.

C'est encore une plante vivace à souche courte qui porte une rosette de feuilles longues et étroites, à bord entier, et qui s'amincissent en pétiole à la base. Les limbes sont parcourus par plusieurs faisceaux vasculaires parallèles de la même longueur.
La rosette donne naissance à une ou plusieurs hampes cannelées, hautes, qui portent d'épais épis terminaux formés de petites fleurs serrées. Le calice est scarieux et la corolle petite et brune. Les anthères jaunes portées par de longs filets sont nettement saillantes.
Le fruit est une capsule operculée qui contient plusieurs graines.
Le plantain lancéolé est très fréquent dans les prairies, les herbages, sur les talus et le long des chemins de la plaine jusqu'à la montagne. Il est commun dans la plus grande partie de l'Europe, en Asie centrale et septentrionale, au nord jusqu'en Islande. Il s'est acclimaté en fait sur tout le reste du globe.
Comme plante médicinale, il contient des mucilages, un glucoside, l'aucubine, et des substances bactéricides. L'infusion de feuilles calme la toux, le catarrhe bronchial et les troubles digestifs. A l'extérieur les feuilles peuvent servir de compresses, soit entières, soit écrasées sur les abcès et les plaies. Le suc sert à la confection de bonbons contre la toux et les graines, comme celles des autres plantains, sont légèrement laxatives. Comme fourrage, il est surtout apprécié par les moutons. Mais séché dans le foin il y tombe en poussière et n'est pas d'un grand profit.

Campanule étalée

Campanule étalée
Campanula patula L.

C'est une plante bisannuelle, parfois vivace, à tiges anguleuses, ascendantes ou dressées, peu feuillées.
Les feuilles allongées-elliptiques varient suivant leur situation sur la tige: celles du bas sont ovales et crénelées à petiole court; celles du haut sont complètement sessiles et se transforment graduellement en bractées au sommet de la tige.
Les fleurs sont des clochettes bleues, rarement blanches, longuement pédonculées et disposées en panicules étendues. Le calice est formé de lobes en alêne et les lobes des pétales se prolongent jusqu'à la moitié de la corolle. Le fruit est une capsule qui laisse échapper les graines par 3 fentes subapicales.

Pissenlit

La campanule étalée fleurit de mai à août dans les prairies et les clairières, de la plaine jusqu'en altitude. Elle est commune dans l'ensemble de l'Europe à l'exception des régions extrêmes, mais presque uniquement en terrain siliceux.

Pissenlit (Dent-de-lion)

Taraxacum officinale WEB.

Le pissenlit est une plante vivace de 20 à 40 cm de haut, tout imprégnée d'un latex amer et blanc, qui circule dans un réseau de cellules spéciales nommées laticifères. Sous terre, le pissenlit est pourvu d'une grosse racine pivotante qui donne naissance à une ou plusieurs rosettes de feuilles appliquées contre le sol. Ces feuilles ont une forme très variable: elles sont subovales, en général profondément découpées, et parfois seulement lyrées.

Le centre de la rosette émet des hampes fragiles et creuses, hautes d'une cinquantaine de cm, terminées par un seul capitule formé de 10 à 20 fleurons. Les ligules sont d'un jaune d'or, et les fleurs dégagent un parfum miellé. Avant la floraison, le soir ou par mauvais temps, les capitules restent fermés.

Les fruits sont des akènes nombreux, surmontés d'une grande aigrette qui rappelle un parachute. Après la floraison l'ensemble de fruits forme ces boules duveteuses et blanches que tout le monde connaît.

Liondent d'automne

Colchique d'automne

C'est une espèce très variable, surtout par la forme de ses feuilles. Comme les fruits peuvent aussi se former par autofécondation, les petites différences entre les individus se conservent et la diversité morphologique en même temps.

La floraison a lieu d'avril en août, dans toutes les prairies et les herbages et jusqu'en montagne. La plante est commune dans tout l'hémisphère Nord et dans toutes les régions tempérées du globe.

Il est connu depuis toujours comme plante médicinale. De nos jours, on récolte surtout sa racine car elle est très riche en latex. Toute la plante contient des substances amères, la taraxacine et la taraxostérine, des tannins, de l'inuline et des substances bactéricides. Il arrive qu'on la cultive à des fins pharmaceutiques. La racine, peut sevir à fabriquer un ersatz de café.

En France, en Italie et en Allemagne, on apprécie beaucoup la salade de jeunes feuilles de pissenlit. On en a obtenu des variétés horticoles à cœur plein qu'on force en les cultivant l'hiver à l'obscurité de manière à en obtenir des feuilles étoilées et blanches.

Les capitules fleuris servent à la préparation d'une espèce de vin.

C'est également une bonne plante mellifère, et le latex contient du caoutchouc.

Liondent d'automne

Leontodon autumnalis L.

C'est une plante vivace de 50 cm de haut, pourvue d'une souche courte et d'une rosette peu fournie, plaquée contre le sol. Les feuilles sont allongées, sublancéolées, pennées ou seulement dentées à crénelées et s'amincissant en pétiole.

Les tiges sont dressées, finement cannelées et se ramifient en plusieurs longs rameaux qui portent seulement quelques petites bractées.

Les rameaux caulinaires portent des capitules de fleurs jaune d'or, rayées de rouge à l'extérieur. Les rameaux s'apaississent sous les capitules.

La floraison a lieu de juin à septembre dans les prairies un peu fraîches, ou même dans les tourbières, parfois aussi comme adventice des cultures, le long des chemins ou dans les décombres.
C'est une plante répandue dans toute l'Europe, au nord jusqu'à l'Islande et les îles Shetland, mais elle est rare dans le Bassin méditerranéen. Elle existe aussi en Asie occidentale et septentrionale jusqu'aux monts Altaï, au Groenland et en Afrique du Nord. Elle a été introduite en Amérique du Nord.

Colchique d'automne (Veilleuse)
Colchicum autumnale L.

Le colchique d'automne est une plante vivace dont le cycle de vie est pour le moins insolite. Sous terre, profondément enfoui, se cache un bulbe piriforme qui peut mesurer 7 cm de longueur, bombé sur une face, plan sur l'autre, enveloppé dans une gaine parcheminée, qui est tout ce qui reste du bulbe de l'année précédente.
Au printemps la face plane du bulbe émet à sa base un bourgeon de remplacement qui produit pendant l'été une courte tige souterraine, reliée au bulbe qui lui sert de réserve. La tige porte de 2 à 3 gaines membraneuses et plusieurs écailles qui sont les embryons des futures feuilles, ainsi que les ébauches de 5 bourgeons floraux. A l'automne, 1 à 3 de ces bourgeons produisent réellement des fleurs, alors que les autres avortent. Les fleurs ne laissent apparaître que de 5 à 15 cm de la corolle au-dessus du sol. Le reste, à savoir une trompe de 10 à 30 cm, demeure caché sous la surface, faisant de la fleur de colchique une des plus longues fleurs connues, puisqu'elle peut dépasser 50 cm de longueur totale. La trompe, de texture fragile, est protégée par une gaine membraneuse. Le périanthe de la fleur est étalé et se compose de 6 lobes de couleur mauve, rarement blanchâtre. L'ovaire est profondément enterré. Après la pollinisation, les ovules fécondés restent à l'état dormant sous terre jusqu'au printemps suivant. A ce moment, la courte tige commence à pousser et à grossir à la base: on assiste à la formation d'un nouveau bulbe à côté de l'ancien qui finit par disparaître, une fois vidé de ses substances de réserve. Sur la tige qui s'allonge apparaissent alors de 5 à 6 grandes feuilles charnues, molles, lancéolées, qui sortent de terre au printemps, en même temps que la capsule ovoïde et renflée qui contient de nombreuses graines noirâtres. Ces graines portent une excroissance charnue remarquable, car elle se gélifie à l'humidité, et permet ainsi aux graines de se coller aux pattes du bétail et facilite leur dissémination. A l'aisselle de la première feuille, sous terre, se forme dans le même temps un nouveau bourgeon de remplacement. Ce cycle de vie si particulier a valu au colchique le nom médiéval de «Filius ante patrem», c'est-à-dire, le fils avant le père.
Les fleurs de colchique affectionnent tout particulièrement les prairies cultivées où on voit s'allumer ces charmantes veilleuses de la fin août jusqu'en octobre. C'est une plante commune en Europe centrale et occidentale, de l'Écosse et du Danemark à l'est jusqu'aux rivages de la Norvège.
Au sud on le trouve jusqu'au centre de l'Espagne, en Italie du Nord, dans la péninsule balkanique et en Grèce. Il est sans doute originaire des régions méditerranéennes et son extension vers le nord a suivi celle de l'agriculture.
C'est une plante violemment toxique: son suc le plus dangereux est un alcaloïde, la colchicine, contenu surtout dans le bulbe et les graines. On dit que 3 fleurs de colchique peuvent entraîner la mort. Le bétail l'évite au printemps et en automne, mais il arrive que de jeunes animaux s'empoisonnent. Les plus résistants sont les ovins et les caprins, mais on a pu montrer que le poison passe dans leur lait qui risque d'empoisonner les consommateurs éventuels.
Son application en médecine remonte au début du Moyen Age où ses bulbes étaient nommés «Hermodactyli».

Pâturin des prés

La décoction de bulbes a servi pour chasser les puces et d'autres parasites du même genre, mais la plante tenait un bon rang parmi les superstitions: en Suisse, sa consommation à jeun était recommandée pour se prémunir contre la jaunisse, ailleurs il suffisait de porter le bulbe dans sa poche pour se garantir contre les diarrhées, la dysenterie, les maux de dents et la peste! De nos jours, la colchicine est devenue le remède classique dans le traitement de la goutte dont elle stoppe les attaques avec rapidité. On en a isolé dernièrement une autre substance, la démocolcine, moins toxique que la colchicine, et qui permet de traiter certaines affections du sang. On étudie aussi les effets de la colchicine sur l'évolution des tumeurs malignes. Mais dans les mains du profane, cette plante est extrêmement dangereuse et ne doit être utilisée sous aucun prétexte.
Son nom générique vient de la Colchide, province du nord de la mer Noire: c'est là que vivait la fameuse magicienne Médée. En fabriquant un jour une de ses potions maléfiques, elle en

Brize intermédiaire

Dactyle pelotonné

laissa tomber une goutte sur le sol, et c'est ainsi que naquit le colchique . . .

Pâturin des prés

Poa pratensis L.

C'est une graminée vivace, d'un vert gai, qui produit de longs rejets souterrains. Les tiges atteignent 1,20 m de haut et sont nues dans leur partie supérieure. Les feuilles de la base sont planes ou roulées en gouttière et terminées par une pointe en capuchon. Le limbe de la feuille la plus haute est toujours plus court que la gaine.

La panicule est pyramidale, dressée et étendue, mesurant une vingtaine de cm.

Le pâturin des prés fleurit de mai à juillet. C'est une espèce qui abonde dans les prairies, les clairières, sur les talus, etc. de la plaine jusqu'en montagne. Il remonte jusqu'au Spitzberg et à la Nouvelle-Zemble, mais n'existe qu'en altitude en Europe du Sud. Il vient aussi en Asie septentrionale, dans le Caucase, au Maroc, en Algérie, en Amérique du Nord et en Australie.

C'est une des meilleures espèces fourragères, qui résiste bien au froid et à la sécheresse. Les graines conservent longtemps leur pouvoir germinatif.

Flouve odorante

Houlque laineuse

Brize intermédiaire (Amourette, Langue de femme)

Briza media L.

L'amourette est une herbe vivace, qui se présente en touffes lâches de 80 cm de haut environ, portée par une souche à rejets courts. Les tiges sont dressées, lisses, les feuilles planes et scabres. Les ligules sont très courtes.

La panicule lâche a un port caractéristique très largement étendu. Les épillets sont ovales ou arrondis, ou même cordiformes, souvent lavés de violet et portés par des pédoncules filiformes qui les font trembler au moindre souffle.

Les glumes asymétriques sont ovoïdes, carénées, les glumelles inférieures bombées, à marge claire.

La floraison a lieu de mai à juin dans les prairies, les herbages, etc. de la plaine jusqu'en montagne dans l'ensemble de l'Europe et en Asie tempérée. Elle manque dans les régions arctiques et par endroits dans le sud.

C'est une excellente graminée fourragère, mais de peu de rendement.

Dactyle pelotonné

Dactylis glomerata L.

C'est une herbe robuste, vivace, qui atteint 1 m de haut, qui présente des tiges raides, généralement scabres, minces et dressées. Le limbe des feuilles est plan, à nervations et marges rugueuses. Si on n'y prend pas garde, on peut se couper en le saisissant. Les ligules sont aiguës, les gaines doublement déprimées et, chez les feuilles les plus basses, coriaces et brunes.

La panicule est d'abord mince, puis lobée et souvent unilatérale. Les épillets de 5 à 6 fleurs sont groupés en glomérules.

Les glumes sont asymétriques, aiguës, aristées, les glumelles inférieures ovales-lancéolées et carénées. Le dactyle pelotonné est un hôte régulier des prairies, pâtures et tous les lieux herbeux de la plaine jusqu'à la montagne. Il fleurit de mai en juin. Mises à part les régions arctiques, il vient dans toute l'Europe tempérée, en Afrique du Nord, en Amérique et en Australie. Il s'est naturalisé en Nouvelle-Zélande où il avait été introduit comme plante fourragère. C'est une espèce qui présente de nombreuses variations. Elle fournit un foin un peu grossier, mais elle est broutée fraîche avec avidité par les bovins.

Flouve odorante

Anthoxanthum odoratum L.

La flouve est une herbe vivace à touffes denses, dégageant à la dessiccation ou même au simple froissement une odeur de «foin coupé» très caractéristique. Les tiges multiples sont lisses et dressées, peu feuillées. Les feuilles sont planes, velues, la ligule courte.
La panicule est allongée et contractée en un épi formé d'épillets à une seule fleur, de couleur jaune-vert, brièvement pédonculé.
Les glumes sont aiguës lancéolées, les glumelles inférieures aristées et velues.
La floraison a lieu d'avril jusqu'en automne dans les prairies sèches, les pâtures et toutes sortes de lieux enherbés secs, de la plaine jusqu'à la montagne. Elle existe dans l'ensemble de l'Europe, au sud surtout en altitude, en Asie Mineure, en Asie septentrionale, dans le Caucase et en Afrique du Nord. Introduite en Amérique du Nord, en Australie et en Tasmanie, elle y est complètement naturalisée.
Cette plante contient une forte proportion de coumarine parfumée, substance volatile et amère qui influe sur la respiration, la circulation et l'activité cardiaque. C'est elle qui donne au foin son parfum caractéristique. Les fleurs sont distillées pour en tirer une essence dont la parfumerie fait grand usage, et on en fait des tisanes médicinales.
C'est un excellent fourrage, mais seulement en mélange, car seule la flouve dégage un parfum si violent qu'il est presque insupportable.

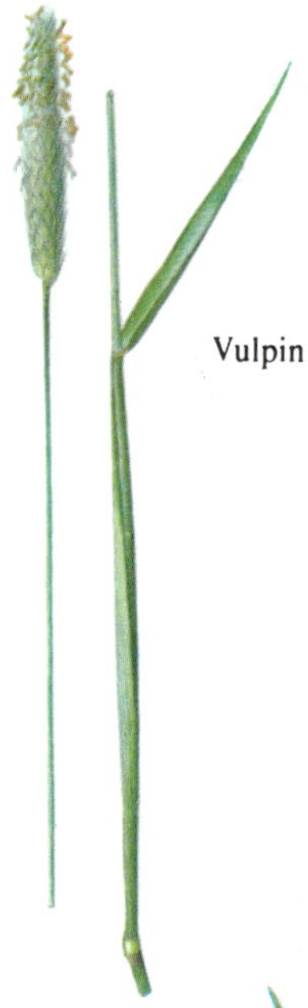

Vulpin des prés

Fléole des prés

Orchis bouffon

Houlque laineuse

Holcus lanatus L.

C'est encore une graminée vivace à touffes denses, qui atteint 1 m de haut environ, nettement gris-vert, car elle est toute couverte de courts poils mous. Les tiges dressées ou ascendantes-genouillées sont cassantes par temps sec. Les feuilles planes sont molles et râpeuses, velues, tout comme les gaines. La ligule frangée mesure environ 2 mm.
Les panicules ovales atteignent 15 cm de long, ne se déplient que pendant la floraison, et se contractent à nouveau aussitôt après. Les épillets comportent 2 à 3 fleurs et sont blanchâtres ou rougeâtres. Les glumes sont rugueuses, ciliées, les supérieures s'amincissant en arêtes. Les glumelles inférieures sont minuscules. La houlque laineuse est abondante dans les prairies humides, les pentes herbeuses, les clairières et les pelouses de la plaine jusqu'à la montagne. Elle fleurit de juin à juillet et elle est répandue dans toute l'Europe à l'exception de l'extrême nord, et en Asie tempérée. Elle a probablement été introduite en Islande de même qu'en Amérique du Nord.
Les tiges ont un goût légèrement sucré, mais elle donne un foin de qualité très médiocre.

Vulpin des prés

Alopecurus pratensis L.

C'est une graminée vivace, qui dépasse 1 m de haut, à souche stolonifère et traçante. Les tiges sont dressées ou genouillées-ascendantes et s'enracinent souvent au niveau des nœuds. La face supérieure du limbe est plane et scabre, la ligule atteint 4 mm.
Les épillets à très court pédoncule forment un épi dense et fermé, obtus, cylindrique, qui atteint 1 cm de diamètre et 5—10 cm de longueur, se lovant quand on le recourbe.

Les glumes sont concrescentes jusqu'à mi-hauteur, et leur carène verte, souvent rougeâtre, porte des cils. Les glumelles inférieures longuement aristées sont aussi longues que les glumes, les supérieures manquent. C'est une graminée commune surtout dans les prairies fraîches où elle fleurit de mai à juin.
Elle existe dans toute l'Europe à l'exception des contrées les plus nordiques et du Bassin méditerranéen. On la trouve aussi dans le Caucase et en Asie septentrionale. On sème souvent le vulpin à des fins fourragères, et on utilise alors surtout des semences d'origine finlandaise. Il supporte les hivers les plus rigoureux, de même qu'une couverture de neige prolongée.

Fléole des prés
Phleum pratense L.

C'est une herbe vivace de teinte vert clair, d'un mètre de hauteur environ, qui croît en touffes denses avec de nombreux rejets stériles. Les tiges sont dressées ou genouillées-ascendantes, parfois épaissies à la base. Les feuilles planes, scabres, ont des ligules de taille variable: les inférieures sont toujours plus courtes que celles du haut.
Les épillets sessiles forment un épi étroit et fermé, de forme cylindrique, ne se lovant pas quand on le plie, contrairement à celui du vulpin, et long d'une quinzaine de cm.
Les glumes blanches sont parcheminées, la carène verte est ciliée, et elles sont brièvement aristées. Les glumelles inférieures sont également particulièrement caractéristiques.
C'est une graminée prairiale commune que l'on peut rencontrer aussi bien en plaine qu'en montagne. Elle fleurit de juin jusqu'en août et se trouve en fait dans toute l'Europe, en Asie septentrionale, en Algérie et en Amérique du Nord.
On la sème souvent, car elle fournit un bon fourrage, qui est très apprécié des chevaux, malgré sa fermeté.

Orchis bouffon
Orchis morio L.

L'orchis bouffon est une plante vivace qui atteint 40 cm de hauteur. Il possède, cachés sous terre, deux pseudo-bulbes sphériques, l'un ridé et qui sert à nourrir les parties aériennes, qui emmagasine des réserves pour l'année suivante. La tige est finement cannelée, feuillée, et porte à sa base plusieurs écailles blanches. Elle est souvent lavée de violet.
Les feuilles inférieures sont lancéolées, d'un gris bleuté, tandis que celles du haut sont petites et engainantes.
Les fleurs pourpres, parfois blanchâtres, sont veinées de vert. Elles apparaissent à l'aisselle de bractées membraneuses et forment un épi cylindrique, pauciflore (de 7 à 12 fleurs) et lâche. Les sépales sont connivents en casque, le labelle d'un pourpre violet est maculé de taches sombres, l'éperon est légèrement ascendant et la plupart du temps plus court que l'ovaire. Celui-ci est tordu à 180° et imite le pédoncule par son allure générale.
Les fruits sont des capsules contenant un grand nombre de graines presque microscopiques, comme celles de presque toutes les orchidées.
Cette jolie plante fleurit très tôt en avril jusqu'en juin dans les prairies, les pâtures et autres lieux herbeux de la plaine jusqu'au pied des montagnes. Elle existe aussi bien en Europe centrale et jusqu'en Scandinavie que dans le sud, le Caucase, en Asie Mineure et en Sibérie.
Les tubercules, riches d'un amidon léger et très digeste, sont parfois séchés, réduits en poudre et donnés aux enfants et aux convalescents sous le nom de «salep». Le salep, au début du siècle, était à la mode en France, et les pharmaciens le recevaient d'Iran, où sa préparation est classique et dure encore.

Sauterelle brune
Decticus verrucivorus

Cette sauterelle mesure jusqu'à 35 mm et on la distingue aisément à ses longues antennes filiformes et à ses ailes mouchetées de brun. Elle vit dans les prés ou les champs de trèfle de juin à septembre; elle est très répandue par endroits. C'est un carnivore qui attrape divers insectes et leurs larves. La femelle pond ses œufs dans le sol au moyen d'une très longue tarière en forme de sabre. Les larves (nymphes) forment souvent des colonies et sont également carnivores.

Sautriau
Stenobothrus lineatus

Entre juillet et septembre on peut voir dans les prés des quantités d'insectes vert clair ou brun clair, pourvus de courtes antennes. Ce sont les sautriaux qui mesurent entre 16 et 23 mm. Ils peuvent être très nuisibles, car quand ils se trouvent en foule dans un pré, ils dévorent toutes les plantes. Les mâles produisent une légère stridulation en frottant, à l'aide d'un peigne situé sur la face intérieure de leurs pattes arrière, les nervures de leurs ailes. La femelle pond ses œufs dans le sol.

Graphosome
Graphosoma lineatum

Le graphosome qui mesure environ 10 mm vit dans les régions assez chaudes de l'Europe sur les hautes herbes ou encore sur les framboisiers dans les bois. On le trouve aussi sur les carottes dans les jardins. Il est rouge, orné de fines bandes longitudinales noires. On le recontre pendant l'été, et souvent plusieurs individus vivent ensemble. Dans les régions méridionales, il peut se multiplier considérablement et cause des dommages en suçant la sève des graminées qu'il épuise.

Sautriau

Sauterelle brune

Graphosome

Cercope sanglante

Cercope sanglante
Cercopis sanguinolenta

Entre juin et août on rencontre dans les prés de la plaine un insecte noir, orné de grandes taches rouge sang. Il mesure environ 10 mm et se montre très fréquent par endroits. La femelle dépose ses œufs dans les fissures des arbres au bord des prés. Les larves n'éclosent qu'au printemps de l'année suivante et se nourrissent de la sève des végétaux. Elles aussi s'entourent d'écume.

Malachie pustuleuse
Malachius aeneus

La malachie pustuleuse est très répandue sur les fleurs des plantes et des arbrisseaux. Elle se manifeste surtout au printemps par de belles journées ensoleillées. Elle atteint 7 à 8 mm de long, ses élytres sont mous. Les larves se tiennent sur le vieux bois ou la paille, mais on en a également retrouvé dans les galeries des perce-bois et des autres insectes s'attaquant au bois.

Cantharide fauve
Cantharis fusca

Cet insecte qui mesure jusqu'à 12 mm est très répandu. Il vit sur les fleurs, les tiges des herbes, sur des arbustes ou encore dans l'herbe où il se meut lentement à la recherche des petits insectes dont il se nourrit. Il lui arrive aussi de grignoter les jeunes pousses des végétaux. Ses larves, velues et pourvues de puissantes pièces buccales, sont également carnassières et font la chasse aux petits insectes et aux mollusques. Elles se tiennent généralement sous le feuillage. En hiver elles se cachent pour hiverner. Quand le soleil brille, il arrive qu'on en voie de grandes quantités ramper sur la neige. Elles se chrysalident au début du printemps. Le coléoptère adulte possède des élytres mous.

Aphode crotté
Aphodius inquinatus

Quand on remue dans un pré de la bouse de vache, on est presque sûr d'y trouver une grande quantité de petits scarabées de 3 à 6 mm, aux élytres gris-jaune, tachetés de noir. Ils sont très répandus partout. Le femelle dépose ses œufs dans la bouse de vache dont ensuite se nourrissent les larves. Beaucoup de ces coléoptères hivernent, et dès le mois de mars on en rencontre des nuées sur les chemins des champs.

Bousier nain
Sisyphus schaefferi

Ce bousier, qui mesure de 8 à 11 mm, d'un coloris noir mat et aux pattes relativement longues, vit dans les régions chaudes de l'Europe. Il se tient en colonies dans des endroits ensoleillés. On le rencontre surtout dans les pâturages à vaches et à moutons. Le mâle et la femelle fabriquent avec leurs excréments ou ceux d'autres animaux des boules qu'ils roulent avec leurs pattes postérieures par-dessus tous les obstacles jusqu'à ce qu'ils aient trouvé un endroit du sol un peu plus meuble. Là, ils creusent une cachette souterraine dans laquelle ils introduisent cette boule. La femelle y dépose ses œufs et les larves se nourrissent ensuite de ces réserves.

Casside verte
Cassida viridis

Sur diverses herbes des prés, et surtout sur les labiacées, on peut rencontrer un insecte vert de 7 à 10 mm, dont la tête est entièrement recouverte par un bouclier. Sa larve est curieuse: plate, elle porte des excroissances spiculées sur les flancs et un appendice à l'extrémité arrière. Ces excroissances retiennent des restes d'excréments qui servent de camouflage.

Lustrée
Panaxia dominula

C'est un magnifique papillon de nuit d'une envergure d'environ 55 mm. Son aire s'étend jusqu'à l'Europe du Nord et il existe plusieurs variétés de coloration. Le papillon vole en juin et en juillet dans les prés à buissons et situés tout près d'un bois, dans les allées, etc. Dans la journée il se tient caché sous le feuillage des broussailles ou parmi d'autres plantes, à peu de distance du sol. La chenille se rencontre en automne et au début du printemps sur les orties, les orties blanches, les fraisiers, les myosotis, ou encore sur les saules ou les peupliers. Elle est bleu nuit avec des rangées de taches jaunes sur le dos et sur les flancs. Peu velue, elle s'orne de verrues d'un bleu gris. Elle se chrysalide dans un cocon lâche et blanchâtre.

Zygène de la filipendule
Zygaena filipendulae

Du début de juin à la fin d'août on rencontre dans les prés et sur les pentes herbeuses un petit papillon, la zygène de la filipendule dont l'envergure est d'environ 35 mm. Il en existe plusieurs espèces très voisines quant à la coloration. On peut les voir en grand nombre quand les journées sont chaudes et ensoleillées. Leur vol est lourd et maladroit et elles se posent souvent sur l'herbe haute, sur les chardons, etc. Quand on en approche, souvent elles ne bougent même pas. La coloration de ce papillon est très belle: les ailes antérieures sont d'un bleu velouté avec des taches rouges, les ailes postérieures sont rouges. Si on attrape une zygène, elle se défend en sécrétant un liquide spécial. La chenille est épaisse, jaunâtre, légèrement velue. Elle vit surtout sur le trèfle, le plantain, etc. On trouve souvent sur des brins d'herbe son cocon jaune soufre, qui ressemble à du parchemin et dans lequel se chrysalide la chenille.

Petit nacré
Issoria lathonia

Le petit nacré est un papillon de jour d'une envergure qui va jusqu'à 45 mm, et qui fournit trois générations entre le printemps et l'automne, dans les prés, les champs et sur les pentes. Il est très fréquent. La face supérieure de ses ailes est d'un jaune doré et comporte des rangées de taches rondes plus foncées. La face inférieure de ses ailes s'orne de grandes taches nacrées. Il se tient le plus souvent sur les fleurs des plantes hautes. La chenille est brune, son dos est blanchâtre, et elle porte des bandes brun-jaune sur les flancs avec de courts piquants rougeâtres sur tout le corps. On la trouve sur les violettes ou sur le sainfoin.

Soufré
Colias hyale

Dans les prés ensoleillés, sur les pentes herbeuses et dans les champs de trèfle, on rencontre un papillon diurne très commun d'environ 40 mm d'envergure; c'est le soufré qui vole une première fois entre mai et juin, et forme une deuxième génération en août et en septembre. Les chenilles de la première génération vivent en juin, celles de la deuxième en août, sur les trèfles et les vesces. Elles sont vert foncé et portent quatre bandes longitudinales jaunes.

Neoascia podagrica

Cette syrphe qui mesure de 5 à 6 mm est très répandue dans les prés humides. Elle se tient dans les hautes herbes, et quand la journée est assez chaude et ensoleillée, elle vole; on peut la trouver également posée sur les planches qui entourent les latrines à la campagne. Les larves mesurent entre 6 et 8 mm,

Malachie pustuleuse

Cantharide fauve

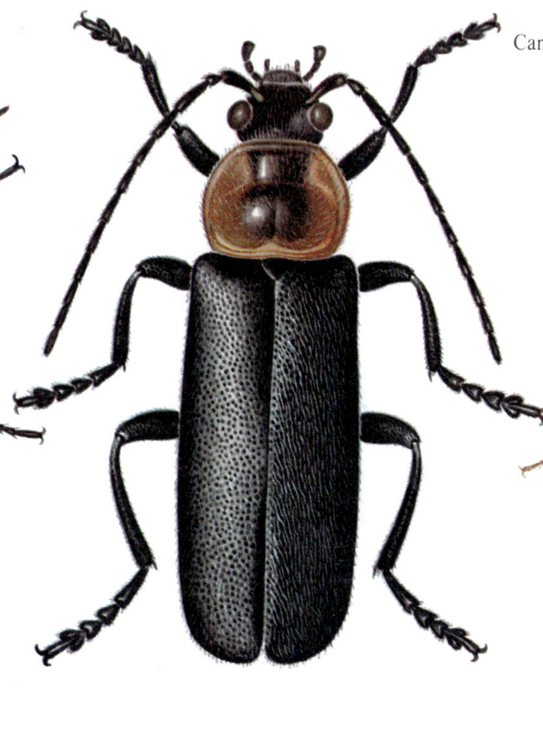

Aphode crotté

elles varient du blanchâtre au jaunâtre et vivent dans les galeries d'autres syrphes. Elles hivernent et se chrysalident en avril de l'année suivante. Les adultes éclosent en mai.

Azuré d'arion
Maculinea arion

Dans les prés et sur les pentes ensoleillées, au bord des fontaines également, on peut rencontrer en grandes quantités les azurés, qui sont de petits papillons de jour. L'envergure de cet azuré d'arion est d'environ 25 mm. Le mâle est bleu clair tirant sur le violet, très brillant, et des taches noires bordent les ailes. Le bleu de la femelle est moins intense et les taches sont plus grandes. Mais cette espèce présente plusieurs variations de couleur. Ce papillon vole du juin à août et fréquente de préférence les fleurs de serpolet. Sa larve hiverne et se chrysalide dans une fourmilière. Bien qu'elle dévore les larves et les pupes des fourmis, celles-ci la tolèrent, car elle sécrète une substance odorante dont les fourmis sont friandes.

Bergeronnette printanière
Motacilla flava

La bergeronnette printanière, répandue dans toute l'Europe, vit dans les prés de la plaine, le plus souvent à proximité des étangs ou des rivières. Elle revient de ses quartiers d'hiver africains dès la fin de mars, ou plus généralement en avril. Son nid est soigneusement caché sous des touffes d'herbe, et souvent il est protégé par un toit formé de tiges surplombantes. C'est la femelle qui construit le nid avec des brindilles, des plumes et des poils. Elle y pond de 4 à 6 œufs qui varient du blanchâtre au rougeâtre et sont fortement mouchetés de gris-brun. Les petits éclosent au bout de 13 jours. Ces bergeronnettes nichent en mai, mais beaucoup de couples nichent une deuxième fois en juin. Elles se nourrissent d'insectes, qu'elles attrapent au vol, d'araignées, de vers et de

Bousier nain

Casside verte

Lustrée

Petit nacré

Zygène de la filipendule

Soufré

Azuré d'arion

Neoascia podagrica

Bergeronnette printanière

Huppe fasciée

Cigogne blanche

Traquet tarier

petits mollusques. A la fin du mois d'août, et surtout au début de septembre, elles repartent vers l'Afrique centrale. Auparavant, elles se rassemblent en grandes bandes et se tiennent près des étangs et passent la nuit dans les roseaux de leurs bords.

Traquet tarier
Saxicola rubetra

Cet oiseau qui mesure environ 15 cm fait partie de la famille des turdidés; il vit dans les régions vallonnées où s'étendent de grands prés parsemés de buissons. Il revient de ses quartiers d'hiver d'Afrique équatoriale au mois d'avril et y retourne en septembre. Le traquet tarier aime se tenir dans les endroits élevés. Pourtant son nid se trouve sur le sol; il est fait de brindilles, de mousse, etc. Il est soigneusement caché dans un buisson ou sous une touffe d'herbe. A la fin de mai, la femelle pond 5 ou 6 œufs d'un bleu gris, souvent recouverts de points rouille, qu'elle couve seule pendant 13 ou 14 jours. Peu de temps après leur éclosion, les petits quittent le nid et se cachent dans les environs. Leur nourriture est constituée avant tout d'insectes et de leurs larves.

Huppe fasciée
Upupa epops

La huppe fasciée, qui mesure environ 30 cm, est répandue dans toute l'Europe, à l'exception des régions les plus septentrionales. Elle habite surtout les paysages ouverts qui comportent des prés et des pâturages; mais on peut aussi la rencontrer dans de vieilles allées près des étangs ou dans les forêts de feuillus. Dès le début d'avril, lorsque les oiseaux européens reviennent de l'Afrique équatoriale, on peut entendre leur chant monotone: «dou-dou-dou». Leur nid s'établit dans des creux d'arbres, parfois près du pied, parfois à une hauteur de 2 ou 3 m, ou encore dans des tas de pierres. En France, elle s'installe le plus souvent dans les fissures des vieux murs, même ceux des maisons. La femelle pond, le plus souvent en mai, de 4 à 8 œufs blanchâtres, teintés de gris ou de brun qu'elle couve seule pendant 16 jours. Pendant cette période, c'est le mâle qui la nourrit. Les petits n'éclosent pas en même temps, car dès la ponte du premier œuf, la femelle commence à couver. Les oisillons sont nourris par leurs deux parents avec des larves de coléoptères. Il est intéressant d'observer les jeunes quand on leur apporte de la nourriture. Ils font la queue et dès que le premier a eu sa part, il va prendre place au bout de la file. De cette manière, tous les oisillons du nid sont nourris régulièrement. Les huppes repartent dans leurs quartiers d'hiver en août ou au début de septembre. Une autre de leurs particularités: leur nid répand une odeur si infecte que souvent elle le trahit pour l'observateur un peu avisé.

Cigogne blanche
Ciconia ciconia

La cigogne blanche fait partie de ces oiseaux célèbres qui ont élu domicile près des maisons des hommes. Sa hauteur est d'un mètre. Son aire d'expansion s'étend de l'Europe vers l'est jusqu'au Japon. Les cigognes d'Europe passent l'hiver dans l'Afrique du Nord ou sous les tropiques, d'où elles ne reviennent qu'en avril. Lors de ce vol vers les lieux de leur nidification, les bandes de cigognes parcourent tous les jours 150 km, tandis que cette distance n'est que de 100 km au moment de leur retour, où elles ne sont plus poussées par leur besoin de nidification. A l'origine, les cigognes construisaient leurs nids sur des arbres, mais de nos jours, dans beaucoup de pays européens, on les voit sur les toits des maisons, sur des cheminées, et souvent sur des roues qu'on place à cet effet au point le plus élevé de la maison, ou sur une église. Ce nid est fait de branches et d'herbe. Le même couple utilise souvent le même nid plusieurs années de suite et le répare en l'épaississant chaque fois qu'il revient du sud. Si un autre couple tente de s'y installer, on assiste à un combat sans merci, au cours duquel un des rivaux peut très bien perdre la vie. La femelle pond entre 2 et 6 œufs blanchâtres que les deux parents couvent alternativement pendant 30 à 34 jours. Les jeunes sont nourris par les parents qui, au début, leur insèrent la nourriture directement dans le bec, mais plus tard, ils se contentent de la poser sur le nid. Les cigognes se nourrissent d'insectes, d'amphibiens, de petits mammifères, et d'oiseaux. Elles chassent le plus souvent dans les prés ou dans les marais, parfois aussi dans les champs. On notera curieusement que le mâle est muet, et ne salue sa partenaire qu'en claquant du bec tout en rejetant la tête en arrière. En Europe, quoiqu'elles soient protégées, les cigognes sont en voie de disparition. En Alsace, où elles foisonnaient au siècle dernier, on n'en compte plus qu'une cinquantaine de couples. Elles sont encore relativement nombreuses en Europe centrale et en Espagne. En Afrique, les indigènes les chassent avec des lances et des arcs. On a trouvé en Europe des cigognes dont le corps portait encore une flèche enfoncée. Les jeunes se préparent au vol alors qu'ils sont encore au nid en battant des ailes, et entreprennent leur première sortie à l'âge de deux mois. En automne les cigognes se rassemblent en grandes bandes qui partent vers le sud.

Dans les champs

Les champs — espaces sur lesquels l'homme, depuis les temps les plus reculés cultive les plantes dont il a besoin —, constituent un milieu essentiellement artificiel. Les plantes cultivées lui procurent soit sa propre nourriture — pommes de terre, légumes, céréales — soit le fourrage et les aliments pour ses animaux domestiques, soit les huiles, alimentaires ou industrielles, les fibres textiles, les plantes médicinales, et bien d'autres matières premières indispensables à la vie.

Les conditions de végétation des champs sont créées et entretenues artificiellement : chaque année, par les labours, le sol est retourné, ameubli, hersé; il est ainsi aéré, il ne porte pas de végétation pendant une période plus ou moins longue et s'assèche par l'exposition au soleil. La culture d'une seule espèce de plante provoque un épuisement spécifique considérable du sol qui doit être compensé par l'apport d'engrais naturels ou, le plus souvent artificiels. L'assolement prévient la disparition complète de certains éléments du sol.
Les plantes cultivées font partie de la vie humaine depuis l'époque reculée où l'homme s'est transformé de chasseur nomade en cultivateur sédentaire. Nos plantes cultivées actuelles résultent de la sélection, du croisement et de l'amélioration des espèces anciennes. Pour certaines, on ne rencontre plus leure ancêtres sauvages. Le travail des champs procure aux espèces cultivées des conditions d'existence optimales; il les protège de la concurrence des autres espèces et des insectes nuisibles; certaines se sont si bien habituées à ces soins qu'elles pourraient difficilement exister et se multiplier sans eux ou même — comme le maïs par exemple — ne pourraient absolument pas exister et disparaîtraient. Cette dépendance entre l'homme et les plantes cultivées constitue une sorte de symbiose, l'hélotisme.

La plupart des plantes cultivées a émigré au cours des temps de pays à pays et même de continent à continent. Les explorateurs et les conquérants de terres nouvelles ont ramené dans leurs pays, outre l'or et les trésors, de nouvelles plantes alimentaires ou industrielles. A l'inverse, les nouveaux occupants apportaient sur les terres où ils s'installaient les espèces de leurs contrées d'origine. L'histoire de bien des plantes cultivées est étroitement liée à l'histoire de l'humanité.

Les conditions artificielles créées dans les champs profitent également à certaines espèces qui n'apportent pas de profit à l'homme mais nuisent aux espèces qu'il a choisi de cultiver. Ce sont les mauvaises herbes contre lesquelles on mène depuis toujours une guerre d'extermination, parfois victorieuse, parfois incertaine. Les mauvaises herbes sont en général des espèces annuelles dont les graines sont semées en même temps que celles des plantes cultivées mais qui fleurissent et fructifient plus tôt que celles-ci, de sorte que leur cycle biologique est achevé quand vient la moisson et que leurs graines restent dans le sol jusqu'à l'année suivante. La faculté germinative des graines de certaines espèces dure parfois plusieurs années et, en cas d'assolement, ces plantes peuvent attendre le retour de la période favorable pour leur propre développement. D'autres peuvent produire plusieurs générations au cours d'une seule période végétative, d'autres encore germent dès la moisson terminée, passent l'hiver et fleurissent tôt au printemps. Parmi les mauvaises herbes, il y a des espèces vivaces à bulbe, rhizome et rejet; les labours déchiquettent leurs parties souterraines mais cela ne leur nuit pas réellement mais favorise au contraire leur multiplication.

Il existe aussi des mauvaises herbes qui, par suite des circonstances et au cours de temps, sont devenues des plantes cultivées; par exemple, le seigle qui fut, à l'origine, une mauvaise herbe des champs de froment.

Le perfectionnement des techniques agricoles a aussi pour résultat que certaines mauvaises herbes — la nielle par exemple — deviennent aujourd'hui très rares.

Les conditions de vie spécifique dans les champs déterminent aussi la composition de la faune qui y vit. Là où l'homme a brûlé ou abattu les forêts, asséché les marécages, afin de gagner de nouvelles surfaces cultivables, les animaux d'origine ont émigré ou ont été exterminés. Les animaux des steppes ont disparu ou se sont adaptés aux nouvelles conditions. Beaucoup y ont trouvé des conditions idéales pour leur alimentation et c'est pourquoi, surtout dans les années sèches, ils s'y multiplient considérablement. Parmi eux, les rongeurs, qui se nourrissent de grains et d'autres plantes cultivées. Certains animaux sont très nuisibles, par exemple le hamster qui se nourrit de blé et accumule dans son terrier plusieurs kilos de grains comme réserves d'hiver. Quand les hamsters sont surabondants, ils consomment des dizaines de tonnes de céréales. Un animal encore plus nuisible est le mulot, petit rongeur qui, certaines années, se multiplie de façon catastrophique.

La présence des rongeurs attire dans les champs les rapaces qui en détruisent une grande quantité. Les petits mustélidés et les renards chassent souvent, eux aussi, les rongeurs. Les champs attirent également toutes sortes d'insectes qui y trouvent un milieu extrêmement favorable pour se multiplier, au-dessus comme en dessous du sol où se développent quantité de larves. Les larves du taupin mangent aussi bien les petites racines que les parties aériennes du blé. Certaines espèces d'insectes nuisibles ont été introduites en Europe. Le doryphore, par exemple, le plus dangereux parasite de la pomme de tere, provient du Mexique. Certains oiseaux, tels que la perdrix, les corvidés et certains rapaces, se distinguent dans la lutte contre le doryphore et autres insectes nuisibles.

Les houblonnières constituent un type de champs particulier où vivent de nombreuses espèces de pucerons qui attirent des centaines de coccinelles d'espèces diverses. Les coccinelles et leurs larves se nourrissent des pucerons et méritent donc une protection totale.

Pavot somnifère
Papaver somniferum L.

Le pavot somnifère (ou œillette) est une plante annuelle à feuillage d'un vert grisâtre et pruineux, tout imprégnée d'un latex blanc qui durcit et brunit à l'air.
Les tiges atteignent 1,50 m de haut et portent des feuilles sessiles, allongées-ovoïdes, lobées ou dentelées et tout ondulées. Les feuilles de la base s'amincissent en un court pétiole.
Les belles fleurs qui peuvent atteindre 10 cm de diamètre comportent 2 sépales caducs et 4 grands pétales blancs, roses ou violacés qui portent une tache brune à l'onglet. Les boutons sont inclinés et les pédoncules floraux sont couverts de soies cespiteuses. Le périanthe cache une quantité d'étamines à sommet renflé, qui portent des anthères bleu-vert et un stigmate lobé. La «tête de pavot» est bien connue: elle renferme des graines réniformes aux enveloppes chagrinées, riches en substances oléagineuses. Le pavot somnifère fleurit de juillet jusqu'en août; on le cultive couramment dans toutes les régions du globe. On admet deux théories quant à ses origines: ou bien il descend par sélection du pavot sétigère *(Papaver setigerum* D. C.) courant dans les contrées méridionales, ou bien (Zukovski 1950) il serait apparu spontanément à l'ère tertiaire dans le climat favorable du Turkestan. Toujours est-il que les Sumériens, aux environs de 5000 av. J.-C., connaissaient déjà sa culture, de même que les Égyptiens. Chez les Grecs, le pavot était le symbole des rêves et du sommeil.
S'il est fort utile comme oléagineux pour l'économie humaine, il est également plein de dangers: le suc blanc dont il regorge, l'opium, contient plus de 20 alcaloïdes différents, parmi lesquels la morphine, la codéine, la thébaïne, la papavérine, la narcotine, etc. dont la plupart sont des poisons violents. Ces substances ont presque toutes un effet puissant de sédation et de narcose: elles calment la douleur, provoquent des visions et des sensations agréables et amènent un sommeil plus ou moins délirant, mais leur excès entraîne une régression des facultés mentales et peut aboutir à la mort. Utilisées avec prudence par les médecins, ces substances guérissent et délivrent l'homme de bien des douleurs. On récolte pour la pharmocopée les têtes avant leur maturité et on peut recueillir le suc séché ou bien l'extraire avec les alcaloïdes des organes secs. La graine n'en contient pas du tout et fournit une huile parfaite. Mais ce n'est pas le moment de faire le procès de la drogue, la cause étant entendue. Mais n'oublions pas que c'est à cause de l'opium que l'Angleterre a mené contre la Chine une guerre dont l'objet était d'en sauvegarder le commerce.
Outre l'huile que fournit l'«œillette», on utilise les graines, surtout en Europe centrale, pour agrémenter nombre de spécialités pâtissières.

Colza
Brassica napus L. var. *arvensis* (LAM.) THEIL.

La culture du colza est annuelle ou bisannuelle. La racine de la plante est fuselée, ses tiges sont simples ou ramifiées et atteignent un mètre de hauteur. Les feuilles grises et pruineuses sont pétiolées à la base, lyrées à pennatipartites et le segment terminal particulièrement développé est placé à quelque distance des deux paires de folioles. Les feuilles supérieures, entières, sont engainantes par leur base.
Les fleurs de type 4 sont jaunes.
Le fruit est une longue silique terminée par un bec, qui contient des graines d'un bleu-noir, parfois rouge sombre, riches en huile.
La floraison a lieu d'avril à juin et le colza est le plus souvent conduit en culture d'hiver: semé en automne, il fleurit en avril de l'année suivante et les graines arrivent à maturité en juin. Comme les siliques ont tendance à s'ouvrir facilement, la récolte doit être faite au moment précis de la maturité et avec douceur.
Oléagineux cultivé depuis longtemps dans les deux hémisphères, le colza est de patrie inconnue. On ne lui connaît aucune forme sauvage, quoiqu'il puisse le redevenir pour quelque temps quand il s'échappe des cultures.
Les graines fournissent une huile comestible après traitement, à laquelle on reproche son taux excessif en érucine, qui est toxique, et son odeur peu agréable. Pendant longtemps on ne l'a guère utilisée que comme huile lampante, qui fut détrônée par le pétrole. Elle entre dans la fabrication des savons et on l'ajoute aux graisses synthétiques. Sa combustion imparfaite donne une excellente encre de Chine. Les tourteaux résiduels sont un aliment apprécié pour le bétail.

Betterave
Beta vulgaris L.

C'est une plante annuelle ou bisannuelle, vivace à l'état sauvage, à grosse

racine charnue et à grandes feuilles ovoïdes, plus ou moins ondulées, disposées en rosettes. Les tiges florales atteignent 1,40 m de hauteur et sont parfois lavées de rouge.
Les fleurs petites et peu apparentes présentent un périanthe de couleur vert clair qui se lignifie après la floraison.
La betterave est une plante de grande culture industrielle qui fleurit de mai à octobre.
On trouve dans les cultures surtout la sous-espèce *esculenta* (SALLISB.) GUERKE sous sa forme rouge: c'est notre betterave rouge dont la racine fuselée, sphérique ou plate, pigmentée par des anthocyanes, est souvent consommée comme légume. La forme altissima est la betterave sucrière dont la racine charnue contient jusqu'à 18 % de saccharose. Cultivée depuis le XVIIIe siècle, c'est la source essentielle du sucre en Europe et la base de notre industrie sucrière.
Une autre betterave, cultivée souvent comme fourrage, est la variété *cicla* (L.) MOQ., dite poirée, dont les pétioles charnus rougeâtres, jaunes mais plus souvent tout blancs, sont consommés en légume. Les Égyptiens, les Babyloniens, les Grecs et les Romains en faisaient déjà grand cas, et c'est sans doute la première forme à avoir été cultivée.
Mais toutes les formes cultivées proviennent probablement de l'espèce sauvage halophile *Beta vulgaris* ssp. *maritima,* qu'on trouve communément en Europe occidentale et septentrionale sur les rivages de l'Atlantique, ainsi que sur le pourtour du Bassin méditerranéen et sur les côtes indiennes et chinoises.
Son suc a des propriétés médicinales: les sucres en sont facilement assimilables et il est riche en sels minéraux (K, Na, Ca, etc.) ainsi qu'en protéines qui en font un médicament anti-infectieux et antigrippal, indiqué, également aux convalescents et à ceux dont la circulation a besoin d'être stimulée.

Colza

Pavot somnifère

Pois cultivé

Pisum sativum L.

C'est une plante annuelle à tiges grêles, anguleuses et couchées ou grimpantes qui atteint 2 m de longueur. Les feuilles pennées comportent de 1 à 3 paires de folioles ovales et se terminent par une vrille ramifiée qui provient de la transformation de la dernière foliole impaire. On remarque aussi les stipules en forme de moitié de cœur, souvent plus grandes que les folioles.
Les fleurs papilionacées sont longuement pédonculées, blanches et disposées par 1—3 en inflorescences axillaires.
Le fruit est une gousse d'abord plane puis renflée, atteignant chez certaines

Betterave

Pois cultivé

variétés une vingtaine de cm de long et contenant de 4 à 10 graines rondes. La plante est très fertile et peut produire jusqu'à 6000 kg de graines à l'hectare.

La floraison a lieu de mai en juin. Ce pois est couramment cultivé soit sous sa forme à fleurs blanches, ssp. *hortense* (NEILR.) A.GR., qui est le petit pois, soit comme plante fourragère seule ou en mélange sous la forme ssp. *arvense* (L.) A. GR., dite bisaille. Cette forme présente un étendard bleuté et les deux ailes sont rouge violacé.

C'est une plante très anciennement cultivée originaire des régions orientales. Si le début de sa culture — soit comme légume sec, soit comme fourrage — se perd dans la nuit des temps, on sait au moins que les Indiens anciens le connaissaient déjà et le nommaient en sanscrit «harenzo». En Europe, on le cultivait déjà à l'âge de la pierre. Plus tard, les Vikings en faisaient une sorte de pain dont on a pu retrouver des restes dans leurs tombeaux. 5000 ans avant notre ère, il était déjà cultivé en Égypte. On ne consommait toutefois que les pois secs (ce sont nos «pois cassés»), et c'est le Hollandais Jean Babel Adrian, habitant la Haye vers les années 1600, qui aurait lancé sa culture pour la consommation en vert, sans doute à la suite d'une mutation spontanée qui fournit des grains plus fondants. Au milieu du XVIIe siècle c'était encore une friandise réservée aux grands de ce monde, aux rois et aux riches gourmets. Mme de Sévigné nous informe dans une lettre que: «nous mangeâmes hier au soir des petits pois à en crever». Les graines contiennent une forte quantité d'amidon, et une plus forte proportion de sucres dans les variétés à grains ridés, mais aussi des matières azotées, de l'albumine et des lipides. Elles sont donc très nourrissantes, mais assez difficiles à digérer.

De nos jours, la culture des pois s'étend à toutes les régions tempérées et tropicales, en Scandinavie jusqu'au 67° parallèle. Dans les Alpes il s'accommode d'une altitude de 1700 à 1900 m. On le

cultive parfois comme engrais vert.
Toutes les espèces cultivées sortent vraisemblablement de la bisaille *(Pisum arvense)* qui est une adventice des cultures, ou de l'espèce d'Asie occidentale *Pisum elatius.*

Trèfle commun
Trifolium pratense L.

Vivace mais parfois seulement bi- ou trisannuel, le trèfle commun est pourvu d'une souche fasciculée et d'une profonde racine pivotante. Les tiges atteignent 50 cm et sont dressées et simples. Les feuilles trifoliées et longuement pétiolées sont disposées en une rosette basiliaire, les caulinaires sont sessiles. Toutes les folioles, de forme subovale, portent sur l'avers une tache blanchâtre ou brune.
Les fleurs sont rouge chair ou carminées et groupées par 30 ou 40 en capitules sphériques. Les glandes nectarifères sont cachées au plus profond de la fleur et la pollinisation ne peut se faire que grâce à des papillons à longue trompe ou à des bourdons. C'est pourquoi il a fallu importer ces insectes en Australie pour permettre aux agriculteurs du pays d'obtenir des graines.
Le fruits sont des gousses à une seule graine.
Le trèfle commun fleurit de juin à octobre dans les prés, les clairières et les coteaux. C'est une plante de culture fourragère courante en plaine aussi bien qu'en montagne. Il existe dans presque toute l'Europe, en Asie occidentale, dans la région du lac Baïkal et au Cachemire. Il s'est naturalisé en Nouvelle-Zélande et sur le continent américain.
Les anciens Mèdes le cultivaient déjà en Iran comme plante fourragère et l'abbesse sainte Hildegarde, au Moyen Age, en recommandait l'emploi tout comme le Grand Albert qui lui reconnaissait des vertus médicinales.
On oublie trop que sa mise en culture systématique au début du XIXe siècle a supprimé l'usage de la jachère, qu'il remplaçait, et qu'il a ainsi permis un rendement bien supérieur des terres que par ailleurs il améliorait.
Le trèfle a servi souvent de motif décoratif; l'art gothique voyait dans ses feuilles le symbole de la Trinité et les utilisait abondamment.
Mais il n'est pas mellifère, la trompe des abeilles étant trop courte pour atteindre son nectar.

Trèfle commun

Lin cultivé

Lin cultivé
Linum usitatissimum L.

Le lin est une plante annuelle, à souche jaunâtre, fuselée, et dont les tiges dressées, densément feuillées, viennent soit isolées soit en touffes et atteignent 1 m de hauteur. Les feuilles sont linéaires, aiguës et alternes. Les fleurs de type 5 sont bleu clair («bleu de lin») et portent des nervations plus foncées. L'onglet des pétales est jaune et les anthères sont bleues. Les fleurs qui forment des cymes fournies s'inclinent et se referment le soir ou avant la pluie. Le fruit est une capsule subsphérique qui contient de 1 à 10 graines.
Le lin fleurit de juin à juillet. On le cultive à la fois comme plante oléagineuse et comme textile, et il descend probablement du lin à feuilles étroites *(Linum angustifolium* HUDS.) qui est une espèce sauvage du Bassin méditerranéen, de la Crimée et du Caucase.
C'est une des plus anciennes cultures du monde, connue bien avant le coton en Chine et au Proche-Orient. A travers l'Égypte et la Mésopotamie, il a gagné ensuite le reste du monde. Les peintures égyptiennes de la XIIe dynastie représentent déjà le rouissage du lin, et certaines momies portent à côté de leurs bandelettes de coton des bandelettes de lin. On en cultivait sans doute une espèce au néolithique.
Le travail, et ensuite le filage du lin, est plus tard devenu un domaine spécifiquement féminin, qui concernait aussi bien la princesse que la bergère; le rouet et la quenouille sont devenus des symboles de la féminité, et c'est ainsi qu'on peut les retrouver gravés sur certains tombeaux.
De nos jours, sa culture s'étend au monde entier, à l'exception des régions tropicales. En France il est devenu une

Pomme de terre

spécialité des départements du Nord, dont le climat lui convient particulièrement.

Ses fibres ont été longtemps les reines du monde textile, et bien qu'évincé par le coton et les textiles synthétiques, il connaît une nouvelle popularité, étant considéré comme une «fibre noble». On en trouve des champs en Belgique, en U.R.S.S. (qui en est la grande exportatrice), en Hollande, en Irlande, mais moins en Amérique où le coton continue à régner. Les graines contiennent une forte proportion de mucilage, des albumines, etc. mais elles sont surtout fortement oléagineuses: elles recèlent jusqu'à 40 % d'une huile qui convient à la fabrication de savons, de linoleums, de peintures et vernis, etc. Parfaitement purifiée, cette huile est comestible et en mélange avec de l'eau de chaux, c'est un bon topique sur les brûlures. Les tourteaux sont un bon aliment pour le bétail.

Toute la plante, mais surtout les graines, contient un cyanoglucoside, la linamarine, qui peut dans certaines conditions et sous l'effet de certains enzymes donner naissance à de l'acide cyanhydrique. On a déjà signalé des cas isolés d'empoisonnement: mort de veaux par

Maïs

consommation de tourteaux, de chèvres, de moutons, de chevaux, de chiens et de volailles par consommation de la tige. Mais ces accidents sont à peu près inconnus en France où ces tourteaux sont d'un usage très peu commun.

Pomme de terre
Solanum tuberosum L.

La pomme de terre est une plante vivace de 40 à 100 cm de hauteur et qui se caractérise surtout par ses nombreux stolons souterrains qui portent de grands tubercules riches en amidon.
Les tiges dressées sont bien ramifiées et légèrement anguleuses au sommet.
Les feuilles imparipennées présentent le plus souvent une foliole terminale de taille supérieure aux autres, qui sont pétiolulées et velues sur les deux faces.
Les fleurs à grande corolle blanche. mauve ou bleutée et à gorge vert-jaune, sont portées par des pédoncules articulés et forment des cymes terminales.
Les fruits sont des baies verdâtres de 1—2 cm de diamètre.
La pomme de terre fleurit de juin à août.
C'est une plante aussi bien de culture potagère qu'industrielle, et elle occupe actuellement des millions d'hectares, surtout en Europe. Les multiples croisements, la sélection et l'amélioration progressive ont abouti à d'innombrables formes. C'est de plus une culture très rustique qui peut prospérer même à 1700 m d'altitude et à 70° de latitude nord.
Sa patrie d'origine est l'Amérique du Sud, du Mexique jusqu'au Chili.
Les Indiens des Andes la connaissent depuis toujours. Ils la cultivaient sous le nom de «chunos», la consommaient, la faisaient sécher ou congeler pour en faire des réserves. Les mêmes méthodes de culture étaient en vigueur chez les aborigènes de l'île de Chiloé, aujourd'hui propriété du Chili.
Les Incas la connaissaient, la consommaient et en pratiquaient la sélection.
Le premier Européen à avoir vu des

Froment

Orge à deux rangs

pommes de terre fut probablement Gonzales de Quesada, commandant des troupes de reconnaissance espagnoles qui trouva avec ses soldats dans le village indien de Sorokota en Nouvelle-Grenade (Colombie actuelle) des «racines farineuses de goût agréable». Les soldats les appelèrent des «truffes».
On ne sait toujours pas, à l'heure actuelle, qui fut le premier à introduire en Europe de véritables pommes de terre. Les compagnons de Colomb, puis ceux de John Hawkins en 1565, ceux de Francis Drake en 1578, enfin ceux de

Seigle

Avoine cultivée

Walther Raleigh en 1665 ne rapportèrent pas de leurs expéditions des pommes de terre, mais des patates, qui sont les tubercules comestibles d'une convolvulacée, *Ipomaea batatas.*
Selon toute vraisemblance, ce fut le roi Philippe II à qui on envoya les premiers tubercules de la ville de Cuzco. Une partie de ces tubercules fut d'ailleurs expédiée au pape, en tant que plantes médicinales. Enfin le botaniste de la cour impériale de Maximilien II, Charles de l'Écluse (Carolus Clusius) qui était un ami de Francis Drake, en reçut aussi quelques exemplaires. Par son intermédiaire, les tubercules passèrent ensuite en Angleterre.
Les pommes de terre sont également riches en vitamines C et B et constituent la matière de base dans l'industrie de la fécule, quoiqu'elles soient concurrencées dans ce domaine actuellement par les fécules de manioc, beaucoup moins chères.
C'est une culture surtout européenne (l'Afrique du Nord se réservant la production des pommes de terre de primeur) tandis que l'Amérique donne la préférence au maïs, mais on y cultive la pomme de terre comme matière première indispensable à la fabrication du caoutchouc synthétique.

Maïs

Zea mays L.

Le maïs est une plante de culture annuelle exceptionnellement robuste, puisqu'il atteint jusqu'à 2,50 m de hauteur. Les tiges sont pleines, largement feuillées et peuvent atteindre 6 cm de diamètre au sol.
Les feuilles sont longues, linéaires à lancéolées, distiques et retombantes. Les gaines foliaires sont lisses.
La plante est monoïque et les fleurs unisexuées: on trouve les femelles en longs épis cylindriques à l'aisselle des feuilles moyennes. Jusqu'à la maturité du grain, les épis restent enveloppés par des spathes renflées qui laissent apparaître au sommet une touffe de longs stigmates filiformes.
Les fleurs mâles forment des panicules terminales au sommet de la tige: chaque panicule se compose d'épillets densément groupés.
A la maturité, on assiste à la formation de caryopses brillants, soit sphériques, soit anguleux, soit pyramidaux, selon la variété.
C'est une plante de très ancienne culture, probablement originaire du Mexique ou du Guatémala. On ne connaît pas le maïs à l'état sauvage: l'espèce actuellement cultivée pourrait provenir

d'une espèce américaine encore inconnue ou déjà disparue. Mais l'hypothèse la plus couramment admise est que le maïs est un hybride dont on croit avoir déterminé les parents. Toujours est-il que c'est une plante qui dépend des soins de l'homme. Incapable de disséminer ses graines, elle disparaîtrait immédiatement si elle n'était protégée et cultivée avec les soins nécessaires.

On a retrouvé au Nouveau-Mexique des restes de maïs datant d'environ 2500 ans avant notre ère. Des restes de grains ont été également découverts dans les tombeaux des «bâtisseurs de tumulus» péruviens. Mayas et Aztèques, qui voyaient en lui un don divin, l'honoraient comme un dieu et croyaient que l'homme avait été façonné avec de la farine de maïs. C'est Christophe Colomb qui a importé les premières graines en 1493. D'abord cultivé comme une rareté précieuse, le maïs est très vite devenu une culture utilitaire qui s'est rapidement répandue en France, en Italie, dans le Bassin méditerranéen et en Orient. Par la Turquie il est passé ensuite dans le reste de l'Europe, d'où le nom qu'il porte par endroits de «blé turc». Les Portugais l'ont introduit en Afrique, en Inde, en Chine et à Java. Il en existe aujourd'hui d'innombrables variétés cultivées, adaptées à différents usages et climats.

Le maïs trouve toutes sortes d'usages et c'est une des graminées les plus importantes pour les pays chauds ou suffisamment tempérés. Les grains contiennent jusqu'à 65 % d'amidon, des matières azotées, du sucre, etc. Leur mouture donne une farine dont on peut faire à la rigueur du pain (elle lève très mal) mais surtout des galettes, des crêpes, de la pâtisserie, de la semoule. Cependant, son utilisation exclusive et prolongée provoque une maladie épidermique qui atteint aussi les centres nerveux: la pellagre, ou lèpre lombarde . Cette maladie est provoquée par une carence vitaminique, et elle a surtout sévi dans les régions pauvres de l'Italie au siècle dernier.

La farine de maïs sert de base à toute une série de plats nationaux: polenta italienne, mamaliga roumaine, tortillas mexicaines, Türkenriebel suisse. Le grain est également un excellent aliment pour les animaux d'élevage.

Les épis encore jeunes de la variété Golden Bantam se mangent crus, bouillis, grillés ou rôtis. La variété «everta» donne des grains explosifs avec lesquels on obtient le «pop corn». D'autres permettent d'obtenir un sirop qui donne par fermentation une sorte de vin, et de l'alcool. Les aborigènes américains connaissaient déjà la bière de maïs. Les germes donnent par pression une huile alimentaire excellente, et qui peut servir industriellement à fabriquer une matière imitant le caoutchouc. Germés, les grains sont excellents en salade et la fécule de maïs permet d'obtenir de la dextrine.

Le maïs est souvent cultivé comme fourrage vert, et il se prête très bien à l'ensilage. On peut fabriquer du papier avec ses organes secs, la moelle des tiges fournit le celluloïd, le linoleum, des matières isolantes. Les spathes donnent toutes sortes d'enveloppes, le rachis des épis fournit le «furfural» et il peut servir d'engrais. Dans l'état du Missouri (États-Unis), on en fait des fourneaux de pipes très appréciés, appelés «corn-cob pipes», qui ont été «illustrées» par le général Mac Arthur.

Froment

Triticum sativum LMK.

Le blé, qui est de culture annuelle ou bisannuelle, atteint de 70 à 160 cm de hauteur. Ses tiges sont creuses, ses feuilles glabres ou garnies de poils épars. Les épillets comportent de 2 à 5 fleurs (dont 2—4 fertiles): ils sont légèrement comprimés et forment un long épi fermé, quadrangulaire et dressé. Les glumes sont ovales, seulement parfois aristées, les glumelles inférieures et supérieures sont persistantes et les caryopses sont nus.

Le forment est de loin la céréale la plus importante, cultivée dans le monde entier et il provient comme d'autres espèces de blé d'Arménie et de Géorgie, d'Éthiopie aussi, où on en trouve encore toute une série d'espèces sauvages.

On en connaît de nos jours plus de 4000 variétés cultivées, et sa culture est possible de l'Afrique du Sud jusqu'au nord de la Scandinavie et jusqu'à la région de Verkhoïansk au-delà du cercle polaire. Dans les Andes on en connaît des cultures au-dessus de 4000 m d'altitude.

Les grains contiennent environ 64 % d'amidon, un taux considérable de matières azotées, du sucre, des hydrates de carbone, et dans le germe des matières lipidiques. Autrefois, on se contentait de griller les grains pour les consommer tels quels. Puis on en fit de la farine. On en tire aujourd'hui de l'amidon, de la colle, de l'alcool et du malt. Les tiges sous forme de paille servent de litière et de fourrage pour les chevaux et les bœufs. On en a fait autrefois des toitures (mais la paille de seigle est préférable), des ruches et des éventaires, et même du papier. Les fameux chapeaux de paille d'Italie sont tressés avec de la paille de blé dur toscan ou chinois.

Mais le pain reste le produit quasi-sacré qu'on tire du blé. Il a été longtemps le symbole même de la vie, et de toutes les farines c'est celle du blé qui «lève» le mieux et qui donne le pain le plus parfait.

On connaît aujourd'hui une vingtaine d'espèces de blé, cultivées ou non, et d'où sont sorties par hybridation et sélection toutes les variétés cultivées de notre temps.

Seigle

Secale cereale L.

Le seigle est une plante de culture bisannuelle, plus rarement annuelle, très rarement vivace à port touffu, de haute taille, à feuillage de couleur vert-gris.

Les tiges, de 0,60 à 2 m, sont dressées, les limbes des feuilles sont plans et pruineux, la ligule est courte et finement dentelée et munie d'oreillettes blanches. Les épillets plans comportent 2 fleurs. Ils sont imbriqués dans l'axe par leur côté le plus large pour former des épis fermés, plans, allongés, atteignant 20 cm de long, dressés mais parfois inclinés vers le sol. Les glumes très brièvement aristées sont en alêne, les glumelles inférieures s'atténuent pour se terminer par une forte arête qui peut mesurer de 3 à 5 cm de longueur.

Les grains sont nus et ocre ou vert-gris. Le seigle fleurit de mai à juin: c'est une céréale panifiable cultivée dans le monde entier. Il se maintient en montagne jusqu'à 2000 m et remonte jusqu'au 69° de latitude nord. De plus, il est moins exigeant que le blé et consent à pousser dans des terres acides et dépourvues de chaux.

On connaît de nos jours une vingtaine d'espèces sauvages. Mais c'est *Secale segetale* que l'on considère généralement comme l'ancêtre légitime de notre seigle cultivé. C'est une adventice des champs de blé et d'orge dans les régions du Caucase et de l'Asie Mineure et centrale. C'est en effet la seule espèce dont l'épi ne soit pas fragile. En outre, ses possibilités de résistance laissent justement penser que dans des conditions difficiles elle ait pu prendre le dessus sur l'orge ou le blé de culture et devenir ainsi une plante cultivée par une sélection qu'on ne saurait qualifier de naturelle. D'après une autre théorie, le seigle cultivé proviendrait d'un croisement entre *Secale segetale* et *Secale ancestrale,* croisement qui se serait opéré quelque part en Asie Mineure.

En comparaison avec le froment, le seigle est une céréale jeune: on n'en trouve la trace en Europe qu'à l'âge du bronze (2500—400 av. J.-C.). Contrairement à la plupart des autres plantes cultivées, il n'était connu ni des Assyriens, ni des Babyloniens ni des Égyptiens.

Les Grecs et les Romains l'ont trouvé chez les peuples germaniques et ne l'ont cultivé qu'à partir du Ier ou du IIe siècles. Mais il était cultivé en Europe orientale et les Slaves ont assuré sa dispersion. Toutefois, les Romains ne l'appréciaient guère, car ils trouvaient son grain trop petit et son pain trop noir. En effet, la farine de seigle donne un pain noir, mais plus sain, dit-on, que le pain blanc. On la mélange souvent pour moitié avec celle du blé pour donner ce qu'on appelle du «pain de paysan». Les grains donnent également du malt, (un ersatz du café) et de l'alcool. Certains whiskies sont à base de seigle. A l'état jeune, il fournit un bon fourrage, et son chaume, vu sa longueur et sa résistance, est incomparable pour recouvrir les toits ou rembourrer les paillasses.

Orge à deux rangs
Hordeum distichon L.

C'est une céréale annuelle ou bisannuelle, haute de 60 à 160 cm, aux épillets uniflores groupés par 3 et sessiles. L'épi est fermé, long d'une quinzaine de cm, dressé ou incliné, distique et plan. Les glumelles portent une arête qui atteint 15 cm de long, et les grains sont vêtus.

Couramment cultivée de nos jours dans toutes les zones tempérées du monde, l'orge à deux rangs remonte facilement jusqu'au 70° de latitude nord et à 2000 m d'altitude. Et voici quelques records: certaines variétés prospèrent au-delà du cercle polaire et montent jusqu'à 4000 m d'altitude en Chine, et à 5000 m dans l'Himalaya.

Les nombreuses variétés d'orge cultivées de nos jours ont probablement pour origine *Hordeum spontaneum,* qui est une orge distique venant en Afrique du Nord, en Orient et en Asie centrale, et *Hordeum agricriton,* orge à 6 rangs au rachis velu et fragile, que l'on trouve vers le cours supérieur du fleuve Yangtseu en Chine et au Tibet du Sud-Est.

Sa culture était déjà pratiquée en Asie il y a 7000 ans. Elle était connue des Sumériens, des Assyriens, des Babyloniens et des Égyptiens qui savaient déjà faire la bière, de 5 à 4000 ans av. J.-C. Certains documents rapportent qu'une reine d'Égypte avait droit à 5 pots de bière par jour et toute la cour royale à 130.

Dans les premiers temps, on s'était contenté de griller les grains et de les écraser, puis vint le tour de la farine, probablement de mauvaise qualité (la farine d'orge est à peine panifiable et donne un pain affreux) puisqu'un des châtiments infligés aux soldats romains fautifs consistait à leur donner une ration de pain orge. C'était aussi la nourriture des esclaves, de la populace, de même que des gladiateurs, appelés «hordearii» à cause de cette particularité. Mais pour ceux-ci, il s'agissait sans doute de bouillie de gruau, qui est très nourrissante, et dont on a fait grand usage jusqu'à une époque très récente.

Les grains contiennent plus de 60 % d'amidon, des hydrates de carbone, des matières azotées et quelques lipides.

L'utilisation de l'orge dépend un peu des régions: au Tibet et dans le nord de l'Europe on en fait surtout du pain, en Europe centrale de la bière, et en Afrique du Nord on l'utilise surtout comme fourrage.

A côte de l'orge à deux rangs il existe toute une série de variétés cultivées.

Avoine cultivée
Avena sativa L.

C'est une plante annuelle (parfois bisannuelle) à tiges lisses de 60 à 150 cm de haut. Les feuilles sont planes, ciliées, et les gaines grisâtres.

Les épillets à deux fleurs sont enfermés dans de larges glumes et le rachis est entier. L'inflorescence est une panicule d'une trentaine de cm de hauteur, à rameaux scabres. Les glumelles inférieures sont aiguës ou aristées.

La floraison a lieu de juillet à août. L'avoine est couramment cultivée comme fourrage ou comme céréale et prospère dans toute la zone tempérée, même en altitude. Sa culture peu exigeante est possible même à 69° de latitude nord et à 1600 m d'altitude.

Les formes les plus souvent cultivées sont la sous-espèce *diffusa,* aux pani-

Coquelicot

Ravanelle

Tabouret

cules très étendues et aux arêtes tordues à la base, mais aussi, dans une moindre mesure, la sous-espèce *orientalis*, dite avoine de Hongrie, aux panicules contractées et déportées sur un côte et aux arêtes droites, qui apparaît parfois comme adventice de *diffusa*.

Toutes ces avoines semblent avoir pour parente commune la folle-avoine *(Avena fatua* L.*)* qui croît en Europe centrale et dans le centre de l'Asie. L'avoine était sans doute au début une simple adventice des champs de seigle et ni les Égyptiens, ni les Mésopotamiens, ni les Syriens ne connaissaient sa culture.

C'est un excellent fourrage et un aliment des volailles, mais surtout des chevaux qu'il excite et dont il fait briller la robe. Elle a été autrefois panifiée dans les régions pauvres et montagneuses, et dans certains endroits on continue à en faire de l'alcool. Jusqu'au XVIe siècle elle a été brassée pour faire de la bière, et cette bière d'avoine est restée une spécialité belge. Les flocons d'avoine contiennent des saponines, des glucides, des albumines, de l'amidon, du sucre, de la dextrine, des substances azotées, les vitamines B et K, de la lécithine, du phosphore, etc. L'infusion des grains est utilisée pour combattre l'anémie, la fatigue nerveuse, l'insomnie, l'inappétence, etc. et elle abaisse aussi la tension artérielle. Le bouillon d'avoine, de consistance mucilagineuse, convient aux convalescents et dans les cas d'ulcère de l'estomac. Les flocons sous forme de purée sont un aliment pour diabétiques, et les grains décortiqués, le «riz d'avoine», sont un aliment diététique de première valeur, mais qui rebute beaucoup de gens à cause de sa viscosité. Quant à la bouillie d'avoine, le «porridge», c'est un aliment d'usage quotidien dans les pays anglo-saxons.

Coquelicot
Papaver rhoeas L.

C'est une herbe annuelle, souvent bisannuelle, qui peut atteindre 1 m de haut, et qui possède une tige soit simple, soit peu ou extrêmement ramifiée selon la richesse du terrain, et tout hérissée de soies.

Les feuilles sont 1 à 2 fois pennatiséquées ou pennées et les segments sont munis de dents aiguës. Les feuilles de la base s'amincissent en pétioles, les supérieures sont sessiles.

Les belles fleurs de couleur écarlate peuvent atteindre 10 cm de diamètre: d'abord penchées vers le sol, elles se redressent verticalement au moment même de la floraison. Le calice est vert, caduc et hérissé de soies, les grands pétales sont fins et écarlates, munis à la base d'une tache sombre. Le stigmate se creuse habituellement de 10 loges.

Les fruits sont des capsules ovoïdes.

Le coquelicot est une adventice des cultures de céréales qu'on trouve aussi sur les talus et le long des chemins, ou même dans les décombres et les décharges publiques de la plaine jusqu'en montagne, surtout dans les régions chaudes.

A l'origine, le coquelicot qui pourrait avoir pour ancêtre le *Papaver rumelicum* VEL., une espèce bisannuelle turque et bulgare, vivait dans les régions eurosibériques. Il est maintenant commun dans l'ensemble de l'Europe, à l'est jusqu'en Iran, en Sibérie occidentale et aux monts Altaï. Il a été introduit aussi en Amérique du Nord, en Australie et en Nouvelle-Zélande.

Elle fait partie dans l'herboristerie française de la célèbre «tisane de quatre fleurs», utilisée comme pectorale. Et on en fait encore des sirops et divers remèdes. Les fleurs contiennent un alcaloïde: la rhodéatine, du mucilage, des pigments, etc. On les récolte parfois pour l'industrie pharmaceutique ou pour en faire des tisanes contre la toux et les refroidissements, mais il ne faut en user qu'avec prudence et sur l'indication du médecin.

Notons enfin que c'est une plante très variable, dont on connaît d'innombrables formes, dont les plus belles sont celles à fleurs pleines et de toutes les couleurs qui se cultivent très facilement

Pensée sauvage

Nielle

Gesse tubéreuse

dans les jardins où on la sème en place, car elles ne supportent pas le repiquage.

Ravenelle
Raphanus raphanistrum L.

Plante annuelle d'une soixantaine de cm, la ravenelle se caractérise par sa racine fine qui émet des tiges rameuses, hérissées de soies dans leur portion inférieure.
Les feuilles sont pétiolées, celles du bas de forme lobée, ou même pennatifide et lyrée, les supérieures entières et irrégulièrement dentées.
Les fleurs d'un jaune pâle un peu sale sont parfois veinées de violet. Le calice de type 4 est pressé contre la corolle: c'est le caractère distinctif qui permet de ne pas confondre au premier coup d'œil la ravenelle avec la moutarde des champs, espèce voisine et d'habitat semblable, mais à sépales étalés à l'horizontale.
Les siliques sont étranglées en chapelet et se divisent à la maturité en autant de fragments en forme de tonnelet qu'il y a de graines (environ 8 par silique). La ravenelle fleurit de juin à octobre et parfois tout l'hiver dans les champs où c'est une adventice souvent gênante, sur les friches, dans les lieux incultes et les décombres surtout en sol léger, en plaine ou au pied des montagnes. Il est d'autant plus difficile de s'en débarrasser que les graines enterrées conservent leur pouvoir germinatif presque indéfiniment.
Originaire du sud de l'Europe, elle s'est rapidement répandue avec la culture du blé aussi bien en Europe qu'en Asie Mineure, en Afrique du Nord et en fait partout où la culture du blé est possible.
Les graines ont un goût brûlant et contiennent environ 30 % d'une huile qu'on pourrait utiliser dans l'industrie. On en faisait autrefois des révulsifs contre les rhumatismes. La ravenelle a un autre inconvénient: quand les vaches en broutent, faute de mieux, leur lait prend une odeur d'ail insupportable.

Tabouret
Thlaspi arvense L.

C'est une plante annuelle d'une trentaine de cm de haut, de couleur vert clair, à tiges anguleuses qui dégagent quand on les écrase une désagréable odeur d'ail, causée par la présence d'allylsulfide. Les feuilles de la base sont pétiolées et en fer de lance, les autres lobées-dentées et embrassantes et en fer de flèche. Les petites fleurs blanches à calice flavescent sont groupées en grappes terminales dressées.
Les fruits sont de grandes siliques aplaties, arrondies, présentant une large marge et échancrées à l'extrémité. Elles contiennent de 5 à 7 graines.
Le tabouret fleurit de mai à octobre et c'est une adventice banale des champs que l'on trouve aussi bien dans les décombres, sur les friches, etc. dans toute l'Europe, y compris les pays nordiques, la Sibérie, l'Asie occidentale, le Japon. Il a été également introduit en Amérique du Nord où il s'est totalement naturalisé.

Pensée sauvage
Viola tricolor L.

Annuelle ou vivace, la pensée sauvage présente une tige creuse, anguleuse, ramifiée, à port dressé ou ascendant.
Les feuilles sont pétiolées, de forme ovale ou lancéolée, avec des stipules profondément pennatifides à pinnule terminale agrandie.
Les fleurs présentent des couleurs très variables: elles peuvent être monochromes, c'est-à-dire entièrement jaunes, blanches ou violettes, ou présenter un mélange de ces trois couleurs, avec une nervation plus foncée sur le pétale inférieur.
Les fruits sont des capsules qui contiennent un grand nombre de graines.
Selon les milieux où elle croît, on voit apparaître toute une série de formes et de souches, qui sont presque des races dont on a tiré, par hybridation probable avec *Viola altaica*, les pensées à grandes

fleurs de nos jardins. Elle fleurit presque tout le long de l'année: c'est une robuste adventice des champs qui ne dédaigne pas la friche, le talus, et même les décombres. On la trouve parfois dans les prairies, aussi bien que sur les coteaux et les rochers et elle peut fleurir et fructifier plusieurs fois par an.

Elle croît dans l'ensemble de l'Europe, au Proche-Orient, en Sibérie, dans tout le Bassin méditerranéen et en Inde. Elle a été introduite en Amérique du Nord. Elle a des vertus médicinales, et on la cultivait au XVIe siècle, ce qui a entraîné son extension rapide et colonisatrice. On continue d'ailleurs de nos jours à récolter la tige feuillée qui contient des saponines, des essences volatiles, des flavones et des glucosides anthocyaniques. L'infusion est indiquée pour calmer la coqueluche, les affections pulmonaires, les rhumatismes et les catarrhes de la vessie. Pour tous ces emplois, l'alcoolat est plus indiquée que la tisane.

Nielle

Agrostemma githago L.

La nielle est une adventice annuelle à tiges dressées d'un mètre à peu près de haut, couvertes de poils gris et à peine ramifiées dans la partie supérieure. Les feuilles sont velues, linéaires lancéolées et opposées sur la tige.

Les fleurs sont portées par de longs pédoncules: le calice de type 5 à sépales soudés à la base a la forme d'une clochette et les 5 pétales sont rouges ou violacés.

Le fruit de la nielle est une capsule allongée qui contient une quantité de graines violemment toxiques.

La floraison a lieu de mai à octobre. Nous avons à faire avec elle à une adventice stricte qui se limite exclusivement aux cultures de blé, de seigle, de trèfle, et aux terres labourées.

Sa patrie d'origine est sans doute l'Asie du Sud-Ouest d'où elle s'est disséminée avec les cultures de blé et elle a sans doute pour parente l'espèce des steppes asiatiques *A. gracilis* BOISS. devenue peu à peu messicole et qui en se transformant peu à peu a abouti à l'espèce que nous connaissons aujourd'hui. On peut trouver la nielle dans toute l'Europe, en Asie, en Sibérie et jusqu'en Extrême-Orient. Elle a ensuite pénétré avec le blé en Afrique, en Australie, et en Nouvelle-Zélande, ainsi qu'en Amérique du Nord où on l'a signalée en 1879. Sa fulgurante extension est due en grande partie à l'impureté des semences: c'est pourquoi la nielle est aujourd'hui en nette régression, les graines étant soigneusement triées par les producteurs, et c'est au point qu'elle est devenue par endroits une véritable rareté.

Les graines noires très riches en amidon et oléagineuses contiennent aussi une quantité de saponines: l'une d'entre elles, la githagine, est fortement vénéneuse et au contraire des autres saponines très facilement assimilable, de sorte que dans les temps anciens les empoisonnements par la nielle étaient monnaie courante. La farine qui provenait des blés «niellés» avait une saveur très amère et était très toxique, il en était de même quand elle se trouvait mélangée à l'orge torréfiée qui remplaçait le café. On ne lui connaît par ailleurs aucun emploi.

Gesse tubéreuse

Lathyrus tuberosus L.

La gesse tubéreuse, appelée en français populaire gland de terre, est une plante vivace, glabre, d'un vert mat, à souche rampante qui produit des tubercules racinaires de grande taille, riches en amidon, comestibles, que les enfants mangent crus, et que les porcs surtout recherchent avec avidité.

Les tiges atteignent 100 cm de long, elles sont nettement quadrangulaires, couchées ou grimpantes quand elles trouvent un support.

Les feuilles sont pétiolées, pennées, mais ne se composent que d'une paire de folioles ovales ou elliptiques et d'une vrille terminale.

Les fleurs d'un beau rouge carminé pré-

Mouron rouge

Liseron champêtre

Petit mélinet

sentent un étendard sombre, une carène blanchâtre, et elles dégagent un parfum agréable. Elles sont groupées en grappes unilatérales par 2 à 5, et sont portées par une longue hampe.
Le fruit est une gousse d'assez grande taille.
La floraison a lieu de juin à août. Le gland de terre est une adventice messicole que l'on rencontre aussi le long des chemins, surtout dans les régions chaudes et de terrain calcaire.
Originaire d'Asie occidentale, elle se trouve de nos jours dans presque toute l'Europe, en Asie et au Proche-Orient aussi bien que dans le Caucase. Elle a été introduite en Amérique du Nord et probablement en Algérie.
La médecine populaire l'utilisait autrefois contre la dysenterie et les bulbes fournissaient une huile comestible, ainsi qu'un ersatz de café.

Mouron rouge

Anagallis arvensis L.

C'est une petite herbe annuelle à tiges couchées, ramifiées et quadrangulaires. Les feuilles sont opposées et disposées plus ou moins en croix, rarement verticillées par trois. Le revers en est ponctué de noir et leur sommet est obtus. Les fleurs vermillon ou bleues dans la ssp. *coerulea* SCH. KELL. solitaires, sont portées par de longs pédoncules axillaires. Les fruits sont des pyxides.
La floraison a lieu de mai à juillet et la plante se rencontre aussi bien dans les champs que dans les jardins ou les friches, surtout en plaine. On la trouve en fait dans toute l'Europe, dans la zone tempérée de l'Asie centrale, en Afrique du Nord et en Éthiopie, par endroits en Amérique du Nord, au Mexique, au sud du Brésil et en Australie occidentale.
Les graines sont légèrement toxiques: un extrait concentré peut tuer un chien. La médecine populaire les utilisait autrefois contre les morsures de serpent. Il ne faut pas les confondre avec les graines du mouron blanc, car elles font immanquablement périr les

Laiteron potager

Bleuet

Tussilage

Cirse des champs

Chiendent

oiseaux de cage quand on leur en donne par erreur.

Liseron champêtre
Convolvulus arvensis L.

C'est une des adventices les plus difficiles à extirper. En effet le liseron champêtre est une plante vivace dont le long rhizome cassant et les racines se conservent très longtemps dans le sol, et il suffit du moindre fragment pour reconstituer une plante. Les tiges mesurent environ 1 m de long, et elles sont rampantes ou grimpantes selon les supports qu'elles trouvent. Quand elles grimpent, elles sont lévogyres, c'est-à-dire qu'elles s'enroulent à gauche, et leur section est hexagonale.

Les feuilles sont alternes, pétiolées, de forme ovale, lancéolées ou en fer de flèche, celles du haut de taille plus petite.

Les fleurs souvent solitaires ont une large corolle en entonnoir, très légèrement lobée sur les bords, de couleur blanche, mais plus souvent rosée ou rougeâtre. Elles dégagent un léger parfum voisin de celui de la vanille et s'ouvrent généralement le matin entre 7 et 8 h pour se refermer au début de l'après-midi. Après la floraison, la corolle tombe d'une seule pièce. Le fruit est une capsule pointue qui contient le plus souvent 4 graines qui ne germent que dans les pays chauds: en Europe centrale le liseron champêtre se multiplie très rarement par graines, mais se rattrape en revanche par une intense multiplication végétative au moyen de rejets souterrains et de bourgeons adventifs.

La floraison a lieu de juin à septembre. C'est une plante très fréquente dans les champs, les friches, les talus, le long des clôtures et des vieux murs, entre les dalles des lieux abandonnés, mais aussi dans les sablières et dans les tas de cailloux le long des routes, de la plaine jusqu'aux plateaux. Sa patrie d'origine se situe sans doute dans le Bassin méditerranéen et au Proche-Orient mais c'est de nos jours une adventice cosmopolite que l'on ne trouve pourtant pas encore en Australie et dans les régions tropicales. Toute la plante contient une substance résineuse et gommeuse qui renferme un glucoside laxatif, la jalapine. Les racines, où ce suc est particulièrement abondant, et les tiges entrent dans la composition de tisanes purgatives.

Dans les cultures, le liseron champêtre est particulièrement détestable: ses tiges souples s'enroulent autour des chaumes des céréales et des pousses du lin, les font coucher sur le sol par leur poids et les étouffent peu à peu. De plus, il est souvent la proie d'une virose, le «stolbur», qui se transmet ensuite aux pommes de terre, au tabac, aux tomates, etc.

Petit mélinet
Cerinthe minor L.

Le petit mélinet, autrement cérinthe, est une plante adventice bisannuelle ou même vivace, toute rêche au toucher, mais seule dans la famille, glabre et pruineuse.

Les tiges sont cannelées, ascendantes ou dressées, souvent ramifiées.

Les feuilles subovales sont embrassantes, celles de la base s'amincissent en un pétiole, les caulinaires sont cordiformes et embrassantes. Le limbe est souvent taché de blanc et couvert de petites verrucosités. Les fleurs ont une corolle jaune soufré, découpée presque jusqu'à mi-hauteur et un calice cilié. Elles ont un port incliné et forment des cymes scorpioïdes. Les fruits sont des diakènes.

Le petit mélinet fleurit de mai à juillet dans les champs, les pâturages, les friches et le long des chemins dans les régions chaudes et à basse altitude. Il existe en Europe centrale et du Sud-Est, en Asie Mineure et dans le Caucase.

C'est une plante appréciée des abeilles dont le nom générique, d'origine grecque, signifie «pain des abeilles» («kerinthos»), et on retrouve ce nom dans les Géorgiques de Virgile.

Laiteron potager
Sonchus oleraceus L

Le laiteron est une plante annuelle de 10 à 100 cm de haut, tout imprégnée d'un lait abondant qui lui a valu son nom. Les tiges sont dressées, creuses, faiblement ramifiées au sommet. Les feuilles sont molles et cendrées, bordées de gros poils piquants. Les inférieures s'amincissent en un pétiole ailé. De forme allongée ou ovale, elles sont soit entières, soit pennatiséquées, légèrement et irrégulièrement aristées. Les feuilles du haut, moins divisées, sont embrassantes par leur base en fer de flèche.

Les fleurs d'un jaune plus ou moins pâle à l'intérieur ont un dehors violacé ou même strié de brun. Elles sont groupées en capitules à involucre cylindrique et fortement aminci en son milieu. L'ensemble des capitules forme une cyme peu fournie.

Les fruits sont des akènes bruns de forme pyramidale. La floraison a lieu de juillet à octobre dans les champs, les vignes, les friches de la plaine jusqu'au pied des montagnes. C'est un fidèle compagnon de l'homme et des cultures. On le trouve dans presque toute l'Europe, en Asie septentrionale et occidentale, en Arabie, en Afrique du Nord et aux Canaries. Il a été également introduit en Asie orientale, en Afrique du Sud, en Australie et sur le continent américain. Au Moyen Age on le consommait en salade, et son suc passait pour guérir les maladies hépatiques et la goutte. Aujourd'hui c'est surtout une mauvaise herbe envahissante dont le seul usage est de servir de fourrage aux lapins qui l'apprécient particulièrement.

Bleuet
Centaurea cyanus L.

Le bleuet est une plante messicole le plus souvent annuelle, mais parfois bisannuelle, d'une soixantaine de cm de haut, à souche fuselée et à tiges rameuses couvertes de poils arachnéens. Les feuilles caulinaires sont sessiles, étroites et lancéolées ou même linéaires, molles et toutes velues.

Les grands capitules terminaux se composent de fleurons centraux violets, parfois blanchâtres ou rosés et de fleurs périphériques plus grandes et légèrement rayonnantes. Comme chez toutes les centaurées les étamines sont excitables et contractiles.

Les fruits sont des akènes brièvement duveteux. La floraison a lieu de juin à septembre exclusivement dans les champs de céréales et de pommes de terre. Originaire des régions orientales du Bassin méditerranéen, de la Sicile, du sud des Balkans et du Proche-Orient, le bleuet est devenu en fait cosmopolite, vivant partout où il y a des cultures de blé. Il a été introduit sur le continent américain, en Afrique du Nord et en Australie. Il se cantonne strictement aux champs et ne pénètre dans aucune autre association, mais il devient de plus en plus rare à cause de la pureté croissante des semences, et à cause de sa destruction par les herbicides sélectifs. Il en existe des variétés cultivées charmantes et qu'on voit couramment dans les parterres.

Cirse des champs

Cirsium arvense (L.) SCOP.

Ce «chardon» est une grande plante vivace, qui dépasse 1,50 m de haut, à souche traçante et à tiges dressées, cannelées à anguleuses, feuillées et ramifiées dans leur partie supérieure.

Les feuilles sont elliptiques à lancéolées, profondément dentées, entières et pennatifides. Les dents sont aristées. Les feuilles du bas s'amincissent en un court pétiole, celles du haut sont sessiles.

Les fleurs mauves ou parfois blanches forment des capitules aux involucres allongés, de couleur violacée, couverts de poils arachnoïdes. Les bractées sont aiguës et aciculaires.

Les fruits sont des akènes surmontés par une aigrette d'un blanc sale.

La floraison a lieu de juin en octobre. C'est une adventice gênante dans les champs qu'on trouve également dans les clairières, les lieux incultes et sur les pentes caillouteuses. Elle existe dans presque toute l'Europe, au nord jusqu'en Islande et en Scandinavie. Le cirse des champs croît aussi en Asie, en Sibérie, en Chine et comme espèce introduite en Amérique du Nord.

C'est une espèce très variable qui produit à maturité une quantité de graines qui s'envolent grâce à leur aigrette légère pour aller infester d'autres champs. En France, la loi oblige les propriétaires à «échardonner» leurs champs au printemps, sous peine d'une amende.

Tussilage (Pas d'âne)

Tussilago farfara L.

C'est une plante adventice et vivace dont les tiges atteignent une trentaine de cm, à souche traçante pourvue de longs rejets qui colonisent rapidement une grande surface du sol.

C'est entre mars et avril que se montrent d'abord les tiges écailleuses, dressées, porteuses de capitules solitaires à fleurs d'un beau jaune. Les capitules comportent à la fois des ligules et des fleurs tubulaires et se referment la nuit, ainsi qu'après la floraison. D'abord inclinés vers le sol, ils se redressent en même temps que les tiges s'allongent pour fructifier. Les akènes soyeux forment alors des boules duveteuses et blanches. La germination est très rapide, puisqu'il suffit de deux jours en moyenne, et chaque capitule produit environ 130 akènes dont le taux germinatif est de 100 %.

Après la floraison on voit sortir de terre de grandes feuilles pétiolées, arrondies, cordiformes à largement ovales et faiblement dentées. Elles sont groupées en rosettes fournies et leur face inférieure est fortement tomenteuse.

Le tussilage colonise rapidement les terrains nus, surtout marneux et fraîchement retournés, de préférence quand ils sont humides, et il peut se montrer une adventice très gênante dans les champs. Mais comme il ne supporte pas de concurrence, il suffit de convertir en pré pendant quelques années le champ le plus infesté pour qu'il en soit débarrassé.

C'est une plante commune dans toute l'Europe, en Asie septentrionale et en Afrique du Nord où elle préfère l'altitude. Elle est acclimatée en Amérique du Nord.

On récolte pour leurs vertus les capitules et les feuilles, riches en mucilages, en tannins, en essences volatiles, en sucs amers, en tanine, en dextrine, en substances albumineuses et bactéricides. L'infusion de tussilage est un vieux remède contre la toux et qui se montre en outre antinévralgique. Les feuilles s'utilisent comme topique sur les blessures et pour les douleurs rhumatismales. Sèches et mêlées au tabac, elles servent à préparer des cigarettes antiasthmatiques. Mais pendant la dernière guerre, nombreux sont les fumeurs qui en ont fait usage faute de mieux...

Chiendent

Agropyron repens (L.) P. B.

Voici pour finir ce chapitre un véritable fléau, une graminée vivace qui atteint 150 cm de haut, pourvue de très longs rhizomes fins, traçants, de couleur jaunâtre et dont chaque nœud donne naissance à une nouvelle tige. C'est à ces rhizomes que le chiendent doit son exceptionnelle résistance: chaque fragment produit opiniâtrement de nouvelles tiges et redonne en un rien de temps de nouveaux individus autonomes.

Les tiges sont glauques, à port dressé, les gaines foliaires sont molles et glabrescentes.

Les épillets aplatis comportent de 3 à 5 fleurs et leur face plane est pressée contre le rachis: ils forment un épi fin et fermé et tombent entiers à maturité. La floraison a lieu de mai à août dans les champs, les herbages et le long des chemins aussi bien que dans les décombres de toute l'Europe, en Sibérie, en Afrique du Nord et en Amérique du Nord. Les rhizomes contiennent de l'inuline, de la triticine, des mucilages, de l'acide silicique, etc. On les récolte pour en faire des remèdes et des tisanes laxatives qui conviennent aux diabétiques. Dans certaines régions ce ramassage prend une grande importance et les rhizomes sont même exportés comme matière première pour l'industrie pharmaceutique. Après la Première Guerre mondiale, les rhizomes, qui sont particulièrement riches en sucre, ont été utilisés pour fabriquer des sirops, ou étaient torréfiés pour fabriquer des ersatz de café. En Norvège on en faisait une bière et de l'alcool. Il faut ajouter que dans les pâturages le chiendent est une excellente plante fourragère que les bovins recherchent avec avidité. Sa présence suffit à éliminer de leur estomac les calculs qui s'y sont souvent formés durant la stabulation hivernale. De plus les racines, très dures, sont utilisées dans la brosserie commune, et leur infusion est un puissant diurétique.

Escargot des bois
Cepaea nemoralis

Cet escargot vit sur les pentes, dans les jardins et les forêts. Sa coquille mesure jusqu'à 24 mm de diamètre et 18 mm de haut. Elle est jaune ou rougeâtre, dans les différentes nuances de ces couleurs, et généralement striée de brun foncé.

Grande sauterelle verte
Tettigonia viridissima

La grande sauterelle verte se rencontre de juillet à la fin de septembre, parfois encore en octobre, dans la plaine et les promontoires des chaînes de montagnes. On la reconnaît facilement à ses longues antennes filiformes. Elle atteint une longueur de 35 mm et vit en colonies ou solitaire dans les champs, dans l'herbe des pentes, ou encore dans les vergers et les jardins d'ornement. Au moyen de sa longue tarière, la femelle dépose de 70 à 100 œufs dans le sol, d'où éclosent des larves qu'on appelle nymphes, et qui vivent dans le même milieu que les adultes. On les distingue toutefois facilement à leur absence d'ailes. Après leur dernière mue, elles se transforment en adultes qui étalent leurs ailes et s'envolent. Le soir, les mâles se postent sur des endroits élevés, surtout sur les arbres, et y font entendre leur chant. Les sauterelles et leurs nymphes sont des prédateurs. Elles chassent divers insectes et leurs larves. Il leur arrive aussi de manger quelques végétaux.

Grillon
Gryllus campestris

Entre mai et juillet, on entend le chant du grillon sur les pentes, le long des chemins ou dans les prés et les champs secs. C'est uniquement le mâle qui avec son «concert» attire la femelle. Posté sur le sol devant son minuscule terrier, il frotte les «tambours» de ses ailes nervurées les uns contre les autres. Quand on approche, il se cache, alerté par les vibrations que les pas impriment au sol. Il y a pourtant un moyen très simple de le faire sortir: il suffit de prendre un long brin d'herbe et de l'introduire dans le trou en le faisant doucement tourner entre les doigts. Au bout de peu de temps, le grillon fera son apparition. A l'exception du moment de l'accouplement, le grillon vit seul. La femelle dépose dans le sol au moyen de sa tarière jusqu'à 300 œufs d'où écloront des larves qui hibernent et grandissent au printemps suivant. Le grillon est carnivore. Il chasse les insectes et leurs larves, mais mange aussi des végétaux. Il atteint une longueur de 20 à 25 mm.

Bourdon
Bombus terrestris

Le bourdon se reconnaît facilement aux bandes jaunes, noires et blanches, veloutées par surcroît, qui ornent son abdomen. On le rencontre un peu partout sur les bords des champs ou sur les pentes bien exposées. Mais il tend à disparaître et mérite d'être protégé. La femelle hiverne dans un trou du sol, sous des feuilles. Au printemps elle va à la recherche d'un endroit souterrain propice, le plus souvent sous des pierres ou sous une plaque de mousse, dans des trous de souris, parfois jusqu'à une profondeur de 1,5 m, pour y construire des cellules avec une substance voisine de la cire. Elle entoure ensuite ce nid de feuilles, de mousse, etc. Puis elle amasse du pollen et du nectar et y pond ses œufs. Quand les larves sont écloses, le bourdon les nourrit. Peu après, les larves se transforment en nymphes qui donnent naissance aux premières ouvrières, lesquelles agrandissent le nid. On trouve d'habitude jusqu'à 150 ouvrières dans un nid. Plus tard éclosent des femelles et des mâles. En automne les ouvrières et les mâles périssent. Seules les femelles hivernent et construisent de nouveaux nids au printemps suivant. Les bourdons sont très

Grande sauterelle verte

Escargot des bois

utiles à l'agriculture, car seuls ils ont une trompe assez longue pour puiser le nectar du trèfle et en assurer la fécondation.

Cicindèle champêtre
Cicindela campestris

Entre avril et juin, on rencontre dans les endroits ensoleillés, surtout sur les chemins des bois et dans les lieux sablonneux, de même que dans les carrières abandonnées, etc. un coléoptère qui mesure de 12 à 16 mm de long et dont les élytres verts s'ornent de points ivoire. C'est la cicindèle champêtre. Quand il fait beau, elle voltige aux environs, mais dès que la température baisse ou qu'il pleut, elle se cache. Sur le sol, elle court très rapidement grâce à la longueur de ses pattes, à la recherche des insectes, des araignées ou des vers qu'elle aperçoit à une distance de 15 cm grâce à ses grands yeux et qu'elle happe avec une rapidité fulgurante avec ses mandibules. La femelle dépose ses œufs dans le sol. Les larves creusent des trous parfois jusqu'à une profondeur de 2 m. Le corps des larves est mou, peu chitinisé. En revanche, leur tête, qui porte de puissantes mandibules, est très dure. Elle guette à l'entrée de son trou, saisit tout insecte qui passe à sa portée, l'entraîne dans son terrier et le dévore. L'abdomen de la larve se termine par une excroissance grâce à laquelle elle peut s'appuyer sur les parois, ce qui lui permet d'entraîner dans son terrier des insectes relativement gros. Le cycle évolutif de la larve dure de 2 à 3 ans. Pendant ce temps elle hiverne profondément enfouie dans le sol. Elle se transforme en nymphe en juillet et 4 semaines plus tard éclosent les coléoptères qui hivernent et ne se multiplieront qu'au printemps de l'année suivante.

Carabe doré (Chevalier)
Carabus auratus

Ce beau coléoptère apparaît en mai et en juin dans les champs, les prés et les jardins. En Europe, il est très fréquent en Allemagne, mais également commun en France. Toutefois, il est absent à l'est de l'Oder. Il aime à se tenir dans les endroits argileux. Dans la journée il se cache sous des pierres, du bois, etc. et en principe il ne chasse qu'à la nuit tombée, bien qu'on le voie aussi dans la journée, mais seulement quand le temps est très nuageux et à la pluie. Le plus souvent il s'attaque aux vers de terre, aux mollusques et aux insectes. Il s'attaque aussi au hanneton au moment où celui-ci pond ses œufs, d'où son utilité comme auxiliaire de l'homme. Pour dévorer sa proie, il mange d'abord les parties molles qu'il mastique, puis il arrose le reste avec une sécrétion intestinale qui contient de l'acide butyrique et qui décompose les autres substances de sorte qu'il n'en reste qu'une bouillie assez liquide que le carabe pompe ensuite. Certains carabes chassent en commun. Au début de l'été, la femelle pond au total 50 œufs, un à un, dans des trous du sol. Huit à dix jours plus tard, les larves éclosent et mènent leur vie également carnassière, et chassent surtout des insectes. A l'âge de 70 jours, les larves se chrysalident dans un abri souterrain. Les carabes adultes naissent à la fin d'août ou en septembre, mais ils passent l'hiver dans le sol et ne font leur apparition qu'au printemps de l'année suivante.

Grillon

Bourdon

Cicindèle champêtre

Carabe doré

Brachyne (Bombardier)
Brachynus crepitans

Quand on retourne une grande pierre plate sur une pente ensoleillée, on risque de voir plusieurs bombardiers qui mesurent entre 6 et 9 mm, et qui aiment se tenir en colonies serrées. Si on avance la main pour en prendre un, on la retire bien vite. Car par une glande de leur abdomen, ils projettent subitement un liquide corrosif qui se transforme au contact de l'air en un petit nuage de vapeur bien visible. Ce phénomène s'accompagne d'un bruit qui ressemble à un coup de feu en miniature. Parfois, ces coléoptères tirent de véritables salves qui effraient les ennemis et les chassent s'ils sont assez petits. Ce liquide sécrété par le bombardier n'est autre que de l'acide nitrique.

Coccinelle à deux points
Adalia bipunctata

Très répandue aussi, mesurant de 4 à 6 mm, cette coccinelle se rencontre également aux endroits infestés de pucerons et de cochenilles. Elle vole lorsque la journée est chaude. En avril ou en mai, la femelle dépose près des colonies de pucerons de 6 à 20 œufs jaunâtres. Une seule larve consomme par jour jusqu'à 15 pucerons, et le coléoptère adulte 10. Les larves se chrysalident à l'âge de 20 à 35 jours. Presque tous les adultes hivernent et ne se multiplient qu'au printemps suivant. En automne, il arrive souvent qu'une coccinelle à deux points se réfugie dans nos maisons pour hiverner, et elle le fait si on lui en fournit l'occasion.

Doryphore
Leptinotarsa decemlineata

Cet insecte, très nuisible aux pommes de terre, est très répandu dans toute l'Europe. Il est originaire du Mexique où il vit sur les solanacées sauvages. Vers l'année 1850, il a étendu son territoire jusqu'au Colorado et s'est multiplié d'une façon effrayante sur les plants de pommes de terre. Plus tard, vers 1935, il a été importé en France par le port de Bordeaux et il s'est mis aussitôt à proliférer. Il mesure environ 10 mm et sait voler. Quand les vents sont favorables, il peut ainsi parcourir des distances considérables. La femelle hiverne enfouie dans le sol et au printemps commence à ronger les germes de pommes de terre. Ensuite elle dépose ses œufs sur les feuilles en petits tas de 90 unités. Ces œufs sont orange. Les larves éclosent au bout de 4 à 8 jours. Elles sont rougeâtres et ornées de taches noires sur les flancs. Elles dévorent les

Brachyne

Coccinelle à deux points

Doryphore

feuilles des pommes de terre et 20 jours après se retirent à environ 30 cm dans le sol pour s'y transformer. Deux à trois semaines plus tard, éclosent les adultes qui 10 jours plus tard sont capables de se multiplier. Une seule femelle pond jusqu'à 700 œufs et pourrait de ce fait avoir à la troisième génération un million de descendants. Mais le doryphore a maintenant toute une série d'ennemis, surtout les gallinacés, des insectes qui les parasitent, les couleuvres. De plus, comme cet insecte doit obligatoirement faire 3 générations par an, comme on ne cultive plus que des pommes de terre printanières, la troisième génération ne trouve plus à se nourrir et meurt de faim sans pouvoir hiverner.

Coccinelle à sept points
Coccinella septempunctata

Ce coléoptère est un des plus familiers et des plus populaires. On le rencontre partout, sur des épis de blé, sur des arbustes le long des pentes, mais dans bien d'autres endroits encore. Il mesure de 5 à 8 mm. Il apparaît partout où il trouve des pucerons, qui constituent son unique nourriture. C'est donc un des insectes les plus utiles à l'homme. Au cours de sa vie, la femelle dépose environ 700 œufs à côté des colonies de pucerons. Les larves s'en nourrissent à leur tour. Elles sont d'un bleu gris, segmentées, légèrement aplaties et s'ornent de points noirs et orange. Au stade de la chrysalide, elles sont d'habitude suspendues à une feuille ou une petite tige.

Phégée
Amata phegea

On rencontre ce papillon au vol incertain en juin et en juillet sur les pentes herbeuses et dans les prés. Son envergure est d'environ 40 mm. La femelle dépose ses œufs sur diverses plantes, avec une préférence pour les pissenlits dont se nourrissent ses chenilles. Elles sont d'un gris noir et velues. Elles hivernent dans une cachette quelconque et

Coccinelle à sept points

Phégée

Sphinx tête-de-mort

Sphinx du liseron

ne se chrysalident qu'en mai de l'année suivante. Le papillon éclôt en juin.

Vanesse du chardon

Citron

Freux

Sphinx tête-de-mort
Acherontia atropos

Le sphinx tête-de-mort est un magnifique papillon nocturne d'une envergure d'environ 110 mm. Il émigre tous les ans de l'Europe du Sud vers celle du Centre et du Nord. C'est un voilier endurant, capable de survoler des distances considérables. Il est parfois attiré par la lumière et quand il pénètre dans les maisons, il effraie les gens de naturel peureux par sa taille et par son vol rapide et capricieux. Autrefois les gens de la campagne pensaient que ce papillon apportait la nouvelle de la mort d'un parent, car il porte sur le dos du thorax un dessin jaunâtre qui rappelle une tête de mort. La femelle dépose ses œufs sur les feuilles des pommes de terre, parfois aussi sur les pommiers. Les chenilles dévorent les feuilles et causent parfois de gros dégâts quand elles se multiplient à excès, mais la chose est bien rare. La chenille qui mesure à la fin de l'été 10 bons centimètres, est jaune-vert avec des bandes et des taches noires, bleues et jaunes, et elle est pourvue d'une espèce de «corne» à son extrémité arrière. En automne elle s'enfonce dans le sol où elle forme une sorte de capsule coriace avec de l'argile et dans laquelle elle se chrysalide. En Europe du Nord et centrale, la pupe gèle et meurt au cours de l'hiver. Le papillon adulte aime fréquenter les ruches dans lesquelles il pénètre pour y aspirer du miel avec son long suçoir. Mais ses dommages sont insignifiants.

Sphinx du liseron
Herse convolvuli

Le sphinx du liseron est un papillon largement répandu et très fréquent par endroits. Il a une envergure d'environ 105 mm. Il vole à la tombée du jour en mai et en juin, et dans sa deuxième génération en août et en septembre. Il se rencontre souvent dans les jardins où il recherche les fleurs, et il est également attiré par la lumière. Il se rencontre aussi dans l'Europe du Nord, mais n'y séjourne pas. La femelle dépose ses œufs sur les liserons, d'habitude sur des talus entre les champs. La chenille est peu visible, car le jour elle se cache et ne sort que la nuit à la recherche de sa nourriture. Elle mesure jusqu'à 9 cm de long, et elle est brun clair ou verdâtre. Ses flancs s'ornent de traits obliques et son dos de bandes longitudinales plus sombres. Les chenilles vivent de juin à l'automne sur les liserons des champs.

Vanesse du chardon
Vanessa cardui

La vanesse du chardon est répandue dans presque tous les continents du monde. Son envergure est d'environ 55 mm. On la trouve souvent dans les champs de trèfle, sur des pentes herbeuses, etc. où elle aime se tenir sur les fleurs. Elle donne trois générations entre mai et l'automne. La chenille est brunâtre avec des bandes et des points jaunes et elle est hérissée de piquants. Elle vit sur les feuilles des orties et des bardanes.

Citron
Gonopteryx rhamni

Le citron est le premier de tous à voler dès la fin de mars. Il a une envergure d'environ 55 mm. Mais ce sont là des individus isolés qui ont hiverné, et qui en automne ont pénétré dans les maisons ou les caves. C'est un papillon répandu partout. On le trouve dans les champs,

Moineau friquet

Pie d'Europe

Alouette des champs

les jardins et sur les pentes. Il vole jusqu'en juin. La deuxième génération vit de juillet jusqu'en automne. Sa chenille est vert foncé avec une bande claire sur les flancs. Elle vit surtout sur le nerprun et, en montagne, sur les myrtilles.

Freux

Corvus frugilegus

Dès la fin de l'été, on voit s'abattre sur les champs de grandes nuées de freux à la recherche de leur nourriture: graines, insectes, charognes de toute espèce. En hiver, ils émigrent vers le sud et laissent la place à d'autres qui viennent du nord. Quand il fait très froid, ils se rapprochent du milieu humain, picorent sur les fumiers, et viennent même dans les parcs et jardins des grandes villes dans l'espoir de trouver quelque chose à manger. Au crépuscule ils s'envolent vers la forêt pour y passer la nuit sur des arbres élevés. Au début du printemps ils retournent dans leurs lieux de nidification. Ils nichent en colonies sur de très hauts arbres. Leurs nids sont faits de branches sèches, d'herbe, de mousse, de poils, etc. On peut souvent dénombrer une douzaine de nids sur le même arbre. Leur cri se fait entendre dès le matin. Il est fréquent que les freux installent leur colonie au milieu d'une grande ville, à Besançon par exemple, dans un parc ou un jardin. Mais comme ils n'y trouvent pas assez de nourriture, ils sont obligés de parcourir de grandes distances pour s'en procurer dans les prés et les champs des environs. Dès la fin de mars ou en avril, la femelle pond de 3 à 5 œufs verdâtres, mouchetés de plus foncé. Elle couve seule pendant 18 jours. Durant ce temps, elle est alimentée par le mâle. Les petits restent environ 6 semaines au nid, nourris par les deux parents. En juin les freux quittent leur colonie pour errer dans les environs, er parfois très loin. A leur sujet, il n'a pas encore été possible de déterminer s'ils sont nuisibles ou utiles, leurs mérites et leurs défauts s'équilibrant à peu près.

Moineau friquet
Passer montanus

Le moineau friquet vit dans toute l'Europe à l'orée des forêts, dans les jardins, dans les forêts de feuillus, etc. Son nid se trouve dans les creux des arbres, dans les fentes des murs, ou encore dans la partie inférieure des nids de cigognes ou d'aigles. Ce nid est fait d'herbes sèches, de laine, de plumes, etc. La femelle y pond 5 ou 6 œufs, de couleur assez variable, généralement gris-vert, mouchetés de plus sombre. Les deux parents couvent pendant 13 à 14 jours et ils alimentent aussi à deux les jeunes, presque exclusivement avec des insectes. Les petits quittent le nid à l'âge de 2 semaines. Quand les jeunes savent voler, les parents nichent une seconde fois, et souvent une troisième fois en août. Les adultes se nourrissent d'insectes et de diverses graines. Il leur arrive de piller les champs de blé juste avant la maturité des grains. En hiver ils errent dans les environs, er certains s'en vont jusqu'en Europe méridionale.

Pie-grièche rousse

Faucon crécerelle

Perdrix grise

Pie d'Europe
Pica pica

La pie habite les champs, les collines et les paysages entrecoupés de haies et de bois. Elle a une queue très longue qu'on remarque aisément quand elle vole. En Europe, la pie est très timide et surtout méfiante au moment de sa nidification. En Asie, au contraire, les pies construisent leurs nids au milieu même des villages, aux abords des rues, etc. Le nid est fait de branches sèches, de morceaux de bois, d'herbe, de brindilles, de feuilles, etc. et il est tapissé de poils. Souvent la pie fabrique à grand bruit un faux nid qu'elle n'occupera pas, tandis qu'elle construit le vrai avec une extrême discrétion dans un endroit invisible. Ce nid se reconnaît facilement à son toit que la pie confectionne avec des branchages épineux entrelacés pour protéger sa progéniture des intempéries. Souvent, le nid se trouve à 25 m au-dessus du sol, mais on peut aussi le trouver à 1,5 m ou même dans les roseaux. En avril la femelle pond de 3 à 10 œufs verdâtres, densément tachetés, qu'elle couve pendant 17 ou 18 jours. Les jeunes ne quittent le nid qu'au bout de 26 jours et vagabondent alors avec les adultes jusqu'au printemps suivant. C'est à ce moment que les jeunes se séparent des vieux et vont à la recherche de leur site de nidification à une distance tout au plus de 10 km. La pie se nourrit d'insectes, de mollusques, de vers, de petits vertébrés, d'œufs d'autres oiseaux, mais aussi de graines et de baies. Une pie élevée en captivité s'apprivoise rapidement et suit son maître comme un petit chien. On peut même lui apprendre à parler. Elle a une passion pour tout ce qui brille et elle emporte ces objets dans son nid. On a retrouvé dans un seul nid 12 paires de lunettes et 3 paires de ciseaux!

Caille des blés

Hamster

Lièvre commun

Campagnol des champs

Alouette des champs
Alauda arvensis

L'alouette des champs est un des oiseaux les plus populaires, et elle est répandue dans toute l'Europe. Le mâle, quand il s'envole verticalement en voletant rapidement dans les airs, fait entendre son chant mélodieux. Le nid de l'alouette est placé dans une déclivité du sol et il est tapissé de fibres, de brins d'herbe, de poils, etc. Le mâle contrôle son territoire avec beaucoup de vigilance et quand un autre mâle se montre, on assiste à un combat qui se termine d'habitude au profit du propriétaire légitime. La femelle pond de 3 à 5 œufs de couleur variable, tachetés et mouchetés de plus foncé. Elle couve seule pendant 12 à 14 jours. Les petits qui ne savent pas encore voler quittent le nid au bout de 9 jours. Ils sont indépendants à l'âge de 3 semaines. L'alouette se nourrit d'insectes, d'araignées et de vers, mais aussi de diverses graines. C'est un migrateur qui part pour ses quartiers d'hiver entre septembre et novembre pour revenir en février ou en mars. Certains individus d'Europe occidentale hivernent aussi en Angleterre, en France et en Espagne. Au siècle dernier, l'alouette faisait encore partie du «gibier à plume». On en a capturé des millions pour les vendre. Le pâté d'alouettes de Pithiviers était particulièrement célèbre. Fort heureusement, de nos jours, elle est placée sous protection intégrale. Ajoutons qu'elle était, avec le coq, l'oiseau emblématique des Gaulois.

Pie-grièche rousse
Lanius collurio

Cet oiseau vit dans presque toute l'Europe à l'exception de l'Espagne, de l'Irlande et du nord de la Scandinavie. A l'est, son aire s'étend jusqu'au Japon. Il habite les paysages découverts et parsemés de bouquets d'arbres, l'orée des forêts, etc. C'est un migrateur qui part en août pour ses quartiers d'hiver en Afrique tropicale et méridionale (mais ceci ne vaut que pour les oiseaux d'Europe) et ne revient qu'en mai. Il construit son nid de préférence dans un fouillis de branchs épineuses à 0,7 et jusqu'à 5 m au-dessus du sol. C'est le mâle seul qui se charge de l'édification du nid. Celui-ci est fait de radicelles, de chaumes, de mousse, etc. et est tapissé de poils. La construction dure de 3 à 4 jours. La femelle y pond alors de 3 à 8 œufs jaunâtres ou rougeâtres, tachetés de brun et de gris-violet et dont le gros bout est généralement pourvu d'une «couronne». C'est surtout la femelle qui couve pendant 14 ou 15 jours, relayée de temps à autre par le mâle. Les parents nourrissent les jeunes surtout avec des insectes. Les oisillons quittent le nid au bout de deux semaines, mais continuent d'être alimentés pendant encore trois semaines par les parents. Dans des cas exceptionnels, ces oiseaux mangent aussi de petits vertébrés. Souvent ils empalent leur proie sur des épines. Le chant du mâle est un léger gazouillis, mais il est capable d'imiter d'autres oiseaux.

Faucon crécerelle
Falco tinnunculus

Le faucon crécerelle, qui est un des plus petits parmi les falconidés, est très répandu dans toute l'Europe, en Asie et en Afrique. Le plus souvent, on le verra au-dessus d'un champ, immobile et battant des ailes au-dessus d'un point en épiant de ses yeux dotés d'une vue pénétrante le mouvement d'une proie éventuelle. Il chasse généralement les campagnols et les mulots, mais aussi des insectes, etc. Il régurgite les parties dures, les os, les peaux et les élytres de coléoptères par exemple. Son nid se trouve dans des creux d'arbres dans les allées, dans des nichoirs, etc. Il se sert aussi de nids abandonnés par d'autres oiseaux. Parfois aussi il niche sur des promontoires, dans des clochers, et même en ville. La femelle pond dans ce nid à peine tapissé de 3 à 8 œufs tachetés de rouille. Les petits éclosent au bout de 28 jours. A la naissance, leur duvet est blanc. Bien que les deux parents chassent la nourriture pour les petits, c'est la mère seule qui la leur distribue. A l'âge d'un mois, les jeunes faucons crécerelles apprennent à voler et à chercher leur nourriture eux-mêmes. A l'approche de l'hiver, ils partent pour l'Afrique du Nord. Toutefois, certains individus hivernent aussi en Europe centrale et occidentale.

Perdrix grise
Perdix perdix

La perdrix est répandue dans presque toute l'Europe, à l'exception des régions nordiques et de la Scandinavie. Elle habite les steppes, et en Europe surtout les champs. A la fin d'avril, les couples commencent à préparer leur nid, formé d'un creux dans la terre et légèrement tapissé. La femelle pond environ 15 œufs olive qu'elle couve seule pendant 23 à 25 jours. Les oisillons sont nourris par les deux parents et par le mâle seul si la femelle vient à périr. Les jeunes se nourrissent d'insectes et de leurs larves, de petites feuilles vertes et plus tard de graines. La famille reste unie en «compagnie» jusqu'en automne. En hiver, plusieurs familles s'unissent pour constituer des bandes. Mais les couples restent unis. En Europe, la perdrix fait partie des oiseaux de chasse les plus recherchés. Malheureusement, la perdrix tend à disparaître du fait d'une chasse excessive, mais à cause des pesticides et des herbicides qui en font périr un grand nombre. Depuis peu, on les élève aussi à l'état demi-sauvage dans des volières. Il est curieux d'observer que les oiseaux d'élevage ne nichent en captivité que s'ils n'ont pas encore niché auparavant.

Caille des blés
Coturnix coturnix

La caille qui ne mesure que 18 cm habite les steppes et les champs. Ce petit gallinacé vit dans les mêmes stations que la perdrix au contraire de laquelle elle émigre. Elle revient de ses quartiers d'hiver méditerranéens vers la fin d'avril. Le mâle est polygame. La femelle pond de 6 à 18 œufs tachetés et parfois mouchetés de brun foncé dans un creux du sol. Les jeunes savent voler vers l'âge de 19 jours. Les cailles se nourrissent d'insectes et de leurs larves, de vers et de petits mollusques, de graines et de feuilles vertes. Avant de partir pour le sud en septembre ou en octobre, les oiseaux se couvrent d'une épaisse couche de graisse sous la peau. La chair de la caille est délicieuse.

Lièvre commun
Lepus europaeus

Le lièvre habite en Europe surtout les champs de céréales, de choux et de betteraves, mais aussi les grandes prairies, les bosquets, les forêts à l'occasion et dans les Alpes on le rencontre jusqu'à 3 000 m. Dans certains pays européens, il fait partie des animaux de chasse les plus importants. Il peut peser jusqu'à 8 kg. La femelle met bas cinq fois par saison de 2 à 7 petits qui voient dès leur naissance, et qui ne tètent que pendant 2 ou 3 semaines; dès l'âge d'une semaine ils peuvent déjà brouter. Le lièvre ne creuse pas de galeries dans le sol. Son gîte n'est qu'une surface d'herbe tassée au milieu d'herbes hautes. Il en possède plusieurs qu'il fréquente les uns après les autres. Dans la journée il se cache et ne va à la provende que le soir. Il mange uniquement des végétaux et, en hiver, quand la neige couvre toute l'herbe, il s'approche des maisons pour ronger dans les vergers et les jardins l'écorce des jeunes pommiers dont il est friand. Il provoque ainsi de grands dégâts. On dit généralement que le lièvre est peureux. Mais outre qu'il est bien obligé de l'être, la fuite étant sa seule ressource devant ses ennemis, on cite des cas où une hase a valeureusement défendu ses petits et chassé des rapaces. En courant, le lièvre peut atteindre une vitesse de 70 km/h et, en faisant des crochets habiles, il met souvent en défaut ses poursuivants et les chiens qui perdent sa voie. Mais il sait aussi nager et peut traverser un étang d'une étendue considérable.

Hamster
Cricetus cricetus

Le hamster n'existe en France qu'à l'est des Vosges, mais il est répandu de là vers l'est jusqu'à l'Ienisseï en passant par l'Europe centrale. En été il creuse un terrier d'une profondeur de 30 à 60 cm, généralement pourvu de plusieurs sorties. C'est dans ce terrier que se trouve sa chambre d'habitation. Celle-ci est agrémentée d'un couloir de sortie oblique et d'un couloir d'entrée vertical. Le terrier comporte encore un garde-manger où le hamster emmagasine des grains, des pommes de terre, des betteraves, etc. Si en automne on veut s'amuser à découvrir une telle réserve, on peut y trouver jusqu'à 15 kg de céréales. Pour l'hiver le hamster creuse un terrier plus profond, qui peut atteindre 2 m de profondeur. Il y transporte des provisions dans ses bajoues qui peuvent à chaque voyage contenir 50 g de blé. Il ne va à la recherche de sa nourriture que la nuit. Les hamsters sont solitaires et ne recherchent une femelle qu'au moment de l'accouplement. Autrement, chacun reste chez soi, car les hamsters sont d'humeur très agressive et intolérante. Pourchassé par un homme, il se précipite sur lui, saute jusqu'à la hauteur de sa taille tout en soufflant et en crachant, et cherche à mordre. La femelle, après avoir tapissé le nid avec de l'herbe, met bas trois fois par an de 6 à 18 petits aveugles qui ne voient qu'au bout de 14 jours. Ainsi le hamster se multiplie d'une façon énorme et peut causer des dégâts considérables dans les champs. Il mange tout ce qui lui tombe sous la dent: céréales, trèfle, betteraves, choux, fraises, mais aussi bien des jeunes oiseaux ou des souris. Il dort d'octobre à mars. Pendant l'hiver sa température intérieure tombe à 4 °C. Mais il se réveille tous les cinq jours pour manger. A partir du mois de mars il revient à son mode de vie actif. Depuis quelques années, la mode s'est mise en France de garder des hamsters en cage, où leur agitation perpétuelle amuse les enfants. Il faudrait cependant craindre que certains ne s'échappent et ne soient à l'origine d'une invasion dont nous n'avons pas besoin.

Campagnol des champs
Microtus arvalis

Le campagnol est un des rongeurs les plus répandus et il vit dans toute l'Europe à l'exception de l'Angleterre. Ils se multiplient à une vitesse incroyable et «inondent» parfois des régions entières, détruisant les cultures et surtout les prairies qu'ils affouillent et dont ils rongent toutes les racines. La femelle met bas 12 fois par an de 3 à 13 petits. Dès l'âge de 35 jours, les jeunes femelles sont à la reproduction. Les petits naissent aveugles et ouvrent les yeux au bout de 8 à 10 jours. Heureusement, les campagnols comptent beaucoup d'ennemis dont ils sont parfois la seule nourriture. Citons parmi eux les faucons crécerelles, les buses, les chouettes, les cigognes, les belettes, etc. Il arrive aussi que leur multiplication soit entravée par de grosses intempéries ou par des épizooties subites. Les campagnols creusent des galeries pourvues d'embranchements, et d'une chambre de nidification à 5 cm sous la surface du sol. Entre les terriers, ils creusent en surface des couloirs à parois lisses qui les dénoncent et le long desquels ils filent comme sur une piste.
On note avec intérêt que les campagnols se multiplient d'une façon catastrophique selon un cycle régulier, qui semble être de 4 ans, parfois de 5. Mais il n'est pas possible de dire avec certitude quels sont les facteurs qui déterminent cette prolifération aussi rapide que subite.

Près des maisons et sur les décharges

Des associations très particulières de plantes et d'animaux se fixent dans des endroits que l'homme a d'abord transformés ou endommagés et dont il ne s'occupe plus, ou bien où il dépose les objets qui ne lui servent plus : les décharges, les tas d'ordures, les terrassements, les remblais de voies ferrées ou de routes, les environs de dépôts et des entrepôts, les voies en impasse, les recoins non entretenus des cours ou des places de villages, les environs des mares, des abreuvoirs, de étables, etc. Tous ces lieux constituent des stations spécifiques où l'on trouve une flore et une faune dites rudérales.

Le sol de ces endroits est en général meuble, aéré et humide, ombragé par une végétation à croissance exubérante. Il est riche en substances organiques et en composés nitriques. Ni l'homme ni les grands animaux n'agissent sur la végétations qui, l'autre part, n'a pas à affronter la concurrence d'autres espèces moins vivaces. Les espèces rudérales s'accommodent parfaitement de la surabondance d'azote qui, chez les autres plantes, peut provoquer une végétation trop exubérante, un étirement des tissus, une tendance aux maladies et au dépérissement. Les espèces rudérales savent concentrer l'azote en excès et le transférer. On constate cette résistance à l'excès d'azote chez d'autres espèces encore, celles qui habitent les endroits où pâturent de façon permanente les oies, les canards, les poules ou le bétail. Ce groupe particulier d'espèces rudérales doit en plus supporter le piétinement.

Les plantes de décharges sont habituellement très vivaces, résistantes, leur croissance est exubérante, elles produisent un grand nombre de graines et elles se multiplient facilement de façon végétative; par contre, elles ne sont remarquables ni par la beauté des formes ni par leur floraison.

Les associations rudérales constituent un mélange de plantes cosmopolites d'origine internationale ou intercontinentale. Pour beaucoup, les graines sont arrivées avec les marchandises par trains, bateaux ou avions, comme «passagers clandestins». Les ports, les entrepôts, ont constitué des étapes de leur exten-

sion ultérieure; certaines par contre ne se sont pas accommodées des nouvelles conditions et ont disparu; d'autres ont su s'adapter, se multiplier et s'avancer vers d'autres lieux convenables. Beaucoup sont arrivées depuis longtemps et sont devenues, le temps aidant, une composante permanente de la flore rudérale, d'autres ne sont arrivées que plus tard et conquièrent seulement maintenant un terrain favorable. A l'époque actuelle, on découvre constamment de nouvelles immigrantes.

Il existe enfin des espèces rudérales qui sont arrivées il y a longtemps, qui se sont bien adaptées et se sont beaucoup répandues mais qui, par suite de l'urbanisation des villes et des villages et le besoin d'espace de la population, sont devenues aujourd'hui très rares.

Par suite des modifications du mode de vie, de nombreux animaux ont abandonné la proximité des habitations humaines alors que d'autres s'y installaient. Ils y ont trouvé des endroits favorables pour leur famille et surtout de meilleures conditions d'alimentation. Certains en ont profité, se sont reproduits à l'excès et on les considère comme nuisibles. Certaines espèces, comme le moineau domestique, se sont installées dans les agglomérations. Se sont installés aussi de nombreux insectes, mouches, papillons, etc. Ils ont été suivis par leurs prédateurs : diverses araignées, les hirondelles, les martinets, parmi les mammifères, les musaraignes, etc. Les merles sont devenus également les commensaux de l'homme et nichent dans les jardins ou dans les embrasures des fenêtres. On constate actuellement que même les grives s'habituent à la proximité de l'homme. De nombreux oiseaux ont été attirés par l'abondance d'abris et de nourriture. On a même installé des nichoirs qui ont remplacé pour les oiseaux les creux naturels. La tourterelle que l'on rencontre aujourd'hui dans les grandes villes et même dans les rues fréquentées est un exemple typique d'oiseau s'étant installé au voisinage de l'homme dans les dernières décennies. Il en va de même pour certains corvidés, comme le corbeau ou le choucas et on a trouvé même des crécerelles. En hiver, bien des gens installent dans leur jardin ou sur leur fenêtre des mangeoires ou des abreuvoirs pour les oiseaux.

De nombreux «pique-assiettes» sont attirés dans les jardins par les plates-bandes de légumes. Des bandes de piérides volettent de-ci, de-là, et leurs chenilles dévorent les feuilles des plantes. Escargots et limaces se nourrissent des plantes cultivées et peuvent causer de grands dommages aux jeunes plants.

A proximité des agglomérations, on réserve certains endroits pour le dépôt de divers déchets, restes de matériaux et de nourriture. Ces décharges couvertes de végétation, attirent de nombreux animaux qui s'adaptent parfaitement aux conditions offertes. Ce sont surtout des rongeurs qui se régalent des restes de nourriture et y trouvent d'excellents abris. Ces rongeurs attirent à leur tour les mustélidés avec qui ils entrent en conflit.

Passerage drave

Cardaria (Lepidium) draba (L.) DESV.

C'est une plante vivace d'une cinquantaine de cm, toute couverte d'un duvet gris. Les feuilles de la base sont pétiolées, allongées, sinuées-dentées; les caulinaires sont d'habitude entières, tout au plus légèrement dentées et embrassantes par leur base hastée.
Les petites fleurs à calice étalé ont des corolles blanches et agréablement parfumées, et forment des panicules fournies.
Les fruits sont des silicules légèrement cordées à la base et les graines ont une saveur très amère.
Cette espèce fleurit de mai à juillet, généralement par groupes entiers dans les décombres, les décharges, le long des chemins et des fossés, mais aussi comme adventice des champs mal tenus.
Elle est originaire des steppes centre-asiatiques d'où elle s'est rapidement disséminée d'abord dans les régions chaudes de l'Europe orientale, centrale et méridionale. Elle vient aussi en Sibérie occidentale et s'est naturalisée dans de nombreuses régions du globe.

Arroche brillante

Atriplex nitens SCHKUHR.

Géante aux tiges ramifiées, vivace, atteignant sans peine 1,50 m de haut, l'arroche brillante se reconnaît aisément à ses grandes feuilles luisantes à l'avers, grises farineuses au revers par la présence de nombreux poils vésiculeux, et de forme triangulaire lobée. Les fleurs sont minuscules, vertes et groupées en glomérules dui forment des inflorescences nettement penchées à la fin de la floraison. Le fruit est enfermé dans deux valves qui ne sont autre chose que deux bractées florales en losange.
L'arroche brillante croît généralement par groupes sur les tas d'ordures, les décharges, les décombres et souvent aussi sur les terrils et les crassiers. Elle se multiplie de façon intensive, surtout à basse altitude.
On la rencontre surtout au nord-est de l'Europe, au sud jusqu'en Italie, à l'ouest jusqu'en Allemagne, mais aussi en Orient, en Asie centrale, en Sibérie, etc. Elle a été introduite dans toute une série de pays: Danemark, Suède, Belgique, etc.

Grande ortie

Urtica dioica L.

Robuste, vivace, la grande ortie se caractérise surtout par une souche jaune, traçante et abondamment ramifiée qui donne sans cesse naissance à de nouvelles tiges qui peuvent mesurer 1,50 m et davantage. Ces tiges sont de section quadrangulaire, simples ou peu ramifiées, dressées et toutes couvertes de soies et de poils urticants.

Passerage drave

Arroche brillante

Les feuilles sont opposées, pétiolées de forme ovale-allongée, cordiformes à la base et longuement aiguës. Leurs bords sont dentés et l'avers est couverts de poils urticants. Comment fonctionne un tel poil? C'est une longue cellule creuse, épaissie à la base et terminée par une pointe acérée renforcée par un dépôt de silicate. Cette pointe pénètre dans l'épiderme à la manière d'une aiguille, puis la pointe se brise en faisant pénétrer dans la blessure le contenu du poil: c'est une substance protéique dont la composition rappelle le venin de serpent. Ce composé est à l'origine d'une légère inflammation brûlante et douloureuse, mais heureusement de courte durée. On rencontre parfois des formes de la grande ortie dépourvues de poils.
C'est une plante dioïque dont les inflorescences mâles apparaissent à l'aisselle des feuilles supérieures sous forme de panicules dressées, tandis que les femelles sont plus longues et inclinées au moment de la floraison. Les fleurs vertes sont minuscules et leur périanthe est lui aussi urticant.
La grande ortie fleurit de juin à octobre et forme des groupes étendus, souvent homogènes, dans les bois clairs et les taillis humides. C'est une rudérale typique, répandue partout, de la plaine à la montagne. Elle aime tout particulièrement les sols riches en azote et en matières organiques, en purin, en vieux fumier, etc. Elle suit fidèlement l'homme dans tous ses habitats.
C'est une espèce répandue dans le monde entier, à l'exception de l'Afrique tropicale et de l'Amérique du Sud.
C'est une adventice des cultures, peu appréciée et difficile à extirper à cause de sa multiplication massive par rejets souterrains (elle est toutefois d'une sensibilité extrême au chlorate de soude), mais c'est aussi une plante aux usages très divers.
D'abord, elle est médicinale: elle contient une forte proportion d'acide formique, de l'acide acétique et toute

une série de substances médicinales qui ne sont pas encore toutes recensées. Les poils urticants contiennent de l'histamine, de l'acétylcholine ainsi qu'un suc qui contracte des muscles lisses. La brûlure au moment du contact est provoquée par le mélange acétylcholine-hismine. La tige feuillée contient aussi de la vitamine C en quantité importante, de la provitamine A, et probablement aussi les vitamines K et B_2, du calcium, du fer, du sodium, du manganèse, du phosphore, etc. On récolte les feuilles, les racines et les tiges. L'infusion est diurétique et peut être administrée avec profit aux diabétiques, ainsi qu'au cours des maladies hépatiques et biliaires, des catarrhes stomacaux et intestinaux, lors des inflammations des voies respiratoires et des rhumatismes.
Les jeunes orties sont un excellent aliment, une fois hachées, pour les canetons et les poussins, et ce hachis accompagne régulièrement le régime exclusif des oies au gavage. C'est aussi un légume acceptable pour l'alimentation humaine. On les prépare en salade ou à la manière des épinards, ou bien on les ajoute aux soupes. On les recommande surtout aux personnes anémiques. Au Moyen Age où on ne connaissait pas encore l'épinard, les orties étaient consommées à sa place et tenaient son rang parmi les «brèdes». Mais c'est aussi une importante plante textile: les tiges contiennent des longues fibres très solides que l'on file depuis le Moyen Age pour obtenir des toiles qui valent presque celles de chanvre. Elle n'a été évincée de cet emploi que par le coton, mais elle a connu un retour de faveur au moment des guerres mondiales, comme le genêt.
La grande ortie est la source d'une grande quantité de chlorophylle nécessaire pour obtenir la vitamine E et qui est utilisée comme matière première pour la fabrication de divers produits désodorisants. On en fabrique aussi des cosmétiques destinés à fortifier l'épiderme ou à favoriser la croissance des cheveux.

Grande ortie

Potentille ansérine

Lamier blanc

Mélilot

Potentille ansérine
(Herbe aux oies, Argentine)
Potentilla anserina L.

C'est une plante vivace à grosse souche rameuse et à tiges rampantes, atteignant 70 cm de longueur et qui s'enracine facilement au niveau des nœuds. Les feuilles sont imparipennées, à folioles ovales à allongées, dentées et d'un blanc argenté sur le revers tomenteux.
Les fleurs axillaires sont longuement pédonculées et possèdent une corolle d'un beau jaune doré, de type 5 comme c'est la règle dans la famille.
Cette potentille fleurit de mai jusqu'en août sur les places des villages, autour des mares, le long des chemins et dans les pâtures, en un mot partout où on rencontre des oies et où le sol est enrichi en azote. C'est de là que lui vient son adjectif spécifique d'«anserina» qui signifie littéralement «des oies» en latin. Il est vrai aussi que les oies la broutent volontiers. Mais on peut aussi la trouver sur des sols salés, au bord de l'eau et dans les roselières.
Elle existe en fait dans tout l'hémisphère Nord, mais aussi au Chili, au sud de l'Australie, en Tasmanie et en Nouvelle-Zélande.
C'est surtout la tige feuillée et parfois la racine qu'on récolte pour la médecine. Le suc en contient des tannins, du tormentol, des flavones, de la choline, du mucilage et d'autres substances encore peu connues de nos jours. Tous ces produits agissent sur la musculature lisse, relâchent les crampes et ont un effet anti-inflammatoire et astringent. L'infusion est recommandée contre les inflammations gastriques et intestinales, les diarrhées et surtout à l'extérieur comme détersif des plaies suppurantes à cicatrisation difficile.

Mélilot
Melilotus officinalis (L.) LAMK.

Bisannuel, rarement annuel, le mélilot est une plante robuste qui dépasse 1 m de haut, à tiges dressées et anguleuses. Les feuilles sont pétiolées, trifoliées, à folioles allongées-ovoïdes à lancéolées et dentées. Les stipules sont lancéolées et entières.
Les petites fleurs au parfum de coumarine à la dessiccation sont d'abord jaunes puis blanchâtres et forment des grappes axillaires serrées (30 à 70 fleurs).
Les fruits sont des gousses ovales, noirâtres et contiennent 1 à 2 graines ovales.
Le mélilot fleurit de juin à septembre dans les friches, les tas d'ordures, les décharges, le long des chemins, des murs et des haies, dans les vignes et dans les pâtures, souvent aussi sur les remblais de chemins de fer et les gravières.
Il existe en Europe centrale et occidentale, en Asie tempérée jusqu'aux confins de la Chine. Il a été également introduit en Afrique et en Amérique du Nord.
On connaît depuis toujours ses propriétés médicinales. On récolte la tige feuillée qui contient entre autres substances une forte proportion de coumarine. Cette substance décontracte les muscles lisses, mais son emploi prolongé ou excessif peut donner des maux de tête, des étourdissements et des sensations d'étouffement. On l'utilise contre la bronchite, les coliques intestinales, l'hypertension et les insomnies. Un bouquet de mélilot sec désodorise les locaux naturellement fétides. La coumarine, substance antagonique de la vitamine K a des effets anticoagulants, et on en a tiré un toxique efficace pour les rats.
La médecine populaire utilise le mélilot à l'extérieur contre les plaies, mais aussi comme antimite et comme additif aromatique à certains tabacs. Par endroits, c'est plutôt au tabac à priser qu'on l'ajoute (c'est un usage tzigane) ou on en parfume des fromages et les jeunes feuilles sont parfois consommées en salade. On a essayé pendant la guerre de l'utiliser comme textile, mais les résultats ont été décevants.
C'est une bonne plante mellifère qui est aussi cultivée çà et là comme fourrage pour les chevaux, surtout en sol sec et calcaire.

Lamier blanc
Lamium album L.

C'est une plante vivace à racines très longues, à tiges de 20 à 40 cm de haut, couvertes de soies dressées et souvent lavées de pourpre dans leur région inférieure.
Les feuilles opposées, pétiolées, sont ovales et longuement aiguës, cordées à la base et dentées sur les bords. Celles du haut présentent un pétiole plus court et se transforment graduellement en bractées. Les fleurs labiées ont une corolle blanche ou légèrement flavescente dont la longue trompe est incurvée et un calice en clochette muni de 5 dents. Elles sont groupées en verticilles fermés à l'aisselle des feuilles et des bractées supérieures. Des 4 étamines les deux du haut sont nettement plus longues. Les anthères sont brun foncé.
Les fruits sont des tétrakènes pyramidaux.
C'est une plante qu'on trouve souvent par groupes étendus dans les décharges, les décombres, le long des murs et des clôtures, et dans tous les lieux incultes près des maisons. Elle fleurit de mai à juillet.
Le lamier blanc existe dans la plus grande partie de l'Europe, en Asie septentrionale et en Amérique du Nord où il a été introduit.
Il est précieux comme plante médicinale, mais on ne récolte que les corolles, sans le calice. La récolte est donc particulièrement laborieuse et de ce fait les remèdes qu'on en tire sont coûteux. On l'utilise depuis très longtemps, aussi bien dans la médecine populaire qu'officielle, car elle contient du mucilage, des tannins, des saponines et un glucoside dont on ignore encore la formule exacte. Toutes ces substances ont un effet astringent, anti-inflammatoire et diurétique, et la saponine facilite l'expectoration. On l'utilise soit en infusion, soit pour déterger des plaies suppurantes ou étancher des hémorragies, etc. La tisane, parfumée et d'un goût agréable peut aussi être préparée avec des fleurs fraî-

ches et de jeunes feuilles. L'infusion saturée de fleurs est souveraine contre les fleurs blanches. D'autre part depuis quelque temps l'industrie des cosmétiques (pommades, lotions diverses pour la peau et les cheveux) en fait grand usage. On peut même consommer les jeunes feuilles comme celles de la grande ortie à la façon des épinards.

Jusquiame noire

Herbe à la taupe

Jusquiame noire

Hyoscyamus niger L.

C'est une plante annuelle ou bisannuelle, robuste, qui atteint 80 cm de hauteur, couverte de poils visqueux et d'odeur «vireuse». Les tiges dresées sont densément feuillées et présentent des angles obtus. Les feuilles sont alternes, de contour arrondi à ovale, sinuées-dentées, les inférieures pétiolées, celles du haut sessiles et mi-embrassantes.

Les fleurs sessiles apparaissent à l'aisselle des feuilles terminales et forment de longues cymes scorpioïdes unilatérales. Le calice en entonnoir est velu-glanduleux et ses lobes aigus sont veinés en résille. La corolle d'un jaune sale présente 5 lobes veinés de violet, une gorge pourpée et 5 étamines à filets velus et à anthères violettes. L'extérieur de la corolle est également velu.

Les fruits sont des capsules en forme d'outre qui s'ouvrent horizontalement et contiennent une grande quantité de graines brun sombre. Chaque capsule contient en moyenne 200 graines, chaque pied porte environ 50 capsules (parfois bien davantage) et un pied produit donc environ 10 000 graines. Ce qui n'empêche que la jusquiame n'est jamais très commune, et c'est une plante à éclipses, qui peut abonder quelque temps dans une station, puis en disparaître complètement.

La floraison a lieu de juin à octobre. C'est une rudérale typique, qui vient dans les décombres, le long des haies et des chemins, surtout dans les régions chaudes de presque toute l'Europe, en Asie septentrionale et occidentale, en Inde et en Afrique du Nord. Elle a été également introduite récemment en Asie orientale en Amérique du Nord et en Australie.

C'est une plante violemment toxique: tous les organes, mais surtout les graines, contiennent plusieurs alcaloïdes: hyoscyamine, atropine, scopolamine et choline. Les graines sont par ailleurs oléagineuses. Tous ces sucs sont les mêmes que ceux de la belladone *(Atropa belladonna* L.) et l'empoisonnement présente les mêmes symptômes: excitation de la musculature nerveuse, sécheresse de la bouche et dilatation des pupilles. Ses propriétés vireuses et médicinales n'ont pas échappé aux peuples anciens: Égyptiens, Babyloniens, Indiens, Grecs et Romains connaissaient déjà son usage. On trouve sur certaines fresques égyptiennes un motif représentant des personnages qui respirent la fumée des graines brûlées ou passées à la vapeur pour apaiser leurs maux de dents.

Au Moyen Age elle était également précieuse comme plante médicinale et comme plante magique. A ce titre elle entrait dans la composition de pommades dont les sorcières s'oignaient pour pouvoir assister au sabbat: les poisons stupéfiants les faisaient tomber en

Grand plantain

Chardon penché

Armoise commune

Chicorée amère

transes et suscitaient un sommeil profond plein de visions hallucinées où le diable tenait le premier rôle... La plante entrait aussi dans la composition de philtres d'amour et elle était un moyen efficace de se débarrasser d'ennemis — ou de parents — encombrants. Ses propriétés stupéfiantes la faisaient aussi utiliser comme narcotique au cours des opérations chirurgicales.
Les brasseurs sans scrupules l'ajoutaient à la bière pour renforcer ses effets enivrants.
On récolte de nos jours la tige feuillée, les feuilles et les graines qui servent à fabriquer des médicaments tranquillisants et somnifères. Elle apaise la toux et entre souvent dans la formule de pommades contre les douleurs des oreilles et les rhumatismes. C'est aussi un des ingrédients des cigarettes antiasthmatiques, et elle s'avère efficace contre les névralgies faciales et contre les ulcères de l'estomac. Mais son utilisation par des profanes peut présenter un danger mortel. Elle est souvent cultivée pour l'industrie pharmaceutique, pour suppléer aux récoltes de la plante sauvage qui seraient toujours insuffisantes.

Herbe à la taupe
Datura stramonium L.

C'est une plante annuelle qui atteint 1 m de haut, à racine fuselée et à tige étendue, ramifée en fourches. Les feuilles longuement pétiolées sont ovales-allongées, aiguës, cordiformes à la base et à bords sinués-dentés. Elles dégagent une odeur désagréable. Les fleurs qui atteignent 8 cm de long ont un calice caduc à 5 dents et une corolle en entonnoir blanche, à 5 lobes. Avant la floraison la corolle est toute plissée et pliée en éventail dans le bouton. Les fleurs sont solitaires soit à l'aisselle des rameaux, soit à leur extrémité. Elles s'ouvrent le soir, sont légèrement parfumées, et dépendent pour leur pollinisation des sphinx à longue trompe.
Les fruits sont des capsules ovales ou sphériques qui mesurent jusqu'à 6 cm de long, tout hérissées de pointes. Elles contiennent un une grande quantité de graines réniformes, d'un brun sombre, parsemées de petits trous.
L'herbe à la taupe, dite aussi «pomme épineuse», fleurit de juin à septembre. On la rencontre dans les décombres, sur les places des villages, le long des chemins et des clôtures, etc. Elle est de nos jours naturalisée dans l'ensemble de l'Europe, de l'Asie et de l'Amérique du Nord. Sa patrie probable est le pourtour de la mer Noire et de la Caspienne, mais il paraît encore plus vraisemblable qu'elle nous soit venue de l'Amérique, de la Floride, du Minnesota, du Texas et du Mexique. Elle aurait tout d'abord colonisé le reste du continent américain, puis aurait été introduite en Europe en 1577, ou même déjà en 1542, par le médecin personnel du roi d'Espagne Philippe II, Francisco Hernandez. Celui-ci l'aurait découverte au Mexique et l'appelait de l'ancien nom aztèque «tlapatl».
Au XVIIe et au XVIIIe siècle elle a d'abord été cultivée dans les jardins européens comme décorative et médici-

nale, mais elle n'a pas tardé à s'évader des jardins, à devenir sauvage et à élire les décharges pour son domicile.
On récolte pour la pharmacie les feuilles et les graines. Elles contiennent à nouveau les alcaloïdes toxiques que nous avons déjà rencontrés chez la belladone et la jusquiame: l'hyoscyamine, l'atropine et la scopolamine. Leurs effets sont les mêmes, tout comme leurs utilisations: douleurs rhumatismales, crises d'épilepsie, etc. On l'ajoute aussi aux cigarettes antiasthmatiques. Elle est souvent cultivée comme plante pharmaceutique, mais on lui préfère encore deux espèces plus riches en alcaloïdes, l'espèce sud-américaine *Datura metel* L., toute lavée de violet, ou l'espèce éthiopienne *Datura inermis* JACQ. Quant à son nom d'herbe à la taupe, il vient de ce que quelques pieds de ce datura dans un jardin éloignent les taupes. Il est probable que l'odeur des racines les met en fuite.

Grand plantain
Plantago major L.

Le grand plantain est une herbe vivace de 10 à 30 cm de haut, qui présente une rosette de feuilles arrondies-ovoïdes, parfois cordiformes à la base et qui s'amincissent brusquement en pétiole. Le centre de la rosette émet une ou plusieurs hampes dressées ou courtement ascendantes, terminées par un long épi cylindrique formé par de petites fleurs blanchâtres. Les fruits sont des capsules à couvercle qui contiennent de petites graines fortement mucilagineuses à l'humidité.
Le grand plantain fleurit de juin jusqu'en automne et se trouve couramment le long des chemins, des clôtures, dans les décombres, les jardins, les places des villages, et même dans les champs. Il supporte très bien d'être piétiné. Originaire d'Europe et d'Asie centrale et septentrionale, il est devenu absolument cosmopolite.
Ses feuilles, tout comme celles du plantain lancéolé *(Plantago lanceolata* L.*)* contiennent un glucoside, l'aucubine, deux enzymes, l'invertine et l'émulsine, de l'acide citrique, des tannins et des mucilages. Le suc et les feuilles s'emploient dans la médecine populaire sur les contusions et les piqûres d'insectes. Les graines, tout comme celles d'autres plantains servent à préparer des breuvages laxatifs, mais sont aussi un aliment classique et apprécié des canaris et autres oiseaux chanteurs.

Chardon penché
Carduus nutans L.

Le chardon penché est une herbe annuelle, rarement bisannuelle qui dépasse souvent 1 m de haut, à tiges dressées et maigrement ramifiées dans leur région supérieure.
Les feuilles sont allongées à lancéolées sinuées et pennatiséquées, chaque segment étant à son tour lobé, et épineux. Sur le revers de feuilles la nervation est velue.
Les fleurs purpurines légèrement bilabiées forment des capitules de 3—7 cm, portés par de longs pédoncules réfléchis au moment de la floraison et qui constituent les seuls organes inermes de la plante. L'involucre est sphérique, formé de bractées laineuses et fortement aristées. Le fruit est un akène duveteux. La floraison a lieu de juillet en septembre le long des chemins, des clôtures et des murs, dans les pâtures, les décombres et les lisières des bois, ou même sur les coteaux ensoleillés de la plaine jusqu'au pied des montagnes. Il aime aussi les reliefs calcaires où il choisit les expositions chaudes.
En Europe, le chardon penché s'étend jusqu'en Irlande, en Écosse, au Danemark, en Norvège et en Estonie. On le trouve sporadiquement en Finlande. Il vient aussi en Sibérie et jusqu'à l'Altaï, dans les régions caucasiennes, en Asie Mineure, et en Afrique du Nord. Il s'est naturalisé en Amérique du Nord. C'est une plante décorative et dont les fleurs ont un délicat parfum de miel.

Armoise commune
Artemisia vulgaris L.

C'est une plante vivace qui dépasse 120 cm de haut, dont la souche émet plusieurs individus à la fois. Les racines sont abondamment ramifiées. Les tiges dressées apparaissent par touffes épaisses: elles sont lavées de pourpre et richement ramifiées. Toute la plante dégage une odeur peu agréable.
Les feuilles sont largement ovales, lyrées et pennatiséquées, tomenteuses sur les revers. Les segments foliaires sont lancéolés, lobés-dentés et le terminal, nettement plus grand, comporte 3 à 5 lobes. Les feuilles supérieures sont pennatiséquées, celles qui interrompent les inflorescences sont simples et toutes sont roulées vers le bas.
Les petites fleurs tubulaires, jaunâtres ou rousses forment de tout petits capitules groupés en panicules fournies.
Les fruits sont des akènes.
L'armoise fleurit de juillet à septembre sur les tas d'ordures, les décharges publiques, dans les décombres, le long des chemins, des clôtures, des murs et au bord de l'eau. C'est une anthropophile qu'on trouve toujours aux abords des maisons.
Elle existe dans presque toute l'Europe, en Asie, en Amérique du Nord du Mexique à l'Alaska. C'est une plante anciennement connue comme médicinale et magique, dont la tige était utilisée contre les maladies les plus variées. Les Indiens de Californie l'employaient pour soigner les fièvres, les rhumatismes et les refroidissements. Un fragment de tige placé dans la chaussure supprimait la fatigue de la marche. La racine était employée contre les crises d'hystérie et les anciennes tribus germaniques lui portaient un véritable culte.
On récolte encore de nos jours la tige feuillée. Ses essences volatiles contiennent notamment du cinéole et du thujone, des sucs amers, de la choline et de l'inuline. Les parties récoltées servent à composer des tisanes ou des médicaments surtout contre l'inappétence, les

Tanaisie

Érigéron du Canada

Petite bardane

crampes d'estomac, les parasites intestinaux et les douleurs menstruelles. Cependant son emploi prolongé en quantité excessive peut causer une chute de la tension artérielle, un ralentissement du rythme cardiaque et endommager le système nerveux.

Les racines qui sont riches en essences et en tannin servent parfois comme analgésique et la tige feuillée est parfois ajoutée aux potages ou servie comme légume aromatique pour accompagner les rôtis. La pharmacopée française la considère surtout comme stimulante, antispasmodique et emménagogue.

Chicorée amère
Cichorium intybus L.

C'est une plante vivace qui peut atteindre 150 cm de hauteur. Elle est ancrée dans le sol par une racine fuselée qui émet des tiges dressées, anguleuses et ramifiées. Pendant la première année on voit apparaître seulement une rosette de feuilles pétiolées, lobées et velues sur la face inférieure. La tige n'apparaît généralement que la deuxième année. Les feuilles caulinaires inférieures ont la même forme que celles de la rosette, mais sont appliquées contre la tige par leur base hastée. Les feuilles du haut sont allongées-lancéolées.

Les capitules nombreux atteignent 5 cm de diamètre et se composent de ligules bleu ciel, rarement blanchâtres ou rosées, qui pâlissent au séchage, et qui ne s'ouvrent que dans l'après-midi. Les bractées de l'involucre sont couvertes de soies.

Les fruits sont des akènes de forme subovale et dépourvus de duvet.

La chicorée amère fleurit de juillet à octobre le long des chemins, des fossés, des talus, dans les friches et les prés secs de la plaine jusqu'à la montagne dans les régions à climat doux. On la trouve dans presque toute l'Europe et en Afrique du Nord, ainsi qu'en Asie où elle est naturalisée. C'est une plante que sa culture très ancienne a répandue dans de nombreuses régions où elle est maintenant acclimatée: c'est le cas pour la Sibérie occidentale, l'Asie centrale et orientale et l'Afrique du Sud, le continent américain, l'Australie et la Nouvelle-Zélande.

Les Grecs et les Romains la récoltaient déjà pour en faire des salades, encore appréciées de nos jours où cependant nous ne consommons plus que des variétés améliorées dont les origines remontent au XVIIe siècle.

La chicorée amère fournit aussi une racine utilisable pour remplacer, si l'on peut dire, le café: cet usage a été introduit par un botaniste et médecin padouan, Prosper Alpini, en 1600, mais à titre de remède. Dès les années 1690, elle est cultivée à cet effet par les paysans hollandais et l'usage se répand dans la première moitié du XVIIIe siè-

cle. Le premier fabricant fut sans doute Time, à Arnstadt près d'Erfurt. C'est avec de l'eau de chicorée que fut empoisonnée «Madame», mais elle ne fut introduite dans l'usage courant en France que vers les années 1770 et les débuts du XIXe siècle virent s'ouvrir toute une série d'usines. Elle était alors vendue sous des dénominations tentantes telles que «Café des Indiens», ou «Café aux Chinois», etc.
La fabrication et la culture de la chicorée furent grandement encouragées lors du blocus continental, au cours duquel Napoléon s'opposa non seulement à l'importation de sucre de canne à sucre, mais aussi à celle du café. C'est une culture qui reste importante dans le nord de la France, en Allemagne, en Autriche, en Hollande, en Belgique et un U.R.S.S. Aujourd'hui, les grosses racines mises en jauge et chauffées en hiver donnent la salade connue sous le nom de «Witloof», c'est-à-dire feuille blanche. C'est devenu une culture industrielle de première importance.
Enfin, la chicorée amère est aussi une plante médicinale: la racine contient une substance amère, l'intybine, de l'inuline, et un suc laiteux. Ces trois substances augmentent l'appétence, stimulent la digestion et ont des effets diurétiques et cholagogues. L'infusion de racines soulage les maux hépatiques et se montre efficace contre les calculs biliaires et rénaux, les inflammations des voies urinaires, l'inappétence et la constipation. C'est un «dépuratif» classique.

Tanaisie

Tanacetum vulgare L.

La tanaisie est aussi une grande composée vivace qui dépasse 150 cm de haut et qui se caractérise par sa puissante odeur amère et camphrée. La souche est brune, rampante, presque ligneuse, les racines sont abondamment ramifiées et les tiges sont rigides, anguleuses et seulement un peu ramifiées au sommet. Les feuilles alternes sont une à deux fois et profondément pennatipartites, à segments lancéolés, dentés, et elles sont ponctuées-glanduleuses au revers.
Les fleurons tubulaires, jaunes, forment des capitules d'environ 1 cm de diamètre, groupés en larges panicules corymbiformes. Les ligules manquent complètement.

Boule azurée

Pâturin annuel

Les fruits sont des akènes munis d'une marge constituée par les restes du calice.
La floraison a lieu de juillet à septembre. La tanaisie se trouve partout et c'est une ubiquiste typique. On la trouve le long des chemins, des fossés, au bord des fourrés, dans les rocailles, les pelouses, dans les décombres sur les rives caillouteuses des ruisseaux, etc. Elle abonde surtout le long des grands cours d'eau et elle se dissémine en même temps que les cultures.
Elle vient en Europe centrale et septentrionale et en Asie septentrionale.
C'est une plante quelque peu toxique: elle contient une essence aromatique amère, de couleur vert-jaune, dans laquelle se trouve un suc vénéneux, le thujone qui peut causer des empoisonnements dangereux s'il est absorbé en forte quantité. Les symptômes se caractérisent par des difficultés respiratoires, des vomissements, des lésions rénales et des perturbations des nerfs centraux. Ses propriétés sont en fait très voisines de celles de l'absinthe. Néanmoins la tanaisie reste utilisée par la médecine populaire surtout comme antihelminthique. Un cataplasme de feuilles broyées appliqué sur le bas-ventre expulse presque immédiatement les vers intestinaux. De plus, son odeur repousse les insectes et c'est un vieil usage d'en faire une litière dans la niche des chiens pour en chasser les puces.
Au Moyen Age on s'en servait pour aromatiser les vins, ou bien elle remplaçait le houblon dans la bière. On mettait aussi à profit son puissant arôme pour accompagner le gibier faisandé dont elle dissimulait l'odeur repoussante et les bourgeons fournissaient de fausses câpres. On tirait aussi de la tige feuillée une teinture verte.

Érigéron du Canada

Erigeron canadensis L.

C'est une plante annuelle, bisannuelle ou parfois vivace à tige simple, toute velue et couverte de feuilles. L'inflores-

cence est une panicule abondamment ramifiée.
Les feuilles sont velues, de forme lancéolée, les inférieures pétiolées, celles du haut sessiles.
Les petits capitules sont composés de tubules centraux blanchâtres ou flavescents, de ligules périphériques blanches ou rosées, et forment une vaste panicule. Les bractées de l'involucre, bordées d'une marge parcheminée sont aussi longues ou même plus longues que les ligules.
Les fruits sont des akènes munis d'une aigrette d'un blanc sale.
La floraison a lieu du printemps à l'automne. Originaire d'Amérique du Nord, l'érigéron du Canada a été disséminé dans le monde entier. On le trouve sur toutes les décharges, les décombres, les sablières, les remblais, et il lui arrive d'envahir massivement les jardins. Son extension en Europe date du XVIIe siècle.
C'est une plante médicinale qui contient des huiles essentielles rappelant le parfum du cumin et qui favorisent la multiplication des leucocytes. L'infusion des tiges combat les hémorragies intestinales, les inflammations des voies urinaires, les infestations par les nématodes ou d'autres parasites intestinaux. Il semble qu'il soit complètement ignoré par la tradition pharmaceutique française.

Petite bardane
Arctium minus (HILL.) BERNH.

Herbe bisannuelle qui dépasse 1 m de haut, la petite bardane est pourvue d'une racine fuselée qui émet d'abord la première année une rosette feuillée, puis l'année suivante d'épaisses tiges dressées, duveteuses, cannelées et richement ramifiées.
Les feuilles on un long pétiole et un limbe largement ovale, cordiforme à la base, entier ou à peine denté. Dans ce cas, les indentations sont cartilagineuses. Le revers du limbe est gris et tomenteux, et les pétioles des feuilles inférieures sont creux. Vers le haut de la tige, les feuilles se transforment peu à peu en de courtes bractées lancéolées.
Les capitules de 1 à 3 cm de diamètre se composent de fleurons tubulaires purpurins et forment des inflorescences en grappes, les inférieurs pédonculés, ceux du haut plus serrés. Les bractées des involucres sphériques portent des crochets qui fixent l'inflorescence entière à la toison des animaux ou aux vêtements.
La floraison a lieu de juillet à septembre le long des chemins, des fossés, des clôtures, sur les décharges et les dépotoirs, etc. de la plaine jusqu'au pied des montagnes.
Sa limite au nord de l'Europe est l'Angleterre, l'Irlande, le Danemark, la Scandinavie et la Norvège. Elle manque en Europe du Sud et ne vient qu'en altitude dans les Balkans. On la trouve aussi dans le Caucase et en Afrique du Nord, et elle est naturalisée en Amérique du Nord.
C'est une plante médicinale dont la racine contient des essences parfumées, du mucilage, des tannins et jusqu'à 45 % d'inuline, des sels minéraux, de la lappine, etc. On ne connaît pas encore exactement la nature de tous ces sucs, mais on sait qu'ils ont des effets diurétiques et sudorifiques, et qu'ils stimulent les fonctions digestives. L'infusion combat la fatigue du printemps, les suppurations, etc. A l'extérieur la petite bardane s'emploie comme topique sur les plaies atones. La médecine populaire en fait aussi des lotions qui stimulent la pousse des cheveux.
Les akènes contiennent jusqu'à 30 % d'huile *(Oleum bardane)*. La médecine française utilise surtout la bardane sous forme d'extrait pour le traitement des furonculoses, en lui préférant d'ailleurs la grande bardane *(Arctium majus = Lappa officinalis)*.

Boule azurée
Echinops sphaerocephalus L.

C'est une plante vivace à tiges dressées, hautes de plus de 2 m, la plupart du temps simples, anguleuses et couvertes d'un duvet blanc.
Les feuilles de la base, pétiolées, sont allongées-ovoïdes et sinuées pennatiséquées, à segments triangulaires épineux et dentés. Les feuilles du haut sont sessiles embrassantes. Le revers du limbe est tomenteux. Les capitules à une seule fleur sont groupés en têtes sphériques, portées par de longs pédoncules. Les fleurons sont tubulaires et de couleur blanc bleuté. Les fruits sont des akènes qui portent des écailles frangées.
La boule azurée fleurit de juin à août le long des chemins, des clôtures, dans les décombres et les décharges publiques, dans les carrières et les vignes, ou même au bord de l'eau à basse altitude et dans les régions à climat chaud. En France, elle se voit surtout au sud de la Loire, mais elle existe tout autour de la Méditerranée, en Belgique çà et là, au Danemark, en Suisse, en Autriche, en Tchécoslovaquie, en Hongrie et dans les régions centrales et du sud de l'U.R.S.S. jusqu'en Sibérie et au Caucase. Elle est parfois cultivée comme plante d'ornement, mais on lui préfère une plante voisine: *Echinops Ritro*, dont les fleurs sont plus étoffées.

Pâturin annuel
Poa annua L.

C'est une herbe le plus souvent annuelle, mais parfois aussi bisannuelle et même vivace, d'un beau vert, haute d'une trentaine de cm et ramifiée dès la base. Les tiges sont dressées ou ascendantes et les rejets axillaires s'enracinent facilement.
Le limbe présente une marge légèrement scabre, il est plan, mou et terminé par un petit capuchon. Les ligules sont plus grandes chez les feuilles supérieures que chez celles de la base.
Les épillets de 3 à 5 fleurs forment des

panicules triangulaires, allongées, peu fournies et souvent unilatérales.
Le pâturin, considéré comme une mauvaise herbe tenace et de multiplication intense, croît et fleurit tout au long de l'année le long des chemins, sur les pelouses piétinées, dans les cours, mais aussi dans les pâtures et dans les décombres de la plaine jusqu'en montagne. C'est une graminée cosmopolite qu'on trouve jusqu'à 3800 m dans l'Himalaya.

Escargot de Bourgogne
Helix pomatia

Cet escargot est très répandu, du sud-est de l'Angleterre jusqu'aux Balkans en passant par l'Europe centrale. Aujourd'hui on le rencontre dans des endroits où il était jadis absent. Dans ce cas, il s'agit d'escargots y ayant été libérés ou de descendants d'animaux échappés des centres d'élevage. Ces dernières années, un nombre croissant de personnes apprécie la chair tendre de l'escargot, de sorte qu'on en exporte en grande quantité. Il est intéressant de noter que les Romains élevaient déjà des escargots dans de grands parcs clos appelés «cochlearia». Plus tard l'escargot a servi de nourriture en période de disette et, de ce fait, de nombreux moines les élevaient dans des jardins spécialement aménagés. Cet escargot se tient dans des endroits humides et relativement chauds dans les forêts de feuillus ou dans les buissons. Il préfère les supports calcaires et c'est la raison pour laquelle on le rencontre souvent sur des murs. C'est l'escargot européen le plus grand; sa coquille mesure 40 mm de haut et de large. L'accouplement a lieu entre mai et août. Six semaines plus tard, chaque escargot (l'escargot est un hermaphrodite) dépose entre 20 et 60 œufs relativement gros dans une cavité du sol. En automne, l'escargot s'enfouit dans le sol à une profondeur de 15 à 30 il referme sa coquille avec un opercule calcaire, et hiberne. Il se réveille en avril. Lorsqu'il y a une période de sécheresse, il obture sa coquille d'une sécrétion visqueuse qui, une fois sèche, ressemble à du parchemin. L'escargot cause parfois des dégâts dans les vignobles car il mange les feuilles de vigne.

Limace grise
Limax maximus

Cette limace est commune dans les jardins et les parcs, mais aussi dans les caves. On la reconnaît à son extrémité postérieure qui est aiguë et à son ouverture respiratoire qui se situe sur la moitié arrière du bouclier. Sa coloration est très variable: elle peut être noire, tigrée de noir et de gris, rougeâtre ou jaunâtre. Elle s'introduit dans les caves surtout quand on y garde des légumes. Mais elle mange aussi de petits mollusques et parfois des cadavres d'animaux. Dans la journée, elle se tient cachée dans des endroits sombres et humides et ne va à la recherche de sa nourriture que la nuit. C'est ce qui explique que bien des gens ne l'aient jamais vue, bien qu'elle soit commune. Au moment de l'accouplement, les deux partenaires se tiennent l'un contre l'autre roulés en spirale, et attachés par un filet de bave qu'ils sécrètent et qu'ils collent sur une branche. Cette limace est très répandue par endroits. Son aire se situe surtout en Europe méridionale et centrale d'où elle rayonne jusqu'en Angleterre et dans dans le sud de la Scandinavie.

Tégénaire des maisons
Tegenaria derhami

Dans tous les coins abandonnés ou négligés des maisons, des débarras, des étables, des granges, des vieux châteaux, etc. on trouve des toiles d'araignées tendues horizontalement. Sur leur angle se trouve un petit tube tissé dans lequel se tient cachée la propriétaire, la tégénaire. C'est une grande araignée — de 6 à 11 mm — que ses longues pattes font paraître encore plus grande. Elle est très répandue dans toute l'Europe. Beaucoup de personnes en ont une crainte irraisonnée, mais elle est absolument inoffensive. On peut la trouver même en hiver, dans les endroits chauffés. Elle peut vivre plusieurs années. Les mouches constituent l'essentiel de sa nourriture. La femelle dépose ses œufs dans un cocon sphérique qu'elle accroche avec quelques fils de soie et qu'elle camoufle avec des fragments de crépi.

Trombidion soyeux
Trombidium holosericum

Du printemps à l'automne, on peut voir dans l'herbe ou sur les arbustes, parfois aussi dans les allées des jardins, un petit animal d'un rouge soyeux qui ressemble à une araignée. Mais c'est un acarien, le trombidion soyeux, mesurant 2,5 mm. Ses larves, plus petites, sont pourvues de 6 pattes et sont de couleur rouge également. Le trombidion soyeux est partout très répandu. Il se nourrit avant tout de petits œufs d'insectes.

Épeire diadème
Araneus diadematus

D'août à octobre on peut trouver dans les endroits les plus divers, par exemple entre des branches d'arbres, entre des poutres, à l'extérieur des fenêtres, de grandes toiles d'araignées tendues verticalement au centre desquelles se tiennent les épeires diadèmes. En fait, il s'agit de la femelle qui mesure jusqu'à 15 mm; le mâle est beaucoup plus petit. Elle guette sa proie et dès qu'elle a attrapé un insecte, elle le tue, l'entoure d'un étui de soies collantes et se constitue ainsi des provisions. Elle capture des mouches, des papillons, mais aussi des abeilles et des guêpes. Au moment des noces, le mâle fait son apparition et tire timidement sur la toile de la femelle. Comme chez beaucoup d'araignées, il est tout simplement dévoré après l'accouplement. La femelle pond entre 45 et 700 œufs qu'elle entoure d'un cocon jaunâtre. Les jeunes araignées n'éclosent qu'au printemps de l'année suivante. En automne elles se cachent pour hiverner et en été de l'année suivante elles sont devenues adultes. Cette belle araignée est parmi les plus répandues. Sa couleur de fond est très variable, mais son abdomen comporte toujours de petites taches blanches ordonnées en forme de croix.

Cloporte
Porcellio scaber

Ce petit crustacé — 15 mm — est très répandu dans les caves, les serres, les hangars, mais aussi sous l'écorce des arbres et dans les murs fissurés. On le trouve partout où il fait humide et sombre. Sa coloration est assez variable: il peut être gris, brunâtre, parfois marbré. Il respire par ses pattes abdominales, et se nourrit de substances végétales en décomposition.

Cafard germanique
Blatella germanica

Cette blatte est répandue aujourd'hui dans le monde entier. Elle mesure de 11 à 15 mm; elle est de couleur ocracée. Relativement svelte, elle possède deux ailes, mais vole très mal. Au siècle dernier, elle était encore peu répandue. De nos jours, on la trouve même en ville et surtout dans les pièces chauffées. Elle est particulièrement fréquente dans les chaufferies où elle se tient près de l'installation de chauffage dans les fissures et les fentes du sol. Elle est capable de passer par les orifices très étroits et pénètre ainsi le long des conduites dans toute la maison. Dans la journée elle se tient cachée et ne sort que la nuit à la recherche de sa nourriture: débris végétaux et animaux, papier, cuir, etc. Elle

Limace grise

Escargot de Bourgogne

Trombidion soyeux

Tégénaire des maisons

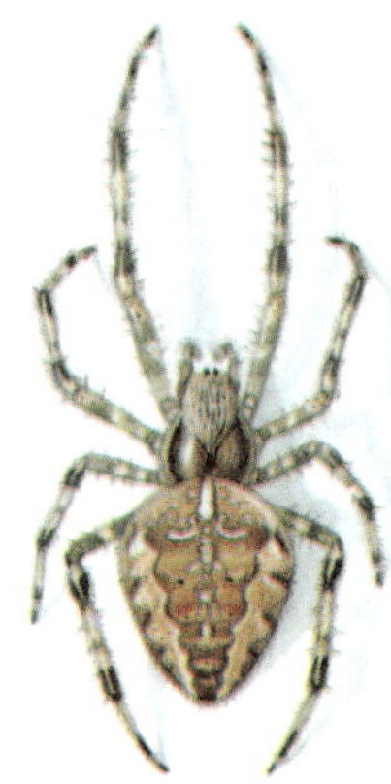
Épeire diadème

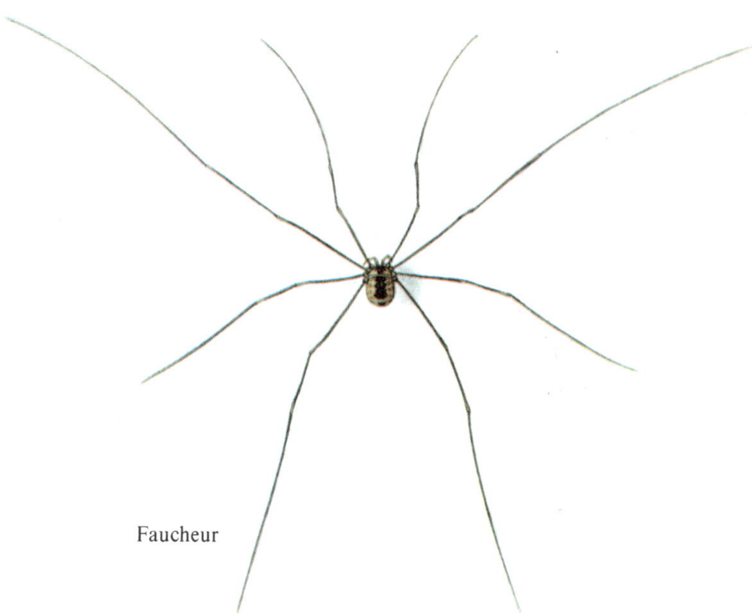
Faucheur

se reproduit tout le long de l'année. La femelle pond environ 30 œufs dans une enveloppe qu'elle fixe à son abdomen et porte avec elle. Au bout de 14 jours, l'enveloppe tombe et les petits éclosent. Ils muent 6 fois avant de devenir adultes. A l'origine elle a été introduite dans les habitations avec le bois de chauffage. Elle n'est pas vraiment nuisible, mais très répugnante, et elle répand une odeur fétide. Toutefois, les insecticides modernes en viennent facilement à bout.

Cloporte

Cafard germanique

Forficule

Diable cherche-midi

Faucheur
Opilio parietinus

Ce faucheur, pourvu de quatre paires de pattes inhabituellement longues et minces, se tient le long des murs à l'ombre, dans les caves, les étables et dans bien d'autres endroits pourvu qu'il y trouve un peu d'humidité. Quand on le saisit, il perd subitement une ou plusieurs pattes. Celles-ci ont des mouvements saccadés qui attirent l'attention de l'ennemi et le faucheur trouve entretemps la possibilité de se mettre à l'abri. Ces pattes ne repoussent plus.

Courtilière

Courtilière (Taupe-grillon)
Gryllotalpa gryllotalpa

La courtilière, qui mesure jusqu'à 50 mm, est répandue dans toute l'Europe. Généralement, on ne la remarque pas car elle vit dans le sol. Ce n'est que dans les régions méridionales, où elle est relativement fréquente par endroits, qu'on peut la voir voltiger le soir autour des lumières. Son vol est lourd et maladroit. Elle a une apparence assez effrayante: son corps est trapu et ses pattes avant ressemblent à celles de la taupe. Bien qu'elle ne soit aucunement dangereuse, elle est nuisible dans le sol où elle ronge les racines des légumes et creuse de longues galeries. Elle mange aussi de la nourriture carnée. Sur le sol elle est maladroite et cherche toujours à se cacher. Le soir, on peut entendre le chant du mâle. La femelle dépose jusqu'à 300 œufs dans une souterraine et les entoure de salive. Les larves hivernent et se transforment en insectes adultes au printemps.

Forficule (Perce-oreille)
Forficula auricularia

Le forficule se tient entre avril et octobre dans les fissures des arbres, sous du papier, des planches, etc. Dans certains endroits on en trouve en grande quantité. Il mesure de 9 à 16 mm de long et son abdomen se prolonge par une sorte de pince qu'il manœuvre lorsqu'on le touche. Ces pinces constituent effectivement une arme, mais celle-ci est totalement inoffensive pour l'homme, contrairement à des croyances qui subsistent encore. En outre, elles lui servent à déployer ses ailes. La femelle dispose ses œufs en petits tas dans des cavités situées sous des pierres; elle monte la garde même lorsque les œufs ont donné naissance à des larves aptères. Le forficule se nourrit d'œufs d'autres insectes, mais il mange aussi diverses plantes et peut, de ce fait, lorsqu'il se multiplie considérablement, causer des dégâts dans les potagers.

Diable cherche-midi
Pyrrhocoris apterus

Au début du printemps, lorsque les arbres sont encore dénudés mais que le soleil chauffe déjà, on trouve près des mares, au pied des arbres — surtout des tilleuls et des châtaigniers — une grande quantité de punaises rouges à points noirs. Ce sont les diables, mesurant environ 10 mm, qui apparaissent souvent en troupes. On peut aussi les voir grimper sur l'écorce des arbres. On les rencontre jusqu'en octobre ou au début de novembre si le temps est ensoleillé. En été, on peut aussi trouver les larves, plus petites. Le diable suce les sucs d'insectes morts ainsi que celui de fruits et de graines.

Fourmi noire des jardins
Lasius niger

Dans les jardins et les parcs, souvent aussi près des murailles dans la ville, on trouve dans l'herbe des constructions irrégulières en argile. C'est l'œuvre de cette fourmi noire. Ce qu'on aperçoit n'est que l'excroissance du nid lui-même qui se trouve sous terre. De ce

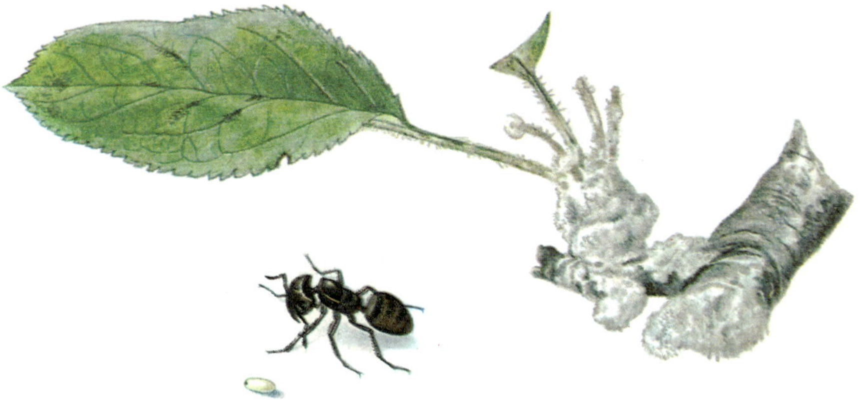

Fourmi noire des jardins

Trichode mange-abeilles

Dermeste du lard

Vrillette

nid partent des pistes qui servent aux fourmis à apporter la nourriture et des matériaux de construction. Elles aiment les plantes qui hébergent des pucerons dont elles lèchent les sécrétion sucrées. En été, lorsqu'il fait chaud, elles essaiment; mâles et femelles sont ailés, les femelles sont plus grandes que les mâles. Après un vol nuptial les femelles fécondées se posent sur le sol, y perdent leurs ailes et chacune fonde une nouvelle communauté dans une fente du sol, une fissure dans un mur, etc. Lorsque les premières ouvrières mesurant entre 3 et 5 mm sont écloses, la femelle se consacre uniquement à la ponte; ce sont les ouvrières qui soignent les œufs, les larves et les pupes. Les mâles éclos en même temps que les femelles meurent. Au bout d'un certain temps, la colonie produit de nouveau des mâles et des femelles et le cycle recommence. La fourmi est omnivore; elle mange des plantes et attaque de petits insectes et leurs larves, des vers et des mollusques.

Dermeste du lard

Dermestes lardarius

Dans les entrepôts, les garde-manger, dans les musées, mais aussi dans les maisons sur les objets de cuir, on peut trouver le dermeste, qui mesure de 6 à 9 mm. Mais il vit aussi en pleine nature sur les cadavres de mammifères ou d'oiseaux, sur des os, etc. Il est facilement reconnaissable à ses élytres noirs qui s'ornent d'une large bande transversale plus claire. Les larves portent de longues soies noires sur le dos. Elles sont très voraces et peuvent causer des dégâts considérables aux peaux et aux tapis. Mais elles mangent aussi de la viande fumée, du fromage et tous autres aliments. L'ensemble du cycle évolutif du dermeste ne durant souvent, dans des conditions favorables, que 6 semaines, il arrive qu'il se reproduise d'une façon catastrophique.

Vrillette

Anobium pertinax

Ce coléoptère qui mesure entre 5 et 7 mm est très répandu en Europe. Il est brun-noir ou noir, ses élytres sont striés et mouchetés. Il vit dans le vieux bois, surtout dans les meubles de noyer, où il creuse des galeries. Au moment de ses noces, il frappe avec sa tête contre le mur de ses galeries pour appeler ainsi un représentant de l'autre sexe. Ce bruit, régulier et qui ressemble au tic-tac d'une horloge, a fait dire aux gens superstitieux que c'était l'«horloge de la mort» qui annonce le décès d'un membre de la famille. Cet anobie, ou vrillette, ronge aussi les murs des vieilles maisons en bois ou les manches en bois des outils. La femelle pond ses œufs dans les ouvertures creusées dans le bois. Quand on prend cet insecte dans la main, il reste parfois plusieurs minutes immobile pour simuler la mort.

Méloé

Meloe proscarabeus

Au début du printemps on peut découvrir dans l'herbe ce coléoptère trapu qui mesure entre 12 et 35 mm. Ses élytres sont très courts et ne recouvrent qu'une petite partie de l'abdomen. Il marche lentement dans l'herbe ou près des chemins. La femelle, reconnaissable à son gros abdomen, dépose ses œufs dans un petit trou dans l'herbe. Les larves, une fois écloses, remontent le long des tiges d'herbes ou d'arbustes et attendent qu'une abeille se montre; à ce moment, elles s'accrochent avec leurs pattes et se font transporter dans une ruche ou le nid d'une abeille solitaire. Là, elles se détachent et pénètrent dans les alvéoles. Elles mangent d'abord l'œuf de l'hôte, puis elles dévorent les réserves de miel et de pollen. Ces larves se modifient alors, elles deviennent très épaisses et il leur pousse de très courtes pattes, puis elles se transforment encore, devenant de fausses chrysalides immobiles. Au bout de quelque temps, cette chrysalide redevient une larve qui ne prend plus de nourriture et se transforme en chrysalide vraie d'où sort ensuite l'insecte adulte. Jusqu'ici nous n'avons pas encore été en mesure de découvrir les raisons de cette évolution relativement compliquée. Celle-ci s'appelle hypermétamorphose.

Trichode mange-abeilles
Trichodes apiarius

Dans les régions bien tempérées de l'Europe vit un coléoptère aux belles couleurs, qui mesure de 9 à 15 mm. C'est le trichode. Il est bleu-noir, velu, et ses élytres comportent le plus souvent trois taches ou bandes transversales rouge clair, mais ce dessin peut varier d'un exemplaire à l'autre. On rencontre l'insecte adulte entre mai et juillet sur les fleurs. Il se nourrit d'insectes. Ses larves se développent dans les nids d'abeilles isolés ou même dans les ruches où elles dévorent les larves et les chrysalides. Il leur arrive même de s'attaquer aux abeilles adultes.

Ver de farine
Tenebrio molitor

Ce ténébrion est le plus connu de son genre dans les maisons. Ses larves, dures et jaunâtres, constituent ce qu'on appelle les vers de farine. Le coléoptère mesure entre 14 et 17 mm de long. Il est originaire des régions chaudes d'où il a été importé en Europe et en Asie. Il se rencontre dans les moulins, dans les entrepôts de nourriture et dans les endroits analogues où il peut trouver de la chaleur et de la nourriture. Les insecticides modernes l'ont éliminé de presque partout. On le trouve encore dans les dépôts d'os ou de détritus, et là où on ne le pourchasse pas. On le trouve aussi quelquefois dans les amas d'excréments de poules ou de pigeons. Ses larves sont omnivores; elles mangent des débris végétaux aussi bien que de la viande en putréfaction. Les propriétaires d'aquariums élèvent les larves dans du son ou de la farine pour en nourrir leurs poissons. Les pêcheurs s'en servent souvent comme amorces, et ces vers servent aussi d'aliment pour les oiseaux exotiques, les lézards, les grenouilles, etc.

Cétoine doré
Cetonia aurata

De la mi-mai jusqu'en été on trouve, sur les fleurs des églantiers, des rosiers ou d'autres arbustes, le cétoine doré, coléoptère vert à l'éclat métallique, qui mesure de 14 à 20 mm. Il est très répandu dans presque toute l'Europe. Lorsqu'on approche d'un arbuste avec précaution, il est possible de capturer un de ces coléoptères. Mais dès qu'on touche une branche, on voit une nuée s'élever. La femelle dépose ses œufs dans des troncs ou des souches en décomposition, plus rarement dans une fourmilière. L'évolution de la larve dure environ une année au cours de laquelle elle mue deux fois pour atteindre une longueur de 4 à 5 cm. Puis elle s'entoure d'un fourreau fait de farine de bois, d'argile et d'un liquide visqueux, et s'y transforme en nymphe.

Altise (Puce terrestre)
Altica oleracea

L'altise, coléoptère mesurant seulement de 3 à 4 mm, de couleur vert foncé à bleu-vert, est très fréquente sur diverses plantes. Dans les vergers et les champs, elle préfère les différentes sortes de chou. Les altises vivent en colonie et mangent les feuilles et les fleurs.

Méloé

Ver de farine

des végétaux. Elles se meuvent par sauts, d'où leur nom de puce. Lorsqu'elles apparaissent en grande quantité, ce qui se produit surtout au cours d'été sec, elles peuvent causer des dégâts considérables. Les larves verdâtres ont un abdomen brun; leur corps est protégé par une carapace de chitine.

Coquette
Zeuzera pyrina

C'est un papillon très répandu par endroits en Europe et qu'on peut voir de mai à la fin d'août. L'envergure du mâle est d'environ 50 mm, et celle de la femelle atteint 70 mm. Les antennes sont courtes et filiformes. La femelle dépose ses œufs un à un sur le tronc des arbres. Les chenilles pénètrent dans le bois. Elles sont d'une couleur qui varie du crème au rougeâtre avec des taches brun foncé; la tête est généralement brun foncé. Elles mesurent jusqu'à 5 cm. Elles vivent dans le bois de tous les arbres feuillus, mais préfèrent les frênes, les ormes et les châtaigniers, souvent aussi les arbres fruitiers. Elles creusent des galeries sinusoïdales qui montent verticalement à l'intérieur des troncs. Le bois d'un arbre fortement atteint perd toute valeur.

Hanneton commun
Melolontha melolontha

Le hanneton commun est un des insectes les plus connus et les plus nuisibles. Il atteint une longueur de 20 à 30 mm. Dans les régions relativement chaudes, il apparaît dès la fin d'avril, dans les régions plus septentrionales ou situées à des altitudes plus élevées, à la mi-mai. Il disparaît de nouveau en juin. C'est un animal nocturne. Dès le crépuscule il vole dans les jardins, les parcs et les bois où il attaque des arbres fruitiers, de jeunes chênes, souvent aussi des mélèzes, etc. Lorsqu'ils se reproduisent beaucoup, ils causent des dégâts considérables en faisant table rase des feuilles. Les larves sont également très nuisibles. Le femelle pond ses œufs en petits tas de 10 à 30 unités dans le sol, généralement en juin. Au total elle pond environ 100 œufs. Au bout d'un mois éclosent les larves appelées vers blancs qui se nourrissent de matières en putréfaction dans le sol. Elles hivernent profondément enfouies dans le sol, réapparaissent au printemps et alors rongent les racines des cultures et des jeunes arbres. Le cycle d'évolution de la larve dure de deux à trois ans; puis, elle se chrysalide dans le sol à une profondeur de 35 à 80 cm; en automne de la même année éclôt le coléoptère. Il hiverne dans le sol et ne remonte à la surface qu'au printemps de l'année suivante. C'est à ce moment que l'on voit les grands essaims qui ravagent les arbres et le cycle recommence. Les «années à hannetons» se produisent une fois tous les trois ou quatre ans conformément à l'évolution décrite. Dans les régions plus septentrionales le cycle peut durer 5 ans.

Gâte-bois
Cossus cossus

Le gâte-bois est un grand papillon nocturne d'une envergure qui peut atteindre 90 mm, et qui est très répandu en Europe. Dans la journée il se tient plaqué sur le tronc des arbres, le thorax légèrement décollé. Il vole le soir. Les antennes du mâle sont pectinées, celles de la femelle dentées. La femelle dépose à l'aide de sa tarière des petits tas de 15 à 20 œufs dans les fissures de l'écorce des peupliers, des saules ou des chênes, de préférence âgés et situés dans les jardins ou les allées. Elle pond en tout 700 œufs. Les chenilles éclosent au bout de 14 jours et forent des galeries sous l'écorce. C'est là qu'elles hivernent et au printemps suivant chaque chenille continue à pénétrer plus profondément dans le bois. Ces galeries sont irrégulières, de section ovale, mesurent 15 mm de diamètre et atteignent plus d'un mètre de long. Après une courte hivernation, les chenilles se chrysalident en mai

Cétoine doré

Altise

de la troisième année dans un cocon fait de farine de bois, aggloméré tout près de la sortie d'une galerie. La chenille, à la fin de sa croissance, peut mesurer jusqu'à 10 cm et si on la prend dans la main, on sent une odeur acide et écœurante très particulière. Trois à six semaines plus tard éclôt l'insecte adulte. Quand un arbre est attaqué par un grand nombre de chenilles, son bois est considérablement déprécié, et il arrive qu'il en meure.

Feuille morte du chêne
Gastropacha quercifolia

C'est un papillon largement répandu dans toute l'Europe. Son envergure atteint 80 mm. Ses ailes sont découpées et son abdomen est très épais. Sa couleur et la disposition des ailes au repos lui ont fait donner son nom. Il vole au cours des soirées chaudes entre juin et août. Parfois il est attiré par la lumière et atterrit dans une maison. La chenille vit sur les arbres fruitiers, mais aussi sur d'autres arbres feuillus et sur les épines noires. Elle est gris-brun, légèrement velue et porte des verrues rouges sur les côtés du dos. Elle mesure plus de 10 cm. Lorsque ces papillons sont nombreux, ils provoquent des dégâts considérables dans les pépinières et les vergers. Le cocon de la chrysalide est doux et velu.

Sphinx du troène (Sphinx du fusain)
Sphinx ligustri

Entre juin et septembre on peut voir sur les lilas, les troènes et les fusains une grande chenille vert clair dont les flancs s'ornent de bandes violettes obliques qui se bordent de blanc vers le centre. Elle porte une corne jaune à son extrémité. C'est la chenille du sphinx du troène, un grand et très beau papillon de nuit d'une envergure d'environ 90 mm. Il vole rapidement à la tombée de la nuit en mai et en juin, et plus rarement jusqu'en août. Il atterrit souvent dans les maisons, attiré par la lumière.

Grand paon de nuit
Saturnia pyri

Le grand paon de nuit, pourvu de belles couleurs et d'une envergure de plus de 120 mm, est le plus grand des papillons européens. Il vit dans les régions méridionales et relativement chaudes du continent. Il vole au mois de mai, au cours des soirées chaudes, dans les vergers, les allées, les jardins ou à l'orée des forêts. La femelle dépose ses œufs sur les arbres fruitiers, notamment les poiriers, parfois aussi sur les saules. La chenille est vert clair, recouverte de verrues étoilées bleu clair ou roses, et possède des soies sur les côtés. Ses flancs portent des taches rouges. Chaque segment porte sur la face dorsale deux grandes verrues bleues d'où saillent deux longs stylets soyeux et plusieurs soies plus courtes. La chenille mesure plus de 10 cm. Quand on la prend dans la main, elle émet une sorte de grincement. Elle se chrysalide dans un cocon brunâtre, entre les branches des arbres.

Paon de jour
Nymphalis io

Le paon de jour, qui peut atteindre 60 mm d'envergure, est répandu partout en Europe. Il donne naissance à trois générations entre mars et l'automne. Les exemplaires qui volent en mars sont des femelles qui ont hiverné et qui étaient déjà venues devant nos fenêtres en septembre. Elles ont passé l'hiver dans des caves, cachées derrière des volets ou dans des cavités. Les chenilles vivent d'avril à septembre en groupes, surtout sur les orties, mais aussi sur le houblon ou sur les ronces. Elles sont noires, parsemées de points blancs et comportent des soies noires. La chrysalide est brun clair avec des taches dorées; elle pend toujours la tête en bas. Au bout d'une à deux semaines elle donne naissance à un papillon. Les chrysalides de la troisième génération hibernent et les papillons n'en sortent qu'au printemps de l'année suivante.

Hanneton commun

Vulcain
Vanessa atalanta

Ce beau papillon vole de juin à l'automne dans les endroits découverts des jardins, des parcs et des champs. Il en existe deux générations par an. Les individus de la deuxième génération hivernent et se remontrent au début du printemps. Les chenilles sont généralement noires, et leurs flancs s'ornent de bandes jaunes. Mais on trouve bien d'autres nuances dans leur coloration. Elles sont pourvues de piquants. On les trouve en mai et en juin, puis en août et en septembre, surtout sur les orties où elles vivent dans les feuilles qu'elles enroulent.

Flambé
Papilio podalirius

C'est un grand papillon de jour, dont l'envergure peut atteindre 75 mm. Le flambé vole en avril et en mai pour la

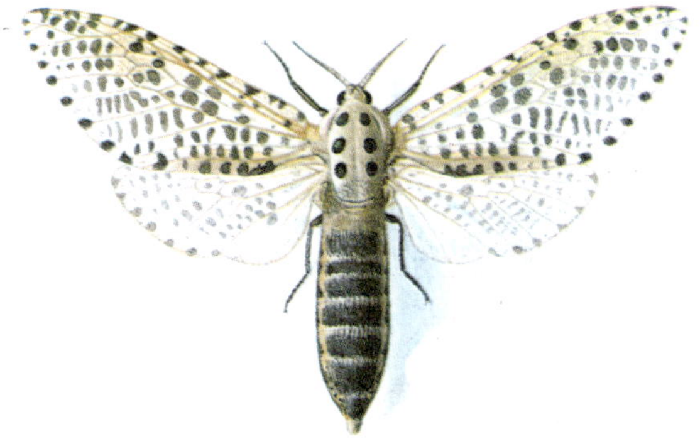

Coquette

Gâte-bois

Feuille morte du chêne

première génération, et en août et en septembre pour la seconde. Ses ailes antérieures bordées de noir sont jaune clair avec trois bandes transversales plus courtes. Les ailes postérieures s'ornent sur les bords noirs de croissants bleus et d'un ocelle de couleur rouille. Elles se terminent en éperon. La femelle dépose ses œufs un à un sur des arbres fruitiers dans les vergers, mais aussi sur les aubépines qui poussent sur les pentes ensoleillées. La chenille éclôt environ 10 jours plus tard. Elle est verte. La ligne médiane du dos est soulignée par un trait jaune dont partent sur les côtés des bandes obliques de la même couleur. Elle se chrysalide la tête en bas et s'attache au moyen d'une boucle fibreuse. La chrysalide est facilement reconnaissable aux protubérances qui la recouvrent.

Petite tortue
Aglais urticae

Ce papillon d'une envergure d'environ 50 mm est très fréquent à partir du printemps et jusqu'au mois d'octobre. Beaucoup de femelles et quelques mâles hivernent dans des caves, derrière des fenêtres, etc. pour faire leur apparition l'année suivante dès la fin de mars ou d'avril. Dès le mois de juin on rencontre déjà une nouvelle génération et entre juin et octobre encore une ou deux autres. La coloration de la petite tortue est très variable. Certains exemplaires sont de couleur très foncée. Elle vole dans les jardins et les parcs, mais aussi sur les prés en pente, dans les champs et les clairières. La chenille est noire avec des bandes longitudinales jaune-vert, et porte des piquants. Elle vit de mai jusqu'en automne sur des orties, plus rarement sur le houblon.

Piéride du chou
Pieris brassicae

La piéride du chou est très largement répandue dans toute l'Europe. Parfois on peut en voir des centaines dans les pota-

Sphinx du troène

Grand paon de nuit

Paon de jour

gers, les champs et les vergers. On compte de deux à trois générations entre avril et l'automne. Son envergure atteint environ 55 mm. Les ailes antérieures du mâle sont blanches avec un coin noir, celles de la femelle s'ornent au bord supérieur de deux taches anguleuses et d'une tache oblongue. La femelle pond ses œufs en petits paquets géométriques sur la face inférieure des feuilles de chou et d'autres légumes, mais toujours de crucifères. Les chenilles dévorent ensuite ces feuilles et n'en laissent que les pétioles et les nervures. On les trouve en mai et en juin, puis en août et en septembre. Elles ont une belle coloration: elles sont jaune-vert parsemées de points noirs et comportent une bande jaune sur le dos et le long des deux flancs. Avant de se chrysalider, la chenille monte le long des murs, des troncs d'arbres, des bornes, des poteaux, etc. La chrysalide est jaune-vert, tachetée et mouchetée de noir. Heureusement, les chenilles innombrables sont souvent victimes d'ichneumons qui les parasitent et les détruisent.

Aurore
Anthocharis cardamines

Dès que le soleil redevient chaud, au début d'avril ou même à la fin de mars et jusqu'en juin, on peut voir l'aurore, qui est très fréquente, voler au ras du sol dans les jardins, les parcs et les forêts claires. Le mâle est très remarquable, car la partie antérieure de ses ailes est d'un orange éclatant, qui n'existe pas chez la femelle. L'envergure de l'aurore atteint environ 40 mm. La chenille est bleu-vert avec une bande blanche sur les côtés. Elle vit de juin à août, surtout sur le cresson et d'autres crucifères.

Mouche charbonneuse
Stomoxys calcitrans

A la campagne où l'on pratique l'élevage du bétail, pullule dans les étables la mouche charbonneuse qui atteint une taille de 6 à 7 mm. La femelle pond ses œufs dans les crottes du bétail où se développent alors des larves blanches. Mais la mouche charbonneuse pénètre même dans les habitations où elle importune l'homme. Sa piqûre provoque une sensation désagréable de déman-

Flambé

Petite tortue

Vulcain

Piéride du chou

geaison. Jadis, elle présentait un véritable danger, car elle transportait des maladies comme le charbon et dans les pays tempérés même la peste, etc. En raison de la prévention et de la propreté des étables et des habitations, un tel danger n'existe plus en Europe.

Mouche à damiers
Sarcophaga carnaria

La mouche à damiers atteint une taille de 10 à 16 mm. Elle pénètre souvent dans les habitations où elle recherche la viande dans laquelle elle dépose directement des larves vivantes sans pattes. Elle les pose également dans la nature sur les vertébrés qui viennent juste de périr. On retrouve la mouche adulte même sur les fleurs, les murs des maisons, etc. Une fois évoluée, sa larve s'enfonce dans le sol où elle forme une nymphe en forme de «barillet» brun.

Mouche domestique
Musca domestica

Dans le monde entier la mouche domestique est l'insecte le plus répandu dans les habitations humaines et leurs environs. Sa taille atteint 7 à 8 mm. La femelle pond des œufs dans le fumier, dans les déchets en décomposition ainsi que dans les excréments. Si les conditions sont favorables, elle se reproduit très rapidement et il suffit de deux semaines pour qu'apparaisse une nouvelle génération de mouches. La mouche domestique peut donner plusieurs générations par an et surtout en été elle se manifeste en populations très nombreuses. Vers la fin de l'automne ou au début de l'hiver, la plupart des mouches adultes périssent, mais leurs larves ou leurs nymphes hivernent. La mouche domestique transporte toutes sortes de maladies. Elle a cependant de nombreux ennemis, comme les oiseaux et certains insectes. Le plus souvent elle est détruite aussi par un champignon particulier se présentant sous forme de poudre blanche sur son corps. Ainsi, on retrouve souvent des mouches crevées, comme saupoudrées, derrière les fenêtres.

Mouche dorée
Lucilia caesar

Cette mouche qui mesure de 7 à 10 mm est très répandue partout. Elle se tient de préférence sur des plantes assez hautes ou sur des buissons, mais on la rencontre aussi sur les cadavres d'animaux ou sur les excréments humains où la femelle dépose ses œufs. Les larves se développent dans les excréments ou dans d'autres substances en putréfaction, que la mouche dorée, animée d'un mouvement perpétuel, détecte rapidement grâce à son odorat perfectionné, qui est localisé dans les antennes.

Puce de l'homme
Pulex irritans

La puce de l'homme est un insecte aptère bien connu. On la retrouve dans le monde entier. Le mâle atteint une taille de 2 mm et la femelle de 3 à 4 mm. La puce de l'homme se plaît surtout sur l'homme, mais aussi sur les chiens, les chats et de nombreux autres animaux. Après avoir sucé du sang, la femelle pond ses œufs qui tombent dans les fentes du plancher, dans la paille au fond d'une niche de chien, etc. Pendant trois mois, elle pond de 4 à 8 œufs par jour. Les larves aptères d'un blanc sale éclosent au bout de 2 à 12 jours. Elles muent trois fois. Elles se développent à une température de 18 à 27 °C et dans une humidité de 70 %. Elles ne supportent plus une température supérieure à 27 °C. Favorables pour leur développement sont surtout les sols sableux et partiellement humides. Elles se nourrissent de fins déchets ainsi que des excréments des puces adultes qui contiennent des résidus de sang. Seules, elles sont cependant incapables de se nourrir du sang des animaux. En quelques jours, les larves se transforment en nymphes immobiles qui se recouvrent d'un cocon tressé de morceaux de plumes, de terre, etc. Dans des conditions favorables, la puce évolue environ 4 semaines et en hiver, 6 semaines dans les habitations. Elle vit jusqu'à un an et demi; la femelle arrive à résister sans nourriture jusqu'à six mois. La puce adulte se nourrit de sang et elle peut en consommer jusqu'à 0,5 cm^3 en une seule fois.

Aurore

♀

Puce de l'homme

Elle suce le sang deux à trois fois par jour. L'endroit où s'est produite la succion devient rouge et enfle. On peut lutter contre les puces avant tout par la propreté, en brûlant les ordures, en nettoyant les niches des chiens, les lits des chats, etc. On recommande également de mettre les couvertures, les oreillers, etc. au soleil où la température élevée tue les puces et leurs larves. La puce fait des bonds de 30 cm de long et 10 cm de haut.

Crapaud vulgaire
Bufo bufo

Le crapaud est répandu partout en Europe et même en Asie. Curieusement, il est à peu près absent d'Angleterre, qui autrefois en importait des quantités de France comme auxiliaires des jardins. Il mesure d'habitude 12 cm de long, mais peut aller jusqu'à 20 cm quand il s'agit d'individus méridionaux. Il se tient dans les jardins, tout près des maisons, parfois aussi dans les caves. Mais il vit également dans les forêts et dans les champs. Dans la journée il reste caché dans des recoins humides, sous des galets, dans un trou du sol ou sous un feuillage épais et ne va à la chasse qu'au crépuscule. Il se nourrit d'insectes et de leurs larves, de vers, de mollusques, de limaces, de petits amphibiens et s'il s'agit d'un crapaud de belle taille, il est capable d'avaler même un oisillon ou une souris. L'hiver il se cache dans des trous, des fissures et d'autres endroits pourvu qu'ils soient secs, mais il peut aussi bien passer la mauvaise saison dans une cave. Au printemps les crapauds se rassemblent de très loin dans les étangs ou dans les mares où les femelles pondent chacune deux chapelets d'environ 6000 œufs que les deux parents enroulent autour des plantes aquatiques. 12 jours plus tard éclosent les têtards qui vivent en groupes compacts. Au bout de 77 à 91 jours, ceux-ci se transforment en petits crapauds qui quittent l'eau, cette eau que les adultes avaient quittée dès après la fécondation et la ponte. Les petits croissent lentement et ne deviennent adultes qu'à l'âge de 5 ans. La durée de vie d'un crapaud vulgaire est de 40 ans. Durant la période d'accouplement le mâle fait entendre un cri qui ressemble à un grognement.

Étourneau sansonnet
Sturnus vulgaris

A l'origine, l'étourneau sansonnet affectionnait les forêts de feuillus. Mais actuellement, on ne l'y retrouve que rarement. Il s'est rapproché en effet des habitations humaines et se plaît dans les jardins, les parcs et les vergers, surtout là où l'homme lui a construit des nichoirs. Il niche cependant même dans

Mouche charbonneuse

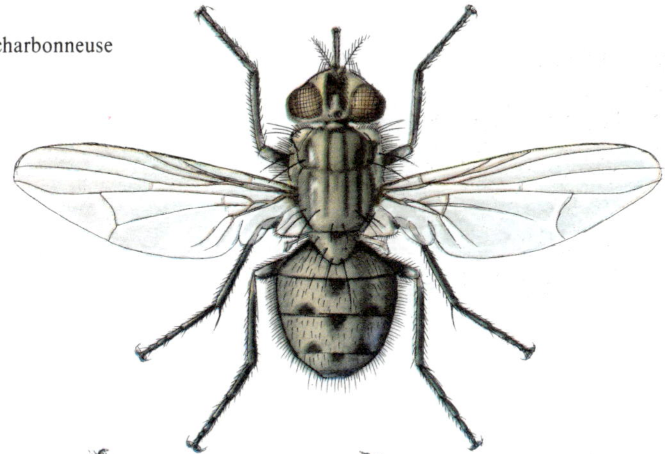

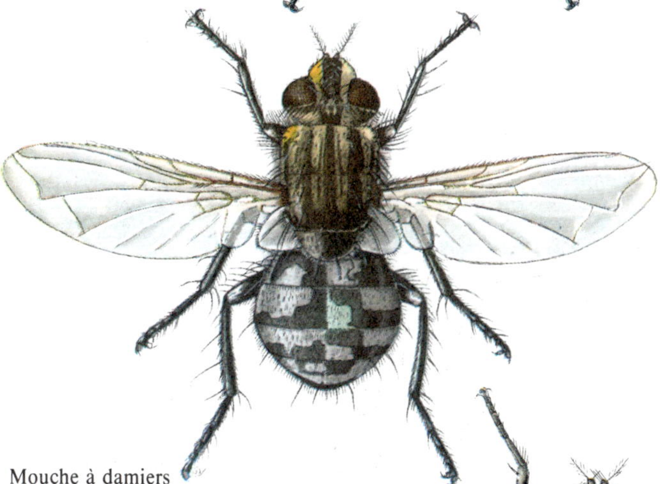

Mouche à damiers

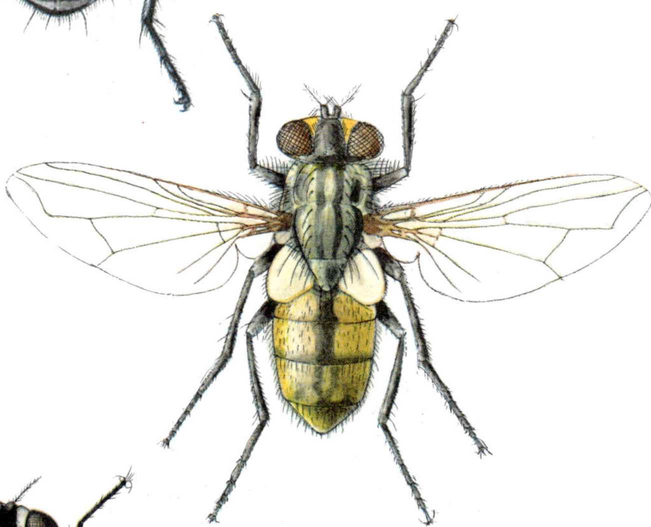

Mouche dorée

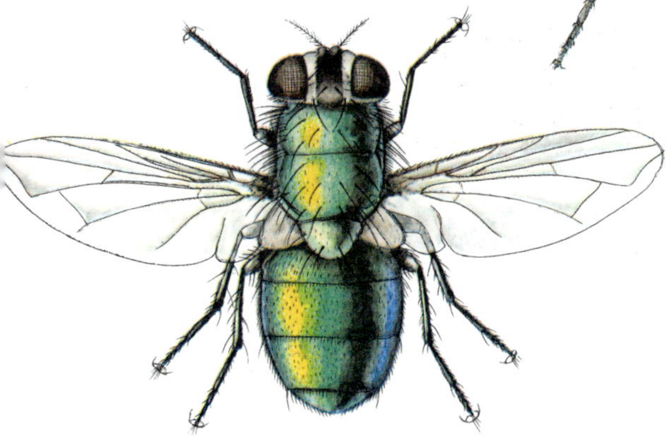

Mouche domestique

les cavités des arbres et des murs. Il construit son nid avec de petites racines, des herbes sèches, etc. La femelle se charge de la construction tandis que le mâle lui apporte de temps en temps des matériaux. Vers la fin d'avril, la femelle pond de 5 à 6 œufs vert-bleu que les deux parents couvent alternativement pendant 14 jours. Ils nourrissent leurs petits essentiellement d'insectes. Les étourneaux se rendent également par bandes dans les vergers où ils se nourrissent de cerises et causent surtout des dommages dans les vignobles. Certains couples nichent encore une fois en juin. Jusqu'à septembre, avant de migrer vers les pays chauds en Europe méridionale et l'Afrique du Nord, les étourneaux errent par bandes nombreuses dans la région et passent la nuit dans les roseaux. Certains étourneaux d'Europe hivernent en Angleterre et, la nuit, se réfugient dans les maisons d'habitation au centre de Londres où l'on entend le soir leurs cris bruyants avant de se coucher.

Cochevis huppé

Galerida cristata

Genre d'alouette, le cochevis huppé est répandu dans presque toute l'Europe. Il se tient au voisinage des villes et des villages sur des endroits découverts. Il ne se distingue guère de l'alouette des champs que par sa huppe. En hiver, il fait son apparition même dans les villes. Au printemps, des couples de cochevis huppés occupent leurs territoires de nidification et, en avril, construisent leurs nids dans un creux à même le sol avec des chaumes, de petites racines, des poils et des plumes. La femelle pond de 3 à 5 œufs blanchâtres, parsemés de taches sombres. Elle les couve pendant 13 jours. Elle nourrit ses petits de larves et d'insectes. Ceux-ci quittent le nid 9 jour après l'éclosion et se dissimulent dans les environs. Ils ne commencent à voler qu'à partir du 16e et du 18e jour. En juin ou en juillet, le couple niche une deuxième fois. Les adultes se nourrissent avant tout de diverses graines et de blé.

Pinson des arbres
Fringilla coelebs

Dès la fin de février, on peut entendre chanter le mâle du pinson des arbres dans tous les jardins et les parcs. Mais il vit aussi dans les forêts et en montagne jusqu'à une altitude de 1500 m. C'est un oiseau migrateur qui part à la fin de septembre vers le sud de l'Europe pour revenir dès le mois de février. Certains pinsons restent dans leurs quartiers de indification pendant l'hiver, et en Europe centrale on voit hiverner des pinsons venus de régions plus au nord. D'habitude il s'agit de mâles. Ce sont eux qui fréquentent les mangeoires en hiver et ils sont souvent si confiants qu'ils vont jusqu'à picorer la nourriture dans la main. Dès la seconde moitié du mois d'avril, le pinson des arbres construit son nid rond avec de la mousse, des lichens, des morceaux d'écorce de bouleau, etc., et il le tapisse avec des poils et des plumes. Il le place 2—10 m au-dessus du sol, généralement près du tronc dans une fourche des branches, parfois aussi dans un buisson. Ce pinson niche deux fois de suite dans le même nid. La femelle pond 4 à 6 œufs d'un blanc brunâtre ou bleuâtre, mouchetés et pointillés de rouille ou de brun. Les petits éclosent au bout de 13 à 14 jours. Ils sont nourris par les deux parents, surtout avec des insectes et des chenilles. Les pinsons adultes mangent surtout des graines qu'ils trouvent sur le sol. Il leur arrive aussi de picorer des fruits.

Crapaud vulgaire

Étourneau sansonnet

Cochevis huppé

Verdier d'Europe
Carduelis chloris

Le verdier est répandu dans les jardins et les forêts de toute l'Europe. Une partie d'entre eux émigre en Italie pour y passer l'hiver, mais beaucoup d'autres restent fidèles à leur patrie et rejoignent les bandes d'autres oiseaux sédentaires. Certains fréquentent alors les villes où ils trouvent de la nourriture et ils deviennent ainsi les visiteurs réguliers des mangeoires préparées pour les passe-

Chardonneret

Pinson des arbres

Verdier d'Europe

reaux. Le verdier construit son nid tôt au printemps, parfois dès le mois d'avril, mais le plus souvent en mai, de préférence sur des conifères. Ce nid, qui est placé de 1 à 20 m de hauteur, est confectionné avec des radicelles et des ramilles, tapissé à l'intérieur de poils et de plumes. La femelle pond 5 ou 6 œufs blanchâtres, tachetés et mouchetés de rouille et de brun. Les jeunes quittent le nid au bout de 12 à 17 jours, bien qu'étant encore incapables de voler. Pendant quelques jours encore les parents les nourriront. Quand les jeunes sont partis, les parents nichent une seconde fois, et souvent une troisième fois en août.

Chardonneret
Carduelis carduelis

Cet oiseau au magnifique plumage est très prudent pendant la période de nidification et sait se cacher à merveille dans l'enchevêtrement des branches et des feuillages. Mais en automne et en hiver on peut l'observer facilement quand il picore les graines au sommet des tiges des chardons. A cette époque, il vit en bandes, souvent avec d'autres oiseaux. Dès la fin d'avril, la femelle construit son nid qu'elle place généralement sur les branches extérieures des arbres à feuilles à 3—10 m du sol. Il est fait de radicelles, de mousse, de lichens, souvent aussi de toiles d'araignées. L'intérieur est tapissé douillettement de crin, de duvet et de laine. A la mi-mai, la femelle pond de 4 à 6 œufs blanchâtres, tachetés et mouchetés de violet et de rouge qu'elle couve seule pendant 12 à 14 jours. Pendant ce temps le mâle la nourrit. Les jeunes éclosent presque nus, et la mère les tient au chaud pendant encore quelques jours. Les deux parents les nourrissent d'abord avec des insectes, puis avec diverses graines qu'ils épluchent et ramollissent dans leur gésier. Les jeunes quittent le nid à l'âge de 13 à 15 jours. On les reconnaît alors facilement à leur tête grise. Vers la fin de l'été, les chardonnerets se rassemblent en petites bandes. Le mâle possède un chant très mélodieux.

Hirondelle de fenêtre
Delichon urbica

Dans la deuxième quinzaine d'avril, apparaît l'hirondelle de fenêtre. Elle construit son nid sous les corniches des maisons, souvent au-dessus des fenêtres, et parfois les différents couples s'installent les uns à côté des autres. A la différence de l'hirondelle de cheminée, son nid est presque entièrement fermé. L'intérieur est tapissé de plumes, de chaumes, etc. La femelle pond de 4 à 5 œufs blancs que les deux parents couvent alternativement pendant 12 à 13 jours. Après l'éclosion, ils nourrissent leurs petits encore durant 20 à 25 jours. Souvent, ils nichent une deuxième fois en juillet. Les hirondelles de fenêtre chassent divers insectes qu'elles happent au vol. Au mois de septembre, les individus européens rejoignent leurs quartiers d'hiver au sud du Sahara. Pendant la nidification, les nids contiennent quantité de parasites.

Moineau domestique
Passer domesticus

Le moineau domestique est l'oiseau le plus répandu en Europe. Il se tient à proximité des habitations humaines. Entre avril et août, il niche jusqu'à quatre fois. Mais déjà en février on peut observer sa danse nuptiale au cours de laquelle le mâle baisse ses ailes et sautille devant la femelle. Il construit son nid avec des chaumes, des fibres, des poils, des plumes, etc. directement sur les branches des arbres. Sur certains arbres, on peut apercevoir même plusieurs nids à la fois. Certains de ses congénères s'installent également dans des nichoirs, des cavités d'arbres, dans des gouttières, des cavités dans les murs, etc. Son nid a une forme circulaire avec une petite entrée sur le côté. La femelle pond de 3 à 8 œufs mouchetés de coloration assez variable. Les jeunes éclosent au bout de 13 à 14 jours. Le moineau domestique se nourrit de diverses graines, de bourgeons ainsi que des parties vertes des plantes. En été, il chasse également les insectes dont il nourrit ses petits. Cependant sa nourriture se compose essentiellement de céréales sur lesquelles il cause donc des dommages. En Chine, le moineau a été proclamé comme un ennemi national. Déjà sous le règne de Marie-Thérèse, les paysans étaient tenus de détruire le moineau. Le moineau domestique est un oiseau sédentaire. En hiver, il s'installe par bandes autour des habitations humaines où il profite des mangeoires installées derrière les fenêtres.

Serin
Serinus serinus

Le serin est répandu dans presque toute l'Europe. Sa patrie d'origine se situe sur les bords de la Méditerranée. C'est vers 1800 qu'il s'est mis à pénétrer au-delà des Alpes et au milieu du XIXe siècle il s'y est multiplié, puis il a continué son expansion. En Hollande il a commencé à nicher en 1922 et il a fait sa première apparition au Danemark en 1949. De nos jours il monte même dans les montagnes et y vit jusqu'à une altitude de 1350 m. Mais il se tient toujours près des maisons, dans les parcs, les jardins, les cimetières, à l'orée des forêts. C'est la femelle seule qui construit son nid avec des radicelles, des chaumes, des feuilles, etc. Elle le tapisse de laine végétale, de crin et de plumes. Elle le place sur une branche horizontale, d'habitude près du tronc à une hauteur de 1 à 6 m au-dessus du sol. C'est là qu'elle pond de 3 à 5 œufs le plus souvent d'un

Moineau domestique

Hirondelle de fenêtre

blanc sale, parfois bleu clair, tachetés et mouchetés de rouille et de brun. Les petites taches forment souvent une petite couronne autour du bout aplati. La femelle couve seule, alimentée par le mâle. Les jeunes restent pendant 11 à 14 jours au nid et sont nourris par les parents surtout avec des insectes. Quand les jeunes savent voler, les parents les nourrissent encore pendant 6 à 7 jours. Après la période de nidification, les serins se rassemblent en petites bandes et vagabondent avec d'autres granivores. Ils mangent alors des graines de chardons, d'aulnes, de bouleaux, qu'ils écalent. Ils repartent vers le sud de l'Europe en octobre, mais certains individus hivernent isolément en Europe centrale. Ils reviennent à la fin de mars ou au début d'avril et choisissent souvent le même arbre pour leur nid. Dès son retour le mâle fait entendre son chant du haut d'un arbre.

Hirondelle de cheminée
Hirundo rustica

L'hirondelle de cheminée est un des oiseaux les plus répandus nichant en Europe. A l'origine, elle nichait sur les rochers où elle construisait sous les saillies des parois abruptes son nid en forme de coupe. Cependant, depuis plusieurs centaines d'années, elle construit déjà sa demeure sur les habitations humaines, surtout campagnardes où pullulent les insectes des étables. Elle installe son nid sous les rebords des toits, etc. qu'elle construit avec de la terre gâchée mélangée avec de la salive et collée par boulettes les unes sur les autres. Elle tapisse le creux du nid avec des chaumes et des plumes. En mai, la femelle pond de 4 à 6 œufs blanchâtres, sombrement mouchetés qui éclosent après 13 jours d'incubation. Les jeunes hirondelles s'envolent du nid déjà trois semaines après. En automne, elles se réunissent par bandes nombreuses et passent la nuit dans les roseaux. Puis, un jour, toute la bande s'envole pour migrer vers les pays chauds de l'Afrique où elles passent l'hiver. Elles reviennent de nouveau dans nos pays en avril.

Hirondelle de cheminée

Serin

Mésange charbonnière

Mésange charbonnière
Parus major

Parmi les mésanges les plus nombreuses figure la mésange charbonnière qui habite toute l'Europe à l'exception de sa partie septentrionale. Elle affectionne les bois, les parcs, mais aussi les jardins à proximité des lieux habités. Elle construit son nid dans des cavités avec des mousses, des poils, des plumes, etc. Elle se plaît aussi dans des nichoirs surélevés ainsi que dans des fissures de murs, voire dans des boîtes aux lettres, etc. Sa construction est soigneusement aménagée et confortablement tapissée. La femelle pond de 6 à 14 œufs blanchâtres, ornés de taches d'un rouge brun qu'elle couve pendant 13 à 15 jours. Pendant ce temps, le mâle lui apporte de la nourriture composée surtout de diverses chenilles dépourvues de poils. Les deux parents nourrissent les jeunes à tour de rôle avec des insectes et des larves pendant 15 à 20 jours. Une fois redevenu indépendant, le couple niche souvent une deuxième fois. En automne, les mésanges charbonnières se réunissent par petites bandes et errent en compagnie d'autres espèces de mésanges. Elles fréquentent souvent les mangeoires installées derrière les fenêtres ou dans les jardins. A cette époque, on voit apparaître des mésanges même dans les régions plus septentrionales. En hiver, elles se nourrissent de diverses graines, d'œufs et de nymphes d'insectes dissimulés dans l'écorce des arbres.

Merle noir
Turdus merula

Le merle est un des oiseaux qui se sont installés en permanence au voisinage des habitations humaines. Il construit son nid directement sur les maisons, les rebords de fenêtres ou les poutres dans les remises. Dans les jardins ou dans les bois, il installe sa demeure sur un buisson ou un arbrisseau. Comme matériaux il emploie les chaumes, les petites racines, les feuilles, etc. La femelle pond de 4 à 6 œufs vert-bleu, finement mouchetés de gris et de brun, parsemés de points et de traits. Elle les couve seule pendant 13 à 14 jours. Les jeunes sont nourris par les deux parents en commun. Après avoir quitté le nid, le mâle se charge de les nourrir encore un certain temps pendant que la femelle prépare déjà un autre nid ou remet l'ancien en état pour une deuxième nichée. Le merle niche jusqu'à trois fois l'an. Le mâle se plaît à chanter, perché sur un grand arbre, déjà bien avant l'aube. Le soir, son chant agréable et sonore se fait également entendre au loin. Une partie des merles hivernent dans leurs demeures tandis que leurs congénères migrent dans les pays riverains de la Méditerranée.

Grive musicienne
Turdus philomelos

Dès le mois de mars, alors que les arbres sont encore dénudés, les grives musiciennes reviennent de leurs quartiers d'hiver au sud et les mâles entament aussitôt leur chant tonitruant dans la cime des arbres. Autrefois la grive musicienne était un habitant caractéristique des forêts, mais au cours des dernières décennies beaucoup d'entre elles se sont rapprochées de l'homme et vivent dans les jardins et les parcs. Elles construisent leur nid sur des arbres et dans les buissons, d'habitude assez près du sol, mais on peut le trouver aussi sur des murs, des poutres dans les toitures, etc. Il se compose de brindilles, de tiges et de radicelles qui sont «cimentées» à l'intérieur avec un mélange d'argile, de bois moisi et de salive. Ce revêtement intérieur permet de distinguer ce nid de celui des autres oiseaux. La femelle pond entre 4 et 6 œufs vert-bleu, légèrement mouchetés de noir qu'elle couve seule pendant 12 ou 13 jours. Les petits sont nourris par les deux parents avec des insectes, des vers, des mollusques, etc. A l'âge de 14 jours, les petits sautent du nid sur le sol, mais ne savent pas encore voler et continuent à être alimentés. Beaucoup de gens pensent qu'il s'agit de pauvres oisillons tombés de leur nid et les emportent. Mais il vaut mieux les laisser là où ils sont car les parents continuent à s'en occuper. L'alimentation des adultes est composée d'insectes et d'autres invertébrés, et en automne de diverses baies. En octobre la grive musicienne retourne dans ses quartiers d'hiver.

Fauvette à tête noire
Sylvia atricapilla

Cette fauvette se tient dans les parcs et dans les jardins où il y a beaucoup de buissons, mais aussi dans les forêts. Elle part pour ses quartiers d'hiver en Afrique centrale en septembre et revient à la fin d'avril. La tête noire est l'apanage du mâle: la femelle a la tête brune. La fauvette à tête noire construit son nid avec des brindilles et des toiles d'araignées, pas plus haut que 0,75 m au-dessus du sol dans des framboisiers ou des ronces, ou encore au milieu des grandes orties. La femelle pond de 4 à 6 œufs jaunâtres à verdâtres et tachetés de gris

Merle noir

Grive musicienne

Fauvette à tête noire

Gobe-mouches gris

ou de rougeâtre. Les jeunes éclosent au bout de 13 ou 14 jours et sont nourris par les deux parents essentiellement avec des insectes et de petites chenilles. Dix à treize jours plus tard, les jeunes quittent le nid et les adultes nichent généralement une seconde fois. Les oiseaux adultes se nourrissent surtout d'insectes et de leurs larves ainsi que d'araignées. Avant de partir en septembre ils mangent aussi des framboises, des airelles rouges et d'autres baies.

Gobe-mouches gris
Muscicapa striata

Le gobe-mouches gris est un petit oiseau insectivore vivant à la lisière des forêts, dans les parcs et dans les jardins. Il construit son nid avec des radicelles, des chaumes, etc. sur une petite poutre, sous le toit d'une remise, d'un chalet, etc. S'il le construit sur un arbre, alors il choisit une branche horizontale. La femelle pond de 4 à 6 œufs blanc-bleu, finement tachetés de gris et de roux. Les deux parents les couvent alternativement pendant 13 jours. Les jeunes quittent le nid déjà deux semaines après leur éclosion. Lorsque les jeunes prennent leur vol, leurs parents les initient encore pendant quelques jours à la chasse. Le gobe-mouches gris rejoint ses quartiers d'hiver en Afrique au mois de septembre d'où il revient vers le début de mai.

Rouge-queue noir
Phoenicurus ochruros

Dans la première moitié d'avril, parfois déjà vers la fin de mars, apparaît dans nos pays le rouge-queue noir. A l'origine, il habitait les régions rocheuses et montagneuses, mais petit à petit il s'est rapproché des habitations humaines où il a moins de peine à trouver de la nourriture. Il construit son nid souvent directement sous le toit des hangars, dans les granges, dans des cavités de murs, sur les moulures de fenêtres, etc. Comme matériaux il utilise de petites racines, des chaumes, des poils, etc. Il ne dédaigne pas non plus les nichoirs en bois. Le rouge-queue noir chasse de préférence au voisinage des endroits où pullulent les insectes qu'il happe au vol, mais il ramasse également diverses petites chenilles, etc. La femelle pond de 5 à 6 œufs d'un blanc pur. Les jeunes éclosent au bout de 14 jours et quittent le nid déjà avant de savoir voler. Ils se dissimulent ensuite parmi les pierres, dans les herbes, etc. Le rouge-queue noir rejoint ses quartiers d'hiver en Afrique du Nord au mois d'octobre.

Torcol fourmilier
Jynx torquilla

A la mi-avril on peut entendre dans les jardins et les parcs un cri plaintif et clair. C'est celui qui annonce le retour des torcols fourmiliers de leurs quartiers d'hiver en Afrique du Nord et de l'Est. Ce petit oiseau ne creuse pas son propre nid: il préfère les cavités naturelles. Il niche aussi quelquefois dans les nichoirs. Mais un simple trou dans un mur lui suffit. Le nid n'est jamais tapissé. La femelle pond en mai ou en juin de 7 à 10 œufs blancs que les deux parents couvent alternativement pendant 13 à 14 jours. Ensuite ils nourrissent tous deux les petits pendant 24 à 26 jours avec des insectes, des pupes de fourmis, etc. Les oiseaux adultes ont le même régime. Quand un étranger approche du nid, le torcol qui s'y trouve pousse un sifflement aigu qui souvent fait peur à l'intrus. Pour l'intimider et le faire fuir, il tourne sa tête de 180 ° autour de son long cou, bat des ailes et replie les plumes de sa queue. Le torcol fourmilier repart en août vers le sud.

Tourterelle turque
Streptopelia decaocto

Cet oiseau est actuellement l'un des plus répandus dans presque toute l'Europe. A l'origine, il ne vivait qu'en Asie Mineure et méridionale, d'où il a commencé à se répandre vers l'ouest, puis de là vers le nord il y a quelques décennies. La tourterelle turque s'est ensuite rapidement répandue et multipliée. A la différence des espèces apparentées, elle ne nous quitte pas en hiver, mais au contraire arrive à ce moment-là par bandes dans les villes. Elle niche plusieurs fois par an entre le début du printemps et l'automne; on connaît même des cas où cette tourterelle aurait niché en hiver à l'occasion d'une petite élévation de la température. Elle vit surtout dans les jardins. Son nid est situé sur des branches horizontales d'arbres et d'arbustes. La femelle pond deux œufs blancs. La tourterelle turque se nourrit de graines, d'insectes et de mollusques, et en hiver de restes de repas qu'elle trouve sur les décharges et dans les fumiers.

Chouette effraie
Tyto alba

La chouette effraie est une des rares chouettes que la présence de l'homme ne gêne pas. A l'origine, elle vivait sur les rochers, les ruines de vieux châteaux, dans les bois, etc. De nos jours, on la rencontre fréquemment dans les clochers des églises, dans les granges et les greniers, voire dans les pigeonniers.

Torcol fourmilier

Rouge-queue noir

Tourterelle turque

Chouette effraie

Pendant le jour, elle se dissimule dans les coins sombres et ne part en chasse qu'à la nuit. Elle se nourrit essentiellement de souris, de mulots, de moineaux et d'insectes. La femelle pond de 4 à 6 œufs blanchâtres qu'elle couve seule pendant 30 à 34 jours. Pendant ce temps, le mâle lui apporte de la nourriture, surtout des souris. Les jeunes sont aptes au vol le 50e jour après leur éclosion. Une fois indépendants, les jeunes s'éloignent à grande distance de leur nid tandis que leurs parents restent fidèles à leur demeure pendant toute la vie.

Taupe
Talpa europaea

On voit souvent dans les parcs et les jardins de petits monticules de terre et si on arrive à s'en approcher doucement à midi ou à 6 heures le soir, on a parfois la chance de voir la tête et les pattes antérieures d'une taupe qui travaille sans cesse pour amener la terre des galeries qu'elle creuse à la surface. Elle fait ainsi son terrier, mais aussi de longues galeries circulaires dans lesquelles elle attrape les vers, les insectes et les larves qui vivent dans le sol. La plupart des taupinières se trouvent dans des prés humides où le sol reste meuble même en hiver, car la taupe n'hiverne pas. On peut noter avec intérêt que la taupe constitue des réserves de vers de terre qu'elle paralyse en les mordant sur leurs centres nerveux. Ainsi ces conserves «vivantes» ne peuvent plus bouger. Comme elle creuse de longues galeries, la taupe rencontre souvent des rochers, une route ou d'autres obstacles. Elle vient alors à la surface et tente de les contourner. Mais cette apparition au grand jour lui est souvent fatale. Son «fort» se trouve généralement en dessous de la taupinière la plus importante à une profondeur d'environ 60 cm. C'est là que la femelle met bas de 3 à 9 petits minuscules et aveugles. Ils voient au bout de 3 semaines, tètent pendant 5 à 6 semaines, puis se rendent indépendants. Longtemps il y avait dans chaque village un «taupier». Ce métier ayant disparu, les taupes se sont extrêmement multipliées, et une conséquence curieuse a été du même coup la diminution des hannetons, car les vers blancs sont leur proie préférée. La taupe vit de 2 à 3 ans.

Hérisson commun
Erinaceus europaeus

Dans les forêts de feuillus et mêlées, les parcs et les jardins broussailleux, vit un mammifère hérissé de piquants: le hérisson. Il préfère les endroits secs. Dans la journée il se tient caché sous un tas de feuilles, dans un trou du sol ou encore dans des piles de bois et ne sort qu'au crépuscule pour chasser des in-

Taupe

Hérisson commun

Surmulot

Souris grise

sectes, des vers, de petits vertébrés, des escargots, et pour voler des œufs d'oiseaux. Ce dernier talent fait qu'il est indésirable dans les élevages de faisans. Il s'attaque aussi aux serpents, et même à la vipère. Celle-ci a beau se défendre, à chaque mouvement elle se blesse sur les piquants et finit par périr. Le hérisson la déguste alors avec appétit. Il est assez résistant au venin, bien que si la vipère arrive à le mordre au museau, il en meurt. Mais c'est une éventualité rare. La femelle construit son nid dans des cavités du sol ou dans des tas de feuilles mortes et y met bas de 3 à 8 petits aveugles dont les piquants sont encore blancs et mous. Les petits voient au bout de 14 jours. Il arrive que le hérisson effraie les visiteurs nocturnes d'un parc par son piétinement et sa respiration bruyante. Beaucoup de contes disent que le hérisson pique des pommes sur ses piquants et les emporte ainsi comme réserve. Mais c'est un simple conte de fées qui n'a rien à voir avec la réalité.

Souris grise
Mus musculus

La souris grise est originaire de l'Asie. De là on l'a introduite, déjà dans la préhistoire, dans de nombreuses autres régions puis, grâce à la navigation maritime, elle s'est répandue dans le monde entier. Elle s'est adaptée aux nouvelles conditions et s'est installée, naturellement comme un animal indésirable, dans les habitations humaines. On la retrouve sous le plancher, au grenier, dans la remise, dans les anfractuosités des murs, etc. Pour s'en débarrasser, il ne suffit pas de boucher le trou avec du mortier, car la souris est un rongeur qui arrive à faire des trous même dans des murs très épais. Elle fonde son nid dans les coins dissimulés avec des morceaux de papier, des torchons, de la paille, etc. La femelle met bas jusqu'à 12 petits d'abord nus et aveugles, qui ne commencent à ouvrir les yeux que 12 à 14 jours après leur naissance. Les jeunes

Belette

Fouine

Putois

deviennent adultes au bout de 6 à 7 semaines. La souris grise donne même plusiers générations par an. Elle se nourrit de graines, de divers déchets et, si elle forme une population nombreuse, elle peut causer de graves dommages dans les stocks de céréales ou d'autres aliments. La souris n'hiberne pas.

Surmulot (Rat gris, Rat d'égout)
Rattus norvegicus

Le surmulot serait probablement originaire de l'Asie du Nord-Est d'où il s'est répandu par la navigation maritime dans le monde entier. De nos jours, il fait partie des animaux les plus nuisibles, car il est doué d'une fécondité prodigieuse. En effet, la femelle donne jusqu'à sept générations par an de 6 à 9 petits, parfois même 22 à la fois. A leur naissance, les jeunes sont aveugles; ils ouvrent les yeux entre le 13e et le 17e jour. En certaines régions, ils se sont reproduits en si grand nombre que les habitants ont dû quitter leurs habitations. Le surmulot est omnivore; il dévore les aliments dans les magasins et s'attaque même à de petits vertébrés. On connaît des cas où le surmulot a dévoré des poulets ou des petits lapins. Outre les dommages qu'il cause à l'économie nationale, c'est un redoutable porteur de diverses maladies. Il se tient de préférence dans les endroits au voisinage de l'eau, notamment dans les canalisations urbaines d'où il peut pénétrer jusque dans les magasins, les étables, etc. C'est un excellent nageur et plongeur. Il vit en groupe et construit son nid dans des terriers qu'il creuse lui-même. Il vit 4 ans.

Fouine
Martes foina

La fouine est originaire des régions rocheuses où elle se manifeste encore, mais on la retrouve déjà en plus grand nombre au voisinage des habitations humaines où elle s'installe dans les granges et les greniers des maisons même habitées. Il n'est pas rare de la rencontrer même dans les grandes villes où elle a déjà surpris nombre de locataires. En effet, pendant la période des amours, elle trépigne et fait un tel bruit la nuit qu'elle effraie les hommes qui croient avoir affaire à la danse des esprits. Dans son repaire dissimulé derrière une poutre, etc. elle accumule des feuilles, des herbes, etc. Au printemps, la femelle y met bas de 3 à 7 petits qui ne commencent à voir qu'à partir du 34e jour. Elle les allaite pendant trois mois, mais déjà à l'âge de six semaines ils sont aptes à recevoir de la chair d'animaux. La fouine chasse, à la tombée de la nuit, des souris, des mulots, des rats ainsi que des petits oiseaux. Elle ne dédaigne pas non plus de fréquenter les poulaillers. Elle aime aussi les fruits, comme les cerises et les prunes qu'elle préfère même aux autres aliments.

Belette
Mustela nivalis

La belette est un petit animal carnassier répandu dans toute l'Europe. Elle vit dans les champs, les prairies, à la lisière des forêts, mais souvent aussi dans les villes. En hiver, elle s'installe même dans les granges, les remises et les étables. Elle y trouve en effet sa nourriture principale, les souris. En les chassant, elle arrive à se faufiler à travers les plus menus orifices. Elle chasse également les spermophiles, les rats, etc., parfois aussi les petits oiseaux. Elle tue sa proie en la saignant au cou, mais elle ne boit pas son sang comme on l'affirmait autrefois. Par son mode de vie elle est donc un animal utile. Dans un terrier bien dissimulé, la femelle dépose une portée de 3 à 7 et parfois même 12 petits, aveugles, qui ne voient qu'au bout de 21 à 25 jours. La mère allaite ses petits pendant 6 à 7 semaines, puis elle les initie à la chasse. La belette vit jusqu'à sept ans.

Putois
Mustela putorius

Le putois est un petit animal carnassier, redouté dans les lieux habités, répandu dans presque toute l'Europe. Il vit dans les bois et les champs, mais se tient volontiers à proximité des habitations humaines et se plaît dans les granges, les meules de paille, les tas de bois, etc. d'où il sort la nuit pour aller piller dans les poulaillers. Il peut saigner au cou plusieurs dizaines de poulets. Il s'introduit en creusant dans le sol même dans les volières où l'on élève des faisans et d'autres oiseaux. Il chasse les souris, les rats, mais aussi des oiseaux, des grenouilles et même des poissons. C'est en effet un bon nageur qui sait aussi plonger. Il ne grimpe que très mal. Il fonde sa demeure dans des terriers de lapins, dans des cavités, voire dans des tubes. Dans la période d'avril à mai, la femelle y met bas de 3 à 11 petits qui ont le poil blanchâtre et ne commencent à voir qu'au bout de 30 à 37 jours. Ils restent donc assez longtemps à la charge de leur mère. Le putois est un animal nocturne et ne commence à chasser qu'à la tombée de la nuit. Lorsqu'il se trouve en danger, il sécrète un produit d'une odeur nauséabonde qui détourne même un chien et lui permet de s'échapper.

Dans les forêts

Sans l'intervention humaine, la plus grande partie des continents serait couverte de forêts. N'en seraient dépourvus que les eaux, les rivages marins exposés aux tempêtes, les marécages, les prairies naturelles et les terrains de haute altitude. Tout le reste serait couvert par la forêt — l'association végétale la plus riche en espèces et la plus complexe — caractérisée par l'étage des arbres, à l'abri et à l'ombre duquel se trouve l'étage des arbuste; plus bas, celui des plantes harbacées et, finalement, au niveau du sol, l'étage des sporophytes : champignons, mousses et lichens. Actuellement, en Europe centrale, la forêt ne couvre que 30% environ de la superficie et, partout ailleurs, elle a dû laisser la place aux champs, aux prairies, aux agglomérations et aux voies de communication.

L'Europe centrale fait partie — en dehors de l'extrême nord-est — de la zone des arbres à feuilles caduques qui devient au sud celle des arbres à feuilles persistantes, à la végétation toujours verte des régions méditerranéennes, et, au nord, celle des forêts de conifères où dominent les pins, les mélèzes, les épicéas, mélangés à des bouleaux, des aulnes, des frênes et des arbustes feuillus dans les régions chaudes.
La composition spécifique des forêts naturelles dépend de la latitude comme de l'altitude. On trouve donc pour les arbres une limite nord et une limite en hauteur. Dans les plaines humides d'Europe centrale, au sol riche en nourriture, poussent des forêts composées d'aulnes, de saules, d'érables et de chênes. Sur les sols secs des plaines et des plateaux croissent des forêts de pins, sur les sols acides, des forêts de chênes mêlés de bouleaux. Sur les plateaux et les pentes s'échelonnent les forêts de chênes, de hêtres et d'épicéas.
Dans la forêt naturelle poussent des arbres d'âge et de tailles différents et, parmi l'espèce dominante, d'autres espèces encore. Suivant l'espèce dominante, on parle de forêts de conifères, de feuillus ou mixtes.

Les caractéristiques à considérer pour la forêt, naturelle ou non, en tant que biotope sont : l'étagement, la richesse spécifique, l'âge, l'humidité du sol ou de l'air et l'ombre. Dans la complexe association de la forêt, les diverses espèces doivent mener une lutte opiniâtre pour l'espace, la lumière et la nourriture. Mais par contre, on découvre des phénomènes d'entraide et de symbiose : par exemple le mycélium des champignons vit en symbiose avec les racines des arbres.

Chaque type de forêt possède sa composition spécifique surtout de l'étage arbustif et de celui des plantes herbacées. Dans les forêts de feuillus, ce dernier est très riche, dans les forêts de pins ou d'épicéas, il est par contre peu varié en espèce et pauvre. Dans les forêts de feuillus et dans les forêts mixtes, l'étage des plantes herbacées varie suivant la saison : au printemps, quand les arbres n'ont pas de feuilles, fleurissent de nombreuses espèces qui sont remplacées un peu plus tard par d'autres qui préfèrent l'ombre et l'humidité.

La plus grande partie de nos forêts sont actuellement des forêts artificielles cultivées dans le but de se procurer une matière première indispensable : le bois. On a donc planté des forêts de monoculture, c'est-à-dire des forêts renfermant une seule espèce d'arbres, le plus souvent des épicéas ou des pins. Ce type de forêts résiste mal aux vents et à la neige et on y voit souvent une surabondance d'insectes nuisibles. Les aiguilles tombées forment un humus humide qui se décompose mal, de sorte que les propriétés physiques et chimiques du sol en souffrent et la génération d'arbre suivante a beaucoup plus de mal à s'y développer. Ceci a aussi une influence défavorable sur les fonctions de régulation de l'humidité et du climat assurées par la forêt.

Les différents types de forêts sont habités par des animaux caractéristiques. On ne trouve pas les mêmes espèces dans les forêts de feuillus que dans les forêts de conifères ou les forêts mixtes. L'altitude joue son rôle et forêts de plaines et forêts de montagnes n'ont pas les mêmes habitants. Enfin, les étages particuliers de la forêts sont habités par des espèces d'animaux particulières dans le même type de forêt. Certaines espèces trouvent leur nourriture au sol, d'autres dans les buissons, d'autres sur le tronc des arbres, et d'autres enfin dans les cimes. On constate également une répartition de l'espace : chaque individu ou chaque couple d'espèces différentes possède son territoire qu'il défend et dont il chasse les autres individus de la même espèce. Les grands rapaces de la forêt ont un territoire de chasse étendu et sont par conséquent moins nombreux que par exemple les petits oiseaux chanteurs, insectivores auxquels suffit un territoire d'un rayon de 20 à 30 mètres autour du nid. Ceci dépend encore une fois du type de forêt. Dans une forêt de feuillus, où vivent beaucoup d'insectes, un oiseau a un territoire plus petit que dans une forêt d'épicéas. Les parcs constituent dans la forêt un domaine particulier. Dans ses espaces délimités, on élève pour la chasse de gros animaux qui y vivent en plus grand nombre qu'ils ne le feraient laissés à eux-mêmes. L'homme intervient activement dans leur vie, sélectionne les plus forts pour l'élevage et les nourrit régulièrement afin que, pourvus suffisamment de nourriture, ils ne détruisent pas les jeunes pousses. En hiver, quand il y a pénurie, les garde-chasse complètent également la nourriture du gibier vivant en liberté.

Les clairières constituent un biotope différent au milieu de la forêt où les conditions de vie ont été modifiées par l'abattage des arbres. Elles attirent des animaux aimant la chaleur qui affectionnent les endroits éclairés par le soleil. Il s'agit surtout de divers insectes et de reptiles, oiseaux et mammifères insectivores.

Nonnette voilée

Suillus luteus (FR. *ex* L.) S. F. GRAY.

La nonnette voilée a un chapeau ocracé ou couleur de terre, extrêmement visqueux, couvert d'une cuticule qui s'enlève facilement tout d'une pièce. Les jeunes champignons portent sous le chapeau une membrane blanche qui recouvre tout d'abord les tubes en unissant le pied au bord du chapeau. A la maturité, il ne reste de ce voile qu'un faible anneau noirâtre autour du pied.

La chair, légèrement acidulée et presque sans odeur, est d'abord blanchâtre, puis jaune.

Le pied est dans l'ensemble blanchâtre, jaune citron sous le chapeau, brun à la base.

La nonnette voilée est liée aux pins de la plaine à la montagne, et on la trouve aussi bien en Europe qu'en Amérique ou en Australie, ou même à Madagascar, sous les plantations de ces arbres.

C'est un bon comestible, qui demande à être pelé, puis on lui fait rejeter son eau, et on le fait ensuite frire en l'arrosant pour finir d'un beurre d'escargot brûlant.

Xérocome doré

Xerocomus chrysenteron (FR. *ex* BULL.) QUÉL.

Ce petit bolet a un chapeau d'environ 7 cm, brun et bien uni, un peu velouté, légèrement bosselé dans son jeune âge, puis fendillé s'il fait sec d'une façon caractéristique. La cuticule du chapeau est sèche, mate, et elle n'est pas séparable de la chair. Les endroits blessés ou rongés par les limaces se teignent de pourpre.

Les tubes sont jaune clair, ensuite un peu verdâtres, et ils bleuissent légèrement à la pression.

Le pied est mince, ocre, soit entièrement lavé de rouge, soit rouge seulement à la base.

La chair est blanche ou jaunâtre, d'un rouge sale à la base du pied et elle se teinte de bleu à la coupe. Chez les exemplaires âgés elle est molle et pourrit facilement.

Il est abondant partout, surtout sous les conifères, le long des sentiers et sur la terre battue. On le rencontre dans toute la zone tempérée de l'hémisphère Nord et en Australie.

Xérocome doré

Nonnette voilée

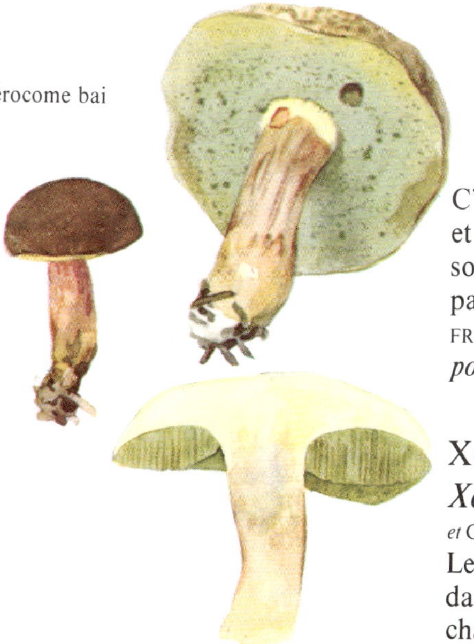

Xérocome bai

C'est un comestible très médiocre, mou et insipide. Les vieux exemplaires sont souvent attaqués par un champignon parasite, le *Sepedonium chrysospermum* FR., qui est la forme conidienne de l'*Hypomyces chrysospermus* TUL.

Xérocome bai

Xerocomus badius (FR.) KÜHNER *et* GILBERT.

Le bolet bai (qu'on range maintenant dans le genre *Xerocomus*) a un chapeau charnu d'environ 15 cm de diamètre, de couleur châtain, parfois roux, velouté dans la jeunesse, puis glabre, brillant et visqueux par temps humide.

Les tubes sont jaunes à vert-jaune, ils deviennent verdâtres à olivacés à la maturité, et se colorent de bleu turquoise au toucher.
Le pied est d'abord un peu renflé, puis cylindrique, de couleur généralement jaune ou olivacée, couvert d'une résille de fibrilles brunes et finement pailletés. On lui trouve parfois un pied brun, mais toujours plus pâle que le chapeau. Lui aussi bleuit mais faiblement à la pression.
La chair est blanchâtre, puis jaunâtre, bleuissant plus ou moins à la coupe, d'abord ferme puis molle. C'est un champignon d'été et d'automne, abondant surtout dans les forêts de conifères acides, plus rare dans les feuillus de la zone tempérée et de l'Australie. C'est un bon comestible, qui sans valoir les cèpes nobles se laisse accommoder avec profit de la même façon.

Bolet orangé
Leccinium aurantiacum
(FR. *ex* BULL.) S. F. GRAY.

Le bolet orangé est un champignon solide au beau chapeau orangé qui atteint 15 cm de diamètre et davantage, sec et joliment velouté sur le dessus. Le chapeau est d'abord hémisphérique, puis en coussinet, et son bord s'amincit en une fine pellicule débordante vers l'intérieur.
Le pied est plein, ferme, fibreux, d'abord épais, puis plus mince et couvert de petites squames caractéristiques, denses, rougeâtres à brun noirâtre. La chair du pied et du chapeau se teinte en bleu-gris ardoisé quand on la blesse.
C'est un très beau champignon qui pousse en été et en automne dans les bois de feuillus, surtout sur les lisières et sous les trembles.
Il noircit à la cuisson, mais il est pourtant comestible, toutefois de second ordre car il est mou et à peu près sans parfum.

Bolet rude
Leccinium scabrum (leucophaeum) (FR. *ex* BULL.) S. F. GRAY.

Ce bolet a un chapeau à cuticule lisse, d'une quinzaine de cm de diamètre, de couleur gris-brun à brun sombre. Dans son jeune âge, il est ferme, mais très vite

Bolet rude

Bolet Satan

Bolet orangé

Bolet chicotin

il devient très mou. Les tubes, d'abord blanchâtres puis grisâtres, forment une couche épaisse arquée vers le sol chez les adultes.
La chair, d'abord blanche puis grisâtre, ne bleuit pas à la cassure, mais prend une teinte gris-rosé, puis noirâtre.
Le pied est long, légèrement renflé à la base et tout couvert de petites squames dressées, de couleur sombre. Chez les sujets âgés, il est dur et filandreux. Il a la particularité d'être séparable comme celui des amanites ou des psalliotes.
C'est un comestible très médiocre, abondant à la fin de l'été et en automne, surtout sous les charmes et les bouleaux, dans toute la zone tempérée de l'hémisphère Nord. Il ne mérite la casserole que faute de mieux. Il devient tout noir à la cuisson.

Cèpe de Bordeaux

Cèpe de Bordeaux

Boletus edulis FR. *ex* BULL.

Le cèpe de Bordeaux est un champignon magnifique qui mesure de 5 à 25 cm de diamètre, parfois davantage, de couleur ocre clair à brun olive foncé, parfois parfaitement lisse, parfois plus ou moins bosselé. La cuticule est sèche, mais de toucher un peu gras très caractéristique.
Chez les jeunes exemplaires les tubes sont blancs, légèrement teintés de jaune-vert, chez les sujets adultes ils deviennent franchement vert olive.
Le pied est d'abord ventru, plus tard cylindrique, blanchâtre, puis brun clair, et orné d'un réseau blanc à mailles allongées.
La chair est blanche, immuable, d'une saveur très agréable et à peine teintée de brun sous la cuticule. Son parfum musqué est très particulier.
C'est une espèce très variable suivant les arbres avec lesquels elle vit en symbiose. La forme la plus courante est celle des épicéas, à la fin de l'été et en automne. Pied blanc ou très pâle, et le réseau est très apparent. Dans d'autres forêts on trouve d'autres cèpes très voisins, et généralement confondus: le cèpe réticulé [*ssp. reticulatus* (SCHAEFF.) KONR. *et* MAUBL.], velouté et précoce (dès le mois de mai), le cèpe des pins [*ssp. pinicola* (VITT.) KONR. *et* MAUBL.]. En Europe méridionale on trouve aussi sous les chênes, le cèpe tête de nègre [*ssp. aereus* (BULL.) KONR. *et* MAUBL.] au chapeau très dur et presque noir dans le jeune âge. Ce dernier est considéré par les gourmets comme le plus exquis de la série. De toute façon, ces quatre espèces sont délicieuses et font l'objet d'une récolte passionnée et, une fois séchées, d'un commerce considérable. La cuisine française et surtout méridionale a inventé pour eux des préparations magistrales et inégalables.

Bolet Satan

Boletus satanas LENZ.

Ce bolet est un champignon d'habitude de très grande taille, à chapeau très charnu, qui peut dépasser 35 cm de diamètre, à surface sèche et lisse. La couleur générale est souvent presque blanche, grisée ou brun clair. Les tubes sont olive et se colorent en bleu à la coupure. Leur extrémité est carmin vif, ce qui rend toute la face inférieure du chapeau rouge, puis plus tard plus pâle, parfois presque jaune.
La chair est «jaune-laiton», et ne bleuit que lentement à la cassure. Chez les sujets jeunes elle a une odeur agréable, mais elle devient nauséeuse chez les sujets âgés. Sa saveur est légèrement sucrée.
Le pied du bolet Satan est très épais, d'habitude jaune au sommet, carminé dans la région médiane, et à nouveau jaune à la base, entièrement réticulé.
C'est un champignon des bois chauds qui se plaît surtout sous les feuillus et sur les lisières de charmes, de hêtres, où on le trouve en été et en automne toujours en terrain calcaire.
Il est toxique, surtout à l'état cru. Une cuisson imparfaite cause des étouffements, des diarrhées qui persistent pendant plusieurs heures. Les éléments toxiques, qu'on ne connaît pas encore avec précision, sont lessivés par la cuisson et une ébullition prolongée, mais il est fortement déconseillé de récolter ce champignon pour la consommation. C'est d'ailleurs dommage, car il est d'une beauté singulière.

Bolet chicotin

Tylopilus felleus (FR. *ex* BULL.) KARST.

Vu de dessus, ce bolet ressemble à s'y méprendre à un cèpe, quoiqu'il soit en général moins développé. Son chapeau fait 12 cm de diamètre, il est plus ou moins tomenteux, de couleur brune. Les tubes sont d'abord blancs, puis d'un beau rose, et enfin couleur chair.
Le pied est d'abord ventru, puis cylindrique, presque brun chez les sujets âgés, et orné d'un réseau en relief très apparent, blanc.
La chair est blanche, sans odeur, mais d'une amertume horrible.
On le trouve sous les feuillus et les résineux en terrain acide dans tout l'hémisphère Nord et en Australie. Il n'est sans doute pas toxique, mais son amertume le rend absolument immangeable. Un seul exemplaire dans un plat oblige à le rejeter complètement.

Chanterelle (Girolle)

Cantharellus cibarius FR.

Les chapeaux de la chanterelle, larges de 2 à 10 cm se reconnaissent facilement à leur couleur jaune d'œuf et à leur forme d'abord hémisphérique, puis en coupe: le pied s'évase en un chapeau en forme d'entonnoir, au bord lobé et ondulé.

Sous le chapeau, au lieu de véritables lamelles, on trouve des plis ramifiés en fourche et anastomosés, longuement décurrents sur le pied, de couleur souvent plus vive que le chapeau.

Le pied est plus pâle, court et rapidement élargi. La chair jaune clair dégage un parfum voisin de celui de l'abricot et un goût agréable, avec un piquant poivré qui disparaît à la cuisson.

La chanterelle est très abondante en été et en automne, dès le mois de mars en Afrique du Nord, sous les feuillus et les conifères de toute la zone tempérée. C'est un des meilleurs champignons, surtout quand il est jeune. Elle se prépare de toutes les façons, et peut se traiter au vinaigre en «pickles». Elle supporte de longs transports et peut se sécher, mais devient alors un peu amère.

Lactaire délicieux

Lactarius deliciosus (FR. *ex* L.) S. F. GRAY.

On reconnaît aisément le lactaire délicieux à son chapeau qui varie du brique à l'orangé, zoné, et se tachant uniformément de vert avec l'âge, mesurant de 5 à 15 cm. Le plus souvent, il s'orne de cercles vert sombre. Chez les sujets jeunes, le chapeau est plan, plus tard il se creuse et sa marge déborde toujours un peu sur les lamelles. Ce qui le caractérise le mieux, c'est son lait rouge carotte de saveur âcre, qui suinte immédiatement à la moindre blessure, et qui verdit.

Les lamelles sont serrées, fragiles, d'un bel orangé vif qui verdit aussi aux endroits blessés.

La chair est fragile, cassante, blanchâtre mais se teinte rapidement en vert aux endroits blessés où le suc orangé perle en abondance. Elle a un parfum un peu résineux, mais à l'état cru une saveur âcre ou même légèrement brûlante qui disparaît à la cuisson. Le pied est orange vif, cylindrique, creux à l'intérieur, d'abord farci d'une moelle cotonneuse dans la jeunesse.

C'est un champignon d'été et d'automne qu'on trouve lié aux pins et aux épicéas dans toute la zone tempérée, et même en Australie. Dans le Midi il est remplacé par le lactaire sanguin *(Lactarius sanguifluus)* qui lui est bien supérieur comme comestible. Car le «délicieux» n'a de délicieux que le nom. C'est un comestible plutôt grossier qu'on récolte faute de mieux, et pour lequel la meilleure préparation est encore la cuisson sur le gril.

Russule comestible

Russula vesca FR.

C'est une russule dont le chapeau lavé de reflets carnés d'intensité variable a toujours le centre du chapeau plus ou moins jaunâtre.

Elle mesure plus ou moins 15 cm de diamètre.

Les lamelles crème sont très légèrement décurrentes sur le pied solide et ferme. Elles se tachent de roux comme la région inférieure du pied.

La chair est blanche, parfumée et d'une saveur de noisette.

C'est un bon comestible, qui apparaît communément sous les feuillus dès le

Chanterelle

Lactaire délicieux

mois de mai, le premier du genre dans la saison.

Tricholome chevalier

Tricholoma flavovirens (equestre)

(FR. *ex* PERS.) LUNDLL.

Le tricholome chevalier est un champignon à chapeau irrégulièrement mamelonné, d'abord un peu anguleux, de 8 à 10 cm de diamètre. Le fond de la couleur est jaune verdâtre, mais il est parsemé de méchules plus foncées. Il est légèrement visqueux par temps humide et la cuticule s'enlève facilement.

Les lamelles sont d'un beau jaune d'or, adnées et émarginées. Le pied est cylindrique, légèrement renflé à la base, lisse, de couleur soufre lavé d'olivâtre, parfois teinté de brun.

La chair est blanche ou à peine teintée de jaune et elle est finement parfumée.

Le tricholome chevalier apparaît par colonies entières sous les conifères, surtout en sol siliceux. D'où son abondance sous les pins des Landes, où il fait l'objet de récoltes massives. C'est un champignon tardif, qui commence à apparaître en septembre mais peut durer jusqu'en décembre.

C'est un excellent comestible, ferme et parfumé.

Prétentieux

Tricholoma portentosum (FR.) QUÉL.

Le prétentieux se caractérise par un chapeau assez charnu, conique, irrégulièrement lobé et incurvé, de 8 à 12 cm de diamètre, d'abord voûté, plus tard étalé, muni d'un mamelon central obtus. Sa couleur est difficile à définir, car il s'y mêle des gris de fond avec des reflets verdâtres, brunâtres et violacés, avec des stries rayonnantes noirâtres et très fines. Les lamelles sont épaisses, grisonnantes, découpées par une dent près du pied et légèrement décurrentes. Le pied est cylindrique, parfois prolongé par une pseudoracine, blanc, grisâtre ou verdâtre et soyeux. La chair a un léger parfum de farine. Elle est blanchâtre, parfois légèrement grise et porte souvent des reflets jaunes en haut du pied.

C'est aussi un champignon des conifères en terrain siliceux. Il surabonde dans les Vosges où on le conserve en tonneaux avec du sel, comme la choucroute. On le trouve souvent en compagnie de l'espèce précédente.

C'est un des meilleurs comestibles malgré son aspect peu décoratif, et il est souvent vendu sur les marchés.

Armillaire couleur de miel

Armillariella (Clitocybe) mellea

(FR. *ex* FL . DAN.) RICK.

Cette armillaire présente ses carpophores rarement isolés, et presque toujours en touffes qui peuvent être énormes. Les chapeaux mesurent de 4 à 15 cm, leur couleur générale, très variable, va du doré au brun et ils sont constamment couverts de petites mèches brunes, plus denses au centre. Chez les jeunes sujets le chapeau est relié au pied par un anneau membraneux ou cotonneux qui cache les lamelles. Le bord du chapeau est très mince et se retrousse avec l'âge.

Le pied cylindrique, parfois légèrement renflé à la base (ou très renflé dans la variété *obesa*) est de couleur jaunâtre, plus ou moins noirâtre à la base. Il est strié au-dessus de l'anneau, et son anneau est également pailleté à la partie supérieure. L'intérieur du pied est blanc.

Tricholome chevalier

Russule comestible

Les lamelles, décurrentes sur le pied, sont d'abord blanchâtres, puis se tachent de roux et de brun. Chez les sujets avancés, tout le champignon se poudre d'une épaisse couche de spores blanches.
La chair est blanche, d'odeur peu agréable et de saveur astringente.
Cette armillaire apparaît souvent par colonies entières comme un dangereux parasite des troncs d'arbres de toute espèce, qu'ils soient vivants ou morts, dans le monde entier. On la trouve généralement en fin de saison et son apparition marque pour les mycologues la fin des champignons de forêt.
Il est facile de découvrir, en soulevant les écorces des arbres attaqués, les cordonnets mycéliens de ce parasite. Ils sont d'abord blancs et phosphorescents, puis deviennent presque noirs. Ils s'insinuent entre l'écorce et l'arbre, la détachent, et l'arbre meurt. Ces cordons, appelés rhizomorphes, s'étendent au loin et peuvent passer d'un arbre à un autre par les racines et le contaminer. Il arrive que ce champignon cause de grands ravages dans les forêts, et aussi dans les vergers, où il passe d'un pommier à l'autre sans qu'on puisse l'en empêcher.
C'est aussi un champignon comestible, mais médiocre. Il faut prendre des jeunes sujets seulement les chapeaux, et les faire bouillir avant de les accommoder. A peu près pas consommé en France, on dit que certains pays de l'Est en sont friands. Il est probable aussi que sa saveur dépend en grande partie de l'essence de l'arbre parasité, et il y a dans cette espèce peut-être autant de «races» que d'arbres susceptibles de l'héberger.

Prétentieux

Armillaire couleur de miel

Amanite tue-mouches

Amanita muscaria (FR. *ex* L.) HOOK.

L'amanite tue-mouches se reconnaît aisément à son chapeau caractéristique, d'abord sphérique, ensuite étalé à l'horizontale et qui mesure de 10 à 20 cm de diamètre. Sa couleur générale est vermillon et il s'orne de petites verrues d'un blanc jaunâtre qui sont les restes de la volve qui au début enveloppait tout le carpophore. Il arrive que la pluie ou la vétusté fassent tomber toutes ces écailles et que le chapeau soit en fin de compte nu.
Les lamelles sont larges, serrées, minces et d'un blanc crème.
Le pied, également blanc, est puissant, renflé à la base en forme de bulbe, atténué dans le haut. Sa région inférieure porte des cercles concentriques de verrues, autres restes de la volve.
Sous le chapeau, en haut du pied, se déploie un anneau blanc bordé de jaune qui unit le pied au chapeau dans le jeune âge et recouvre alors les lamelles.
La chair est blanche, teintée de jaune sous la cuticule, de goût faible et sans odeur.
On trouve cette amanite sous les épicéas et sous les bouleaux dans l'hémisphère Nord, et en Australie. Sa forme remarquable et sa couleur éclatante font de ce beau champignon un symbole de la vie des forêts, il est souvent utilisé comme motif décoratif, et il joue un rôle important dans les contes de fées. Il a une réputation maléfique, et il a longtemps fait partie de l'arsenal des sorcières, du

Golmote

Amanite phalloïde

Amanite tue-mouches

fait qu'il avait la réputation d'être mortel. En fait, sa toxicité réelle n'a rien à voir avec la légende: il ne contient que des traces de muscarine, un peu de muscaridine, et des traces de mycotoxine et de choline. Dans certaines régions on récolte pour le manger le pied qui est la partie la moins dangereuse et on le consomme sans problème. Cependant, l'amanite tue-mouches contient des substances mal connues qui ont un effet à la fois stupéfiant, excitant et enivrant, et ceux qui en ont absorbé sont victimes de délires effrayants et parfois dangereux. D'ailleurs, les Lapons, les Samoyèdes et d'autres peuples semblables en faisaient une boisson enivrante qu'on buvait au cours de cérémonies secrètes.
Son nom lui vient de ce qu'on l'a utilisée pour éliminer les mouches: son chapeau placé sur une assiette pleine de lait attirait ces insectes, et les mouches qui en absorbaient étaient sinon empoisonnées du moins étourdies pour un moment.

Golmote

Amanita rubescens (FR. *ex* PERS.) S. F. GRAY.

C'est une belle amanite au chapeau de 6 à 20 cm de diamètre, de couleur beige rougeâtre, parfois plus sombre ou plus pâle. Ce chapeau est couvert de petites écailles farineuses d'un blanc rosé, irrégulièrement disposées sur la surface, planes, mais aussi verruqueuses et aiguës par le sec.
Les lamelles, d'abord d'un blanc pur, rougissent plus ou moins avec le temps ou se piquent de rouge. Le pied est blanc, creux à la fin, renflé à la base en un bulbe conique, d'abord blanc, puis teinté de rouge, portant à la base une ou deux rangées de petites verrues. Il porte à sa partie supérieure uns anneau blanc au-dessus, rougeâtre en dessous, strié à la partie supérieure.
La chair est d'abord blanchâtre, mais elle rougit rapidement et présente à l'état cru une saveur d'abord douceâtre, puis légèrement astringente.
C'est un champignon abondant dans toutes les forêts, surtout de conifères, de toute la zone tempérée de l'hémisphère Nord.
C'est un assez bon comestible, mais peu parfumé, et il déclenche chez certaines personnes de désagréables allergies.

Cette amanite est extrêmement variable de taille et de couleur, et se reconnaît à son rougissement, unique dans ce genre. Il ne faut pas la confondre avec l'amanite panthère, qui est violemment toxique.

Amanite phalloïde

Amanita phalloides (VAILL. *ex* FR.) SECR.

L'amanite phalloïde a généralement un chapeau de 5 à 15 cm de diamètre, légèrement charnu ou même épais, lisse, de couleur verdâtre à olivacé, parfois très pâle, ou vert presque jaune, ou gris-vert. Il est régulièrement tigré de fibrilles plus foncées. Le plus souvent la cuticule est absolument nue et ne porte que par exception des restes de la volve.

Les lamelles blanches, serrées, s'arrondissent au niveau du pied.

Le pied s'épaissit à la base, et sort d'une volve membraneuse, molle, sphérique, blanche, souvent cachée dans le sol, déchirée et lobée dans sa partie supérieure. Ce pied est blanc, mais souvent tigré de verdâtre, et il porte à son sommet un anneau ample, membraneux et d'un blanc jaunâtre.

La chair est blanche, teintée de jaune sous la cuticule. Elle a une odeur de rose dans le jeune âge, puis devient très écœurante dans la vétusté. La saveur est insignifiante.

C'est le plus dangereux de tous les champignons, et on le trouve dans les forêts de feuillus et de conifères de tout l'hémisphère Nord, de l'Amérique à l'Asie. Elle a été introduite en Afrique du Sud et en Amérique du Sud, où elle est sans doute arrivée avec des plants ou des semences d'arbres.

Son chapeau verdâtre la fait confondre avec des champignons comestibles de la même couleur, en particulier certaines russules, et elle est ainsi responsable de 90 % des empoisonnements mortels enregistrés en Europe. Elle contient toute une série de poisons violents qui agissent sur le foie, le cœur, les reins et les surrénales. Un autre poison attaque les hématies. L'empoisonnement est très douloureux, la victime garde toute sa connaissance, mais la mort peut ne se produire qu'au bout de 5 à 10 jours.

Il en existe une espèce voisine *(Amanita verna FR.)* d'un blanc pur, qui vient dans les mêmes stations et qui est tout aussi toxique et se confond avec les grandes psalliotes. Elle est heureusement assez rare et paraît être plutôt méridionale.

Amanite panthère

Amanita pantherina (FR. *ex* D. C.) KROMBH.

Cette amanite a un chapeau de 8 à 12 cm de diamètre, strié à la marge (sauf sur les gros exemplaires), de couleur ocre à brun verdâtre, souvent plus foncé au centre. La cuticule porte des écailles d'un blanc pur, comme de la peau de lait (caractère spécifique) que parfois la pluie emporte.

Les lamelles sont blanches et serrées.

Le pied, élancé, lisse, un peu soyeux et brillant, ne présente pas de volve à sa base, mais une ou deux rangées d'écailles qui font comme des bagues. Au haut du pied se trouve un anneau mou, parfois incliné, ou même collé sur le pied, et jamais cannelé.

La chair est blanche, sans goût ni odeur.

Cette amanite toxique se trouve dans toutes les forêts, la forme des conifères

Coulemelle

Amanite panthère

(abietum) étant beaucoup plus vigoureuse, de tout l'hémisphère Nord et en Afrique du Sud.
Elle contient une substance violemment vénéneuse, la mycoatropine, qui irrite la zone corticale du cerveau. En cas d'intoxication on voit apparaître rapidement, en moins d'une demi-heure, des troubles digestifs et une sensation d'ivresse. Sans être mortelle, cette intoxication est extrêmement désagréable.

Coulemelle

Lepiota procera (FR. *ex* SCOP.) QUÉL.

C'est un très grand champignon à chapeau d'abord sphérique et refermé sur le pied (il a alors la forme d'une mailloche de grosse caisse), plus tard étalé et enfin plan, ressemblant un peu à une ombrelle. Il a de 10 à 35 cm de diamètre, et porte toujours au centre un mamelon obtus caractéristique, qui lui fait donner dans certaines provinces le nom de «nez de chat». De couleur d'abord brune, la cuticule se craquelle durant la croissance et le champignon est à la fin complètement couvert de belles écailles brunes disposées symétriquement. Mais le centre garde sa cuticule entière et reste d'un brun continu. On voit entre les écailles poindre la chair qui est d'un blanc pur et d'aspect un peu cotonneux.
Le pied est puissant et élancé, coriace et fibreux, creux, et peut atteindre 40 cm de haut. Il se termine à la base par un gros bulbe renflé. Il est facilement séparable du chapeau. Dans la jeunesse il est entièrement brun, mais cette couverture brune se dilacère et il en reste des chinures concetriques. Il porte en haut un large anneau mobile à double marge lobée. Les lamelles sont larges, serrées, blanches, et séparées du pied par un espace vide.
La chair d'abord compacte devient avec l'âge cotonneuse, elle est blanche et d'un parfum très agréable. Celle du pied est absolument coriace.
C'est un excellent champignon, surtout quand il n'est pas encore déployé. On le trouve dans toute la zone tempérée de l'hemisphère Nord, uniquement en terrain acide ou décalcifié, sous les conifères et dans les pâturages. On le voit aussi en Australie, en Inde et en Afrique. Il est délicieux cuit sur le gril, assaisonné seulement d'un peu de beurre et de sel.

Vesse-de-loup perlée

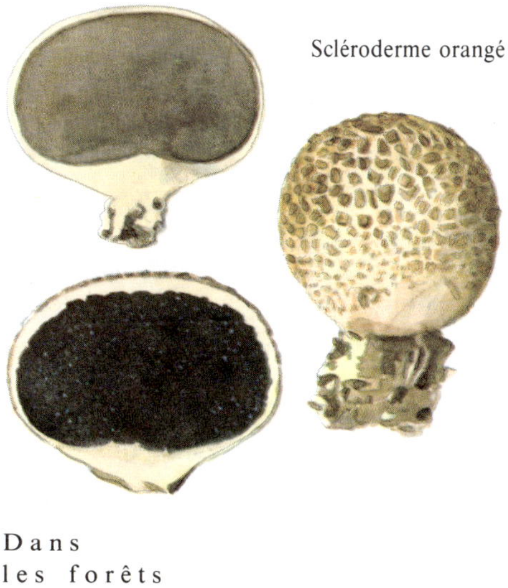

Scléroderme orangé

Scléroderme orangé

Scleroderma aurantium PERS. *ex* L.

Ce scléroderme se caractérise par ses fructifications en forme de tubercules globuleux, atteignant 10 cm de diamètre qui apparaissent à la surface du sol. Leur cuticule, d'abord d'un blanc sale, vire ensuite à l'ocre doré et se sépare au sommet du champignon en plaquettes scarieuses.
La chair est d'abord blanche, puis verdâtre et enfin noir d'encre sous l'effet des spores qui mûrissent peu à peu en prenant un reflet violacé. Cette glèbe noire est parcourue par de fins cordonnets blancs qui sont des filaments stériles et qui donnent au champignon un aspect marbré.
Une fois les spores complètement mûres, l'intérieur du champignon se dessèche et se transforme en un ensemble pulvérulent de couleur vert-gris. L'enveloppe se déchire enfin pour libérer les spores.
Le scléroderme orangé croît sur les sols

Satyre puant

pauvres, sableux, dans les clairières, mais surtout sur les talus, de l'été à l'automne dans toute la zone tempérée de l'hémisphère Nord, et aussi en Afrique. Sa saveur épicée rappelle un peu la truffe. Mais on ne pourrait à la rigueur ramasser que les exemplaires jeunes pour la consommation, quand leur chair est encore blanche.
Il n'est pas récolté en France, et il se pourrait qu'il soit toxique à haute dose.

Vesse-de-loup perlée

Lycoperdon perlatum PERS.

Cette vesse-de-loup se présente sous la forme de carpophores atteignant 8 cm de haut, blancs, dont la surface est hérissée d'aiguilles molles et verruqueuses. Sous la cuticule solide, la chair fructifère est faite d'un tissu d'abord blanc, puis verdâtre. Avec l'âge, ce tissu devient mou et aqueux.
A la maturité des spores le carpophore se dessèche et l'intérieur se transforme en une poussière de spores invisibles qui s'échappent par une ostiole placée au sommet du champignon et qui ne s'ouvre qu'à ce moment-là. C'est un champignon très commun que l'on rencontre surtout sous les épicéas, mais aussi dans les prés et les autres forêts. On la trouve depuis le commencement de l'été jusqu'aux premières gelées, et souvent par touffes entières.
Les sujets jeunes, encore fermes et blancs, sont assez parfumés. Mais sa consistance trop molle une fois cuite détourne peut-être injustement de son usage.

Satyre puant

Phallus impudicus PERS. *ex* L.

C'est un champignon bien changeant suivant son âge: les sujets jeunes, encore enclos dans leur volve, ressemblent à des œufs blanchâtres, plus ou moins cachés sous la terre. Ils ont une peau coriace sous laquelle se trouve une couche gélatineuse reconnaissable au toucher, qui recouvre une espèce de bourgeon ferme et blanc qui est le futur pied. A ce stade le champignon n'a qu'une odeur aigrelette pas désagréable.
Au cours de la croissance, cette enveloppe se déchire et la volve ainsi formée laisse jaillir un long pied creux, cylindrique, de consistance caverneuse, qui porte a son sommet un chapeau en forme de dé couvert d'une matière épaisse, brun olive, qui renferme les spores. Cette couche se met rapidement a fondre et remplit alors tous les environs d'une odeur insupportable de cadavre en putréfaction. Cette odeur attire de partout les mouches qui l'avalent avec avidité et qui ensuite transportent en même temps les spores qui y sont contenues. Il ne reste alors qu'un petit chapeau blanc, creusé d'alvéoles comme une morille, d'où son nom vulgaire de «morille du diable».
C'est un champignon très curieux qui apparaît en été dans beaucoup de forêts, surtout sablonneuses, parfois aussi dans les parcs et les jardins, où il lui arrive de parasiter les racines des rosiers. On le voit souvent dès le mois d'avril, et jusqu'aux gelées.
On le trouve dans le monde entier, y compris sous les tropiques.
On prétend qu'à l'état d'œuf, ce champignon serait comestible. Mais ce doit être là une mauvaise plaisanterie de mycologues en veine de faire des farces à leurs collègues.

Lichen des chiens

Peltigera canina HOFFM.

Le lichen des chiens se reconnaît aisément à son thalle largement foliacé qui peut atteindre plusieurs dm^2, vert-gris par temps humide, brunâtre par temps sec, tomenteux au revers et couvert d'une nervation réticulée. C'est une espèce banale des chemins forestiers et des bords de clairières.
On trouve deux formes voisines, l'une couleur châtain, *Peltigera rufescens* ZOFF., l'autre verdâtre, *Peltigera horizontalis* HOFFM. On a donné ce nom au lichen des chiens parce que autrefois on s'imaginait qu'il était capable de les guérir de la rage.

Cladonie des rennes

Cladonia rangiferina WEB.

Ce lichen forme généralement de grands coussins étalés, parfois par plaques entières, surtout dans les pinèdes, au bord des clarières et des chemins dans les forêts. Les touffes fruticuleuses présentent de nombreux rameaux aux extrémités fines et retroussées. On rencontre souvent plusieurs espèces voisines comme la cladonie sylvestre (*Cl. sylvestris* HOFFM.) don les thalles fruticuleux sont flavescents et qui a les mêmes habitats que la précédente, ou des espèces en forme de coupelle comme la cladonie coccifère (*Cl. coccifera* WILLD.) couverte de fructifications d'un rouge brillant qui ornent les bords de la coupelle.
Cette espèce abonde dans les coins ombragés et sous la mousse, ou même sur les souches d'arbres morts ou on la trouve souvent en compagnie de la cladonie digitée (*Cl. digitata* SCH.) dont les cupules ont une marge dentée, ou de la cladonie frangée (*Cl. fimbriata* F. FR.) aux cupules grises et farineuses.

Parmélie renflée

Parmelia (Hypogymnia) physodes ACH.

Cette parmélie présente un thalle gris, lobé, foliacé, brunâtre sur la face inférieure. Elle vient partout sur les troncs d'arbres. Sur les tilleuls on trouve fréquemment la parmélie du tilleul (*Parmelia tiliacea* FR.) aux thalles gris cendré.
A la même famille appartiennent les quelque 50 espèces du genre *Cetraria.* Parmi celles-ci, *Cetraria glauca* ACH. présente un thalle foliacé, faiblement lobé, et elle vit sur les troncs. Dans les clairières, au bord des chemins de forêts d'Europe centrale et septentrionale on trouve fréquemment la

Mousse d'Islande

Cetraria islandica ACH.

Son thalle est dressé et foliacé, avec des lobes roulés en cornets et ciliés. Cette espèce est couramment récoltée pour ses propriétés toniques, analeptiques et émollientes. La pharmacopée française en fait grand cas.

Dicrane en balai

Dicranum scoparium (L.) HEDW.

Les tiges de cette mousse atteignent 10 cm de haut et sont densément couvertes de petites feuilles falciformes, finement dentées au sommet. Les sporogones de couleur rouge mesurent de 2 à 4 cm, les capsules sont cylindriques, légèrement courbées et brunâtres. C'est une mousse forestière qui affectionne surtout les bois clairs de conifères, en plaine aussi bien qu'en montagne où on la trouve sur le sol, mais aussi sur les vieilles souches, les troncs des arbres tombés et les rochers.

Leucobryum glauque

Leucobryum glaucum SCH.

Le leucobryum glauque se reconnaît immédiatement à ses coussins bombés, arrondis ou ovales, de couleur blanchâtre argentée. Les tigelles sont très serrées les unes contre les autres et portent de petites feuilles à marge retroussée et enroulée jusqu'au sommet. Ces feuilles comportent deux types de cellules: les unes sont vertes, les autres, d'aspect lacunaire, sont incolores, et ce sont elles qui donnent à cette mousse son aspect argenté.

Le leucobryum glauque est une mousse dioïque, dont les sujets mâles ont un port plus robuste. Ses coussins épais retiennent une grande quantité d'eau, mais elle peut tout aussi bien supporter de longues périodes de sécheresse. C'est une mousse des pinèdes, mais qu'on trouve aussi sous les feuillus, toujours sur des sols pauvres, dégradés et dépourvus de calcium. Sa couleur claire et brillante la fait reconnaître de loin.

Lichen des chiens

Cladonie des rennes

Parmélie renflée

Cladonie frangée

Polytric vulgaire

Polytrichum commune L.

Le polytric vulgaire est une grande mousse qui atteint parfois 20 cm de haut, à feuilles vert sombre bordées de dents aiguës. Par temps humide, ces feuilles sont nettement écartées de la tige, mais par temps sec elles se serrent contre elle. Les capsules ont un opercule velu. Elles sont portées par une longue soie (jusqu'à 10 cm), de couleur rouge. Le polytric vulgaire forme des tapis moelleux dans toutes les forêts, le long des ruisseaux ombragés, dans les clairières et près des lisières, etc. Il est fréquent dans les parties les moins humides des tourbières.

Hylocome brillant

Hylocomium splendens BR. SCH.

Cette mousse aux tigelles d'une vingtaine de cm, raides, à ramifications pennées, forme des tapis d'un vert frais dans la plupart des forêts ombragées. Les tiges secondaires à nouveau pennées ont une disposition quinconciale et s'écartent de la tige principale presque à l'horizontale. Les feuilles allongées-ovales sont appliquées. L'hylocome brillant est une mousse dioïque, dont les sujets femelles portent de longues soies (jusqu'à 4 cm) rouges, aux capsules inclinées. Cette espèce forme de grands tapis dans les forêts mêlées ou sous les épicéas, surtout en altitude. On la trouve aussi sur les rochers, les grosses pierres, parfois aussi dans les clairières.

Lycopode en massue

Lycopodium clavatum L.

C'est une plante vivace à tige rampante qui peut dépasser 1 m de long, à ramifications irrégulièrement dichotomes. Tous les rameaux s'enracinent très facilement et portent des feuilles denses à la base, plus clairsemées au sommet sous les strobiles sporifères. Les feuilles sont petites, linéaires, lancéolées, avec une pointe au sommet.

Les sporophylles sont largement ovales

et se terminent par une longue arête incolore. Elles sont ordinairement rangées en deux épis sporifères cylindriques, terminaux, portés par de longs pédicelles fins, couverts de petites feuilles appliquées.
Le lycopode en massue est assez abondant par places de la plaine jusqu'en montagne, surtout dans les bois clairs et plutôt secs. On le trouve souvent sous les couverts de petits arbrisseaux rabougris, mais aussi dans les bruyères et les couverts de nard (*Nardus stricta* L.) et dans les prairies sèches. Il est courant dans toute l'Europe à l'exception des régions steppiques et des rivages méditerranéens, en Asie, en Amérique, dans les montagnes de l'Afrique tropicale et dans les îles Hawaii. Il peut monter jusqu'à une altitude de 2300 m.
Les spores renferment jusqu'à 50 % d'huile, des alcaloïdes, la lycopocine, la clavatine, la clavatoxine, du sucre, des acides, etc. Il faut cependant noter que seuls les exemplaires européens contiennent les 3 alcaloïdes cités: les lycopodes américains ne contiennent que la lycopodine.
Pour le moment, les grands producteurs de cette poudre sont l'Allemagne et l'U.R.S.S.

Polytric vulgaire

Lycopode Sabine
Huperzia selago
(Lycopodium selago) L. BERNH.

C'est un lycopode vivace, d'un beau vert sombre et brillant, cespiteux, aux tiges qui atteignent 25 cm de haut et ramifiées dès la base.
Les feuilles linéairement lancéolées sont dressées, molles et écartées de la tige.
Ce lycopode ne forme pas de strobiles, à la différence de l'espèce précédente: les sporanges sont ici cachés derrière des sporophylles qui ressemblent aux feuilles normales, situées dans la moitié supérieure de la tige.
La multiplication peut aussi se faire au moyen de propagules spéciaux: ce sont des bourgeons particuliers, caducs, situés à l'aisselle des feuilles terminales.
Le lycopode Sabine est à peu près cosmopolite, à l'exception des régions chaudes. Au nord, il remonte jusqu'à une latitude de 81° et on le trouve également à 3000 m d'altitude. C'est une plante des forêts ombragées et humides, qui se plaît également dans les tourbières sur les vieilles racines et sur les souches des arbres morts.

Prêle des bois
Equisetum sylvaticum L.

Cette prêle est vivace comme toutes les autres, ses rhizomes descendent jusqu'à 50 cm de profondeur et donnent nais-

Leucobryum glauque

Mousse d'Islande

Dicrane en balai

sance à des tiges de 15 à 60 cm de haut. Au printemps ces souches densément ramifiées émettent au-dessus de sol des tiges d'une cinquantaine de cm, dépourvues de chlorophylle, fertiles, simples, d'un rose cireux. Après la sortie des spores, ces rameaux verdissent et se ramifient régulièrement en verticilles de 10 à 16 brins. A côté de ces tiges, on voit apparaître également dès le printemps d'autres tiges stériles et vertes qui se ramifient tout de suite. Tous les rameaux sont toujours disposés en verticilles géométriques. On les reconnaît très facilement à leur port retombant en arc de cercle et à leurs nombreuses ramifications. Vus par le côté, ils forment des étages nettement différenciés.
Les gains de chaque étage sont en entonnoir et légèrement renflées; leurs indentations sont concrescentes par 3—4 et forment des lobes obtus, scarieux, de couleur rougeâtre.
Cette prêle forme d'habitude des colonies épaisses et étendues dans les bois humides et ombragés, de la plaine jusqu'à la montagne. Dans les Alpes, elle monte jusqu'à 1800 m.
Elle est fréquente dans tout l'hémisphère Nord, mais seulement dans les régions fraîches. Elle est d'ailleurs considérée comme un sûr indicateur d'un excès d'humidité du terrain.

Fougère mâle

Dryopteris filix-mas (L.) SCHOTT.

La fougère mâle est une plante très robuste qui peut dépasser 1 m de haut, à souche épaisse et couverte de poils roux et qui porte une couche dense des restes des frondes mortes des années précédentes.
Les frondes se caractérisent par un pétiole jaunâtre, couvert d'écailles rousses et par un limbe allongé, aminci aux deux extrémités. Dans leur jeunesse, les frondes sont enroulées en crosse, ensuite elles adoptent leur silhouette pennée aux lobules profondément pennatifides, aux marges dentées.
C'est une fougère sciaphile qu'on trouve abondamment dans les forêts, sur les pentes caillouteuses, dans les ravins, etc. Elle abonde surtout dans les hêtraies où elle forme parfois des colonies étendues et peut monter jusqu'à 2400 m d'altitude. Elle indique un sol humide et quand on la trouve sous les plantations d'épicéas, c'est le signe qu'il y avait là auparavant une hêtraie ou tout au moins une forêt mixte. Elle est également cosmopolite, en ne manque que dans les zones polaires, ou dans l'Afrique tropicale et en Australie.
Toute la plante, mais surtout la souche, contient des éléments toxiques: certains sont très puissants, comme la filmarone, la filicine, l'acide flavoaspidinique, des tannins, du sucre, de l'amidon, etc. La plupart de ces substances sont très dangereuses et peuvent causer des empoisonnements, des troubles graves de la vue, ou même la mort chez les personnes au cœur fragile. Mais il ne vient à personne l'idée de consommer ce rhizome.

Hylocome brillant

Lycopode en massue

Lycopode Sabine

En France cette souche est constamment récoltée à des fins pharmaceutiques. On se sert classiquement de l'extrait du rhizome comme remède contre le ver solitaire. La médecine chinoise utilise sa décoction contre les maladies des voies urinaires et le suc frais est appliqué sur les plaies et les brûlures.

Prêle des bois

Blechnum en épi

Fougère mâle

Fougère aigle

Pteridium aquilinum (L.) KUHN.

C'est une fougère puissante, qui peut dépasser 2 m de haut, dont la souche noire et épaisse se ramifie et peut dépasser plusieurs mètres de long, couverte d'écailles filiformes. Cette souche émet chaque année une fronde non persistante, portée par un pétiole triangulaire qui atteint à lui seul 1 m de haut. La section du pétiole montre à la base un dessin où il est permis de voir l'image stylisée d'un aigle à deux têtes, et qui est formée par les faisceaux vasculaires qui sont colorés. C'est de là que lui vient son adjectif spécifique *«aquilinum»*, formé sur *aquila*, aigle. Les Suisses de leur côté voient dans ce dessin les initiales J. C. et dans de nombreuses régions cette fougère porte le nom de «fougère de Jésus-Christ» . . .

Les limbes sont nettement cunéiformes, de couleur vert clair, 2—3 fois pennés, rigides et presque étendus à l'horizontale. Les pennules sont lobées à la base, entières au sommet.

Les sporanges sont placés à la face inférieure des lobules et sont recouverts par leurs bords retroussés. C'est une fougère très commune dans les bois clairs, dans les clairières, les lisières des bois, et fréquente surtout sur les sols dépourvus de calcaire ou décalcifiés, les grès, les granits et les sables. Elle forme souvent des colonies étendues qui peuvent recouvrir plusieurs km carrés, comme on le voit en Bretagne, au Pays basque ou dans les Vosges.

La souche et les feuilles contiennent une forte proportion de potasse, de tannins, mais aussi de l'amidon, une substance amère, la ptéraquiline. Dans certaines régions la souche est récoltée pour en extraire la potasse, ou l'amidon. En Nouvelle-Zélande, les Maoris la consomment une fois cuite.

Les grandes frondes sont utilisées comme litère, parfois comme fourrage. Autrefois on consommait les jeunes pousses cuites à l'eau en guise d'asperges. Mais en grande quantité, il est probable qu'elle est un peu toxique comme le sont plus ou moins toutes les fougères.

Quand elle envahit les terres cultivées, elle est très difficile à extirper, et seul un chaulage massif en vient à bout, car elle est résolument calcifuge.

Blechnum en épi

Blechnum spicant (L.) ROTH.

La souche de cette fougère, solide, densément écailleuse, entièrement enterrée, émet d'abord plusieurs feuilles en rosette, coriaces, persistantes, de couleur vert très sombre, à limbe pennatipartite, divisé jusqu'au rachis.

Le centre de cette rosette chlorophyllienne donne ensuite naissance à une ou plusieurs feuilles fertiles (sporophylles) portées par un pétiole brun, long, et plus hautes que les feuilles stériles. Leurs limbes sont pennés de loin en loin et les pinnules sont linéaires, falciformes, enroulées vers le bas. Elles portent sur la face inférieure, placés le long de la nervure centrale, des sporanges al-

Fougère aigle

longés, confluents par la suite. Ces feuilles spéciales ne sont pas persistantes. Le blechnum en épi croît surtout dans les forêts d'épicéas, en montagne ou sur les plateaux, parfois en groupes serrés. C'est une plante rare en plaine. Il est protégé dans de nombreux pays.

Sylvie

Anemone nemorosa L.

La sylvie est une modeste anémone vivace qui ne dépasse pas 25 cm de haut, à souche fine, longue et traçante. L'extrémité de la souche émet très tôt au printemps une seule feuille trifoliée (c'est en fait un verticille de 3 petites feuilles) à folioles bi- ou trilobées.

Après cette feuille on voit sortir de terre une tige simple, qui porte dans son tiers supérieur 3 feuilles à nouveau trifoliées, dont les limbes s'étendent horizontalement.

Cette tige se termine par une seule fleur qui peut atteindre 4 cm de diamètre, formée de 6—8 pétales blancs, légèrement violacés ou rosés à l'extérieur et pourvue d'une grande quantité d'étamines. Par mauvais temps et la nuit, la fleur se referme et s'incline vers le sol, attitude qui protège les organes reproducteurs de l'humidité.

Les fruits sont des akènes couverts de soies scabres.

La sylvie est une plante printanière extrêmement commune qu'on rencontre dans les bosquets feuillus, dans les hêtraies, dans les taillis et les prairies humides, surtout en terrain argileux de la plaine à la montagne. Elle commence à fleurir en mars, se maintient en avril et disparaît entièrement dès que les arbres sont feuillées. Elle forme presque toujours de vastes colonies. Elle est courante dans trois zones distinctes: en Europe, à l'exception de la Sicile, de la Sardaigne et de la Grèce, elle s'étend à l'est jusqu'au cours moyen de la Volga et au nord jusqu'en Laponie *(ssp. europaea).* Sa deuxième zone d'extension est l'Asie orientale, au-delà du fleuve Amour et jusqu'en Corée du Nord à l'est jusqu'au Japon, au nord jusqu'au Kamtchatka *(ssp. amurensis).* On la trouve enfin en Amérique du Nord et en Californie jusqu'au sud du Canada et jusqu'à l'Alaska. C'est alors la *ssp. americana,* parfois considérée comme une espèce distincte, *Anemone americana* L.

A l'état frais toute la plante contient un alcaloïde toxique, l'anémonine, qui peut causer par frottement une vésication chez les personnes sensibles. Par ingestion, il semblerait que 30 plantes pourraient causer la mort d'un homme. Elle peut également causer des inflammations intestinales chez les animaux, mais seulement à l'état frais, car sa nocivité disparaît à la dessication.

Anémone fausse-renoncule

Anemone ranunculoides L.

La fausse-renoncule est une plante vivace à souche traçante et écailleuse qui ne donne que parfois naissance à une feuille unique, trifoliée et longuement pétiolée. Dans ce cas les folioles sont en fait sessiles, la centrale trilobée, les latérales bilobées.

La tige florifère porte des feuilles trilobées, sessiles, de même forme que les feuilles terrestres, étendues horizontalement.

Les fleurs sont solitaires ou par deux, portées par de longs pédoncules, d'un beau jaune doré qui permet de les distinguer de l'espèce précédente.

Elle fleurit également tôt au printemps dans les bois feuillus, les fourrés caillouteux, les taillis humides et les prés frais.

On la trouve dans presque toute l'Europe, elle a été introduite en Angleterre, dans le Caucase, les monts Taurus, en Sibérie et probablement au Tibet. Au Kamtchatka son suc sert à empoisonner les flèches. On la trouve avec la sylvie, et elles peuvent ensemble constituer des hybrides.

Ficaire

Ficaria verna HUDS.

C'est une plante vivace de 30 cm tout au plus, à racines fasciculées qui se renflent par endroits pour former de petits tubercules racinaires très riches en amidon. Les tiges sont glabres et couchées et s'enracinent facilement sur leur parcours. Les feuilles terrestres longuement pétiolées sont ovoïdes-cordiformes, parfois réniformes, charnues, brillantes, plus ou moins dentées sur les bords. Leur brillant est dû à de nombreuses cellules épidermiques amylacées. Les feuilles caulinaires ont des pétioles plus courts et celles du bas portent souvent à leur aisselle des bourgeons de multiplication qui donnent naissance ensuite à des tubercules blanchâtres de la taille d'un grain de blé.

Les fleurs se reconnaissent à leurs 3 sépales verts et à leurs 6—12 pétales d'un jaune très brillant. Les fruits sont de maigres akènes, disséminés par les fourmis qui se chargent ainsi de la dispersion de l'espèce. La ficaire fleurit dès le mois de mars et jusqu'en mai, mais les graines ne se forment que rarement et la

multiplication est assurée par les propagules axillaires et par les bulbilles racinaires que les fortes pluies arrachent par paquets.
Vers la fin de mai, toute la plante se dessèche et disparaît.
C'est une plante des taillis humides, des broussailles, mais aussi des vergers et des parcs, des plantations de framboisiers, où elle forme souvent de grandes colonies.
Elle est répandue dans toute l'Europe, dans le Caucase, et de la Sibérie occidentale jusqu'en Asie centrale. Les sujets adultes sont toxiques: ils contiennent de la protoanémonine, de la saponine, mais aussi de la vitamine C. Sa saveur est amère et brûlante et les animaux l'évitent. Son suc a servi dans les Alpes et les Pyrénées à empoisonner les flèches. Mais les plantes toutes jeunes ne sont pas toxiques et on les mange en salade en Franche-Comté par exemple sous le nom de «rondelotte». D'autre part les hommes préhistoriques ont largement consommé les petits tubercules farineux.

Herbe de saint Christophe

Actaea spicata L.

C'est une herbe vivace d'une soixantaine de cm de haut qui dégage une odeur presque fétide. La souche est forte, rousse, et émet au printemps des tiges dressées, parfois un peu ramifiées.
Les feuilles sont alternes, longuement pétiolées, 2—3 fois tripennées et plus ou moins horizontales. Les folioles sont ovales, aiguës et dentées.
Les petites fleurs qui renferment une grande quantité d'étamines forment des grappes longuement pédonculées. Elles ont un calice blanchâtre jaunissant et des pétales linéaires transformés en nectaires et qui forment une corolle plane.
Les fruits sont des baies noires et brillantes qui contiennent des graines aplaties, hémisphériques, de couleur brunâtre. En fait, ces baies sont des follicules charnus.
La floraison a lieu de mai à juin, surtout dans les bois ombragés, les forêts mêlées ou feuillues, dans les ravins et le long des ruisseaux. C'est une espèce typique des hêtraies.
Elle existe dans toute l'Europe, en Asie tempérée, peut-être jusqu'en Chine. On la trouve en Amérique du Nord.
Toute la plante contient une protoanémonine toxique. Elle était autrefois considérée comme magique parce qu'elle permettait de découvrir les trésors cachés. Son ancien nom, *Radix Christiphoriana* tout comme ses noms vulgaires en anglais, en français, en italien ou en allemand, fait référence à saint Christophe, patron de tous les chercheurs de trésors. La racine a servi en médecine populaire et reste récoltée officiellement dans certains pays pour la fabrication de médicaments laxatifs, mais aussi narcotiques et tranquillisants. Elle ne semble plus en usage dans la pharmacopée française.

Sylvie

Ancolie commune

Aquilegia vulgaris L.

C'est une plante vivace qui dépasse 50 cm de haut, à courte souche épaisse qui émet des tiges fines, peu ramifiées et dressées.
Les feuilles basiliaires sont longuement pétiolées, une à deux fois pennatifides, à segments profondément dentés. Les folioles terminales sont lobées et obtuses. Les feuilles caulinaires sont plus petites et plus simples.
Les fleurs d'un bleu-violet, rarement blanches ou rosées, sont longuement pédonculées et réfléchies. Elles peuvent atteindre 5 cm de diamètre. Les sépales sont pétaloïdes et écartés, et ils se terminent par un éperon tourné vers l'intérieur; par une pointe obtuse et verdâtre. Les pétales se prolongent par un éperon recourbé vers l'intérieur; la fleur ne peut donc être pollinisée que par des bourdons ou d'autres insectes à longue trompe.
Les fruits sont des follicules allongés qui contiennent des graines d'un beau noir brillant.
L'ancolie fleurit de mai à juin dans les taillis feuillus et dans les coteaux broussailleux, parfois aussi sur les pentes pierreuses ou le long des routes forestières et dans les prairies de la plaine jusqu'en montagne. C'est une plante répandue en Europe centrale et du Sud, qu'on trouve également en Asie tempérée jusqu'en Chine, ainsi qu'en Afrique du Nord et en Amérique du Nord où elle a été introduite.
La fleur d'aspect original servait d'amulette au Moyen Age contre les sorcelleries et le mauvais œil.
C'est une plante toxique qui contient un alcaloïde encore inconnu, surtout concentré dans la tige feuillée et dans les jeunes graines. La médecine populaire l'a utilisée pour soigner la jaunisse et comme topique sur les maladies de peau. Son usage est aujourd'hui complètement abandonné.
C'est une espèce très variable, et qui hybridée avec les espèces américaines et californiennes, a contribué largement à l'ornement de nos jardins.

Anémone fausse-renoncule

Ficaire

Trinitaire (Herbe au foie)
Hepatica nobilis MILL.

La trinitaire est une herbe vivace de 5 à 15 cm de haut, à souche dure et rampante qui produit au printemps avant l'apparition des feuilles, des tiges uniflores considérées comme des pédoncules bien qu'elles portent immédiatement sous la fleur 3 bractées vertes imitant un calice.
Les fleurs se composent de 6 à 7 pétales d'un bleu très pur, parfois blancs, rosés ou carnés, et d'une grande quantité d'étamines blanchâtres et de pistils qui se transforment par la suite en akènes crochus. Les feuilles n'apparaissent qu'après la floraison. Elles ont un limbe cordiforme, trilobé, très caractéristique, d'abord laineux puis glabre, de texture rigide, coriace, d'un beau vert sombre lavé de violet sur le revers. Ces feuilles persistent jusqu'au printemps suivant. La floraison a lieu de mars à avril dans les taillis feuillus et les broussailles de la plaine jusqu'en montagne, surtout dans les terrains calcaires. En France elle est surtout cantonnée dans toutes les montagnes de l'Est.
Elle se rencontre dans 3 zones distinctes de l'hémisphère Nord: en Europe, à l'exception de la Hollande et de l'Angleterre, en Mandchourie, en Corée, au Japon et enfin dans la zone tempérée nord-américaine.
Toute la plante contient une faible quantité de protoanémonine, du saccharose, des tannins, etc. La médecine populaire l'utilisait autrefois pour soigner les maladies du foie (parce que la forme trilobée de ses feuilles avait la forme du foie!) et comme succédané du thé. Son nom d'hépatique vient d'ailleurs du mot grec «hêpar» qui signifie foie.

Pigamon à feuilles d'ancolie
Thalictrum aquilegiifolium L.

C'est aussi une plante vivace dont les tiges dressées, ramifiées seulement au niveau de l'inflorescence, peuvent dépasser 1 m de haut.
Les feuilles sont 2—3 fois composées ou pennées et formées de folioles subovales profondément dentées. Les fleurs à périanthe blanc verdâtre, caduc, se reconnaissent facilement à la forme des étamines aux longs filets serrés et violacés (parfois tout blancs) qui dépassent les stigmates et qui persistent en faisceaux après la chute du périanthe.
Les fruits réfléchis sont pyramidaux et ailés, de couleur brune.
Cette belle espèce fleurit de mai à juillet dans les bois frais, dans les broussailles et les fourrés des bords de l'eau dès la zone des plateaux, mais surtout en montagne. C'est une plante toxique, surtout par ses racines qui sont très appréciées par les porcs, qui les déterrent et souvent s'empoisonnent avec inconscience. Presque toutes les espèces du genre contiennent dans leurs racines des matières tinctoriales jaunes qui ont été autrefois utilisées pour la teinture des laines.

Aconit napel
Aconitum napellus L.

C'est un aconit vivace comme tous les autres, ancré dans le sol par un tubercule muni de longues racines. Chaque année on voit se former à côté de l'ancien tubercule un ou deux tubercules nouveaux destinés à remplacer le précédent qui est épuisé. Ils sont reliés à l'ancien par une courte tige. Ces nouveaux tubercules évidemment accumulent des substances nutritives pour l'année suivante.
Les tiges ne se ramifient qu'au niveau de l'inflorescence. Les feuilles présentent un limbe 5 à 7 fois palmatifide, dont les segments en parallélogrammes allongés sont découpés jusqu'au pétiole et deux fois profondément dentés.
Les fleurs sont violettes, rarement bleutées, rougeâtres ou blanchâtres, parfois même tachetées. Elles se reconnaissent aisément à leur casque hémisphérique et sont disposées en grappe fournie.
Les fruits sont des follicules qui contiennent plusieurs graines anguleuses.

L'aconit napel fleurit de juillet à septembre dans les endroits humides des forêts, le long des ruisseaux, sur les éboulis des pentes humides, dans les aulnaies et dans les endroits abondamment fumés, comme les alentours des bergeries. C'est une plante surtout montagnarde, commune en Europe, dans le Caucase, en Sibérie et jusqu'en Extrême-Orient et en Asie centrale. Il monte jusqu'à 3000 m en montagne. C'est une espèce très variable qui forme quantité d'hybrides.
Toute la plante est violemment toxique, et surtout les tubercules. On trouve déjà dans Pline une allusion à ses propriétés d'«arsenic végétal». Les tubercules contiennent toute une série d'alcaloïdes et notamment l'aconitine, un des poisons les plus efficaces qui soient, puisqu'il suffit de 3—4 milligrammes pour empoisonner un homme. La mort survient par paralysie du système nerveux central. Les plus dangereux sont les jeunes tubercules de petite taille.
Les vertus médicinales de la plante sont connues depuis bien avant notre ère et ses propriétés toxiques furent brillamment démontrées par Avicenne aux Xe et XIe siècles. Les peuples anciens l'utilisaient pour empoisonner les loups et les renards, et les habitants du Népal en enduisaient les pointes de leur flèches. Il est fréquemment planté dans les jardins pour la beauté de ses fleurs.

Herbe de saint Christophe

Ancolie commune

Trinitaire

Corydale creuse
Corydalis cava L.

La corydale creuse est une herbe vivace d'une quarantaine de cm tout au plus, à tissu fortement succulent. Elle possède sous la terre un gros tubercule d'abord plein, puis creux, couvert de fines racines. En fin de floraison, ce tubercule souvent éclate en deux ou trois morceaux, munis chacun d'un bourgeon et capables de redonner une plante complète. Ce tubercule par ailleurs est d'origine caulinaire.
Au-dessus de la surface du sol, il émet une seule tige dressée, charnue, souvent lavée de pourpre, et qui porte seulement 2 feuilles d'un vert cendré pâle et 2 fois trifoliées. La forme générale du limbe est celle d'un large triangle et les folioles sont subovales et irrégulièrement dentées.
Les fleurs d'un mauve rougeâtre, parfois presque blanches, répandent une odeur très spéciale, qu'on appelle justement «odeur de corydale», qui évoque un peu celle des poires fermentées. Elles se composent d'un calice caduc qui comporte deux sépales, et de 4 pétales dont celui du haut se prolonge par un éperon arqué. C'est dans cet éperon qu'est caché le nectar accessible seulement aux insectes à longue trompe. L'inflorescence est une grappe terminale bien fournie, entrecoupée de bractées entières.
Les fruits sont des capsules brillantes et courtes qui renferment des graines d'un beau noir brillant, disséminées par les fourmis.
La floraison de la corydale a lieu de mars à mai dans les bois clairs de feuillus dont le sol est suffisamment humeux, dans les hêtraies, souvent en grandes colonies. On la rencontre aussi sur les lisières, dans les vergers, les vignes, les haies, etc.
En France on ne la rencontre guère que

dans l'Est, mais elle est très fréquente en Europe centrale et méridionale, et aussi dans les régions européennes de l'U.R.S.S. Dans le nord, elle remonte jusqu'en Scandinavie.

Les tubercules sont depuis longtemps utilisés en médecine populaire aussi bien qu'officielle.

Ils contiennent un certain nombre d'alcaloïdes, surtout la corydaline, la corycavine, et la bulbocapnine. Ces substances agissent sur le système nerveux, abaissent la tension artérielle, ralentissent le péristaltisme, mais sont toxiques, surtout la bulbocapnine, lorsqu'elles sont absorbées en forte quantité.

Violette odorante
Viola odorata L.

Tout le monde connaît bien cette petite plante basse, symbole de la modestie, pourvue d'une souche épaisse qui donne naissance à de nombreux rejets traçants, vivaces, qui s'enracinent facilement, et qui fleuriront l'année suivante. Les feuilles terrestres d'un vert foncé présentent un limbe arrondi réniforme, ou même ovale cordiforme. Les stipules sont largement ovales et aiguës au sommet. Les fleurs d'un parfum suave sont portées par un long pédoncule. Les pétales sont violacés, parfois tout blancs, blanchâtres au niveau de l'onglet et le pétale inférieur s'étire en un long éperon à peu près rectiligne. Le calice est muni d'appendices dressés, nettement plus courts que l'éperon.

Les fruits sont des capsules qui contiennent une quantité de graines munies d'une excroissance charnue. Comme la floraison a lieu dès le mois d'avril, la plupart des fleurs restent stériles, sinon toutes. Mais aussitôt terminée cette floraison colorée et parfumée, on voit apparaître des fleurs à peu près dépourvues de corolle et à sépales fermés. Ces fleurs presque invisibles s'autofécondent et produisent des capsules pleines de graines viables.

La violette odorante fleurit dans les taillis, les fourrés, et se naturalise souvent autour des maisons. Ses régions d'origine sont pourtant peu étendues: elle provient de la zone mediterranéenne jusqu'aux Alpes du Sud, jusqu'à la chaîne de l'Atlas en Afrique du Nord, de Mésopotamie et du Caucase. Elle est probablement naturalisée en Europe centrale. C'est une plante médicinale

Pigamon à feuilles d'ancolie

Aconit napel

qui contient des sucs amers, de l'acide salicylique et des saponines. La fleur séchée entre dans la composition de tisanes pectorales, et les confiseurs en font des bonbons. La racine, en infusion un peu forte, est vomitive et peut remplacer l'ipéca. Mais elle entre dans la composition de remèdes contre la coqueluche.

En France où la violette est très appréciée depuis l'époque napoléonienne (l'impératrice Joséphine en avait la passion), on en extrait une essence rare et parfumée, inodore à l'état concentré. Mais étendue au 1/5000° ou au 1/10000°, elle dégage une forte odeur de violette d'une finesse inimitable. On la cultive en grand à Grasse pour cet usage, et on a procédé à des sélections qui permettent de plus hauts rendements en essence.

Selon la légende grecque, la violette odorante n'est autre qu'une des filles d'Atlas, poursuivie par Phoebus, aux rênes de son char. Pour lui échapper, elle supplia Zeus de la soustraire aux rayons du soleil, elle fut exaucée et métamorphosée en violette, cachée à l'ombre des bois.

Violette de Rivin
Viola riviniana (sylvestris) RCHB.

C'est une violette vivace dont la souche courte émet une rosette de feuilles terrestres. Les tiges sont dressées, d'une

quinzaine de cm tout au plus, les feuilles ont un long pétiole et un limbe largement cordiforme, dentelé sur les bords. Les stipules sont lancéolées et vaguement frangées. Les grandes fleurs d'un bleu-violet clair, blanchâtres à la gorge, sont formées par de larges pétales. Les appendices du calice sont arrondis-anguleux. L'éperon est solide, obtus, nettement cannelé, blanc ou à peine violacé.
Cette violette fleurit d'avril à mai et vient couramment dans les bois clairs, les forêts à sol humeux et les broussailles.

Stellaire holostée (Réveil-matin)

Stellaria holostea L.

C'est une herbe vivace qui forme des touffes lâches sortant d'un rhizome fin et traçant. La souche porte deux sortes de tiges, les unes courtes et stériles, les autres d'une trentaine de cm, quadrangulaires et florifères.
Les feuilles étroites et lancéolées sont opposées par paires le long des tiges, légèrement concrescentes à la base, avec les bords et les revers rugueux.
Les grandes fleurs blanches présentent des pétales divisés presque jusqu'au milieu et forment des cymes bipares peu fournies.
Les fruits sont des capsules qui contiennent des graines verruqueuses.
La stellaire holostée fleurit de mai à juin dans les bosquets chauds et secs, sur les pentes broussailleuses, dans les haies, de la plaine aux plateaux. Elle existe dans presque toute l'Europe, en Asie Mineure, à l'est jusqu'en Arménie et en Transcaucasie, au nord jusqu'en Finlande et en Scandinavie. Elle croît également en Afrique du Nord.

Corydale creuse

Violette de Rivin

Violette odorante

Fraisier

Fragaria vesca L.

C'est une herbe vivace à souche oblique et ramifiée, qui émet de longs stolons traçants et qui s'enracinent à tous leurs nœuds.
Longuement pétiolées, les feuilles de la rosette ont un limbe trifolié aux folioles ovales, sessiles, munies d'un acicule rouge. La foliole médiane est brièvement pétiolulée.
Les axes floraux apparaissent à l'aisselle des feuilles et mesurent une vingtaine de cm, de sorte qu'ils dépassent la rosette.
Les fleurs blanches, au calice réfléchi durant la fructification, forment des cymes peu fournies.
Les fruits sont de petits akènes noirs, portés par le réceptacle renflé, charnu, succulent et rouge. L'ensemble forme la fraise. Dans cette espèce, les fraises sont coniques ou tronconiques et se détachent facilement du calice.
On voit ce fraisier fleurir entre mai et juin dans les clairières, à la lisière des bois et sur les coteaux broussailleux, ou même sur les talus.

Il est répandu dans toute l'Europe et l'Asie tempérée, à l'est jusqu'au lac Baïkal, au nord jusqu'en Islande et au nord-ouest en Scandinavie. Il est absolument naturalisé en Asie orientale, au Japon, dans l'ensemble du continent américain, en Afrique du Sud, à la Martinique, à Java, en Australie du Sud, en Tasmanie et en Nouvelle-Zélande.
Les fraises unanimement appréciées ne sont vraiment ramassées et consommées que depuis le Moyen Age. Les feuilles du fraisier contiennent des tannins et une essence parfumée d'odeur citronnée. On en fait des tisanes anti-inflammatoires, mais cette infusion peut provoquer les crises d'urticaire chez les personnes allergiques. Les feuilles servent aussi de topiques pour différentes inflammations.

Benoîte des villes
Geum urbanum L.

La benoîte est une plante vivace qui dépasse 50 cm de haut, à souche épaisse et simple portant une rosette de feuilles et des tiges anguleuses peu ou pas ramifiées. Les feuilles de la rosette sont pétiolées et se caractérisent par un limbe imparipenné, à folioles arrondies-ovales et pourvues de stipules imitant des folioles, mais les supérieures ne sont que trilobées et sessiles. Les fleurs sont peu apparentes: elles ont une corolle jaune vite caduque et un calice réfléchi après la floraison. Elles sont en outre munies d'un calicule.
Les fruits sont des akènes velus et crochus qui se fixent ainsi facilement à la toison des bêtes ou aux vêtements.
Cette benoîte abonde dans les forêts de bocage, les fourrés, mais aussi elle s'introduit dans les parcs mal tenus, les jardins, les décombres et le long des chemins. Elle existe dans toute la zone tempérée de l'hémisphère Nord. Elle a été introduite en Australie. Les souches contiennent de l'amidon, du sucre, un suc amer et une essence éthérée qui se décompose à la dessication en dégageant un parfum d'œillet. Elle a un goût

Stellaire holostée

Fraisier

curieux de girofle et la souche séchée était utilisée autrefois comme remède populaire ou comme aromate dans la bière, le vin, les alcools de fruit et on en parfumait également les eaux dentifrices.
En fait, cette souche a des propriétés excitantes et astringentes dont la tradition française fait toujours état.

Gesse printanière
Lathyrus (Orobus) vernus
(L.) BERNH.

La gesse printanière est une herbe vivace à courte souche épaisse et ramifiée et à tiges dressées, d'une quarantaine de cm, et anguleuse.
Les feuilles sont paripennées et comportent 2—4 paires de folioles ovales longuement aiguës. Le rachis foliaire se termine par un aiguillon.
Les fleurs papilionacées, légèrement inclinées vers le sol, sont formées d'une corolle pourpre violet, plus tard bleutée, aux ailes bleuâtres. Le calice en forme de clochette ne permet la pollinisation qu'aux bourdons.
Les fruits sont des gousses plates, brunes, écartées de la tige et contenant des graines brunes.
Cette gesse fleurit au printemps, d'avril à mai, dans les bois feuillus de la plaine et des plateaux, surtout en terrain calcaire. Elle existe dans l'ensemble de l'Europe, à l'est jusqu'en Sibérie occidentale, au Caucase et en Asie Mineure.

Grande gesse
Lathyrus sylvestris L.

C'est une plante robuste et vivace, munie dans le sol d'une longue souche rampante qui émet une foule de tiges couchées, grimpantes ou seulement ascendantes, atteignant 2 m de long. Ces tiges se reconnaissent à leur section quadrangulaire et aux deux ailes caractéristiques portées par deux angles opposés. Les feuilles pennées se limitent d'ordinaire à une seule paire de folioles et se terminent par une vrille ramifiée.

Les stipules sont en demi fer de flèche. Les grandes fleurs roses, carnées ou parfois violacées se reconnaissent à leur carène brunâtre ou verdâtre et à leur calice en cloche aux lobes dentés. Elles sont groupées en inflorescences axillaires, sur un long axe. Les fruits sont de longues gousses brunes à surface réticulée.
La floraison a lieu de juillet à août dans les bois clairs, sur les coteaux broussailleux, à la lisière des forêts et dans les clairières, surtout en terrain calcaire. C'est une espèce abondante en Europe centrale et méridionale, de l'Espagne à la mer Noire.

Lupin bleu

Lupinus polyphyllus LINDL.

Le lupin bleu est une robuste plante vivace dont les tiges dressées, feuillées et simples peuvent atteindre 1,50 m de haut.
La première année, la souche émet une large rosette de feuilles et les hampes florales n'apparaissent qu'au printemps suivant.
Les feuilles comportent un limbe palmé décoratif, composé de 13 à 15 segments lancéolés, soyeux au revers, porté par un long pétiole.
Les grandes fleurs au calice velu ont une corolle bleue, rarement blanchâtre, et composent de longues et belles grappes bien fournies, à port dressé, qui mesurent jusqu'à 50 cm de long.
Les gousses sont grandes et velues et elles recèlent une quantité de graines.
Le lupin bleu est originaire de la côte ouest de l'Amérique du Nord et il est connu depuis longtemps comme plante cultivée. On le sème souvent en forêt où il sert de fourrage au gibier, ou bien on le sème dans les champs pour servir d'engrais vert. Il se multiplie rapidement et prospère même en mauvais sol sableux qu'il enrichit en matières azotées. On peut le cultiver comme fourrage et il supporte deux coupes par an. On le sème aussi pour consolider les talus au moyen de ses puissantes racines. Toutefois, il n'est pas durable en terrain calcaire. Ailleurs, ses touffes peuvent vivre 10 ans et bien davantage.
La floraison a lieu de juin à août dans les endroits clairs, les clairières, les lisières des bois et sur les coteaux. En France on le trouve abondamment en Alsace où il avait été semé sur les talus de chemins de fer au siècle dernier, et d'où il s'est étendu.
Toute la plante, mais surtout les graines, contient des glucosides et deux alcaloïdes toxiques, la lupinine et l'hydroxylupinine. Ces deux alcaloïdes disparaissent cependant par un traitement qui permet de torréfier les graines et de les utiliser comme ersatz du café. Mais le plus grand mérite de ce lupin est d'être à l'origine des merveilleux hybrides qui ornent maintenant tous les jardins.

Benoîte des villes

Gesse printanière

Surelle

Oxalis acetosella L.

C'est une petite plante vivace qui ne dépasse pas 15 cm de haut, toute fragile et succulente, à fine souche traçante couverte d'écailles charnues. La tige est complètement contractée et les feuilles et les fleurs semblent être portées par la souche elle-même. Les feuilles longuement pétiolées sont trifoliées et ressemblent à du trèfle. Les folioles sont cordiformes, d'un vert pâle, et souvent lavées de rouge au revers. La nuit ou par mauvais temps, elles se replient vers le bas le long de la nervure centrale et les pétioles s'inclinent. Ces mouvements de sommeil, dits «mouvements nyctinastiques», peuvent être artificiellement provoqués en couvrant la plante d'un objet opaque, chapeau, pot de fleurs, etc.
Les fleurs présentent un calice velu et des pétales subcordiformes, blancs veinés de violet et souvent violacés au revers. La nuit et par mauvais temps, elles

se referment et se courbent vers le sol. A côté de ces fleurs normales on voit souvent apparaître des fleurs qui ressemblent à des bourgeons: ce sont des fleurs cléistogames qui s'autofécondent par leur propre pollen.
Les fruits sont des capsules d'environ 1 cm de long, qui s'ouvrent par une fente dorsale en projetant les graines au loin.
La floraison a lieu d'avril à mai, dans les bois ombragés et humeux. La surelle forme souvent de véritables tapis et affectionne tout particulièrement les souches et les troncs pourris. Elle peut monter jusqu'à 2000 m en altitude.
Toute la plante a une forte saveur acide, due à la présence d'une forte quantité d'acide oxalique et de ses sels. C'est une plante un peu toxique, quoique les enfants mangent ses feuilles sous le nom de «pain de coucou» sans grand dommage. Il faut de 4 à 5 g d'acide oxalique pour provoquer un empoisonnement mortel, mais il faudrait avaler quelques kilos de ces feuilles pour atteindre cette dose.

Ne-me-touchez-pas
Impatiens noli-tangere L.

L'impatiente, ou ne-me-touchez-pas, est une herbe annuelle d'à peu près 1 m de haut à tiges dressées, ramifiées au-dessus de la moitié inférieure, qui se distinguent à l'épaississement noueux de leurs parties inférieures. Toute la plante est succulente, fragile, et se fane rapidement.
Les feuilles alternes sont allongées-ovoïdes, aiguës, dentées et la base du pétiole porte plusieurs glandes nectarifères.
Les fleurs sont bien visibles et de forme caractéristique: inclinées vers le sol, elles présentent un calice flavescent étiré en un long éperon courbe, et une corolle jaune doré, ponctuée de rouge à la gorge. Elles sont groupées en grappes axillaires pauciflores. Les fruits sont des capsules cylindriques qui éclatent à la maturité au moindre contact et se contractent brusquement en projetant au loin les graines qu'elles contiennent.
L'impatiente fleurit de juillet à août dans les bois humides, en France surtout dans les montagnes. Elle forme d'habitude de grandes colonies que la première gelée anéantit. Elle offre cette particularité que surabondante certaines années, elle disparaît complètement de ses stations pour y réapparaître plusieurs années plus tard.
Elle est commune en Europe centrale et dans une partie de l'Europe méridionale, au Proche-Orient, en Sibérie, au Kamchatka, en Chine et au Japon.
Dans certaines régions, on utilisait ses feuilles pour en faire une tisane laxative.

Grande gesse

Surelle

Lupin bleu

Épilobe en épi
(Laurier de saint Antoine)
Epilobium angustifolium (spicatum) (L.) SCOP.

C'est une plante vivace qui atteint 1,20 mm de haut, à rhizome traçant, qui porte des tiges droites, simples et bien feuillées.
Les feuilles sont allongées à linéaires, lancéolées, longuement aiguës, cendrées sur le revers. Dans la région supérieure de la tige, elles se transforment graduellement en bractées.
Les fleurs présentent un calice rougeâtre et duveteux et une corolle pourprée, rarement blanchâtre. Elles sont groupées en longues grappes terminales bien fournies.
Les fruits sont des capsules oblongues, densément duveteuses, contenant de toutes petites graines munies d'une longue soie.
C'est une espèce particulièrement tenace qui forme souvent de grands massifs dans les clairières, à la lisière des bois, dans les coupes fraîches, etc. Elle fleurit de juin à août et au moment de la fructification, ses graines ailées portées par le vent s'envolent au loin, de sorte qu'elle peut coloniser rapidement de grands espaces, surtout sur les talus, dans les décombres et les lieux déserts. En montagne, cet épilobe monte jusqu'à 2000 m d'altitude.

C'est une espèce à peu près cosmopolite: en Europe elle remonte jusqu'en Islande, aux Shetland et à l'extrême nord de la Norvège, elle existe dans la plus grande partie de l'Asie, en Amérique du Nord et au Groenland. Elle ne manque vraiment qu'en Afrique. Dans certaines régions, ses feuilles servent à faire une infusion qui imite le thé à s'y méprendre...

Herbe aux goutteux

Aegopodium podagraria L.

Vivace, haute parfois d'un mètre, l'herbe aux goutteux est toute couverte de soies courtes et fines, presque imperceptibles, et elle dégage une odeur déplaisante. Le pied produit une abondance de rejets souterrains qui assurent sa multiplication et en font une des adventices les plus détestables des parcs et des jardins d'où elle est à peu près inexpugnable. Les tiges sont rameuses, cannelées-anguleuses et creuses.

A la base de la plante on trouve des feuilles longuement pétiolées, entières ou triséquées, ensuite, en remontant le long de la tige, viennent des feuilles à pétiole engainant et à limbe 1—2 fois trifolié. Enfin, en haut de la tige, on trouve des feuilles de plus en plus simples, les dernières tout à fait entières. Les folioles des feuilles composées sont généralement irrégulières.

Les petites fleurs blanches ou rosées sont groupées en ombelles d'ombellules, mais les involucres et les involucelles manquent complètement.

Les fruits sont des diakènes côtelés de couleur claire.

La floraison a lieu de juin à juillet, et la plante forme souvent de véritables colonies dans les bois humides de la plaine, et souvent dans les parcs et les vergers. Elle monte en altitude jusqu'à 2000 m.

Elle existe dans presque toute l'Europe, en Asie Mineure, dans le Caucase et en Sibérie. Elle a été secondairement introduite en Amérique du Nord où elle est maintenant complètement naturalisée. C'est une plante médicinale: les tiges écrasées s'utilisaient autrefois en topiques sur les plaies, ou en cataplasmes contre la goutte et l'arthrose. On la considérait aussi comme un bon antidote, et utile contre les piqûres d'abeilles et d'autres insectes, etc.

Les graines contiennent une huile volatile vert clair, au parfum plaisant, mais d'un goût extrêmement brûlant.

Angélique des bois

Angelica sylvestris L.

Bisannuelle et parfois vivace, l'angélique des bois est une herbe presque géante qui dépasse souvent 2 m de haut. Elle est ancrée dans le sol par une grosse souche à odeur de carotte, et d'une saveur amère et brûlante.

Les tiges sont robustes, dressées, ramifiées dans le haut, cannelées et couvertes d'une pruine blanche.

Les feuilles ont des pétioles en gouttière, creusés à l'intérieur d'une cavité en croissant et elles présentent au niveau de l'insertion de grandes gaines renflées. Pour les feuilles du bas, le limbe atteint 60 cm de long: il est de forme triangulaire, parfois jusqu'à 3 fois penné. Les feuilles du haut présentent aussi une gaine renflée qui enveloppe et protège les jeunes rameaux axillaires ainsi que les inflorescences en boutons. Ces gaines retiennent souvent de l'eau de pluie dans laquelle peuvent même s'installer quelques organismes aquatiques. Les feuilles supérieures sont moins divisées, celles du sommet sont presque sessiles, le pétiole se limitant alors à la gaine. Dans les feuilles composées, les folioles sont ovales et dentées.

Les fleurs sont minuscules, blanches ou rosées, et groupées en ombellules fournies et rassemblées par 25—35 en grandes et denses ombelles hémisphériques.

Les fruits sont des diakènes plans, elliptiques, munis de deux larges ailes marginales.

L'angélique des bois fleurit de juillet à septembre. Elle aime les bois clairs et humides, les coupes récentes, les clairières, les fourrés et les broussailles au bord de l'eau, mais aussi les tourbières et les prairies trempées.

Ne-me-touchez-pas

Elle se trouve dans presque toute l'Europe, en Asie Mineure, dans le Caucase, en Sibérie, et de l'Oural au lac Baïkal. Elle a été introduite au Canada. C'est une espèce très variable dont on connaît une grande diversité de formes.

On en a retrouvé des restes dans les cités lacustres de l'époque néolithique. Dans certaines régions les jeunes feuilles étaient autrefois consommées comme légume et la souche servait de remède contre les maladies de poitrine, de l'estomac et des reins. On l'utilise encore en médecine vétérinaire. La poudre de ses graines est très efficace contre les poux.

La tige, confite dans le sucre, est l'*angélique des confiseurs.*

Coucou

Primula veris L.
(*= officinalis* JACQ.)

Le coucou est une modeste herbe vivace, d'une trentaine de cm au plus, qui se reconnaît facilement à sa rosette de

Épilobe en épi

Angélique des bois

Herbe aux goutteux

feuilles terrestres, oblongues, ondulées, crénelées et ridées. Le pétiole porte deux ailettes et le limbe est velu au revers et légèrement enroulé dans la jeunesse.

La rosette émet des hampes nues qui portent une ombelle de fleurs brièvement pédonculées. La corolle est entière, couleur jaune poussin, à gorge orangée, le calice est enflé, écarté de la corolle, anguleux, de couleur kaki. Toute la fleur dégage une agréable odeur de bergamote.

Les fruits sont des capsules ovales plus courtes que le calice.

Le coucou fleurit dès le mois d'avril et jusqu'en juin. On le rencontre surtout dans les bois clairs, les taillis, mais aussi dans les prés frais et le long des ruisseaux. Il est répandu dans toute l'Europe, à l'est en Asie jusqu'au fleuve Amour.

Il comptait autrefois au nombre des plantes magiques. Il éloignait les mauvais esprits et permettait de trouver les trésors cachés... En fait, l'inflorescence contient des saponines et s'utilise, séchée, en tisane contre les catarrhes, les maladies pulmonaires ou rénales. Cependant, ces saponines peuvent irriter les parois du tube digestif et une quantité excessive de cette infusion peut provoquer des vomissements.

Primevère élevée
Primula elatior (L.) GRUFB.

C'est aussi une primevère vivace, qui atteint jusqu'à 30 cm au moment de la fructification, et elle présente également une rosette de feuilles ovales, oblongues, qui s'amincissent progressivement en pétiole. Les jeunes feuilles sont légèrement roulées, mais moins réticulées que dans l'espèce précédente. Le revers du limbe est vert-gris.

Les fleurs d'un jaune soufre sont inodores et la trompe de la corolle peut être jusqu'à 2 fois plus longue que le calice à 5 dents. Ce dernier n'est pas renflé, mais appliqué contre la trompe, jaune clair, à arêtes vertes.

Les fleurs sont groupées en ombelle plus ou moins unilatérale.

Les fruits sont des capsules cylindriques plus longues que le calice.

La primevère fleurit de mars à mai dans les bois clairs et dans les fourrés, ainsi que dans les prairies fraîches, de la plaine jusqu'à la zone alpine. Elle monte d'habitude plus haut que le coucou et peut arriver jusqu'à 2600 m d'altitude. Dans l'est de la France, elle est fréquente même en plaine.

Elle existe en Europe centrale, de la pointe de l'Angleterre jusqu'au nord de la Russie, et au nord jusqu'en Suède. On la trouve aussi dans le Caucase, le nord de la Perse, l'Oural et l'Altaï.

Dans la mythologie nordique, c'était la plante favorite des naïades et des nymphes, et la médecine populaire lui prêtait des vertus illimitées: elle soignait la toux et la laryngite, les rhumatismes et l'épilepsie, et même le bégaiement. Chauffé, son suc remettait les membres démis et les jeunes feuilles servaient à faire des potages et des salades.

Il faut dire que toute la plante, et surtout la souche, contient une abondance de saponine et on la récolte encore comme matière première de certaines tisanes médicinales et de divers remèdes, au moins en Europe centrale, car en France elle semble être sortie de l'usage.

Les primevères ont une grande place dans la décoration florale.

Pyrole à feuilles rondes
Pyrola rotundifolia L.

Glabre, à feuilles persistantes, à tiges d'une quarantaine de cm, la pyrole à feuilles rondes est pourvue d'une souche rampante et ramifiée qui émet des tiges florales dressées ou ascendantes, triangulaires, rarement ramifiées dans leur région inférieure.

Les feuilles coriaces, largement ovales, ont un long pétiole et forment une rosette peu fournie. Ces feuilles terrestres sont persistantes. Les tiges ne portent que de larges écailles embrassantes qui manquent dans le haut.

Les fleurs se caractérisent par une corolle en clochette, blanche ou à peine rosée, et un court calice. Elles sont groupées en une grappe pauciflore et on en voit dépasser les styles saillants.

Le fruit est une capsule.

Cette plante fleurit de juin à juillet et peut former des colonies entières dans les bois clairs de conifères, toujours sur sol sec, dans les végétaux rabougris qui succèdent à la forêt, mais aussi dans les clairières moussues.

Elle existe dans presque toute l'Europe, au Proche-Orient, en Asie septentrionale et jusqu'au-delà du lac Baïkal et de l'Altaï.

Petite centaurée
Centaurium umbellatum GILIB.

C'est une plante annuelle qui peut atteindre 50 cm de haut ou davantage, à tiges dressées, de section quadrangulaire, ramifiées dichotomiquement dans la région supérieure.

Les feuilles de la rosette sont subovales à ovales, et elles s'amincissent en un court pétiole. Les feuilles caulinaires sont opposées, aiguës et lancéolées.

Les fleurs sont courtement pédonculées ou même sessiles et forment des cymes bipares. La corolle en tube aux lobes étalés est rouge, rosée, rarement blanchâtre.

Les fruits sont des capsules étroites et cylindriques qui contiennent une abondance de graines.

La floraison a lieu de juin à juillet et jusqu'en septembre. La petite centaurée vient dans les clairières, les coupes récentes, les lisières des bois, les prairies, mais aussi sur les coteaux secs.

Elle se trouve dans presque toute l'Europe, en Asie occidentale et centrale, en Afrique du Nord et en Amérique du Nord. On la connaît depuis toujours comme plante médicinale. La tradition française la considère surtout comme un dépuratif majeur dont on fait une cure au printemps.

Petite pervenche
Vinca minor L.

C'est une plante vivace, un sous-arbrisseau d'une vingtaine de cm, à souche traçante, parfois longue de plusieurs mètres, qui s'enracine aux nœuds. Les tiges feuillées sont également rampantes, souvent ligneuses à la base.

Les feuilles à pétiole sont coriaces, vert sombre, elliptiques à lancéolées.

Les fleurs présentent une corolle en entonnoir, bleue ou bleu-violacé, solitaire et longuement pédonculée à l'aisselle des feuilles. Les lobes de la corolle sont irréguliers, de forme générale ovale à cunéiforme, tordus vers la gauche.

Les fruits sont des follicules concrescents par la base, contenant des graines brunes, mais presque toujours stériles.

La petite pervenche fleurit d'avril à mai et forme le plus souvent de vastes tapis dans les bois, les fourrés, souvent sur les rochers, dans les vignes, etc. On la cultive souvent dans les jardins où on en voit des formes à fleurs blanches ou pourpres, et elle se naturalise facilement.

Elle abonde en Europe centrale et méridionale, au nord jusqu'en Angleterre, en Asie Mineure et dans le Caucase.

Cette plante toujours verte était considérée comme magique dans les anciens temps: au Moyen Age elle permettait aussi bien de jeter un sort que d'en conjurer un, et elle joue un grand rôle dans de nombreuses fables et légendes. Elle prédisait la mort ou le mariage, et elle était utilisée pour tresser des couronnes mortuaires et de mariées...

Pulmonaire officinale
Pulmonaria officinalis L.

C'est une plante vivace d'une trentaine de cm au plus, à fine souche ramifiée qui émet des hampes florales en même temps que des rejets qui ne fleuriront que l'année suivante. Comme il est de règle dans la famille, toute la plante est couverte de poils rugueux. Les feuilles basiliaires sont ovales, cordiformes et amincies en pétioles, les caulinaires sont ovales et presque sessiles. L'avers des feuilles est généralement tacheté de blanc.

Les fleurs brièvement pédonculées ont une corolle en entonnoir à gorge velue, d'abord rose, puis mauve violet, bleue après la pollinisation. Elles sont groupées en cymes scorpioïdes abondantes et interrompues par des bractées.

Les fruits sont des polyakènes nus.

La pulmonaire fleurit dès le mois de mars et abonde d'habitude dans les bois feuillus de presque toute l'Europe, à l'ouest jusqu'aux Ardennes et au Jura français, à l'est jusqu'au sud de la partie européenne de l'U.R.S.S.

Ortie jaune
Lamium galeobdolon (L.) NATH.

C'est une plante vivace d'une cinquantaine de cm, à tiges simples et pourvue de nombreux rejets qui s'enracinent de toutes parts.

Les feuilles longuement pétiolées sont ovales cordiformes, aiguës et dentées. En hiver, le limbe des feuilles inférieures est tacheté de blanc et lavé de violet pourpre au revers.

Les fleurs labiées présentent un calice découpé en 5 dents velues et une grande corolle jaune. Elles forment des verticilles fournis à l'aisselle des feuilles et des bractées supérieures.

Les fruits sont des tétrakènes noirs à chair blanche. La floraison a lieu d'avril à juillet dans les bois frais et les

Coucou

Primevère élevée

Pyrolle à feuilles rondes

Petite centaurée

broussailles de presque toute l'Europe, à l'est jusqu'à l'U.R.S.S., à l'Oural, au Caucase et en Iran. La forme et la coloration des feuilles présentent de nombreuses variations. La coloration rouge et les taches blanches sur le limbe permettraient à la plante une plus juste dispersion de ses températures internes. Mais ce n'est qu'une hypothèse un peu aventurée.

Épiaire des bois

Stachys sylvatica L.

L'épiaire des bois est une plante vivace aux tiges de plus d'un mètre de haut, toutes couvertes d'un dense duvet mou. Ces tiges sont dressées et visqueuses dans le haut de par la présence de nombreuses petites glandes.

Les feuilles longuement pétiolées sont largement ovales en cœur, à bords dentés. Dans la partie supérieure de la plante elles se transforment graduellement en bractées.

Les fleurs labiées présentent un calice en clochette et une corolle pourprée, rarement flavescente ou blanchâtre.

Les fruits sont des polyakènes trigones.

L'épiaire des bois fleurit de juin à septembre et peut former des groupes considérables dans les forêts humides, mêlées ou feuillues, dans les clairières et dans les endroits broussailleux. Elle existe dans presque toute l'Europe, au nord jusqu'en Irlande, aux îles Shetland et en Scandinavie. A l'est elle est répandue jusqu'en Sibérie, à l'Oural et à l'Altaï.

Chanvre sauvage

Galeopsis speciosa MILL.

Le chanvre sauvage (bien mal nommé) est une herbe annuelle d'un mètre de haut à peu près, aux tiges couvertes de soies hérissées et nettement renflées sous les nœuds.

Les feuilles ovales, largement cunéiformes à la base, aiguës et dentées sont portées par un long pétiole. Les fleurs sont grandes et se reconnaissent à leur

calice plus court que la trompe de la corolle qui est jaune pâle, avec le lobe médian de la lèvre inférieure ourlé de blanc et orné d'un dessin pourpre foncé.
Les fruits sont des tétrakènes, et la graine est disséminée par les animaux sauvages et domestiques, surtout, dit-on, par les corneilles.
Le chanvre sauvage fleurit de juin à septembre dans les bois clairs, les clairières, à la lisière de la forêt et dans les buissons, souvent aussi dans les lieux déserts, les décombres, et les champs mal soignés, où il peut devenir gênant.
On le trouve surtout en Europe centrale et orientale, au nord jusqu'en Grande-Bretagne et en Scandinavie jusqu'au 70e parallèle. En France, il n'est signalé qu'en Bretagne, en Dauphiné, dans le Lyonnais et dans le Midi.
C'est une espèce variable: le dessin de la lèvre inférieure surtout évolue selon l'éclairement de la station.

Belladone

Atropa belladonna L.

C'est une plante vivace qui atteint 1,60 m de haut, et elle se caractérise par une puissante souche cylindrique qui porte des tiges rigides, dressées, à angles obtus et ramifiées en fourche.
Les feuilles sont ovales à elliptiques, de taille variable, légèrement duveteuses. Elles sont alternes dans la région inférieure de la plante, apparemment opposées sur les tiges florifères. Dans ce cas, l'une des deux feuilles est toujours plus grande que l'autre.
Les fleurs sont réfléchies et solitaires: elles sont formées d'un calice persistant comportant 5 lobes et d'une corolle en clochette cylindrique qui présente le même nombre de lobes, d'un brun violacé à l'extérieur, d'un gris jaunâtre à l'intérieur et marbrée de pourpre. Au moment de la fructification, le calice s'élargit et se déploie en étoile.
Les fruits sont des baies noires brillantes de grande taille, portées par le calice agrandi. Elles contiennent un suc rouge violacé abondant et une quantité de graines réniformes.
La belladone fleurit de juin à août. C'est une plante des bois feuillus, des clairières ombragées, abondante surtout dans les hêtraies et sur les remblais des routes forestières.
On la trouve dans toute l'Europe, en Asie Mineure, dans le Caucase et en Afrique du Nord. Comme elle est souvent cultivée, elle s'est naturalisée dans beaucoup de stations. En France on peut la trouver dans à peu près tous les massifs forestiers. Elle a cette particularité d'apparaître parfois en masse dans un endroit donné, de s'y maintenir quelques années, puis d'en disparaître tout à coup et sans raison explicable, comme la jusquiame.
Tous les organes de la plante contiennent des alcaloïdes violemment toxiques: de l'hyoscyamine, de l'atropine, et aussi dans la racine de la scopolamine et de la belladonine. Tous ces sucs agissent sur le système nerveux: l'empoisonnement se manifeste par un dessèchement de la cavité buccale, une dilatation des pupilles, une accélération du pouls, une sensation d'ivresse, une certaine irritabilité, des visions chimériques, puis un sommeil comateux et enfin la mort par paralysie de l'appareil respiratoire. Un décigramme de ces alcaloïdes peut représenter une dose mortelle.
Ajoutée en petites quantités au fourrage des chevaux, la tige feuillée leur donnait

Petite pervenche

Ortie jaune

Pulmonaire officinale

de l'entrain et faisait briller leur pelage.
La belladone est une matière première importante pour la fabrication de nombreux médicaments: elle est abondamment cultivée à cet effet, surtout en Angleterre et aux États-Unis.
Le nom générique *Atropa* vient du grec Atropos, qui est le nom de celle des trois Parques qui était chargée de couper le fil de la vie. *Belladonna,* belle dame, rappelle qu'autrefois les courtisanes de Venise s'instillaient le suc des fruits dans les yeux pour élargir leurs pupilles et pour leur donner ainsi un éclat plus attirant.

Véronique officinale
Veronica officinalis L.

C'est une plante vivace qui peut atteindre 25 cm de haut, à souche cylindrique et rampante.
Les tiges sont couvertes de poils rugueux, elles sont couchées, ascendantes au sommet, et s'enracinent facilement.
Les feuilles opposées présentent un court pétiole et un limbe ovale à largement lancéolé, à bords dentés. Les fleurs, petites, ont un calice de type 4 et une corolle circulaire, quadrilobée et largement évasée, violet pâle ou d'un bleu-violet. Les pétales supérieurs sont légèrement plus grands que les autres. Les fleurs forment des grappes axillaires bien fournies. Les fruits sont des capsules cordiformes, légèrement échancrées au sommet, qui contiennent des graines lenticulaires.
Elle fleurit de juin à juillet dans les forêts sèches, surtout dans les pinèdes, dans les clairières, et à la lisière des bois, mais aussi sur les talus et dans les pâtures.
Elle existe dans toute l'Europe, au Proche-Orient et en Amérique du Nord.

Digitale à grandes fleurs
Digitalis grandiflora MILL.

C'est une herbe vivace qui dépasse 1 m de haut, à souche cylindrique qui porte des tiges dressées, glabres à la base, couvertes d'un duvet glanduleux au sommet.
Les feuilles alternes sont sessiles par leur base arrondie, celles du bas allongées et sublancéolées et celles du haut ovales-lancéolées.

Belladone

Les grandes fleurs inclinées ont une corolle tubulaire à marge lobée: l'extérieur du tube est jaune, l'intérieur tacheté de brun. Parmi les 4 étamines, deux sont nettement plus longues que les autres. Ces fleurs sont groupées en un long épi unilatéral, interrompu par des bractées lancéolées.
Les fruits sont des capsules enfermées dans le calice et contiennent un grand nombre de graines.
Elle fleurit de juin à juillet dans les bois clairs, les clairières et les coteaux pierreux envahis par l'herbe. Elle est surtout calcicole.
En Europe on la rencontre des Pyrénées jusqu'aux régions sud de la partie européenne de l'U.R.S.S. jusqu'en Sibérie occidentale et en Asie Mineure. Toute la plante, mais surtout les feuilles contiennent une série de glucosides toxiques: digitoxine, digitophylline, digitaline, gitine; de la digitaline et de la digitonine dans les graines, etc. Toutes ces substances ont des effets cardiaques, modifient la circulation sanguine et en-

Épiaire des bois

Chanvre sauvage

trent dans la composition de nombreux remèdes pour le cœur. Cependant, l'abus de ces médicaments ou leur emploi inconsidéré sont dangereux et peuvent facilement amener la mort. Mais dans la pharmacopée française, on utilise peu la digitale à grandes fleurs, et on lui préfère l'espèce suivante.

Digitale pourpre (Gant de Notre-Dame)

Digitalis purpurea L.

Voici une autre digitale, robuste, bisannuelle, à fleurs pourpres bien plus grandes, tachetées à l'intérieur de macules sombres ourlées de zones claires.
Elle fleurit dans les clairières des bois surtout en Europe occidentale et s'étend rapidement vers l'Europe centrale. On la cultive souvent dans ses variétés horticoles dans les jardins d'agrément et elle colonise facilement les environs. Elle ne se trouve guère que dans les terrains siliceux, mais dans toute la France. Elle s'est complètement naturalisée à l'île de la Réunion.
Elle a les mêmes propriétés que la précédente, la médecine irlandaise l'utilisait déjà au Ve siècle, et ailleurs son usage est attesté depuis le XIe siècle.

Aspérule odorante

Asperula odorata L.

L'aspérule (ou reine de mai) est une plante vivace d'une trentaine de cm, à souche fine et traçante qui porte des tiges dresées et quadrangulaires.
Les feuilles qui dégagent un parfum de coumarine, sont ovales-lancéolées et groupées en verticilles par 6—9. Elles ont une extrémité acuminée et des bords dentés. Les petites fleurs blanches d'un parfum agréable ont une corolle en entonnoir, découpée jusqu'à mi-hauteur, et forment des inflorescences terminales portées par une longue hampe. Le calice est très réduit. Les fruits sont des diakènes couverts de soies crochues. L'aspérule fleurit de mai à juin et forme souvent de véritables tapis dans les bois ombragés, surtout sous les hêtres. Elle peut monter jusqu'à 1600 m en montagne.
Elle abonde en Europe centrale et septentrionale, en Sibérie et en Afrique du Nord. En Europe méridionale on ne la voit qu'en altitude.
Toute la plante contient une forte proportion de coumarine parfumée qui se libère surtout à la dessiccation, des tannins, des sucs amers, et un glucoside, l'aspéruloside. La médecine populaire l'emploie depuis toujours contre la jaunisse, les irrégularités du rythme cardiaque, les calculs rénaux et comme tranquillisant.

Véronique officinale

Digitale à grandes fleurs

Hièble

Sambucus ebulus L.

C'est une plante vivace qui atteint 2 m de haut et qui dégage une odeur désagréable. La souche est rampante et terriblement traçante, et elle permet ainsi aux tiges simples et cannelées une extension rapide. Les feuilles pétiolées, une à 2 fois pennées, se composent ordinairement de 4 paires de folioles irrégulières à la base et dentées. Les stipules sont également dentées. Les petites fleurs blanches ou rosées ont une corolle circulaire aux anthères pourprées, puis noires. Elles sont groupées en larges inflorescences planes qui sont des cymes à 3 rameaux, et elles dégagent une odeur un peu écœurante d'amande amère.
Les fruits sont des drupes d'un noir brillant, portées par des pédoncules également noirs. Elles sont appréciées par les oiseaux qui se chargent de disséminer au loin la plante; surtout autour des maisons où elle devient souvent une mauvaise herbe «increvable» le long des murs ou dans les décombres. L'hièble fleurit de juin à août dans les clairières, le long des ruisseaux, dans les vignes qu'elle envahit, et dans les endroits négligés.
Elle existe en Europe centrale et méridionale, en Afrique, en Asie occidentale et à Madère.

On l'a considérée autrefois comme vénéneuse, mais à tort. A côté des sucs amers, des tannins, des essences parfumées, etc. les feuilles ne contiennent qu'une faible quantité d'un glucoside qui peut de dégrader en acide cyanhydrique.

Campanule à feuilles de pêcher
Campanula persicifolia L.

C'est une grande herbe vivace d'environ 1,20 m de haut, à forte souche rampante qui émet des tiges dressées, rarement ramifiées.
Les feuilles de la base sont subovales à lancéolées, amincies en pétiole. Les inférieures sont minces et lancéolées ou même linéaires et leur limbe est cilié, alors qu'il est crénelé chez les autres feuilles.
Les fleurs atteignent 4 cm de diamètre. La corolle est d'un beau bleu-violet, parfois blanche, largement évasée en cloche découpée jusqu'au tiers de sa hauteur en 5 lobes lancéolés. Les fleurs sont d'abord écartées latéralement, puis complètement dressées et les courts pédoncules portent deux bractées. Les fruits sont des capsules dressées qui s'ouvrent par 3 fentes et laissent s'échapper de très fines graines brunâtres.
La floraison a lieu de juin à septembre dans les bois, les clairières, dans les buissons et à la lisière des forêts. Cette belle campanule est répandue dans toute l'Europe jusqu'au 60° latitude; on la trouve également en Sibérie et en Arménie.
On la cultive souvent dans les jardins de plantes vivaces, surtout dans ses variétés à fleurs pleines qui sont d'une rusticité absolue.

Digitale pourpre

Séneçon des bois
Senecio nemorensis L.

Vivace, atteignant 1,80 m de haut, le séneçon des bois est une plante à courte souche qui émet parfois des rejets et porte des tiges dressées, anguleuses et densément feuillées, qui se ramifient parfois dans leur région supérieure en une panicule corymbiforme.
Les feuilles ovales sont soudées à la tige par leur base amincie: elles sont dentées et dégagent un parfum particulier, mais non désagréable.
Les fleurs jaunes forment des capitules à involucre cylindrique: celles du centre sont tubulaires, celles de la périphérie en ligules, d'habitude limitées à 5. Les capitules sont rassemblés en larges inflorescences complexes qui rappellent une panicule.
Les fruits sont des akènes munis d'un long duvet.
Le séneçon des bois fleurit de juillet à septembre dans les clairières, à la lisière des bois, mais aussi en forêt, très souvent par colonies entières.
Il existe dans toute l'Europe, en Sibérie et au Caucase. C'est une espèce très variable, surtout dans la forme de ses feuilles.
Depuis le Moyen Age déjà, il est fréquemment utilisé dans la médecine populaire: le suc des feuilles entre dans la composition de pommades et d'emplâtres cicatrisants et la feuille elle-même se pose comme topique sur les plaies suppurantes.

Chrysanthème à corymbes
Chrysanthemum corymbosum L.

C'est encore une plante vivace qui dépasse 1 m de haut, à souche oblique et cylindrique portant des tiges feuillées, dressées, ramifiées en corymbes au niveau de l'inflorescence.
Les feuilles sont allongées à pennatipartites, et comportent 2 à 7 paires de segments 2 fois dentés ou même pennatiséqués. Celles de la base sont pétiolées et celles du haut sessiles.
Les inflorescences se composent de fleurons centraux tubulaires de couleur jaune et de ligules périphériques blanches. L'involucre est ovale et les capitules sont regroupés par 3 à 10 pour former des corymbes complexes.
Les fruits sont des akènes à marge importante. La florasion a lieu de juillet à août dans les bois clairs, les clairières et les lisières, mais aussi sur les coteaux broussailleux et ensoleillés. C'est une plante qui préfère les pays chauds et les substrats calcaires, quoiqu'on la trouve sur les basaltes d'Auvergne. Il est répandu en Europe moyenne et orientale, en Asie Mineure et dans le Caucase. En France, on ne le rencontre qu'au sud de la Loire.
Toute la plante répand une odeur agréable et les sucs des fleurs ont la réputation de chasser ou même de supprimer certains insectes.

Aspérule odorante

Hièble

Campanule à feuilles de pêcher

Pied de chat

Pied de chat

Antennaria dioica (L.) GAERT.

Vivace, haute tout au plus de 25 cm, c'est une plante à souche rampante qui émet de nombreux stolons feuillés grâce auxquels elle colonise rapidement l'espace environnant. Toute la plante est blanche ou grisâtre, tomenteuse et soyeuse.

Les tiges sont dressées, feuillées et elles ne se ramifient que dans leur région supérieure au niveau des corymbes.

Les feuilles caulinaires sont lancéolées, celles du haut seulement linéaires, tandis que celles des rejets stériles sont spatulées, et toutes ont une surface grise tomenteuse, surtout sur le revers.

Le pied de chat est une plante dioïque: certains sujets portent des capitules de fleurs mâles et hermaphrodites, d'autres uniquement des fleurs mâles. Jaune pâle ou rougeâtres, les fleurs hermaphrodites portent un duvet rouge et forment des capitules aux involucres blancs ou rosés. Les autres fleurs, rougeâtres ou roses, sont munies d'un duvet blanc et les bractées de leur involucre sont d'habitude pourprées, rarement blanches et toujours plus longues que les fleurs. Enfin les capitules forment par 3—13 des inflorescences corymbiformes.

Les fruits sont des akènes.

La floraison a lieu de mai à juillet et la plante forme le plus souvent de véritables et vastes colonies dans les bois clairs et secs, surtout les pinèdes, dans les clairières, à la lisière des forêts, mais aussi sur les pelouses sèches, les rochers, dans les pâtures et les bruyères. Cette plante évite les sols calcaires, et en France elle est surtout montagnarde.

Le pied de chat existe en Europe centrale et septentrionale, en Sibérie et en Amérique du Nord. Il peut monter jusqu'à 2850 m dans les Alpes.

On utilise encore les fleurs en tisane adoucissante et pectorale, et on a aussi tressé des couronnes avec les fleurs sèches.

Lis martagon

Lilium martagon L.

Le lis martagon est vivace comme tous les lis. Il peut atteindre 1 m de haut, et il est pourvu dans le sol d'un bulbe ovoïde profondément enfoui de couleur jaunâtre.

Les tiges sont dressées, d'habitude rougeâtres et feuillées seulement dans leur partie médiane.

Les feuilles sont allongées ou subovales-lancéolées, celles du bas et celles du haut alternes, les médianes généralement verticillées.

Les grandes fleurs caractéristiques ont un périanthe pourpré et taché de brun, formé de pétales retroussés en arrière. Les 6 longues étamines à anthères rouges sont saillantes. La fleur dégage un parfum assez agréable et elle est pollinisée par les insectes nocturnes. Les fruits sont des capsules qui contiennent des graines brunes et plates.

Le lis martagon fleurit de juin à août. C'est une plante de bois feuillus, des

Chrysanthème à corymbes

Séneçon des bois

clairières et des coteaux broussailleux qui affectionne les sols calcaires. En France on trouve ce lis presque uniquement en montagne. Il existe dans toute l'Europe, en Asie tempérée et jusqu'au Japon.

Les sangliers recherchent ses bulbes avec passion, et ils sont capables d'en détruire complètement les stations où ils sont passés. Sa cueillette est interdite dans beaucoup de pays.

Muguet

Convallaria majalis L.

C'est une herbe vivace d'une trentaine de cm de haut, à rhizome rampant et articulé qui émet chaque année 2—3 feuilles pétiolées, elliptiques et lancéolées. La hampe florale, plus courte que les feuilles, apparaît latéralement et sort d'une écaille engainante.

Les fleurs, délicieusement parfumées, ont un périanthe blanc ou flavescent, entier, en forme de clochette. Elles sont inclinées, brièvement pédonculées et forment une grappe unilatérale.

Les fruits sont des baies rouges qui contiennent plusieurs graines.

Le muguet fleurit de mai à juin et forme souvent de véritables tapis dans les bois ombragés de feuillus, dans les bocages, les clairières et les prairies de montagne. Il se trouve dans presque toute l'Europe et en Asie tempérée septentrionale, à l'est jusqu'en Chine et au Japon. On le trouve aussi çà et là en Amérique du Nord.

Il contient des glucosides toxiques: la convallotoxine, le convalloside, le convallotaxol, une saponine, la convallarine, un alcaloïde, la majaline, divers acides, des essences parfumées, et des cristaux de carbonate de calcium. Ces substances diffusent même dans l'eau des fleurs coupées. Elles agissent sur le cœur comme la digitaline et la tige, le rhizome et surtout les fleurs sont récoltés pour la fabrication de médicaments. La médecine populaire l'utilise depuis le XVIe siècle contre les affections cardiaques, l'apoplexie et l'épilepsie. Les fleurs, riches en saponine, étaient également séchées et ajoutées aux tabacs à priser. Elles sont également utilisées dans l'industrie des parfums.

Parisette

Paris quadrifolia L.

La parisette est une curieuse plante vivace d'une trentaine de cm de haut, à souche rampante et écailleuse. C'est à l'aisselle d'une de ces écailles qu'apparaît une tige dressée qui porte un seul verticille formé ordinairement de 4 feuilles, mais qui peuvent n'être que trois ou parfois aller jusqu'à 7. Ces feuilles largement elliptiques sont sessiles.

La fleur terminale et solitaire est portée par un long pédoncule. Elle est de type 4: les sépales verts et lancéolés, les pétales jaunes et en alène, étalés en étoile, persistent après la fructification. Les fruits sont de grosses baies d'un noir brillant et portent les restes réfléchis des pièces florales. Ils contiennent des graines brunes hémisphériques.

La parisette fleurit de mai à juin. C'est une plante des bois feuillus et mêlés, des forêts, des bocages et des broussailles de l'Europe centrale et septentrionale, plus rarement méridionale, d'Asie tempérée, de la Sibérie jusqu'à l'Altaï.

Les baies sont un poison violent. Toute la plante contient une saponine d'une extrême amerture, la paristyphine, de la paridine, de l'asparagine, de l'acide citrique, etc. Les graines contiennent en outre une matière lipidique et les baies une teinture rouge. La souche a une saveur brûlante et les feuilles écrasées dégagent une odeur fétide.

La médecine populaire utilisait autrefois la parisette pour se protéger des maladies infectieuses et les feuilles servaient comme topiques sur les plaies et les abcès. Mais c'est une plante trop dangereuse pour qu'on puisse en recommander l'emploi.

Sceau de Salomon

Polygonatum multiflorum (L.) ALL.

C'est une belle plante vivace, haute d'un mètre, à rhizome très épais et ramifié qui émet chaque année des tiges feuillées qui laissent en disparaissant des cicatrices arrondies en forme de sceau, d'où le nom vulgaire de cette espèce.

Les tiges ont une section circulaire. Elles sont inclinées vers le sol et portent d'abondantes feuilles alternes, ovales à elliptiques, rétrécies en coin à la base. Le revers du limbe est grisâtre.

Les fleurs sont petites et inodores. Le périanthe est entier, en forme de tube étroit découpé en 6 lobes verdâtres et duveteux. Ces fleurs blanches sont groupées par bouquets pour former des grappes pauciflores axillaires.

Les fruits sont des baies bleuâtres, d'un goût douceâtre et écœurant à la maturité qui renferment des graines sphériques et aplaties. Le sceau de Salomon fleurit de mai à juin dans les bois ombragés, surtout dans les hêtraies et les pinèdes, dans les fourrés, les buissons au bord de l'eau, mais aussi sur les coteaux et les rochers. Il préfère les sols calcaires.

A l'exception de la zone arctique, il existe dans toute l'Europe, en Asie tempérée et jusqu'au Japon. On le trouve aussi en Amérique du Nord.

Il contient probablement les mêmes sucs que le muguet, mais il est infiniment moins toxique. Le rhizome est encore utilisé avec succès, coupé en tranches, pour ramollir les cors aux pieds qu'on peut ensuite extraire sans douleur.

Muguet

Lis martagon

Petit muguet

Petit muguet

Majanthemum bifolium (L.) SCHM.

Haut d'une vingtaine de cm, le petit muguet est une herbe vivace à souche fine et traçante qui porte des tiges dressées qui n'ont ordinairement que 2 feuilles, rarement 3 ou au contraire une.

Les feuilles sont ovales en cœur, aiguës, nettement veinées et elles dégagent à l'état sec un léger parfum de coumarine. Le pétiole est très réduit.

Les fleurs ont un court pédoncule qui porte un périanthe de type 4, blanc ou jaunâtre, étalé en étoile. Elles dégagent une odeur faible mais agréable et forment des ombelles de 2—3 fleurs, elles-mêmes groupées en grappe.

Les fruits sont de petites baies d'abord roses tachées de brun, puis rouges à la maturité.

Le petit muguet fleurit d'avril à juin et vient surtout dans les forêts fraîches. Il est presque toujours associé au hêtre, mais vient aussi dans les tourbières de la plaine jusqu'à à 2100 m d'altitude.

On le trouve dans toute la zone tempérée de l'hémisphère Nord et on ne lui connaît aucun usage.

Perce-neige

Galanthus nivalis L.

C'est une petite plante vivace par son bulbe, d'une trentaine de cm de haut tout au plus, dont le bulbe est recouvert de 3 écailles brunes et qui émet, parfois avant même que la neige soit complètement fondue, 2 feuilles linéaires grisâtres, et une hampe dressée. Cette hampe porte, à l'aisselle d'une bractée verte à marge scarieuse, une fleur unique, d'odeur peu agréable, blanche, à pédoncule réfléchi.

Les 3 pièces internes du périanthe sont droites, courtes et découpées en cœur au sommet avec une tache verte près de la pointe; les 3 pièces externes sont d'un blanc pur (dû, chose assez rare, à un pigment blanc) et nettement plus longues. La fleur comporte 6 étamines à anthères jaunes.

Les fruits sont des capsules triloculées qui contiennent des graines munies d'une excroissance dont les fourmis sont friandes, ce qui assure leur dispersion. Toute la plante se flétrit très rapidement après la floraison. Celle-ci a lieu dès le mois de février et en mars. Encore appelée goutte-de-lait, la perce-neige est une espèce caractéristique des bois de plaine, des brous-

Parisette

Sceau de Salomon

Perce-neige

sailles et des fourrés humides, plus rarement des prairies.
On la cultive souvent dans les jardins, où on en connaît une forme à fleurs pleines.
Elle existe dans toute l'Europe, des Pyrénées jusqu'au Don, en Crimée, dans le Caucase et en Asie Mineure. En France elle n'est spontanée que dans les Pyrénées, le centre et l'Ouest. Ailleurs elle n'est que subspontanée.

Sabot de Vénus

Cypripedium calceolus L.

C'est une orchidée vivace qui atteint 50 cm de haut, à souche écailleuse, rampante et courte, pourvue de forts filaments racinaires.
Les tiges sont dressées, écailleuses à la base et portent de 3 à 4 feuilles alternes, de forme largement lancéolée, sessiles et embrassantes. Le limbe porte des nervures saillantes caractéristiques.
C'est à l'aisselle d'une bractée foliacée qu'apparaît la fleur caractéristique, qui comprend 6 pièces de la même couleur brun-pourpre. Les deux sépales latéraux sont concrescents et forment une pièce à deux pointes, le sépale supérieur est ovale-lancéolé, dressé, et les deux pétales latéraux sont lancéolés et écartés. Enfin, le pétale inférieur, appelé labelle, est renflé en sabot, jaune citron tacheté de rouge et veiné à l'intérieur. C'est à ce labelle que la plante doit son nom dans la plupart des langues. En fait, c'est un subtil piège à insectes: ceux-ci ne peuvent sortir de sa prison qu'après avoir pollinisé la fleur et s'être collés sur la tête du pollen qui assurera d'autres fécondations.
Les fruits sont des capsules qui contiennent un nombre de graines imperceptibles.
La floraison a lieu de mai à juillet. Le sabot de Vénus est devenu une véritable rareté qu'on trouve parfois dans les bois de feuillus, les clairières broussailleuses et sur les coteaux, surtout en terrain calcaire. En France, il croît surtout sur le Plateau de Langres. C'est une plante d'Europe centrale et septentrionale, qui vient également dans la région du Caucase et en Sibérie.

Épipactis à larges feuilles

Epipactis helleborine (L.) CRANTZ.

C'est encore une orchidée vivace à larges feuilles, d'une cinquantaine de cm de haut, à courte souche épaisse qui porte des rejets stériles.
Les tiges sont dressées, parfois lavées de violacé, pubescentes au sommet, brunes et écailleuses à la base. Les feuilles sont largement lancéolées à ovales-allongées, embrassantes par la base, celles du haut se transforment en bractées, pubescentes au revers.
Les fleurs sont verdâtres ou rose sale et portent deux gibbosités sur le devant du labelle. L'éperon est absent. D'abord inclinées, les fleurs sont écartées de la tige au moment de la floraison et forment un épi unilatéral, lâche et allongé.
La floraison a lieu de juin à août. C'est une plante des bois feuillus, rarement de conifères, qu'on trouve dans les clairières, dans les pelouses abritées et les broussailles. Elle existe dans l'ensemble de l'Europe à l'exception du nord, en Asie tempérée et jusqu'au Japon, dans l'Himalaya et en Afrique du Nord. C'est une espèce très variable.

Néottie nid d'oiseau

Neottia nidus-avis (L.) RICH.

C'est une plante vivace, sans chlorophylle, d'une trentaine de cm de haut. Elle est munie d'une courte souche et d'un grand nombre de racines charnues et fasciculées, entremêlées et disposées à la façon d'un nid.
Les tiges ocre cireux portent plusieurs écailles appliquées. Les petites fleurs jaunâtres à fort parfum de miel sont dépourvues d'éperon et se caractérisent par un périanthe en casque. Elles apparaissent à l'aisselle de bractées lancéolées et sont pollinisées par les mouches.
Cette néottie se nourrit des sucs des végétaux en putréfaction. Elle fleurit de

mai à juin et les hampes florales persistent longtemps après le temps de la floraison. C'est une orchidée des bois ombragés, surtout de hêtres, et rare sous les conifères.
Elle existe dans l'ensemble de l'Europe, au nord jusqu'en Islande, dans les régions caucasiennes et dans l'Oural. Elle n'est jamais commune.

Pied de veau

Arum maculatum L.

Voici encore une plante vivace d'une cinquantaine de cm de haut, pourvue dans le sol d'une souche tuberculeuse qui émet des feuilles longuement pétiolées à limbe ovale-allongé à hasté, groupées autour d'une tige dressée, écailleuse à la base, et qui porte un spadice terminal enfermé dans une large spathe. Celle-ci est généralement d'un blanc verdâtre, parfois lavée de rouge sur les bords et tachetée de rouge à l'intérieur.
Elle atteint 15 cm de long et s'étrangle à la base de façon caractéristique.
La spathe enferme l'inflorescence, le spadice, formé de fleurs femelles à la base, de fleurs mâles dans la région médiane, surmontées par des fleurs stériles renflées en filaments épais et bulbeux. L'extrémité du spadice est nue et de couleur violacée. L'ensemble dégage une odeur très désagréable qui attire les insectes. Une fois prisonniers dans le cornet formé par la spathe, où règne une température supérieure à la température ambiante et où ils se nourrissent du nectar sécrété par les stigmates pollinisés, les insectes ne peuvent ressortir qu'après avoir accompli la pollinisation des fleurs et récolté du nouveau pollen. Les fruits sont des baies rouges toxiques qui contiennent plusieurs graines et les fructifications n'apparaissent qu'en été, quand le reste de la plante est déjà flétri.
Le pied de veau fleurit entre avril et mai, et pousse dans les bois humides, les hêtraies et les broussailles. Il préfère les sols calcaires et vient en Europe centrale et méridionale, dans le Caucase, en Algérie et à Madère.
Toute la plante, mais surtout la souche, est gorgée de sucs vénéneux: d'aroïne, d'une saponine, et d'un glucoside qui libère de l'acide cyanhydrique en se décomposant. Ces poisons agissent sur le cœur, mais sont éliminés par la cuisson, le séchage et la torréfaction. La plante entière a une saveur terriblement brûlante due à des aiguilles de citrate de calcium. La souche contient jusqu'à 70 % d'amidon: après la cuisson qui élimine à la fois la toxicité et le goût, il reste une substance comestible qui servait autrefois par endroits à «allonger» la farine, ou qui était vendue comme amidon sous le nom de «tapioca de Portland», ou de «Arrow-root de Portland». En France on s'est longtemps servi de cet amidon pour empeser les cols et les plastrons de chemises.
C'est aussi depuis toujours une plante magique qui chassait les mauvais esprits, protégait les nouveau-nés dans leur berceau et apportait l'amour aux mal-aimés... Dans certaines régions d'Allemagne, le suc des baies servait aux jeunes filles de fard économique pour leurs joues.

Sabot de Vénus

Épipactis à larges feuilles

Épicéa

Picea excelsa LINK.

L'épicéa est un arbre qui peut atteindre 50 m de haut (il y en avait un dans la forêt de la Joux, dans le Jura, qui mesurait 60 m), pourvu d'un système radiculaire étalé et peu profond et sans pivot, si

bien qu'il peut être assez facilement déraciné.
La cime est aiguë et pyramidale et les branches sont distribuées en verticilles réguliers. C'est le plus géométrique de nos conifères.
Les feuilles aiguës, les aiguilles, semblent écartées latéralement à la face inférieure des rameaux. Elles peuvent persister sur leur branche pendant près de 7 ans avant de tomber.
Les inflorescences mâles apparaissent à l'aisselle des aiguilles sur les rameaux de l'année précédente. D'abord de couleur rouge, elles deviennent jaunâtres en vieillissant. Les inflorescences femelles sont groupées aux extrémités des rameaux au plus haut de la ramure. Également de couleur rouge, elles sont pendantes même avant la pollinisation. Les cônes sont fuselés, pendant sous leur poids, et ne se désintègrent pas pour laisser sortir leurs graines.
L'épicéa fleurit d'avril à juin. C'est un arbre originaire des montagnes d'Europe centrale et septentrionale qui s'étendait jusqu'en Laponie et dans les régions du nord de l'U.R.S.S. Il est arrivé dans les montagnes françaises après la dernière glaciation venant de l'est, alors que tous les feuillus sont remontés du Midi. A l'est, il touche aujourd'hui le bassin de la Volga, on le trouve dans les montagnes balkaniques, rarement dans les Pyrénées, où il a sans doute été introduit.
Mais son aire d'extension ne cesse de s'accroître, car il est planté partout pour son bois droit à croissance rapide, et dont les usages sont innombrables. Toutefois, chez nous c'est un arbre d'altitude qui n'atteint un grand âge et toute sa taille qu'à partir de 800—900 m d'altitude. De même ce n'est que là qu'il donne des semis naturels. En plaine, il a beau donner des graines fertiles, il ne se régénère jamais.

Néottie nid d'oiseau

Pied de veau

Sapin

Abies alba MILL.

C'est un arbre puissant, de port majestueux, qui atteint lui aussi 60 m de haut, au tronc tout droit et à ramure pyramidale ou cylindrique, moins symétrique que celle de l'épicéa. Chez les sujets âgés, dont les branches inférieures sont tombées, la cime est presque plane. L'écorce est lisse, d'un gris blanchâtre et les branches forment des verticilles presque horizontaux.
Les aiguilles planes et obtuses portent deux raies blanches au revers et sont implantées sur deux rangs dans un seul plan latéral, comme celles d'un peigne. Le sapin fleurit de mai à juin: les fleurs mâles solitaires sont cylindriques et jaunes, avec des anthères d'abord orange, puis jaunes. Les fleurs femelles sont groupées en cônes qui apparaissent sur le dessus des branches déjà lignifiées. Ces cônes restent dressés même à maturité et perdent leurs écailles sur l'arbre. Le sapin croît naturellement dans les montagnes d'Europe centrale et méridionale et en Asie Mineure. En France, ses stations extrêmes se trouvent en Normandie. Cependant, en Europe centrale, par suite peut-être d'une diminution de l'humidité atmosphérique, cette espèce semble en régression depuis quelques années. Il lui faut une altitude de 800 à 1000 m, et autrefois dans les Vosges elle était seule, car l'épicéa n'y a été qu'introduit.
Le bois est léger, rosé, de bonne qualité, résistant à l'humidité, et il porte des cernes annuels bien marqués. Les canaux sécréteurs de résine ne sont pas dans le bois mais dans l'écorce où ils forment des sortes de verrues.
On en a obtenu toute une série de

formes, comme pour l'épicéa, qui ornent les jardins.

Pin sylvestre

Pinus sylvestris L.

C'est un arbre d'une quarantaine de m de haut, à forte racine pivotante dont le houppier est généralement large et plan. Le tronc est souvent tortueux et les branches ont des formes torturées. L'écorce est d'abord verdâtre, puis d'un rouge caractéristique. Quand elle atteint un certain âge, elle s'écaille par grosses plaques épaisses.

Les aiguilles longues de 5 à 7 cm sont groupées par faisceaux de deux sur des rameaux très courts.

Les fleurs mâles, d'un jaune soufré, contiennent une foule d'étamines et sont groupées en épis ovales sur la face inférieure des rameaux de l'année. Les fleurs femelles, d'un rose carné, sont solitaires ou groupées par 2—5 à l'extrémité des branches.

Les cônes sont d'abord verdâtres, puis bruns, ovales, pendants, et ils mettent deux ans pour atteindre leur maturité.

Le pin sylvestre fleurit de mai à juin. C'est un arbre des sols sableux, des bruyères, des coteaux et des rochers — où il est particulièrement décoratif — de basse altitude (jusqu'à 600—700 m). C'est un des arbres les plus abondants de l'Europe centrale et septentrionale, ainsi que de l'Asie septentrionale. On le plante aujourd'hui sur de grandes étendues qui sans lui seraient stériles.

Le bois est très résineux et résistant à l'humidité, léger et plutôt mou. Il trouve de nombreux usages, mais non des plus nobles. Il fournit éventuellement de la résine, mais beaucoup moins que le pin maritime. L'écorce et les racines libèrent par distillation du goudron. Les bourgeons contiennent une huile essentielle et de la vitamine C: on en fait des infusions médicinales contre la bronchite, et à l'extérieur contre les rhumatismes. On en fait aussi des bonbons curieusement appelés «de bourgeons de sapin». Les aiguilles contiennent également un suc appelé pinisolvine, qui est bactéricide et tuberculostatique.

L'écorce est riche en fécule, qu'on voit briller en petits grains quand on la regarde au soleil. C'est pourquoi dans les temps de famine on en faisit une sorte de farine qui permettait d'attendre des temps meilleurs.

Mélèze

Larix decidua MILL.

C'est un bel arbre qui atteint dans de bonnes conditions 50 m de haut avec un système radiculaire énorme, à tronc droit et à houppier conique, irrégulier chez les sujets âgés. Il peut vivre jusqu'à 500 ans, et ses branches sont irrégulièrement implantées. Ses rameaux latéraux sont fins et pendants.

Les aiguilles sont longues, molles, d'un beau vert tendre, groupées par faisceaux au bout de rameaux tronqués appelés brachyblastes. Elles tombent en automne, après avoir pris toutes les couleurs du rouge et de l'or.

Les fleurs mâles sont d'un jaune soufré, sphériques et inclinées, les inflorescences femelles sont rouge carmin, parfois seulement rosées, verdâtres ou blanchâtres. Elles donnent à l'automne de petits cônes ovales et dressés.

Le mélèze fleurit d'avril à juin et croît à l'état naturel dans les Alpes françaises, suisses et bavaroises ainsi que dans les Carpates et jusqu'aux plateaux polonais. Les anciennes constructions en bois montrent qu'il s'étendait autrefois beaucoup plus loin à l'est. De nos jours il est souvent planté en Europe centrale et de l'Ouest où il a formé des races écologiques et géographiques. En France, les mélèzes du Sundgau aux environs d'Altkirch sont en particulier adaptés au climat de la plaine. C'est un arbre très exigeant en lumière et qu'on trouve souvent le long des chemins forestiers. En France, il forme de belles forêts dans les Alpes méridionales au-dessus de 1500 m d'altitude. Le bois est magnifique et très estimé. C'est le seul

Épicéa

Sapin

Pin sylvestre

conifère qui ait une valeur d'ébénisterie, à cause de sa compacité, de ses veines superbes et de sa riche couleur rouge. Autrefois on en faisait des mâts de bateaux et en le creusant des tuyaux pour conduire l'eau des sources. Sa résine est presque liquide et ressemble à du miel.

Framboisier
Rubus idaeus L.

Le framboisier est un arbuste à rameaux simples, couverts surtout dans leur région antérieure d'aiguillons mous et peu vulnérants, souvent de couleur rougeâtre. Les tiges ne vivent que deux ans.
Les feuilles imparipennées se composent de 3—5 folioles blanches, tomenteuses au revers et dentées. Les fleurs blanches renferment une quantité d'ovaires. Légèrement inclinées vers le sol, elles forment des panicules plutôt lâches au sommet des rameaux de l'année précédente.
Après la pollinisation les fleurs se transforment en petites drupes rouge ponceau ou parfois jaunâtres, portées par le réceptacle et forment un fruit complexe, la framboise.
La floraison a lieu en mai dans toute la zone tempérée de l'hémisphère Nord; dans les régions méridionales le framboisier ne se trouve qu'en altitude.
Les framboises font partie des «fruits rouges» et dans leur perfection allient toutes les qualités: saveur, parfum, couleur . . .
Depuis le XVIIe siècle, sa culture s'est généralisée en France, en Angleterre, puis aux États-Unis et la sélection a mis sur le marché de nombreux pieds à gros fruits, souvent remontants. Mais les espèces sauvages sont toujours les plus parfumées. On distille les framboises pour obtenir une eau-de-vie d'un prix élevé.
Les feuilles contiennent une forte proportion de vitamine C, de tannins et de flavones. On en fait un succédané du thé apprécié dans certains pays.

Ronce
Rubus fruticosus L. SPEC. *coll.*

Les ronces sont des arbustes de taille très variable, à longs rameaux arqués, couchés ou rampants, parfois grimpants, couverts d'aiguillons acérés et de petites glandes en forme de soies dures. L'extrémité s'enracine facilement.
Les turions (c'est-à-dire les jeunes pousses) portent des feuilles palmées ou composées de 3—5 folioles, souvent piquantes sur l'arête, ovales et dentées. Les pétioles portent également des aiguillons.
Les rameaux florifères portent d'habitude des feuilles composées de 3—5 folioles. Les fleurs à calice velu ont une corolle blanche ou rosée et sont assemblées en panicules, plus ou moins fournies selon les espèces, aux aisselles des rameaux de deux ans.
Les ovaires nombreux, comme chez le framboisier, donnent un fruit complexe formé de petites drupes noires, parfois bleuâtres et pruineuses. Ce sont les mûres.
La floraison a lieu de mai à août. Ce sont des végétaux communs dans les forêts, dans les clairières, les coupes récentes, les pâturages négligés, etc. On en trouve dans toute l'Europe.
L'espèce décrite est collective, et comprend en réalité rien que pour la France plus de 50 espèces différentes, mais dont la distinction est fort difficile, et on la laisse d'habitude à des spécialistes, qui s'appellent des «batologues».
Les mûres sont des fruits acidulés et sucrés, un peu mucilagineux, qui permettent la fabrication d'excellentes gelées et de sirops pectoraux. Dans certaines régions de France, elles sont l'objet d'une curieuse méfiance, mais dans l'Est en particulier il s'en fait d'énormes récoltes qui se transforment en tartes, en beignets, en gelées, etc. Elles sont d'ailleurs connues depuis le néolithique.
Les feuilles sont très riches en substances astringentes, surtout des tannins, et on en fait des tisanes très efficaces en gargarismes contre les angines.

Mélèze

Sorbier des oiseleurs
Sorbus aucuparia L.

Le sorbier est un arbuste et souvent un arbre à rameaux duveteux dans le jeune âge, gris-brun ou roux, qui portent des bourgeons velus.
Les feuilles imparipennées sont formées de 4 à 9 paires de folioles alongées-lancéolées, dentées et velues au revers.
Les petites fleurs blanches ont un calice pelucheux et une vingtaine d'étamines saillantes. Elles ont un parfum de triméthylamine et forment de larges inflorescences en panicules corymbiformes.
Les fruits sont de petites sphères rouges, très recherchées par les oiseaux.
Le sorbier fleurit de mai à juillet. C'est un arbre des bois clairs, des clairières et des coteaux broussailleux et rocheux. Il monte jusqu'au sommet des montagnes, souvent au-delà de la limite supérieure de la forêt et on le plante souvent le long des routes forestières en altitude.
Il se trouve dans presque toute l'Europe, surtout dans le nord, en Asie

Framboisier

Ronce

Églantier des Alpes

Mineure et en Asie occidentale. Il est abondamment cultivé en Amérique du Nord comme arbre d'ornement. En France il n'existe guère que dans les massifs montagneux.

Églantier des Alpes
Rosa pendulina L.

C'est un vaste arbuste aux rameaux retombants qui se caractérise par une absence à peu près totale d'épines. Le peu qu'il en a se cantonne dans la région inférieure des branches où elles sont éparses et très fines.

Les feuilles vert sombre, toutes délicates, comportent de 7 à 11 folioles qui sont parfois jusqu'à 3 fois dentées. Les grandes fleurs solitaires sont rouges. Leur pédoncule se reconnaît aisément aux petites glandes caractéristiques en forme de soies dont il est recouvert. L'églantier des Alpes est une plante d'ombre et de lieux humides. Il se plaît surtout dans les forêts de chênes et de sapins, les broussailles des bords de l'eau et les fourrés, surtout en montagne. Il monte jusqu'à 2600 m d'altitude dans les Alpes et fleurit de mai en juillet.

C'est un arbuste courant en Europe centrale et méridionale, qui présente une quantité de formes locales. Il est connu des botanistes français sous le nom de *Rosa alpina,* et ne se trouve chez nous qu'assez ou très haut dans toutes nos montagnes. C'est en tout cas la plus belle de nos églantines.

Noisetier
Corylus avellana L.

C'est un arbuste imposant par les touffes considérables qu'il produit d'habitude, et quelquefois, mais très rarement, un arbre, dont les jeunes rameaux sont couverts de poil glanduleux. Il se multiplie rapidement par les nombreuses pousses secondaires qui sortent de sa souche.

Les feuilles pétiolées ont un limbe arrondi-subovale, légèrement cordiforme à la base et deux fois denté au bord. Elles sont toutes couvertes de poils glanduleux. Les fleurs mâles sont groupées en chatons qui peuvent mesurer jusqu'à 5 cm de long. On les trouve sur les rameaux tout formés dès l'automne de l'année précédente sous forme de petits cylindres brun-vert qui s'allongent au moment de la floraison. Les fleurs femelles sont à peine visibles: elles ressemblent à des bourgeons d'où émergent des stigmates filiformes de couleur rouge. Chaque fleur en comporte deux. Les fruits sont les noisettes entourées de bractées agrandies et frangées. La graine est blanche et le pericarpe «brun noisette». Le noisetier fleurit de mars à avril, avant l'apparition des feuilles, et il constitue avec le saule marsault une des premières nourritures des abeilles.

C'est un arbuste des bois clairs, des lisières et des clairières, qui abonde également sur les coteaux et les surfaces déboisées ou négligées. Il entourait jadis les habitations de l'Europe centrale et septentrionale, installées sur les endroits gagnés sur la forêt. De nos jours le noisetier est commun dans l'ensemble de l'Europe, de la Crimée, du Caucase

Sorbier des oiseleurs

et de l'Asie Mineure. En Suède il forme des forêts entières.
La graine contient jusqu'à 60 % d'une huile délicieuse, des protéines, du sucre, etc. Sa valeur calorique est plus forte que celle d'une viande de porc grasse ou que celle des graines de soja. Les Grecs et les Romains cultivaient déjà cet arbuste et en consommaient les fruits. Les noisettes s'utilisent en confiserie et en pâtisserie, et l'huile est un comestible de luxe qu'on ne trouve guère que dans les magasins spécialisés. Elle est aussi utilisée dans la fabrication des cosmétiques et de certaines pommades adoucissantes.
On cultive industriellement le noisetier en Espagne qui détient le quasi-monopole du commerce des noisettes.
Pendant la dernière guerre on en a fumé les feuilles en guise de tabac (mais que n'a-t-on pas fumé?) et le bois, particulièrement souple, sert à fabriquer des cannes, des manches d'outils, etc. Les tiges bien droites de trois ou quatre ans donnent d'excellentes rames pour les haricots. Le charbon fait de son bois sert à la fabrication de la poudre et celui des ramilles est un excellent fusain.

Charme
Carpinus betulus L.

C'est généralement un arbuste, qui se présente souvent en bouquets, et qui présente une écorce lisse et claire avec une ramure étendue en ombrelle. Les jeunes rameaux sont duveteux, les branches sont glabres et brunes et les bourgeons sont particulièrement longs et aigus.
Les feuilles alternes, plus ou moins distiques, sont ovales-allongées, arrondies en pointe à la base et deux fois dentées. Dans leur jeunesse, elles sont repliées selon les nervures principales.
Les fleurs mâles sont groupées en chatons cylindriques qui ne se forment qu'au printemps. Quant aux fleurs femelles, elles forment des chatons dressés de couleur verte, assemblés par deux dans de grandes bractées foliacées à 3 lobes. Les stigmates sont rouges. Le fruit est un akène abrité dans l'involucre foliacé dont le lobe médian est nettement plus long que les deux autres.
La floraison a lieu d'avril à mai. C'est un arbre des forêts mêlées et une essence vouée aux basses altitudes. Il supporte bien une situation ombragée et rejette abondamment de souche après la coupe. De plus, il supporte très bien la taille et de ce fait se trouve fréquemment planté dans les parcs et les jardins où on lui donne toutes les formes qu'on peut désirer. On le trouve dans toute l'Europe hormis les régions du nord et les climats steppiques, ainsi que dans le Caucase et la Perse.
Son bois blanc et solide sert à fabriquer toutes sortes d'instruments, et c'est surtout un excellent bois de feu. Ajoutons qu'on pourrait tirer une huile de bonne qualité de ses graines.

Bouleau verruqueux
Betula pendula ROTH.

C'est un arbre au tronc fin et entouré d'une écorce caractéristique, blanche sur les branches fortes et dans la région supérieure du tronc. Cette coloration est due à une substance résineuse, la bétuline, contenue dans les cellules de l'écorce. Les jeunes rameaux sont bruns et couverts de petites glandes. L'écorce du pied est rugueuse et sombre et les branches d'abord dressées prennent par la suite un port pleureur très gracieux.
Les feuilles pétiolées ont un limbe triangulaire à cordiforme et, sauf à la base, bordé de dents aiguës et doubles. Dans leur jeune âge elles sont duvetées et visqueuses.
Les fleurs sont de deux sexes et forment des chatons retombants: les chatons femelles ont des bractées vert pâle et les stigmates des fleurs sont pourpres, tandis que les chatons mâles ont des bractées brunes est des fleurs à anthères jaunes. Les fruits sont des samares.
Le bouleau verruqueux fleurit d'avril à mai. C'est un arbre commun sous le couvert des feuillus et des résineux, mais aussi à la lisière des bois et qui colonise volontiers les coupes des forêts de conifères. Certains exemplaires arrivent à se maintenir dans les fentes des rochers où ils font un très bel effet.
Il existe dans toute l'Europe et dans la zone tempérée de l'Asie. En U.R.S.S. et en Finlande il peut former des forêts immenses, soit seul, soit associé au tremble et à l'aulne.
Les feuilles qui contiennent des saponines, des essences parfumées, des tannins, de la vitamine C, des substances antibiotiques et des sels minéraux, sont récoltées pour entrer dans la composition de tisanes médicinales. Autrefois, en France, on utilisait ces feuilles de façon originale pour soigner les rhumatismes: on en remplissait le tissu d'un matelas, en on enveloppait le malade dedans. Il s'en suivait une énorme transpiration, et sans doute l'absorption par la peau d'une partie de l'acide salicylique ainsi dégagé. Le goudron obtenu par distillation de l'écorce et du bois, nommé «pix betulae» est encore utilisé contre les maladies de la peau. Avec les cendres de l'écorce on fabrique des peintures et des encres typographiques. La couche blanche de l'écorce donne un goudron et par distillation une huile, utilisée dans la préparation du cuir de Russie et qui lui donne son parfum caractéristique.
La sève qui s'écoule au printemps par trous forés dans l'écorce a une saveur bien sucrée. Elle donne par fermentation une boisson appréciée dans les pays du nord et de l'est, et par cuisson un sirop épais analogue à celui d'érable.
Le bois de bouleau, autrefois un peu méprisé, atteint aujourd'hui des cours exorbitants, parce qu'on l'utilise de plus en plus pour le déroulage, qui exige des troncs assez gros et réguliers.
Le bouleau dont la croissance est rapide ne dépasse pas l'âge de 80 ans.

Hêtre
Fagus sylvatica L.

C'est un arbre qui peut devenir géant, au tronc mince ou énorme couvert

d'une écorce facilement reconnaissable, lisse, de couleur gris clair et luisante. Les bourgeons sont également caractéristiques, longs, aigus, roux et couverts d'écailles ciliées.
Les feuilles pétiolées sont alternes et distiques, à limbe largement ovale, en coin à la base, aigu et presque entier. Elles sont complètement glabres à l'exception de leurs marges ciliées et plissées selon les nervures dans leur extrême jeunesse.
Les fruits sont des faines enfermées dans la cupule qui provient de la lignification des bractées.
La floraison a lieu d'avril à mai. Le hêtre est un arbre des plateaux et des montagnes où il forme souvent des peuplements exclusifs. En altitude, il se mêle souvent aux sapins et aux épicéas. C'est une essence de lumière quand elle est adulte, et dont l'ombre absolue interdit la venue d'autres arbres. Elle exige un sol riche et profond qu'elle contribue à enrichir par l'énorme apport en humus de ses feuilles tombées. On le trouve dans toute l'Europe depuis les Pyrénées jusqu'à 60° de latitude nord.
Son bois est lourd, rose ou brun-rouge, excellent pour le chauffage, et il se prête particulièrement à la fabrication des meubles en bois courbé, qui en fait une consommation considérable.
Les faines contiennent jusqu'à 20 % d'huile et ont un goût de noisette. On les utilise parfois comme appoint de fourrage pour les animaux domestiques. Jusqu'au XVIIIe siècle, on menait le bétail paître dans les hêtraies et les chênaies, mais cet usage a été interdit depuis très longtemps en France. En Europe centrale, il a cessé pendant la Première Guerre mondiale, car les faines ont alors été exclusivement récoltées pour la fabrication de l'huile. Dans l'est de la France, cette huile était encore couramment fabriquée au siècle dernier, et elle était réputée pour la qualité des fritures qu'elle permettait. Mais la récolte des faines est si longue et épuisante que cette fabrication a complètement cessé.

Chêne noir

Quercus petraea (MATT.) LIEBL.

C'est un arbre fin et robuste, à houppier ovoïde et à branches relativement droites.
A la différence de l'espèce précédente, les feuilles ont un long pétiole et le limbe pennatilobé s'amincit en coin au niveau de l'insertion. Les feuilles brunissent à l'automne mais persistent ensuite sur l'arbre pour ne tomber qu'au printemps.
Les fleurs mâles forment de longs chatons, les femelles sont groupées par 2—7 et très courtement pédonculées.
Les glands présentent une cupule peu profonde et sont eux aussi très brièvement pédonculés, ou même complètement sessiles.
La floraison a lieu en mai et c'est un arbre des forêts mêlées, surtout en sol acide. Il est assez peu exigeant et peut même croître sur des rochers. Il est souvent planté en compagnie du chêne rouvre avec lequel il forme de nombreux hybrides, parfois plus abondants dans la forêt que leurs parents à l'état pur. Mais il ne semble pas faire partie de la flore française. Le bois, l'écorce et les fruits ont les mêmes usages que ceux du chêne rouvre, mais on dit que le charbon de bois fabriqué avec le chêne noir est de meilleure qualité.

Marsault

Salix caprea L.

C'est un arbuste, parfois presque un arbre, à branches d'un beau brun brillant.
Les feuilles allongées ont un long pétiole et une forme générale étirée à largement ovale, aiguë, amincie ou arrondie près de l'insertion du pétiole. Elles sont dentées, brillantes à l'avers, grises et duveteuses au revers dans leur jeunesse, avec une nervation très apparente.
Les fleurs mâles sont groupées en gros chatons dressés et très velus-argentés. Ils sont pourvus de grosses anthères jaunes et fleurissent en mars avant l'ap-

Noisetier

Charme

Bouleau verruqueux

Chêne noir

parition des feuilles. Les fleurs femelles forment des chatons presque sessiles qui s'allongent pendant la floraison jusqu'à atteindre une dizaine de cm au moment de la fructification.

Le fruit est une capsule qui contient de très petites graines pourvues d'un duvet qui leur permet de voler au loin.

Le marsault est un des premiers arbres à fleurir, de mars à mai selon l'altitude, et on le voit dans les bocages, à la lisière des forêts, dans les clairières, dans les décombres qu'il colonise, comme le bouleau, avec rapidité. On le trouve surtout en plaine, mais parfois jusqu'à 2000 m d'altitude.

Il est fréquent dans toute l'Europe, au nord jusqu'au 69° de latitude, en Asie tempérée et jusqu'en Chine septentrionale, au Japon et en Corée.

Tremble
Populus tremula L.

Le tremble est un arbre qui peut atteindre 30 m de haut avec une écorce d'abord lisse d'un jaune olivacé, puis plus tard craquelée et gris-noir.

Les jeunes bourgeons sont gluants et leurs écailles sont ciliées.

Les feuilles sont presque rondes, ou même en losange, légèrement dentées.

Les fleurs mâles ont des anthères d'abord rouges et les fleurs femelles présentent deux stigmates pourpres. Toutes sont groupées en longs chatons retombants à bractées brun sombre, de forme palmée. Les fruits sont des capsules glabres qui contiennent deux graines munies d'un long duvet.

Le tremble fleurit de mars à avril et croît dans les bocages frais, les bois mêlés et humides, les clairières, même si le sol est pauvre et sableux, pourvu qu'il y ait une nappe aquifère pas trop loin.

On le rencontre dans l'ensemble de l'Europe, dans le Caucase, en Sibérie et jusqu'au Japon ainsi qu'en Afrique du Nord. En U.R.S.S. il se trouve dans la région de la Volga où il constitue, mêlé au pin, au bouleau, à l'épicéa et au tilleul des forêts étendues. Son bois est mou et léger. Il sert à la fabrication des allumettes, et autrefois les boulangers le recherchaient pour chauffer leurs fours, parce qu'il dégage rapidement une belle chaleur sans fumée. Mais c'est quand même un arbre de peu de valeur.

Les bourgeons sont parfois récoltés car ils contiennent de la salicine, de la populine et des essences aromatiques: on en fait des infusions médicinales. La décoction des bourgeons soulagerait les brûlures.

Érable plane
Acer platanoides L.

L'érable plane est un grand arbre qui peut dépasser 20 m de haut, aux branches d'un beau brun brillant. Les jeunes rameaux blessés laissent sourdre un suc laiteux.

Les feuilles longuement pétiolées sont palmatiséquées et comportent 5 lobes aigus séparés par des sinus obtus.

Les fleurs d'un jaune verdâtre forment des corymbes fournis et dressés au moment de la floraison. Ils sont munis d'écailles caractéristiques à la base du pédoncule. Les fruits sont des disamares aux ailes opposées en ligne droite.

L'érable plane fleurit d'avril à mai et vient dans les bois feuillus de la plaine jusqu'au pied des montagnes. Il est souvent planté dans les bois, les allées et les parcs.

On le trouve dans presque toute l'Europe et jusqu'à 63° de latitude nord, en Asie occidentale et jusqu'à l'Oural. Il est souvent cultivé en Amérique du Nord, et au Canada une espèce voisine forme des forêts immenses, dont on tire un sirop célèbre, et dont la feuille est devenue l'emblème du pays. Il forme aussi des forêts du même genre en U.R.S.S.

Érable faux-platane
Acer pseudoplatanus L.

C'est un arbre au houppier irrégulier et pourvu d'une écorce qui se détruit par écaillage d'une façon caractéristique.

Les feuilles longuement pétiolées sont palmatiséquées à lobes ovales et elles présentent une double indentation obtuse. Lobes et sinus sont ici aigus. Le revers du limbe est glaucescent et la feuille est souvent entièrement lavée de rouge. Les fleurs de type 5, vert-jaune, forment des panicules retombantes. Les fruits sont des disamares aux ailes presque alignées ou écartées en arc de cercle.

Le faux-platane fleurit de mai à juin et constitue une essence caractéristique des bois feuillus, des éboulis et des coteaux rocheux dans les stations peu élevées, quoiqu'on le trouve jusqu'à près de 1000 m dans les Vosges. On le trouve aussi dans les hêtraies de la zone sous-montagneuse et subalpine, et il est souvent planté dans parcs. C'est un arbre

Hêtre

d'Europe centrale et méridionale qu'on rencontre aussi en Asie occidentale. Il est cultivé sur le continent américain où il se naturalise souvent.
Son bois de très belle qualité est utilisé en ébénisterie, en gravure (grâce à la finesse de son grain), et en plaquage. On a retrouvé dans les cités lacustres de l'âge de la pierre des restes d'outils en bois de faux-platane.
Sa sève au goût sucré a servi de succédané au sucre et d'édulcorant à l'époque du blocus continental.

Érable plane

Érable faux-platane

Acéraille

Acer campestre L.

C'est un arbre de deuxième grandeur, souvent réduit à l'arbuste par une taille continue. Il a un tronc généralement tortueux et ses jeunes rameaux portent souvent des ailes tubéreuses.
Les feuilles raides sont longuement pétiolées et palmatiséquées, et elles comportent de 3 à 5 lobes entiers et obtus, séparés par des sinus arrondis découpés jusqu'au milieu du limbe.
Les fleurs ont un calice et une corolle jaunes. Elles sont duveteuses et forment par 10 à 20 des corymbes dressés.
Les fruits sont des disamares aux ailes écartées à l'horizontale.
La floraison a lieu de mai à juin. L'acéraille entre souvent dans la composition des bois clairs, et croît également à la lisière des forêts et sur les coteaux caillouteux et calcaires des régions chaudes de basse altitude.
On le trouve dans l'ensemble de l'Europe, à l'est jusqu'au Don et dans les régions caucasiennes.
Son bois dense et très dur se prête à toutes sortes d'emplois: facile à polir, il sert notamment en ébénisterie, dans la fabrication des instruments de musique (les dos de violons lui sont presque tous dus), en marqueterie et on en fait aussi de belles cannes.
Autrefois, le bois et l'écorce étaient un remède contre les morsures de serpents, les maux de dents, etc., toutes vertus purement imaginaires, évidemment.

Bois-joli

Daphne mezereum L.

C'est un arbuste maigrement ramifié, qui atteint au plus 1,50 m, à rameaux solides et souples, duveteux dans leur jeunesse.
Les feuilles minces, alternes, ont un court pétiole et un limbe allongé et obtus. Elles sont d'un vert terne et apparaissent seulement après la floraison à l'extrémité des rameaux.
Les fleurs sont sessiles, sans corolle. Leur beau périanthe rose (parfois blanc), formé d'une longue trompe délicieusement parfumée, n'est qu'un calice pétaloïde. Ces fleurs sont groupées en petits bouquets axillaires dans les régions supérieures des rameaux encore nus, où elles forment des sortes de manchons très décoratifs. Leur parfum est si entêtant qu'il peut provoquer, dans une pièce close, de légers malaises. Les fruits sont des drupes succulentes, d'un rouge brillant chez les exemplaires ordinaires, jaunes chez les individus à fleurs blanches.
Le bois-joli fleurit entre février et mars, parfois en janvier quand l'hiver est clément.
On le rencontre dans les forêts claires de feuillus, dans les bois mêlés, sur un sol humeux et calcaire.
Il se trouve dans presque toute l'Europe, dans le Caucase, en Asie Mineure et en Sibérie jusqu'à l'Altaï. En France il hante les forêts montueuses, mais il est absent du Midi et de l'Ouest. Il monte dans les Alpes bien au-delà de la limite des forêts et forme dans les pelouses des buissons aplatis qui fleurissent seulement entre juin et juillet.

Marsault

Tremble

C'est une plante très toxique: l'écorce, d'une amertume atroce, contient plusieurs sucs vénéneux tels que la mézéréine, un glucoside appelé daphnine, qui se trouve aussi dans les fleurs.

Myrtille

Vaccinium myrtillus L.

C'est un sous-arbrisseau bas, très ramifié, dont les branches principales se couchent tandis que les extrémités des rameaux se redressent. Le système radiculaire est d'une densité impénétrable.

Les feuilles sont caduques, arrondies-ovoïdes, avec un bord finement denticulé.

Les fleurs pédonculées présentent une corolle en clochette, vert pâle ou rosée, et un calice à peine visible. Les fruits sont des baies d'un bleu-noir, pruineuses, connues sous le nom de myrtilles ou de brimbelles dans les Vosges. Leur pulpe contient des graines minuscules et une forte proportion de pigments rouges.

La floraison a lieu d'avril à juin. La myrtille forme généralement des colonies étendues dans les bois clairs, à la lisière des forêts, autour des tourbières, sur les coteaux caillouteux et bien au-delà de la limite supérieure des forêts, mais toujours en terrain acide ou décalcifié.

On la trouve dans presque toute l'Europe et en Asie septentrionale. Dans le Midi elle ne se trouve qu'en altitude. On peut aussi la rencontrer en Amérique du Nord, où elle est en concurrence avec d'autres espèces plus puissantes, à plus gros fruits, qu'on se met à cultiver en Europe.

La myrtille est un fruit bien connu et très apprécié. On en fait des confitures, des tartes, des sirops, des vins de fruits, et on en colore certaines pâtisseries. Elles contiennent une forte proportion de tannins, d'acides organiques et de pigments dont on teignait autrefois les vêtements des esclaves. Les baies séchées sont un antidiarrhéique traditionnel, tandis que fraîches elles sont laxatives.

L'expérience a montré que les myrtilles améliorent la vision nocturne, et cette propriété curieuse a été mise à profit par les pilotes d'avions durant la dernière guerre. En France on fabrique également un médicament à base de myrtilles qui facilite la vision en lumière artificielle.

Outre les fruits, on récolte les feuilles qui contiennent un taux élevé de tannins, de vitamine C et d'une substance nommée néomyrtilline qui abaisse le taux de glycémie: elles sont utilisées pour traiter le diabète sous le nom d'«insuline végétale».

Airelle

Vaccinium vitis-idaea L.

Comme la myrtille, l'airelle est un sous-arbrisseau très ramifié aux rameaux très rampants et brièvement redressés à leur extrémité.

Les feuilles alternes, rigides, persistantes, sont disposées sur deux rangs. Le limbe est subovale, arrondi ou échancré au sommet, légèrement enroulé au bord, d'un vert brillant à l'avers, ponctué de brun au revers. Les fleurs ont une corolle en clochette et un calice membraneux à lobes ciliés. Les stigmates sont saillants et les fleurs forment des grappes pauciflores et retombantes. Les fruits sont des baies d'abord blanchâtres, puis rouge vif qui forment une petite grappe latérale. Leur chair est légèrement farineuse, un peu amère, pleine de petites graines. Dans certaines régions elles mûrissent deux fois par an. La floraison a lieu de mai à juin et cet arbuste forme souvent des colonies compactes dans les bois secs, surtout sous les pins. On en trouve jusqu'à 3000 m dans les Alpes.
L'airelle existe surtout au centre et au nord de l'Europe, en France dans les Alpes et les Vosges, mais jusqu'au-delà du cercle polaire, à l'est sur tout le territoire de l'U.R.S.S. jusqu'au Japon. On la trouve également au Groenland et en Amérique du Nord. Les airelles permettent de préparer des confitures qui accompagnent le gibier dans la cuisine des pays germaniques. Elles contiennent du sucre, de l'acide citrique, malique et benzoïque qui empêche l'altération des préparations qu'on en fait. Cependant, ces confitures ne conviennent pas aux personnes qui souffrent de calculs rénaux, à cause de leur taux excessif en acide oxalique. Dans certains pays, les feuilles d'airelle sont récoltées à des fins pharmaceutiques, car elles ont les mêmes propriétés que celles du raisin d'ours *(Arctostaphylos uva-ursi* SPR.). Les sucs qu'elles contiennent soulagent les inflammations biliaires et ont un effet diurétique. Mais leur excès peut être plus nuisible qu'utile.

Frêne élevé

Fraxinus excelsior L.

Le frêne est un arbre de première grandeur à branches gris-vert qui portent

Acéraille

Bois-joli

Airelle

Myrtille

des bourgeons caractéristiques, largement pyramidaux, noirs et tomenteux. Les feuilles pétiolées sont opposées et se composent de 4 à 7 paires de folioles sessiles, ovoïdes-lancéolées, aiguës au sommet, finement dentées au bord. Les feuilles n'apparaissent qu'après la floraison.
Les fleurs sont petites, nues, soit hermaphrodites, soit seulement mâles ou femelles. Elles se reconnaissent entre autres par leurs étamines brun-rouge. Ces fleurs sont groupées en panicules d'abord dressées, puis retombantes et sont pollinisées par le vent.
Les fruits sont des samares brunes et longues, groupées en riches bouquets retombants.
Le frêne fleurit d'avril à mai et vient dans les forêts humides, dans les bocages, mais aussi dans des stations arides et caillouteuses. Il semble qu'il y en ait deux races différentes et adaptées à ces deux habitats contradictoires.
On le trouve dans toute l'Europe où il entre en composition des forêts feuillues, mais ne forme jamais de peuplements purs. Il s'étend jusqu'en Crimée et dans le Caucase. C'est une espèce très variable qui présente toute une série de formes.
Le bois de frêne est dur, souple, d'aspect soyeux quand il est bien raboté. On l'utilise en ébénisterie, pour la fabrication des skis, la parqueterie, les manches d'outils. Quand il a crû sur un terrain très sec, son bois peut être si dur qu'il devient presque impossible à travailler.
Les feuilles ont des propriétés médicinales; elles contiennent du sucre, du mannitol, des essences aromatiques, etc. et elles ont des effets laxatifs et diurétiques. La tisane est indiquée dans les maladies des reins ou pour nettoyer les plaies et les abcès. L'écorce fébrifuge a des effets comparables à ceux de la quinine.
La richesse chimique des feuilles explique aussi qu'on trouve souvent des morilles sous les frênes, car ces champignons aiment les terrains pleins de sucres et d'amidon qu'ils trouvent dans le terreau formé par les débris divers de cet arbre.

Obier
Viburnum opulus L.

C'est un arbuste qui atteint 4 m de haut, et qui parfois devient un petit arbre. Il peut vivre très longtemps et on en connaît qui ont plus de 50 ans. Les feuilles sont opposées et pétiolées, à limbe trilobé et palmé: les lobes aigus sont dentés au bord. A la base du limbe on trouve deux rangée, de stipules rouges qui imitent des glandes nectarifères: ces nectaires attirent les fourmis qui protègent ensuite les feuilles contre d'autres agresseurs.
Les fleurs forment des inflorescences en

Obier

Sureau à grappes

forme de cymes et planes. On observe un curieux dimorphisme floral: les fleurs centrales sont petites, blanc rougeâtre et hermaphrodites, les fleurs périphériques au contraire sont grandes, stériles et présentent 5 grands pétales blancs.
Les fruits sont des baies brillantes, légèrement aplaties, de couleur rouge corail, qui se maintiennent sur l'arbuste pendant longtemps, car les oiseaux n'y touchent pas.
L'obier fleurit de mai à juin et se plaît dans les bois humides, dans les clairières, à la lisière des forêts, dans les bocages et surtout au bord des ruisseaux.
A l'exception des régions de l'extrême nord, il se trouve dans presque toute l'Europe, en Asie septentrionale et occidentale ainsi qu'en Amérique du Nord.
L'écorce contient de la salicine, de la tanine, du sucre, des acides et une substance amère encore mal connue, la viburnine. Les fruits contiennent des saponines, un pigment rouge et la même viburnine. L'écorce était autrefois utilisée en médecine, mais elle est tombée en désuétude.
On cultive dans les jardins une forme dont toutes les fleurs sont stériles et pétalées, sous le nom de «boule de neige». C'est un arbuste d'une rusticité absolue.

Sureau à grappes

Sambucus racemosa L.

C'est un modeste arbuste à écorce brun sombre, pleine d'une moelle couleur cannelle. Il se dissémine très facilement grâce aux oiseaux.
Les feuilles pétiolées sont imparipennées et comportent de 2 à 3 paires de folioles allongées elliptiques, finement dentées et légèrement laineuses au revers. Les fleurs petites sont verdâtres et vite caduques. Elles ont une odeur de farine et sont groupées en grappes sphériques ou ovales. Les fruits sont de petites baies sphériques rouges et brillantes.
Les sureau à grappes fleurit d'avril à mai et abonde dans les forêts montagneuses et sous-montagneuses, dans les clairières, surtout parmi les conifères et dans les moyennes montagnes.
On le trouve en Europe centrale et méridionale, en Asie septentrionale, à l'est jusqu'au Japon. Il croît également en Amérique du Nord.
Les graines contiennent une quantité infime d'un glucoside, l'amygdaline. Les fruits séchés sont parfois utilisés en médecine populaire. Enfin, dans les Vosges on en tire par distillation une eau-de-vie délicate et très estimée.

Frêne élevé

Arion roussâtre
Arion subfuscus

Cet escargot, dont la longueur est de 4 à 7 cm, vit sur des cryptogames, sous l'écorce de troncs d'arbres ou sur d'autres lieux humides. Il se nourrit de champignons et de divers fruits et plantes sylvestres. On le rencontre dans les forêts aussi bien en plaine qu'en montagne. De couleur variable, il est le plus souvent jaune-brun, parfois jaune-rouge avec un dos brun; quelquefois il porte des bandes latérales. Sa sole est d'un blanc jaunâtre; cet escargot est facilement reconnaissable à cause de sa bave jaunâtre ou orange.

Clausilie douteuse
Clausilia dubia

Cet escargot a élu domicile sur les terrains calcaires de la forêt, que ce soit en plaine ou en haute montagne. Il affectionne la proximité des troncs d'arbres, il se tient parfois aussi sur les rochers et les ruines, mais presque toujours dans des endroits humides. Sa coquille est fusiforme, légèrement transparente, brillante, uniformément striée et de couleurs roux foncé à brun foncé; elle est haute de 12 à 16 mm et large d'environ 3 mm. L'embouchure de la coquille est pourvue d'un opercule qui se loge dans un renflement lorsque l'escargot sort, et qui se referme lorsque l'animal rentre dans sa coquille. L'hiver, cet escargot se cache dans la mousse ou sous un lit de feuilles.

Arion roux
Arion rufus

Ce grand escargot — il mesure jusqu'à 15 cm de long — se tient dans les lieux humides de la forêt ou à l'orée de celle-ci; quelquefois, on peut le rencontrer dans les allées. Son corps est arrondi et l'avant de son dos est muni d'un bouclier dont le bord inférieur droit porte un grand pneumostome. La couleur de la coquille est variable: elle adopte toutes les nuances de l'orange, du brun et du noir; les escargots noirs se trouvent en général dans les régions relativement froides. Leur sole est toujours bordée de rouge. Cet escargot est un omnivore, se nourrissant aussi bien de feuilles, d'herbe ou de fruits sylvestres que de viande en putréfaction et d'excréments. Étant hermaphrodite, il a la faculté de pondre et de féconder alternativement. Généralement, la ponte et la fécondation sont le fait de deux partenaires différents. La ponte qui va jusqu'à 500 œufs est cachée par petits tas sous des pierres, dans la mousse, sous l'écorce des arbres, dans des fissures de troncs d'arbres, etc.

Arion roux

Arion roussâtre

Clausilie douteuse

Épeire fasciée
Argiope bruennichii

C'est une très belle et remarquable araignée à bandes jaunes, qui passe sa vie tapie au milieu d'une grosse toile accrochée à des tiges d'herbe ou des broussailles, à l'orée de la forêt ou dans les clairières ensoleillées. C'est là qu'elle guette sa proie, immobile, de juillet à septembre. La femelle est beaucoup plus grande que le mâle; son corps atteint une longueur de 10 mm, mais ses longues pattes lui confèrent un air encore plus imposant et plus puissant. Le mâle, lui, ne mesure que 3 mm, si bien que, lorsque la période de l'accouplement est terminée, il est dévoré par la femelle. Celle-ci pond ensuite de 100 à 400 œufs qu'elle loge dans un cocon accroché entre des brins d'herbe. Les petites araignées hivernent dans le cocon, et ne le quittent qu'au printemps suivant, pour peupler à leur tour les environs. Le plus souvent ce sont les mouches, les moustiques, quelquefois les guêpes et autres insectes qui constituent la nourriture de cette araignée.

Tique ricin
Ixodes ricinus

Parfois, après une promenade dans un bois de feuillus, dans un sous-bois ou dans de jeunes plantations, on constate qu'un animal étrange, à l'abdomen blanchâtre, s'est fixé sur la peau. Il s'agit là d'une tique de l'ordre des acariens. Elle guette le passage d'un être vivant, animal ou homme, puis elle se laisse tomber sur lui, le plus souvent là où la peau est plus fine, comme par exemple dans les plis, s'y attache et suce le sang. Une femelle remplie de sang peut multiplier son poids par 200. La ti-

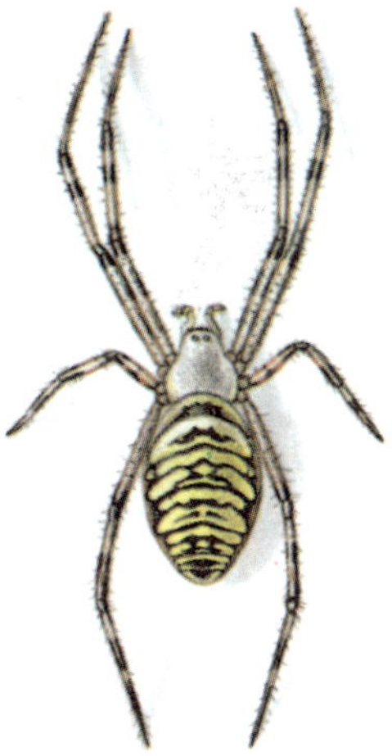

Épeire fasciée

Tique ricin

Lithobie à pince

Iule terrestre

que se fixe non seulement grâce à ses pièces buccales, mais aussi à l'aide de ses pattes pourvues de téguments adhésifs spéciaux et de grandes griffes. Seul le corps de la femelle est ainsi extensible. Le corps du mâle, qui ne mesure que de 1 à 2 mm, est recouvert d'un bouclier chitineux qui empêche toute extension. Après la fécondation, la femelle se remplit du sang d'un vertébré, quitte le corps de son hôte et se cache dans des fissures du terrain ou entre des pierres pour y pondre jusqu'à mille petits œufs rouges. De ces œufs éclosent des larves hexapodes qui montent sur les arbres ou sur les arbustes en attendant une occasion de se laisser glisser sur un animal pour se repaître de son sang. Ensuite, elles se laissent tomber à terre et se transforment en nymphes. Celles-ci recherchent à leur tour un hôte et ce n'est qu'après une autre mue que nous retrouvons l'animal adulte. Le cycle de l'évolution de la tique dure de 178 à 274 jours. Les tiques, en suçant le sang, sécrètent une substance particulière, l'ixodine, qui empêche la coagulation du sang et qui, simultanément, insensibilise l'endroit de la piqûre, de sorte que l'on ne découvre ce parasite que par hasard. Le prélèvement du sang en lui-même n'est pas dangereux; le danger réside dans le risque du transport de maladies virales, telles que la brucellose ou l'encéphalite, maladies dont les suites peuvent être redoutables. Dans des régions où existent des forêts à sous-bois touffus, cette maladie fait, certaines années, des ravages énormes; il est parfois interdit à la population de pénétrer dans les forêts infectées. Ajoutons que ces tiques se trouvent surtout dans les forêts hantées par les chevreuils.

Iule terrestre
Iulus terrestris

Ce mille-pattes, qui appartient au groupe des diplopodes, vit sous les pierres, sous l'écorce des arbres ou sous les feuilles mortes. C'est un animal nocturne. Il possède un long corps cylindrique de 20 à 50 mm, pourvu de nombreuses petites pattes minces. Il est largement répandu. Lorsqu'on le dérange dans sa cachette, il s'enroule en spirale aussitôt. Généralement il se tient au sol, mais parfois il grimpe sur les troncs des arbres. Il recherche sa nourriture dans diverses substances en putréfaction. La femelle construit un nid fait d'argile et d'un liquide qu'elle sécrète. Elle y pond des œufs, puis elle continue le travail jusqu'à ce que ce nid ait la forme d'un hémisphère dont l'ouverture, reliée à un «conduit d'aération», assure ainsi un courant d'air continu, qui empêche les œufs de moisir. Lorsque tout est terminé, la femelle camoufle le nid sous de la terre pour empêcher les ennemis de trouver sa ponte. De ses œufs éclosent des larves qui ne comportent que quelques segments corporels et peu de paires de pattes. Après chaque mue, il pousse d'autres segments et d'autres pattes.

Lithobie à pince
Lithobius forficatus

Ce mille-pattes est très fréquent dans les forêts, les parcs et les jardins où on peut le trouver sous l'écorce des arbres ou sous des troncs d'arbres déracinés. Il fait partie du groupe des chiliopodes. Il atteint une longueur de 2 à 3 cm; son corps est aplati, pourvu de 15 paires de pattes et de longues antennes. On rencontre parfois des exemplaires plus petits qui sont plus jeunes et qui n'ont encore que 7 paires de pattes. Les chiliopodes vivent en ermites et ne se supportent pas les uns les autres; ils vont même jusqu'à s'attaquer mutuellement. Ils se nourrissent d'insectes, de petites araignées, etc. et vont à la chasse la nuit. Lorsqu'ils mordent leur proie, celle-ci est paralysée par un jet de venin. Toutefois la morsure est sans danger pour l'homme et on peut prendre l'animal dans la main pour l'observer sans aucun risque. Au cours de sa croissance, il mue plusieurs fois. Généralement roux brillant, il est violet clair immédiatement après la mue. Le nombre des pattes augmente jusqu'à ce que le stade adulte soit atteint au bout de trois ans. Cette lithobie vit plusieurs années.

Sirex géant
Urocerus gigas

Dans les forêts d'épicéas on rencontre parfois, posé sur un tronc d'arbre ou sur une pile de bois, un insecte de couleur jaunâtre et bleu métallique en même temps, long de plus de 4 cm. C'est le sirex géant, l'un des plus grands représentants des hyménoptères d'Europe. Les femelles ont une longue tarière à l'aide de laquelle elles déposent, à chaque ponte, 4 œufs dans le bois jusqu'à une profondeur de 1,5 cm. En une saison, une femelle pond au total environ 350 œufs. De ces œufs éclosent des larves apodes qui rongent le bois, creusant ainsi de longues galeries qu'elles colmatent avec de la farine de bois. Ces larves ne se transforment en chrysalides qu'au bout de deux à trois ans et l'insecte adulte se fraie un chemin vers la surface en rongeant le bois. Il arrive que des planches ou des poutres abritent encore des larves qui continuent leurs œuvres. Dans les planchers, dans les maisons, on peut parfois entendre un grattement léger dont il est difficile de discerner l'origine. Jadis, les gens superstitieux attribuaient ces bruits aux fantômes! De temps en temps il arrive même que le sirex géant finisse son évolution dans des rondins étayant des galeries de mines et qu'il effraie les mineurs en apparaissant soudain. Toutefois, il est absolument inoffensif mais peut se montrer extrêmement nuisible au bois d'œuvre et aux charpentes. Il vit de juin à août.

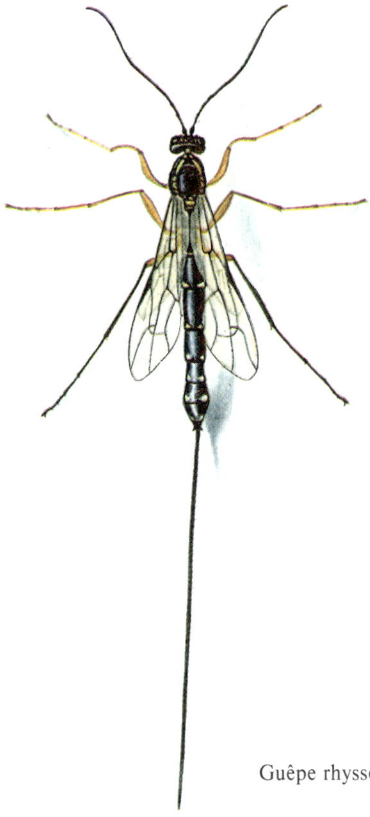

Guêpe rhysse

Sirex géant

Guêpe rhysse
Rhyssa persuasoria

Les grandes forêts de pins et d'épicéas abritent la guêpe rhysse, longue de plus de 4 cm, qui fait également partie des hyménoptères. Elle est noire et tachetée de blanc sur les côtés. Pendant les chaudes journées d'été, les femelles volent, généralement au-dessus des clairières, et heurtent les troncs d'arbres dénudés de leurs antennes vibrantes. Infailliblement, elles découvrent ainsi les endroits où, dans le bois, se trouvent les galeries creusées par les larves du sirex géant. La femelle soulève alors son abdomen et enfonce profondément sa fine tarière (qui peut avoir une longueur double de celle du corps) dans le bois juste à l'endroit où se trouve la larve, puis elle y pond un œuf. La larve du sirex géant sert alors d'hôte à celle de la rhysse qui s'y transforme également en nymphe, puis en guêpe adulte: celle-ci se fraiera alors un chemin vers la surface à travers le bois. Il s'agit d'un de ces insectes qu'on appelle entomophages et qui sont particulièrement utiles.

Cynips du chêne

Cynips du chêne
Cynips quercusfolii

En automne ou en hiver, on rencontre souvent, sur les feuilles des chênes, de nombreuses galles rondes connues sous le nom de «noix de galle». Elles sont provoquées par les larves du cynips qui fait également partie des hyménoptères. A l'intérieur de ces petites galles, vivent des larves apodes et vermiformes. La noix de galle a un diamètre de 20 à 25 mm; en septembre, une fois adulte, elle est dure, juteuse, de couleur jaunâtre à rougeâtre. En automne, la larve se transforme en une nymphe qui donnera naissance à un insecte adulte, dès le début de l'hiver. Si l'on coupe une telle noix en deux, on peut y voir une petite guêpe noirâtre. Mais celle-ci ne quitte sa cachette que vers la fin de février ou au début de mars. La femelle, non fé-

Bourdon lapidaire

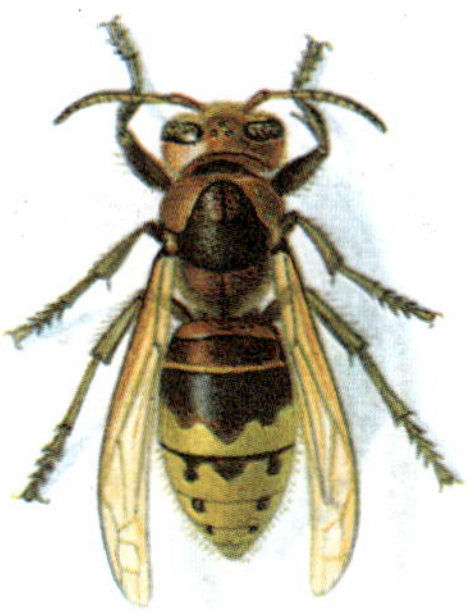

Frelon

Fourmi rousse des bois

condée, dépose alors ses œufs dans les bourgeons des chênes. Là, se développent des guêpes des deux sexes qui ne mesurent que 2 mm. Seules les femelles fécondées de cette génération déposent leurs œufs sur les feuilles et provoquent par là la formation des noix de galle, puis le cycle recommence. Signalons que pendant très longtemps c'est avec ces noix de galle très riches en tanin qu'on a fabriqué l'encre.

Frelon
Vespa crabro

Le frelon, l'une des plus grandes guêpes d'Europe, vit surtout dans les vieilles forêts de feuillus ou dans les troncs d'arbres creux mais il lui arrive aussi de s'installer dans les greniers ou dans les fentes des murs. La femelle, la reine, hiberne après sa fécondation alors que toutes les ouvrières sont mortes et, au printemps, elle va à la recherche d'un endroit protégé de la pluie pour y fonder une colonie. Elle gratte ensuite du bois et mélange les particules ainsi obtenues avec de la salive pour former une masse ressemblant à du papier très solide. Elle construit alors le premier rayon qui comporte une enveloppe et des ouvertures. Elle dépose un œuf dans chacune des cellules de ce rayon et y emmagasine de la nourriture pour les larves à venir. Cette nourriture se compose d'insectes mâchés et d'une substance sucrée qu'elle lèche sur les feuilles des arbres. Les premières larves donnent naissance aux ouvrières qui agrandissent le nid, donnent à manger aux autres larves et montent la garde. En automne, éclosent aussi les mâles qui fécondent les femelles nées en même temps qu'eux. Après la fécondation, les femelles s'envolent, à la recherche d'une bonne cachette pour hiverner. Après l'hiver, elles fondent d'autres colonies. Ce qui reste de la colonie primitive, y compris les ouvrières et les mâles, périt au cours de l'hiver. Les frelons sont des prédateurs: ils attaquent et mangent d'autres insectes. Parfois, un frelon femelle pénètre dans une maison, effrayant ses habitants. Certes, il est juste de dire que la piqûre de frelon est très douloureuse; en quelques minutes, le venin injecté provoque une forte réaction locale: l'endroit attaqué enfle, devient rouge et la victime éprouve des douleurs d'intensité variable. En général, ces symptômes disparaissent au bout de quelques heures, plus rarement seulement au bout de deux ou trois jours, sans laisser de traces. Il existe toutefois des cas d'intolérance particulière pouvant conduire à un grave choc anaphylactique avec perte de connaissance et, dans certains cas très isolés, des accidents cardiaques pouvant provoquer la mort. Ces piqûres sont dangereuses surtout pour les enfants. Mais pour un adulte en bonne santé, même plusieurs de ces piqûres ne mettent pas sa vie en danger bien qu'elles puissent provoquer des malaises, des maux de tête et une élévation de la température.

Fourmi rousse des bois
Formica rufa

En des endroits secs et ensoleillés des forêts de conifères, notamment dans celles composées d'épicéas ou de pins, on rencontre des monticules, parfois de plus d'un mètre de haut, faits d'aiguilles, de brindilles et de feuilles. Ce sont là les nids des fourmis rousses des bois. Sur des pistes disposées en étoile autour du monticule et sur celui-ci s'affairent quantité d'ouvrières, qui ne dépassent pas 4 à 9 mm, qui sont de couleur noire et qui apportent des matériaux de construction et du ravitaillement composé de petits insectes, de vers, de petits mollusques ou encore de restes de cadavres que les fourmis rongent conscien-

Cicindèle sylvestre

cieusement. Elles ne dédaignent pas non plus les végétaux. La chasse les conduit aussi sur les arbres ou dans un rayon de 20 m autour du nid. Elles dévorent tous les insectes. De ce fait, elles sont extrêmement utiles à l'homme. Le nid est construit par la reine qui atteint une taille de 9 à 11 mm. En été, éclosent des mâles et des femelles sexués et ailés. Après la fécondation, ces fourmis fondent à leur tour des colonies. A l'issue du vol nuptial, les mâles perdent leurs ailes, et périssent peu après. On trouve en Europe quelques sous-espèces de cette fourmi, dont chacune possède un mode de vie propre. La sous-espèce la plus fréquente est celle qui ne connaît qu'une seule reine. Celle-ci pond environ 300 œufs par jour, dans la saison. Une telle colonie donne naissance annuellement à environ 40 000 fourmis dont la durée de vie est assez longue. Il y a d'autres sous-espèces, dans le nid desquelles vivent de 10 à 20 reines, pondant chacune environ 30 œufs par jour. Un tel nid produit annuellement près de 80 000 fourmis; il existe même une sous-espèce dont le nid abrite jusqu'à 5000 reines qui peuvent annuellement produire jusqu'à deux millions de fourmis qui, toutefois, ont une vie très brève. Ce sont les ouvrières qui prennent le soin des larves et des chrysalides, les changeant continuellement de place et les transportant soit à la surface du nid soit à l'intérieur, selon les conditions atmosphériques. Le couvain se trouve sans protection dans de petits compartiments. Les larves des futures reines font l'objet de soins tout particuliers et reçoivent une riche nourriture; ce qui n'est pas le cas pour celles des futures ouvrières qui, de ce fait, naissent asexuées. Les mâles, eux, éclosent d'œufs non fécondés. Les fourmis communiquent entre elles à l'aide de leur sens tactile et de leur odorat. Pour se défendre, elles se servent de leurs mandibules bien développées et projettent de l'acide formique sur l'ennemi.

Bourdon lapidaire
Bombus lapidarius

Ce bourdon fait son nid dans les amas de pierres, dans des fentes rocheuses, des trous de murs ou encore dans des trous de souris. Il est tout noir, sauf son extrémité qui est rousse. La femelle, après l'hibernation, commence par choisir un endroit approprié qu'elle tapisse de débris de plantes, de mousse, de laine, etc.; ensuite, elle construit une cellule, à l'aide d'une substance rappelant la cire, et la remplit de miel et de pollen. C'est sur cette bouillie qu'elle pond ses œufs, puis elle ferme la cellule et en commence une autre. Ces cellules ne sont cependant pas disposées régulièrement. Lorsque les larves sont écloses, la femelle ouvre les cellules pour les alimenter. Au bout de 20 jours, ces larves donnent naissance aux ouvrières qui reprennent alors le travail d'agrandissement du nid et de ravitaillement pour que la femelle puisse se consacrer uniquement à la ponte. Les nids construits par ce bourdon contiennent 300 œufs au plus. Vers la fin de l'été, des œufs non fécondés donnent naissance à de petits mâles qui butinent les fleurs autour du nid. En automne, ces mâles fécondent les femelles qui hivernent alors dans leurs cachettes tandis que les ouvrières périssent. De ce fait, la vie d'un mâle est extrêmement courte et ne dépasse pas deux mois.

Cicindèle sylvestre
Cicindela sylvatica

En juin et en juillet, on voit souvent sur les sentiers sylvestres (notamment dans les forêts de pins) un insecte qui court rapidement et qui, de temps en temps, s'envole. C'est la cicindèle sylvestre; elle mesure de 14 à 16 mm, possède de longues pattes, une grosse tête, des yeux remarquables et de fortes mandibules. Elle se nourrit d'araignées, de divers insectes et de leurs larves, qu'elle happe à l'aide de ses mandibules acérées en forme de faucille. Les larves de cette cicindèle ne sont pas moins carnassières. Elles forent dans les sols sablonneux des terriers, profonds d'un mètre, sur le bord desquels elles guettent leur proie. Leur grosse tête est protégée par de la chitine et leurs pattes sont remarquablement bien développées. Lorsqu'un insecte s'approche, la larve le saisit et l'attire dans son trou pour le dévorer. Elle possède sur l'abdomen un appendice bulbeux sur lequel elle s'appuie et qui lui permet de se mouvoir aisément. Les larves vivent deux ou trois ans et hivernent, cachées au plus profond de leur retraite. Après cette période, généralement en juillet, elles se transforment en chrysalides, d'où sortent, au bout de quatre semaines, les insectes adultes.

Calosome sycophante

Carabe doré
Carabus auronitens

On rencontre ce carabe vert, à la brillante teinte métallique, dans les forêts des régions montagneuses. Il se cache

Carabe doré

Nécrophore commun

sous l'écorce des arbres, parfois, sous des troncs déracinés ou de grandes pierres plates. Il ne chasse que la nuit, attaquant insectes et mollusques. Il hiverne dans des souches de vieux arbres.

Calosome sycophante
Calosoma sycophanta

Il peut arriver qu'en vous promenant dans les bois, au mois de mai ou de juin, vous aperceviez un merveilleux insecte brillant, long de 3 cm, tombé d'un arbre: c'est le calosome sycophante. Le soleil fait étinceler ses couleurs métalliques. S'il est tombé, c'est qu'il a chassé infatigablement les chenilles processionnaires. Il a une grosse tête, de fortes mandibules et de longues pattes qui lui permettent de se déplacer rapidement dans les arbres aussi bien que sur le sol. Il est très vorace: en une semaine, il dévore souvent plus de 20 grandes chenilles. La femelle pond de 100 à 600 œufs qui, au bout de 3 à 10 jours, donnent naissance à des larves, également très carnassières. Au cours de leur vie, les larves muent deux fois et pendant les quinze jours que dure leur développement, mangent jusqu'à 40 grandes chenilles. Vers la fin du mois de juin, la larve descend de l'arbre et se transforme en chrysalide, dans une petite cavité creusée dans le sol à cet effet. En septembre, apparaît l'insecte parfait qui toutefois hiverne encore dans sa cachette. C'est vers la fin du mois de mai que la nouvelle génération fera son apparition, et s'attaquera aussitôt aux chenilles. Lorsque, certaines années, les papillons nuisibles sont plus nombreux, le nombre de ces insectes utiles augmente parallèlement. Au début de juillet, les insectes adultes quittent les arbres et s'enfouissent dans le sol jusqu'à une profondeur de 50 cm. Là, ils passent un deuxième hiver pour réapparaître au printemps suivant. En général, ces calosomes vivent deux à trois ans. Ils sont répandus dans presque toute l'Europe et habitent aussi bien les forêts de feuillus que celles de conifères.

Nécrophore commun
Necrophorus vespillo

Quand, dans la forêt, vous trouvez un oiseau ou un petit mammifère mort et si vous le soulevez avec précaution, vous verrez presque toujours sous celui-ci des insectes noirs striés d'orange, avec des antennes jaunes, renflées à leur extrémité. Ce sont là les nécrophores communs. Ils viennent la nuit, parfois de loin, attirés par l'odeur du cadavre. Avec leurs puissantes pattes, ils creusent le sol en dessous jusqu'à ce qu'il disparaisse complètement: lorsque le sol est meuble, ils arrivent à faire descendre l'animal jusqu'à une profondeur de 30 cm. Ensuite, les femelles y déposent leurs œufs d'où, au bout de quelques jours, sortiront des larves blanchâtres. Ces larves se nourrissent du cadavre. Une fois arrivée à terme, la larve creuse dans le sol une cavité dans laquelle elle se transforme. Ce nécrophore mesure de 18 à 22 mm et figure parmi les espèces les plus répandues.

Silphe à corselet rouge
Oeceoptoma thoracica

C'est également un silphide très répandu que l'on rencontre souvent sur des cadavres d'animaux de petite taille. Il frappe par sa coloration entièrement noire, hormis le bouclier roux foncé. Il habite les forêts de feuillus et les forêts mixtes.

Géotrupe stercoraire
Geotrupes stercorosus

Ce coléoptère, long d'environ 20 mm, est pourvu d'un corps ramassé qui varie du bleu foncé à une teinte métallique brillante; il est très répandu dans nos forêts Il se nourrit de cadavres, de champignons en décomposition et d'excréments de divers animaux. Dans la journée, on peut souvent le voir dans l'herbe et dans les sentiers. Le soir, surtout s'il fait lourd, il vole en vrombissant à la recherche d'endroits où il pourrait trouver sa nourriture ou déposer ses œufs. Les femelles creusent sous les excréments une galerie verticale et qui peut atteindre 60 cm de profondeur, pourvue également de ramifications. Elles remplissent ces galeries de déchets organiques qui servent de nourriture aux larves. Pour ce faire, elles marchent en arrière, en portant ces excréments avec les pattes de devant. Lorsque la galerie est remplie, elles pondent chacune un œuf, dans une petite cavité laissée libre. Les larves éclosent 3 à 4 semaines

Géotrupe stercoraire

Cerf-volant

Silphe à corselet rouge

plus tard. En juin ou en juillet, la larve polit les parois et le sol de sa cachette, et se construit un abri solide avec le reste des excréments, où elle se transformera en chrysalide. Trois à quatre semaines plus tard, naîtront les insectes parfaits qui se fraieront un chemin vers la surface du sol. Ils ne se multiplieront qu'au printemps de l'année suivante.

Foulon

Cerf-volant
Lucanus cervus

A partir du mois de mai et jusqu'à la fin de juillet, lorsque le temps est orageux, il est fréquent de rencontrer le soir le cerf-volant dans les bois de feuillus ou dans les forêts mixtes, mais surtout dans les chênaies. Les mâles, à la recherche des femelles, volent en vrombissant comme de petits avions. Ils atteignent une longueur de 37 à 75 mm et possèdent de puissantes pièces buccales qui rappellent les bois des cerfs. Les femelles ne mesurent que 30 à 45 mm; leurs pièces buccales, bien que fortes, sont peu développées. Les mâles sont pourvus d'énormes «pinces» qui sont à la fois un ornement et une arme, car, au cours d'un combat, ils arrivent même à perforer le bouclier de chitine, pourtant solide, de leurs adversaires. Dans la journée, ces coléoptères passent leur temps à sucer la sève des chênes qui s'écoule alors d'une plaie. Les femelles pondent leurs œufs dans les troncs et les souches des chênes où leurs larves se nourriront d'humus, puis plus tard de bois. Ces larves sont blanchâtres, aveugles et atteignent une longueur de 10 cm au terme de leur évolution qui dure de 3 à 5 ans. Arrivées à maturité, elles se transforment en chrysalides dans de petits compartiments. Dès ce stade il est possible de déterminer leur sexe: les chrysalides des mâles présentent déjà d'énormes «bois». Les insectes naissent en automne, puis hivernent dans leur cachette d'où ils ne sortiront qu'au printemps suivant en un endroit précis.

Orycte

Foulon
Polyphylla fullo

Les forêts, surtout les pinèdes, des régions sèches et sablonneuses de la plaine, abritent le foulon. On le rencontre aussi dans les dunes au bord de la mer et, en général, dans tous les endroits sablonneux. Il mesure de 25 à 36 mm de long; son corps est bariolé. Il apparaît en juin et en juillet, parfois en août. A cette époque, la femelle dépose de 25 à 40 œufs dans le sol. Les larves vivent pendant trois ans, en se nourrissant de racines de diverses graminées. Ensuite, elles se transforment en chrysalides. Au bout de trois semaines, généralement en juin, on voit les insectes parfaits sortir de terre, puis se disperser. Parfois, les larves hivernent une quatrième fois. Dans certaines régions, elles endommagent les ceps de vigne. L'insecte adulte peut causer des dommages aux pins dont il mange les aiguilles.

Orycte (Scarabée nasicorne)
Oryctes nasicornis

Dans des souches en putréfaction et dans les troncs de feuillus âgés, notamment de chênes et de hêtres, parfois aussi dans du compost, on trouve de grandes larves épaisses, à l'extrémité en forme de bourse, avec une tête très chitineuse et de fortes mandibules. Ce sont là les larves de l'orycte. Le mâle mesure de 24 à 40 mm et porte sur la tête une corne verticale, recourbée vers l'arrière; la femelle en est dépourvue. Parfois, on peut voir l'orycte dans les serres où ses larves ont été transportées avec le compost et où elles se développent bien, grâce à la chaleur. L'orycte, insecte nocturne, vole de juin à août. L'évolution de la larve dure plusieurs années, selon les conditions. Avant de se transformer, la larve confectionne un cocon avec de l'argile et des gravats. Après métamorphose, l'insecte parfait reste encore quelque temps dans ce cocon avant de prendre son envol.

Phausis splendide

Phausis splendide
Phausis splendidula

A l'orée des forêts de feuillus et dans les clairières des régions humides, on peut voir les soirs très chauds de juin et de juillet, des centaines de petites lumières vertes. Ce sont les mâles du phausis splendide en vol; la partie inférieure de leur abdomen est pourvue d'un organe luminescent qui leur permet de trouver les femelles ou de les attirer. Celles-ci possèdent aussi une «lumière», mais elles n'ont pas d'ailes, et de ce fait, ne se meuvent que lentement sur le sol entre l'herbe et les feuillages. Même les larves, plates et carnassières, possèdent un organe luminescent bien développé. L'insecte parfait ne vit que très brièvement; il atteint une longueur de 9 à 11 mm. Les lampyridés peuvent augmenter ou réduire à volonté l'intensité de leur lumière.

Thanasime formicaire
Thanasimus formicarius

Dès le printemps, on peut voir sur les troncs des conifères et de feuillus, notamment sur les arbres ataqués par les scolytidés, des coléoptères bariolés, mesurant de 7 à 10 mm de long; ce sont les thanasimes. On les rencontre souvent sur des arbres abattus. Lorsqu'ils sont au repos, ils se cachent dans les fissures de l'écorce. La femelle pond au total de 20 à 30 œufs qu'elle dépose par deux ou par quatre, sous les écailles de l'écorce. Les larves se glissent ensuite dans les galeries des scolytes où elles se nourrissent d'excréments ou de larves mortes. Elles peuvent aussi attaquer les scolytes adultes. Le thanasime adulte est également carnivore; il chasse les scolytes et leurs larves vivantes qui sont des insectes nuisibles. A l'aide de ses mandibules acérées, il les sectionne entre le thorax et l'abdomen; pour y parvenir, il tient la proie avec ses pattes avant et la maintient ventre en l'air. Les thanasimes hivernent, soit au stade de la larve, soit au stade de l'insecte parfait.

Grand capricorne du chêne
Cerambyx cerdo

Le grand capricorne du chêne est parmi les plus beaux et les plus grands des coléoptères d'Europe. Il possède de grandes antennes solides dépassant la longueur de son corps, ce qui lui confère une apparence encore plus puissante. Les troncs des vieux chênes, surtout lorsqu'ils sont clairsemés, sont souvent perforés de trous relativement grands: c'est l'œuvre des larves du grand capricorne du chêne. Celui-ci s'attaque parfois aussi aux charmes, aux hêtres et aux frênes. La femelle de ce coléoptère qui mesure de 24 à 53 mm, pond deux à trois œufs dans les interstices de l'écorce de l'arbre. Douze à quatorze jours plus tard éclosent de petites larves, de 2 à 4 mm, qui rongent l'écorce; à la fin de l'année, ces larves atteignent 20 mm et hivernent. Au printemps suivant, elles sortent de leur léthargie et reprennent leur œuvre de destruction jusqu'au milieu de l'année. A cette époque, cette nourriture ne leur suffit plus et elles pénètrent dans le liber, provoquant une sécrétion qui rend le tronc de l'arbre foncé. La larve hi-

Thanasime formicaire

Grand capricorne du chêne

verne une deuxième fois, puis atteint, au milieu de la troisième année, son stade adulte, avec une longueur de 70 à 90 mm. Elle fore alors dans le bois un trou profond de 15 à 50 cm, y creuse une cavité longue de 8 cm environ dans laquelle elle se transforme en chrysalide. Cinq à six semaines plus tard, la chrysalide donne naissance au capricorne adulte qui passe l'hiver dans sa cachette. Ce n'est que l'année suivante, en juin ou en juillet, qu'il en sort. Au bout d'un mois, il se reproduit et le cycle recommence. Comme nous venons de le voir, la durée du développement de ce coléoptère est de trois ans. Si l'on abat un arbre attaqué, les larves qui s'y trouvent ne se transformeront en chrysalides qu'au bout d'un à deux ans et beaucoup d'entre elles meurent. Si quelques rares capricornes ne causent pas de grands dommages aux arbres, ces coléoptères peuvent non seulement miner le bois, en y creusant de longues galeries, mais aussi faire périr l'arbre. En certains endroits, ils ont même fait disparaître de vieux chênes.

Prione tanneur
Prionus coriarius

Cet insecte, long de 19 à 45 mm, habite les forêts de conifères, de feuillus et les forêts mixtes anciennes. Le mâle possède des antennes pourvues de douze segments fortement dentés; tandis que celles des femelles n'ont que onze segments, faiblement dentés. La femelle pond ses œufs sur des souches ou des troncs d'arbre pourris. La plupart du temps, les larves vivent dans des souches de chênes, de hêtres, de sapins ou d'épicéas. En juillet ou en août, les adultes sortent à l'air libre, même le jour.

Rosalie
Rosalia alpina

Dans les hêtraies aux arbres vétustes, on peut rencontrer le cérambycidé qui possède la plus belle livrée: la rosalie. Elle mesure de 18 à 38 mm de long. Son corps est d'un bleu pâle fascié de noir velouté. Toutefois sa coloration varie d'un animal à l'autre, de même que les motifs du dessin de son corps. La rosalie vit dans les montagnes, à partir de 600 m d'altitude, où elle préfère les pentes ensoleillées. Dans certaines régions, elle est encore très commune; dans d'autres, elle a disparu en même temps que les hêtres, mais surtout «victime» des collectionneurs! Elle vole de juin au début de septembre; lorsque le temps est ensoleillé, on la rencontre parfois posée sur un tronc d'arbre. Ses larves se développent dans de vieux hêtres, plus rarement dans des charmes.

Lepture rouge
Leptura rubra

La lepture rouge est l'un des cérambycidés les plus répandus. Elle a une coloration variable et mesure de 10 à 19 mm. Le mâle est généralement plus petit que la femelle; ses élytres sont jaunâtres, alors que ceux de la femelle sont presque roux. Tous deux ont un bouclier. Ce coléoptère vit surtout dans les forêts de conifères, aussi bien de plaine que de montagne. On le rencontre de juin à septembre. Il aime se tenir sur des fleurs poussant dans les clairières ou le long des sentiers sylvestres, sur des arbustes, des souches ou des piles de bois. En général, les larves se développent dans les souches ou les troncs de pins ou d'épicéas en décomposition. Dans des cas rares, elles vivent aussi dans des poteaux télégraphiques humides. Les galeries des larves sont parallèles à l'axe du tronc et remplies de farine de bois.

Acanthocine charpentier
Acanthocinus aedilis

De mars à septembre, nous pouvons observer sur des pins abattus, l'acanthocine charpentier. Il mesure de 12 à 20 mm et les antennes, chez le mâle, ont plusieurs fois la longueur du corps. La femelle est facilement reconnaissable à sa tarière. Les larves vivent sous l'écorce, plus rarement dans le bois, qu'elles rongent. Elles abondent plus particulièrement sous l'écorce des souches. La chrysalide possède déjà de longues antennes enroulées, ce qui la caractérise particulièrement. Il y a deux générations d'acanthocines dans une année. On les rencontre parfois à l'intérieur des maisons, surtout dans du bois de chauffage.

Rhagie inquisiteur
Rhagium inquisitor

C'est un cérambycidé très répandu dans les forêts de conifères de plaine et de montagne. En général, on le rencontre sur des sapins, des épicéas ou encore sur des pins qui viennent d'être abattus. Il mesure de 10 à 21 mm. Ses élytres sont gris foncé avec des raies transversales obliques plus sombres. La larve vit

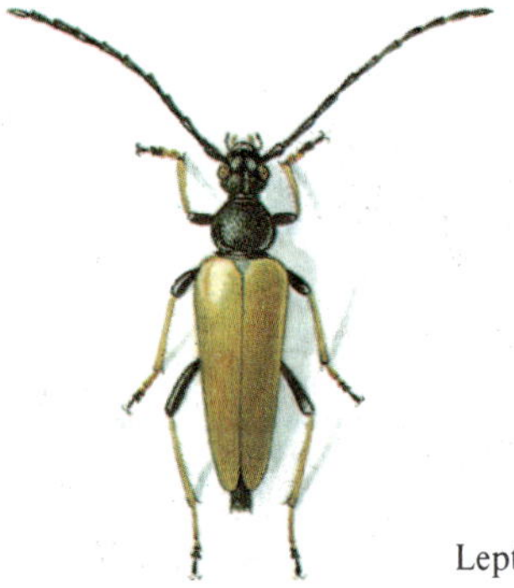

Lepture rouge

Rhagie inquisiteur

Acanthocine charpentier

Prione tanneur

Rosalie

Ips typographe

sous l'écorce de conifères attaqués par des scolytes. Elle fore de larges galeries et se transforme en chrysalide dans une cavité remplie de farine et de copeaux de bois. L'insecte adulte apparaît en septembre, mais il hiverne dans sa cachette et ne se montre que l'année suivante, entre avril et le début de septembre. C'est alors qu'on le rencontre sur des piles de bois ou des fleurs. Parfois, il fait son apparition à l'intérieur des maisons où sa larve a été transportée avec du bois.

Ips typographe
Ips typographus

Les forêts d'épicéas abritent l'un de leurs ennemis les plus redoutables: l'ips typographe, un petit scolyte, qui ne mesure que 4 mm environ. Il a besoin pour son évolution d'une couche de liber, et il s'attaque d'abord aux arbres âgés. La femelle fécondée fore dans le bois une galerie principale pour y déposer ensuite un ou deux œufs par jour; jusqu'à un total de 60. Les larves éclosent 5 à 14 jours plus tard; elles ne mesurent que 2 mm au début et sont apodes. Elles forent à leur tour des galeries perpendiculaires à la galerie principale. Elles croissent rapidement et, lorsque la température leur est favorable (environ 24 °C), leur évolution se termine au bout de 26 jours; les coléoptères qui naissent alors continuent à ronger le bois et se reproduisent au bout de trois semaines. Lorsqu'un arbre est attaqué par un grand nombre de ces insectes, il dépérit, puis périt car ils en détachent l'écorce.

Petit paon de nuit
Eudia pavonia

On rencontre ce papillon dans les forêts de feuillus peu denses et à l'orée des bois. Il est orné de grands ocelles sur les ailes. Le mâle a une envergure d'environ 60 mm, la femelle de 75 mm. Il vole de mai à juin. La chenille de ce papillon nocturne est d'un beau vert avec des stries transversales noires et des taches jaunes. Elle vit de mai à août sur des feuillus. Elle file un cocon piriforme solide, de couleur jaunâtre, à l'intérieur duquel elle se transforme en chrysalide.

Hachette
Aglia tau

Dans les forêts clairsemées de hêtres, on peut rencontrer, en avril et en mai, la hachette. Elle a une envergure de 65 mm et un très joli coloris. Le mâle vole rapidement en zigzag entre les arbres; la femelle demeure plutôt sur le tronc des hêtres, près du sol. Les chenilles vertes ont des flancs sillonnés de raies transversales blanc-jaune, avec une raie longitudinale. Elles vivent de mai à juillet, surtout parmi les hêtres dont les feuilles leur servent de nourriture. Fin juillet, elles filent un cocon ajouré.

Versicolore
Endromis versicolora

Dans les forêts qui comportent un grand nombre de bouleaux et de charmes, on peut voir, de la fin de février à mai, un grand papillon aux ailes brun cannelle ornées de bandes sombres et claires, irrégulières, et de taches claires. Il a une envergure d'environ 50 mm: c'est le versicolore. La femelle dépose ses œufs sur les bouleaux et les charmes dont les feuilles constituent leur nourriture. On ne les rencontre qu'exceptionnellement sur d'autres arbres. Après leur éclosion, les chenilles vivent en société pendant quelques jours. Elles se fixent ensuite, individuellement, sur une branche qu'elles dépouillent complètement. La chenille est verte, avec un dos blanchâtre, et porte des bandes transversales sur ses flancs. Elle s'entoure d'un cocon rouge où elle achève sa métamorphose.

Bombyx du pin
Dendrolimus pini

Ce papillon nocturne vit dans les forêts de pins. L'envergure du mâle est d'envi-

Petit paon de nuit

Hachette

Versicolore

ron 55 mm; celle de la femelle peut atteindre 80 mm. Le mâle est facilement reconnaissable à ses antennes pectinées. Ce papillon est pratiquement de la couleur de l'écorce du pin si bien qu'il est impossible de le distinguer posé sur un tronc. Dans la journée, les mâles volent rapidement alors que les femelles sont quasi immobiles. Celles-ci déposent 150 à 250 œufs en petits tas sur des branches, des aiguilles ou encore sur le tronc des pins. Deux à trois semaines plus tard, généralement au début d'août, on voit éclore des chenilles velues qui mangent des aiguilles. Elles muent trois fois. Fin octobre, elles descendent au sol et hivernent, enfouies dans les aiguilles tombées au pied de l'arbre. Dès qu'au printemps, la température atteint 5 °C, elles retournent sur l'arbre et s'attaquent de nouveau aux aiguilles. Alors qu'en automne, une chenille mange environ 150 aiguilles de pin, au printemps elle en dévore jusqu'à 600. Lorsqu'elles ont atteint une longueur de 7 à 10 cm, généralement au mois de juin, elles s'entourent d'un cocon solide attaché aux branches ou à l'écorce. Les chenilles sont brunes, velues et ornées d'une bande claire sur le flanc. Lorsqu'elles sont nombreuses, elles peuvent causer de graves dommages.

Nonne
Lymantria monacha

Au mois de juillet, les forêts de conifères — plus rarement les forêts de feuillus — hébergent un papillon nocturne: la nonne. Le mâle possède des antennes pectinées et un abdomen grisnoir à l'extrémité tronquée; son envergure est de 35 à 45 mm. La femelle est plus grande — de 45 à 55 mm —, ses antennes sont filiformes et son abdomen pointu, rouge avec des bandes transversales noires. La coloration peut varier considérablement, surtout chez les mâles dont il existe des spécimens noirs. Les papillons ne prennent aucune nourriture. Dans la journée, ils reposent, immobiles, sur les arbres et c'est seulement le soir que les mâles vont à la recherche des femelles qui ont un vol plus lourd. Les femelles fécondées pondent ensuite, la nuit, leurs œufs sous l'écorce. Chaque tas comporte de 10 à 100 œufs orange. Des chenilles se développent dans l'œuf déjà en automne, mais elles n'éclosent qu'au mois d'avril de l'année suivante. Elles montent alors dans la cime des arbres où elles dévorent les aiguilles ou les feuilles. Après environ neuf semaines, elles sont arrivées à maturité et se transforment en chrysalides dans les interstices de l'écorce. 9 à 14 jours plus tard, en général vers la mi-juillet, naissent les papillons. La coloration des chenilles est très variable, et elles ne possèdent que peu de poils. Chaque chenille mange journellement environ 30 à 35 aiguilles d'épicéa, c'est-à-dire 1300 aiguilles au cours de sa vie. Lorsqu'elle apparaît en grand nombre, la nonne peut donc causer des dégâts considérables. Les ennemis de ses larves sont les mésanges, le coucou, les coléoptères carnassiers, les chauves-souris.

Bombyx du chêne
Lasiocampa quercus

C'est également un papillon nocturne d'une envergure de 70 mm. Le mâle est châtain; de larges bandes jaunes ornent ses ailes. Ses ailes antériures sont en outre rehaussées d'un ocelle blanc bordé de noir. La femelle est généralement ocre, mais peut prendre diverses nuances. Ce papillon vole de juin à août dans les forêts. Ses chenilles vivent surtout sur les chênes, mais on peut aussi les rencontrer sur d'autres arbres feuillus et, plus rarement, sur des conifères. La chenille mesure 7 cm; elle est jaune-brun, et couverte de poils jaunâtres. Elle hiverne dans une cachette. En mai de l'année suivante, elle s'entoure d'un solide cocon brun. En Europe du Nord et dans les régions montagneuses, ce papillon hiverne encore une fois au stade de chrysalide.

Lichénée bleue
Catocala fraxini

A la campagne, quand on habite à proximité d'un bois, il est fréquent, le soir, de voir contre les fenêtres éclairées un grand papillon de nuit — d'une envergure qui peut atteindre 90 mm — dont les ailes postérieures sont ornées de larges bandes bleues typiques, mais dont les ailes antérieures sont grises à gris-blanc. C'est la lichénée bleue. Ce papillon apparaît de la fin de juillet à septembre. Dans la journée, il se tient immobile, les ailes repliées, sur le tronc d'un arbre dont on ne peut guère le distinguer, car ses ailes postérieures qui sont seules colorées sont cachées. Il vole seulement le soir et la nuit. Ses chenilles vivent sur les frênes, les peupliers et les ormes. Elles atteignent une longueur de 10 cm, elles sont grises ou verdâtres, mouchetées de noir, avec une tache claire dans la bande noire sur le dos du huitième segment. La chrysalide est gris-violet et elle se cache dans une feuille enroulée.

Écaille martre

Arctia caja

Ce papillon nocturne est très fréquent dans les clairières, à l'orée des bois ou dans les parcs. Il fait partie des papillons les plus joliment colorés, mais les spécimens varient considérablement en couleur et en dessin. Son envergure est de 70 mm. Dans la journée, il se cache sous les feuilles des plantes ou dans les fourrés; on peut le déranger en cueillant des framboises, par exemple. Il vole en juillet et en août, le soir, surtout par temps lourd; parfois il est également attiré par la lumière d'une fenêtre. La chenille est très velue et possède des verrues noires et blanches. Les poils sont roux sur les côtés et noirs sur le dos. On trouvera la chenille en août et en septembre dans l'herbe ou sur différentes plantes. Par la suite, elle se cache et hiverne pour réapparaître en mai et en juin de l'année suivante. A la fin de cette période elle se transforme en chrysalide dans un cocon. Il est recommandé de ne pas prendre la chenille dans la main, car ses poils se cassent et restent piqués dans la peau, ce qui peut produire des irritations.

Nonne

Bombyx du chêne

Bombyx du pin

Lichénée bleue

Sphinx du pin
Hyloicus pinastri

C'est un papillon nocturne très répandu par endroits dans les forêts de conifères et notamment dans les forêts de pins. Son envergure est d'environ 80 mm. Il apparaît d'avril en septembre. Son vol est très rapide. Lorsqu'il est posé sur un tronc d'arbre, il est pratiquement invisible en raison de sa coloration qui le protège. La femelle dépose ses œufs sur les pins et les épicéas dont les aiguilles servent de nourriture aux chenilles. En Europe centrale, où ce papillon doit faire face à de nombreux parasites, il n'arrive jamais à faire de ravages. La chenille est vert clair; son dos porte des bandes brunes, ses côtés s'ornent d'étroites bandes longitudinales blanches et jaunes; elle est en outre tachée de rouge. On la rencontre de juin à octobre. La chrysalide hiverne — deux fois même dans les montagnes ou dans les régions septentrionales — avant de donner naissance au papillon.

Morio
Nymphalis antiopa

C'est un grand papillon diurne — de plus de 70 mm d'envergure —, il est d'un noir velouté avec des ailes bordées de jaune; il vole à partir de juin jusqu'en automne dans les forêts de bouleaux ou les forêts mixtes composées de bouleaux et d'ormes. Beaucoup de morios hivernent et réapparaissent en avril de l'année suivante. Il se tient de préférence sur les troncs dont il suce la sève; mais il se nourrit aussi du nectar des fleurs. Les chenilles vivent de mai à juin en societé sur les bouleaux, mais on les rencontre aussi sur des peupliers, des ormes et des saules. La chenille est frappante, noire avec des taches d'un rouge brillant sur le dos et des piquants noirs. La chrysalide est verdâtre, ventrue et se tient accrochée la tête en bas.

Mouche de la Saint-Marc
Bibio marci

Cette mouche noire, qui mesure de 10 à 13 mm, et pourvue de pattes anormalement longues, apparaît de mars à mai dans les forêts. Son vol est lourd et hésitant. En volant, elle laisse pendre ses pattes. Elle est très répandue par endroits. Ses larves vivent dans le terreau où elles se nourrissent de substances végétales. Lorsqu'elles apparaissent en grand nombre, ces mouches peuvent causer des dégâts dans les pépinières.

Tachinaire des larves
Exorista larvarum

Cette mouche qui mesure de 6 à 15 mm se rencontre partout où le soleil pénètre dans la forêt. Les femelles s'affairent à la recherche des chenilles de la nonne, du disparate et du cul-brun notamment. Elles y déposent leurs œufs et les larves, une fois écloses, dévorent leur hôte de l'intérieur. Les larves arrivées au terme

Sphinx du pin

Écaille martre

Morio

de leur développement quittent la chenille, elles se cachent dans le sol et se chrysalident. Il faut compter que 5 % au plus des chenilles ainsi attaquées donnent naissance à des papillons. De ce fait, ces mouches font partie des insectes les plus utiles. Elles rétablissent constamment un équilibre menacé.

Ornithomye aviculaire
Ornithomyia avicularia

C'est une curieuse mouche qui mesure de 5 à 6 mm, plate, très répandue dans les forêts. Elle vit en parasite sur divers oiseaux, elle habite leur plumage et leur suce le sang. Il arrive parfois qu'en se promenant dans les bois une de ces mouches vole dans nos cheveux et s'y cache si nous voulons l'attraper. Mais elle n'est pas dangereuse. Pour s'en débarrasser, il suff t de passer les cheveux au peigne fin. La femelle donne naissance à des larves déjà développées qui se chrysalident immédiatement et tombent sur le sol. La durée de vie de cette mouche est de quatre à six mois.

Salamandre tachetée
Salamandra salamandra

On peut rencontrer cette belle salamandre dans les forêts de feuillus sillonnées de ruisseaux clairs. Sa robe est noire, marbrée de jaune ou d'orangé. Elle vit jusqu'à une altitude de 1200 m. Elle se tient dans la mousse humide, entre des pierres, à proximité de cours d'eau ou encore dans des trous de souris ou d'autres cavités. Quittant sa cachette le soir, car elle déteste la lumière, elle se meut lentement, avec hésitation, pour aller à la recherche de sa nourriture qui consiste en vers, surtout vers de terre, escargots, insectes et araignées. Du fait de la lenteur de ses mouvements, elle ne peut capturer que des animaux qui sont eux-mêmes très lents. Après la pluie, elle sort de sa cachette et c'est à ces occasions qu'on peut la voir dans la journée, mais c'est rare. En automne, les salamandres tachetées d'une vaste région se rassemblent à certains endroits pour se cacher dans des cavités du sol et y hiverner ensemble. En mars, elles reviennent à la surface. En avril et en mai, les femelles déposent dans des ruisseaux jusqu'à 70 larves qui mesurent environ 3 cm et qui sont déjà pourvues de branchies et de quatre pattes. L'accouplement, lui, a eu lieu dix mois auparavant, c'est-à-dire en juin ou en juillet de l'année précédente. Deux à quatre mois plus tard, les larves ont terminé leur métamorphose, leurs branchies ont disparu et elles quittent la vie aquatique. Il leur faut cinq ans pour devenir adultes. Les glandes situées sur leur peau sécrètent une humeur toxique qui n'est pas nuisible à l'homme — sauf si par hasard et par malheur une goutte de ce liquide pouvait entrer dans l'œil — mais elle est fatale aux animaux de petite taille. La salamandre n'est pas bonne nageuse. Elle vit parfois plus de 18 ans.

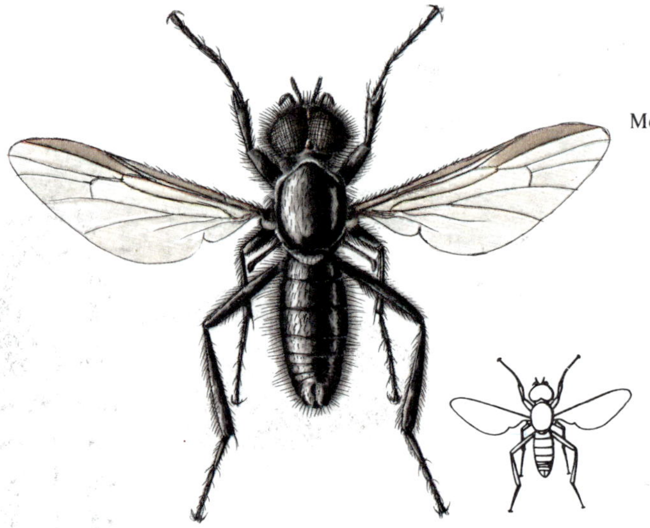

Mouche de la Saint-Marc

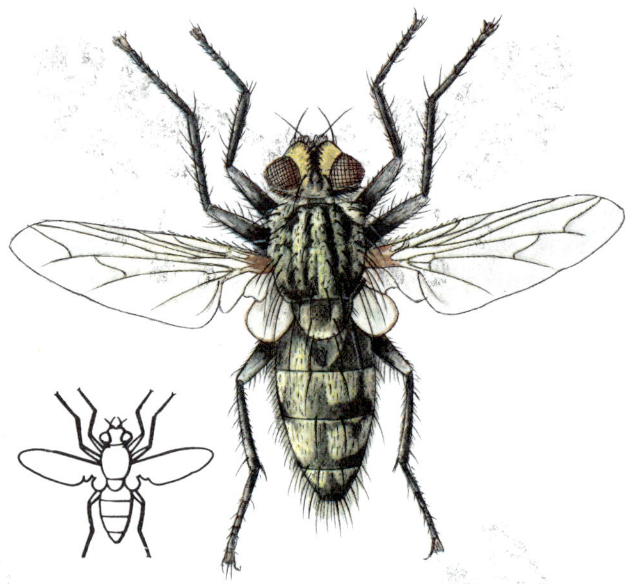

Tachinaire des larves

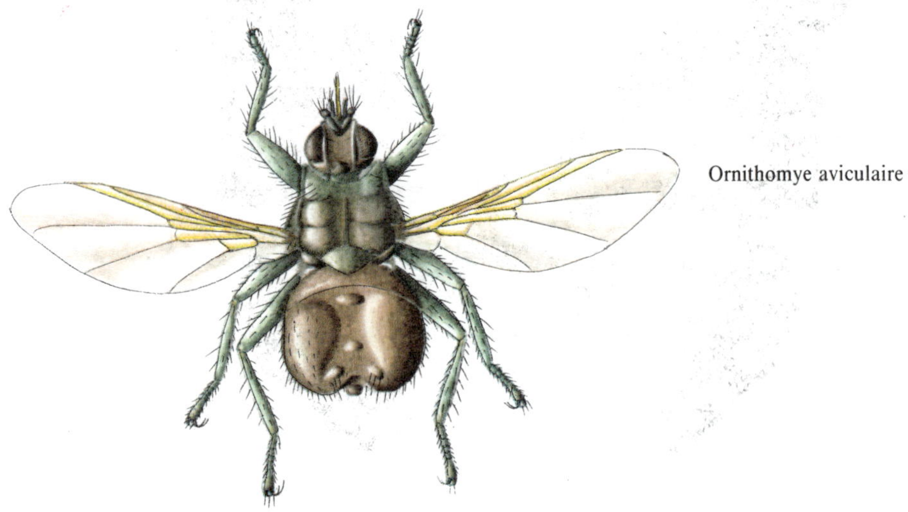

Ornithomye aviculaire

Orvet
Anguis fragilis

L'orvet vit dans les forêts de feuillus à sol humide sous le feuillage tombé, sous des pierres, etc.; parfois, on le rencontre aussi dans des parcs ou des jardins lorsque des arbres feuillus y abondent. Il atteint un demi-mètre de long. Son dos est gris ardoise à jaune-roux, parfois très argenté; ses flancs sont roux à brun foncé et le ventre est en général d'un bleu noir. La coloration est toutefois extrêmement variable d'un individu à l'autre. Là où il habite, l'orvet est d'habitude largement répandu. En montagne, il monte jusqu'à 2000 m. Fin octobre, il recherche un lieu pour hiberner, généralement une cavité dans le sol ou un terrier abandonné, et s'y associe souvent avec d'autres reptiles. Il n'est pas exceptionnel de trouver un nid avec une centaine d'orvets. Au printemps — dès la fin de mars ou le début d'avril, si les conditions climatiques sont bonnes — ils réapparaissent. L'orvet est ovovipare; les jeunes éclosent ou bien immédiatement après la ponte, ou bien dans le corps de la mère. Une femelle peut avoir entre 5 et 26 jeunes qui naissent généralement à la fin de juillet ou au début de septembre. L'orvet se nourrit de mollusques, par exemple de limaces, de vers, de mille-pattes, d'insectes et de leurs larves. Sa queue se casse facilement et continue encore pendant un certain temps après la séparation à remuer. De ce fait, les ennemis se précipitent souvent sur ce bout de queue, permettant ainsi à l'orvet de prendre le large. Mais cette queue repousse, et ressemble alors à un moignon.

Lézard commun
Lacerta agilis

Ce lézard, mesurant plus de 20 cm, se rencontre dans les clairères, à l'orée de la forêt, mais aussi sur des pentes herbeuses et dans les lieux rocailleux. Le dos du mâle est vert, celui de la femelle gris. Leurs flancs s'ornent de nombreuses taches parsemées de points blancs. Il aime surtout se tenir dans des lieux chauds et ensoleillés. Dans les montagnes, on peut le trouver jusqu'à une altitude de 2000 m. Lorsque, en avril, le soleil commence à chauffer, les lézards quittent leur cachette hivernale telles que cavités dans le sol, fissures entre des rochers, où ils s'étaient réfugiés en octobre, et chaque individu se fixe à un endroit qui constitue le centre de son terrain de chasse qui n'est cependant pas bien grand (maximum 20 m). En été, les lézards s'activent surtout le matin et l'après-midi à la recherche de leur nourriture constituée par des insectes, des araignées et des mille-pattes. Parmi les plus grands, certains capturent aussi exceptionnellement de petits lézards. Les jeunes mangent surtout de petites araignées. Autour de midi, lorsqu'il fait très chaud, ils reposent à l'ombre ou dans des cavités du sol. Entre mai et juin, parfois même encore en juillet, la femelle pond entre 3 et 15 œufs, mesurant environ 15 × 18 mm, qu'elle dépose dans un creux du sol qu'elle recouvre ensuite. Sept à douze semaines plus tard, selon la température, généralement au bout de 56 jours, éclosent les jeunes lézards. Ils hivernent ensuite sous des feuilles ou dans la mousse. Le lézard compte beaucoup d'ennemis, parmi eux: la vipère, des oiseaux et également des mammifères. Pour se défendre, il est pourvu d'une queue particulière : les vertèbres caudales comportent une plaquette cartilagineuse, endroit où la queue se brise facilement, ainsi l'extrémité reste dans la gueule ou dans le bec de l'ennemi et le lézard prend la fuite. La queue repousse, mais les vertèbres ne se reforment plus; elles sont remplacées par une bande de tissu conjonctif solide. Cette partie de la queue est reconnaissable à la forme des écailles qui diffère de celles du reste du corps. Il arrive aussi que cette queue de remplacement soit double.

Vipère
Vipera berus

Ce serpent venimeux vit généralement dans les forêts mixtes jusqu'à une altitude de 2700 m. Il est répandu sur une grande aire allant de l'Angleterre, où il est très rare, jusqu'au Japon; on le rencontre même au nord du cercle polaire. Il atteint une longueur d'environ 80 cm. De coloration variable, il peut être gris cendré, roux ou noir. La bande caractéristique, qu'on voit sur son dos, en zigzag, est toujours plus foncée que le reste du corps et pratiquement invisible sur les individus noirs. La vipère est un animal nocturne, qui ne commence sa chasse que le soir (exception faite des endroits situés haut dans les montagnes, où elle chasse aussi le jour). Ses victimes sont les petits rongeurs, et le plus souvent les souris. Elle les mord, puis les poursuit, lorsque la victime est morte, la vipère la tâte de sa langue avant de l'avaler la tête la première. Dans la journée, elle se tient normalement cachée dans des creux d'arbres, sous des tas de bois, dans des meules de foin, etc. Ce n'est que lorsque le soleil est bien chaud, qu'elle quitte sa cachette pour se réchauffer près des souches, des pierres plates et, parfois même, sur de grands champignons. Normalement, elle fuit l'homme. Ce n'est que lorsqu'on la surprend qu'elle s'enroule, prête à se défendre, et ce n'est que dans cette position qu'elle est dangereuse. Mais même dans ce cas, il n'y a pas lieu de la craindre outre mesure car elle ne peut élancer son corps que de quelques 30 cm. Sa morsure — à laquelle on s'expose en lui marchant dessus par exemple — est très dangereuse et surtout pour les enfants. Toutefois, répétons-le, la vipère n'attaque pas l'homme si elle ne se sent pas menacée. Vers la fin d'août ou au début de septembre, la femelle donne naissance à des petits ou bien pond des œufs d'où sortent immédiatement les jeunes au nombre de 6 à 20 et qui mesurent entre 9 et 18 cm de long. Dès que la température descend en dessous de 8 °C, généralement en octobre, la vipère recherche une cachette dans le sol, dans les rochers, etc. pour y passer l'hiver. En général, on y trouvera dix individus et parfois davantage. Au printemps, normalement au cours de la deuxième quinzaine du mois d'avril, elles quittent leur cachette et fêtent leurs noces; à cette occasion, les mâles se battent, se bousculant et s'aplatissant mutuellement sur le sol, mais sans se faire de mal.

Corneille noire
Corvus corone corone

La corneille, bien plus petite que le grand corbeau, habite des régions où alternent forêts, champs et prairies. En Europe, elle est représentée par deux sous-espèces, la corneille noire et la corneille mantelée qui est grise. La ligne de démarcation de l'habitat de ces deux sous-espèces passe par l'Elbe, la Vltava, Vienne, l'Italie en passant par les Alpes; la corneille grise est à peu près inconnue en France. La corneille noire vit à l'ouest, la corneille mantelée à l'est de cette ligne de démarcation où toutefois elles se croisent constamment. Elle niche non seulement dans les forêts mais aussi dans les grands parcs ou dans des allées près de l'eau, les berges lui fournissant, entre autres, des restes de poissons et elle semble préférer à tout autre arbre, les platanes de nos allées. En automne, les corneilles se rassemblent souvent dans les marécages formés des étangs disparus où elles trouvent une riche nourriture. Pendant toute leur vie, les corneilles vont par couples, sauf en hiver où elles forment souvent des bandes innombrables. Le nid est construit au mois de mars, avec des brindilles, de la mousse, des fétus de paille, etc. dans la cime d'arbres élevés. Le fond du nid est tapissé d'une couche d'argile et souvent de papier. Certains couples utilisent le même nid pendant plusieurs années et le transforment et l'améliorent à chaque fois. A la fin de mars ou au début d'avril, la femelle pond 5 ou 6 œufs verdâtres, mouchetés d'un ton foncé qu'elle couve ensuite pendant 17 à 20 jours. Pendant ce temps, le mâle apporte la nourriture. Les petits, une fois éclos, restent encore un mois au nid, puis ils accompagnent les parents. A l'approche de l'hiver, les corneilles se rassemblent pour émigrer vers le sud; celles de Scandinavie passent alors l'hiver en Europe centrale. Les corneilles sont omnivores; elles attrapent des mulots, cueillent des baies, se contentent de restes de cadavres, mais elles pillent également les nids d'autres oiseaux, mangeant non seulement leurs œufs, mais souvent aussi leurs petits.

Geai des chênes
Garrulus glandarius

On peut rencontrer ce geai presque partout dans les forêts de feuillus et les forêts mixtes. Mais avant de l'apercevoir, on apprend régulièrement sa présence par les cris perçants qu'il lance pour ameuter tous les habitants de la forêt. Il vit aussi dans des groupes d'arbres au milieu des champs. Mais il est extrêmement prudent et très peu visible au moment de sa nidification. Au début d'avril, en haut des arbres, il construit son nid qu'il tapisse de brindilles, d'herbe sèche ou de mousse. Dans les branchages serrés des épicéas, le nid est entièrement fait de mousse. La femelle y pond de 5 à 7 œufs vert-gris, mouchetés de brun. Les deux parents couvent en alternance pendant 16 ou 17 jours. Les oisillons restent avec la même famille même lorsqu'ils savent voler. Dans certaines régions, les geais des chênes émigrent vers le sud pour passer l'hiver. Mais ils ne vont pas en bande; ils se suivent à des intervalles de quelques centaines de mètres. Au cours de leur vol, on ne les entendra pas car ils n'ont qu'une idée — rejoindre le plus rapidement possible l'abri d'une forêt. Les geais des chênes sont omnivores. En automne, ils recueillent des glands pour en constituer des réserves pour l'hiver près des troncs d'arbres, par exemple; mais ils sont tous en général incapables de retrouver cette réserve en hiver. Au moment où ils nourrissent leurs petits, ils mangent aussi divers insectes et des petits vertébrés tels que souris, mulots, grenouilles, etc. C'est également la période pendant laquelle ils pillent les nids des autres oiseaux de petite taille dont ils mangent les œufs ou tuent les oisillons.

Loriot jaune (Loriot d'Europe)
Oriolus oriolus

Dans les forêts de feuillus, dans les parcs ou dans les grands jardins touffus, également dans les jardins redevenus à l'état sauvage, un joli son flûté descend au printemps du sommet des arbres. Ce chant nous indique que le loriot jaune est revenu de ses quartiers d'hiver en Afrique et que nous sommes

Vipère

au mois de mai. Mais il n'est pas seulement capable de bien chanter, il émet aussi un son perçant. Le mâle du loriot porte un beau plumage jaune et noir; la femelle est essentiellement jaune-vert. Peu après leur retour chez nous, les loriots commencent la construction de leur nid avec des brindilles et des fibres végétales; il est fixé comme un berceau dans la partie fourchue à l'extrémité d'une branche. C'est la femelle qui en a la charge. Elle y pond, vers la fin de mai, de 3 à 5 œufs blanchâtres, tachetés de roux et de violet. Les oisillons éclosent au bout de 14 ou 15 jours; ils seront nourris par les parents pendant encore deux semaines. Les loriots jaunes se nourrissent surtout d'insectes et de leurs larves, mais aussi de petits mollusques, d'araignées et, parfois, de fruits, comme par exemple de cerises, qu'ils savent trouver avec mille précautions dans les jardins. Ils aiment aussi des mûres bien juteuses. Dès le mois d'août, ils quittent leurs nids pour entreprendre le long voyage vers l'Afrique du Sud où ils hivernent. Chez nous, ils ne restent qu'environ trois mois et demi et ne sont guère visibles, car ils sont très sauvages.

Orvet

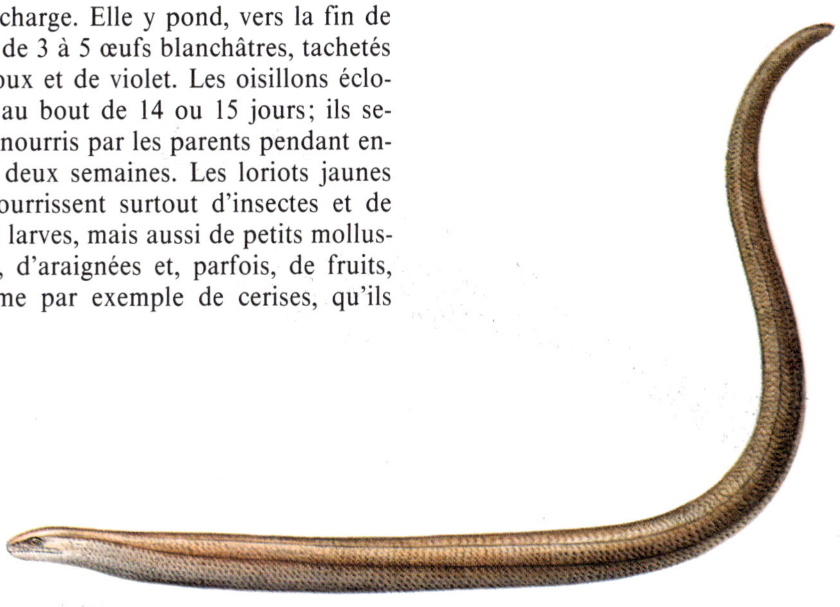

Lézard commun

Salamandre tachetée

Sitelle torchepot
Sitta europaea

C'est un oiseau plein de vivacité qui habite les forêts, les parcs et les jardins. Il ne quitte que rarement son territoire sauf au cours des froids d'hiver où il s'approche des maisons ou des mangeoires qu'on a pu lui préparer. C'est la femelle qui construit le nid dans des creux d'arbres ou dans des nichoirs qu'elle tapisse d'écailles d'écorce de pin ou de feuillage séché. Si l'ouverture du nid est trop grande, elle la réduit à l'aide d'un mélange de boue et de salive. Avant la ponte, la femelle passe la nuit dans le nid alors que le mâle couche ailleurs. C'est vers la fin d'avril que la femelle pond de 6 à 8 œufs blancs, mouchetés de fauve, qu'elle couve entre 15 à 18 jours selon les conditions atmosphériques. Après leur éclosion, les oisillons restent nus pendant longtemps et ne quittent leur abri qu'au bout de 24 à 28 jours. La sitelle torchepot se nourrit d'insectes, de larves de ceux-ci, d'araignées, etc. Mais elle mange également diverses graines qu'elle cache d'abord dans des fentes. Elle grimpe très adroitement sur les troncs des arbres, même la tête en bas, mais toujours le corps en biais. Très tôt au printemps on peut entendre le bref sifflement du mâle qui est perçant et qui doit indiquer aux autres qu'il a choisi son domaine.

Bec-croisé des sapins
Loxia curvirostra

C'est un oiseau au bec étrangement recourbé et aux extrémités croisées qui hante les forêts de conifères. Il niche à diverses époques de l'année, généralement en hiver; mais tout dépend de la maturation des pommes d'épicéas et de sapins dont les amandes constituent son unique nourriture. C'est pourquoi, lorsqu'il y a beaucoup de ces pommes à un endroit, on voit subitement apparaître un grand nombre de becs-croisés, même si on n'en avait pas vu pendant des

Corneille noire

années. Il construit son nid haut dans les branchages des conifères avec des brins d'herbe, de la mousse et des lichens. En hiver, les parois du nid atteignent une épaisseur de 3 cm; au contraire, si la nidification se fait au printemps, le bec-croisé prend moins de soin à la construction de son nid. Entre janvier et avril, la femelle pond 3 ou 4 œufs verdâtres, tachetés de roux et de violet. C'est la femelle qui construit le nid et c'est elle encore qui couve seule durant 14 à 16 jours. Pendant ce temps, le mâle lui apporte sa nourriture et c'est lui aussi qui nourrit les petits, les jours qui suivent leur éclosion. Les petits quittent leur nid au bout de 15 jours. A ce moment, les différentes familles de becs-croisés se réunissent en bandes et errent dans les environs à la recherche de pommes d'épicéas ou de sapins arrivées à maturité. Lorsque ces pommes font défaut, le bec-croisé mange aussi des graines de mélèze. Il est intéressant de noter que les oisillons, après leur éclosion, ont des becs droits qui commencent à se recourber de la manière qui caractérise cet oiseau seulement au bout de trois semaines.

Grimpereau des bois
Certhia familiaris

C'est un petit oiseau, largement répandu, qui vit surtout dans les forêts de conifères et les forêts mixtes. Son bec en forme d'alêne est légèrement recourbé à l'extrémité. On peut le voir grimper sur les arbres; il commence son ascension au pied de l'arbre et monte en décrivant une spirale. Il construit son nid sous les écorces décollées, dans des piles de rondins, dans des fentes de souches d'arbres, etc. Le nid est constitué d'une couche de branchages secs tapissés de brins d'herbe, de mousse et de lichen. La femelle y pond en avril ou en mai 6 ou 7 œufs blancs, tachetés de roux, qui sont ensuite couvés alternativement par les deux parents pendant 13 à 15 jours. Les petits quittent le nid 16 jours après leur éclosion. Parfois, les parents font une deuxième nichée. La nourriture du grimpereau des bois

Geai des chênes

Loriot jaune

consiste en insectes, larves et œufs. De nombreux insectes nuisibles sont ses victimes. C'est un oiseau sédentaire qui forme de petites bandes en hiver.

Bouvreuil pivoine
Pyrrhula pyrrhula

Le bouvreuil est surtout un habitant des forêts de conifères et des forêts mixtes; parfois, il niche aussi dans des parcs. En avril, il construit son nid avec de petites branches tapissées de mousse, de feuilles, de poils, etc. Le nid se trouve assez près du sol, à une hauteur d'environ 2 m. La femelle y pond ses 4 à 6 œufs bleu clair, tachetés de rouge et de violet et pointillés de noir. Elle couve pendant 13 jours. Après leur éclosion, pendant 12 à 16 jours, les deux parents nourrissent les petits de graines, d'insectes et de larves. Souvent, les bouvreuils nichent une deuxième fois, en juin ou en juillet. En automne, ils se réunissent en petites bandes et vagabondent au-dessus de la plaine. En hiver nous arrivent assez fréquemment des bouvreuils du nord qui sont plus grands que ceux de l'Europe centrale et s'établissent alors dans les parcs et les jardins des villes. Les bouvreuils adultes se nourrissent essentiellement de graines; de temps en temps, ils ne dédaignent pas non plus de jeunes pousses et en particulier provoquent souvent de gros dégâts dans les vergers en mangeant les bourgeons à fleurs des arbres.

Mésange noire
Parus ater

Cet oiseau vit dans les forêts de conifères et les forêts mixtes où il se tient toujours dans la cime des arbres. Normalement, il construit son nid dans les creux des arbres, mais il accepte aussi un nichoir. A défaut, il le place même dans des souches évidées, dans une fente de rocher ou dans des trous sur le sol. Le nid est tapissé de mousse et de poils. La femelle y pond, à la fin d'avril ou au début de mai, jusqu'à 11 œufs blanchâtres, mouchetés de roux. Les petits éclosent au bout de 14 à 16 jours et quittent le nid 15 jours plus tard, mais ils se font encore nourrir par les parents pendant environ deux semaines. Souvent, les parents font une deuxième nichée. La mésange noire se nourrit d'insectes, des larves et des œufs de ceux-ci, et d'araignées; mais en automne elle préfère les graines des conifères. En hiver, elle forme des bandes avec d'autres espèces de mésanges.

Mésange huppée
Parus cristatus

Cet oiseau vit surtout dans les forêts de conifères. Il construit son nid dans les trous des arbres, dans des fentes, voire même entre les branchages desséchés d'un nid de rapace. Le nid est tapissé de mousse et de poils. La femelle y pond, généralement en mai, de 5 à 11 œufs blanchâtres, mouchetés de rouille. Les petits éclosent au bout de 15 à 17 jours et quittent le nid à l'âge de 20 jours environ. Lorsque les oisillons ont quitté le nid, les parents font souvent une deuxième nichée dans le même nid. La nourriture de la mésange huppée est constituée par des insectes dans tous leurs stades d'évolution. En hiver, elle rejoint les bandes d'autres espèces de mésanges pour y jouer le rôle de chef.

Roitelet huppé
Regulus regulus

Le roitelet huppé, qui est le plus petit des oiseaux européens pesant seulement 5—6 g, habite les forêts de conifères. Il est très répandu partout, mais difficile à apercevoir car il se tient dans l'enchevêtrement des branches à la cime des arbres d'où nous parvient son gazouillis. Il construit son nid uniquement dans les branchages des épicéas ou des sapins avec des brindilles, de la mousse et des poils. Le diamètre du bord supérieur, que l'on ne voit que rarement, est plus petit que celui du nid. La femelle y pond généralement au début de mai de 8 à 11 œufs jaunâtres qui portent un dessin ondulé foncé. Le roitelet fait une deuxième nichée en juin. La femelle couve seule pendant 16 ou 17 jours; les petits sont ensuite nourris par les deux parents avec de petits insectes tels que des pucerons, de petits coléoptères, de petites araignées, etc. Les oisillons ne volent qu'au bout de 18 à 20 jours. En hiver, les roitelets huppés forment de petites troupes qui volettent de-ci de-là.

Grimpereau des bois

Troglodyte
Troglodytes troglodytes

Dans les forêts de conifères, dans les forêts mixtes, dans des clairières à végétation abondante, dans les broussailles le long des cours d'eau ou des haies nous pouvons rencontrer un oiseau minuscule qui retrousse sa queue. C'est le troglodyte. Il est sédentaire dans toute l'Europe et vagabonde dans nos régions durant tout l'hiver. A l'exception de la période de nidification, c'est un solitaire. Au printemps, le mâle choisit un domaine, qu'il défend contre tout intrus, et dans lequel il commence la construction de plusieurs nids sans jamais en terminer aucun. Ce travail accompli, il se met à chanter à tue-tête pour attirer une femelle. Lorsque la femelle arrive, elle inspecte tous les nids préparés, en choisit un et le tapisse de poils, de plumes, etc. Les autres nids ne serviront que de lieux de repos. Le nid, généralement placé entre les racines ou les branches d'épicéas, est sphérique avec l'ouverture sur le côté. La femelle y pond de 5 à 7 œufs blanchâtres, tachetés de roux, dont éclosent les petits au bout de 14 à 16 jours. Le troglodyte fait une première nichée en avril, et une deuxième en juin ou en juillet. Il se nourrit de divers insectes et de leurs larves. En hiver, il rend visite aux villages, aux parcs et aux jardins. Il lui arrive aussi dans les forêts feuillues de faire son nid dans la terre.

Hypolaïs ictérine
Hippolais icterina

L'hypolaïs ictérine élit domicile dans les forêts claires de feuillus, dans les parcs et dans les grands jardins où on peut entendre de loin son chant tonitruant. Son aire d'habitation s'étend, en Europe, du centre de la France vers l'est; il est absent en Angleterre, en Suède et en Finlande. C'est un oiseau migrateur qui hiverne dans différentes régions d'Afrique où il se rend dès la fin d'août. Il revient chez nous au début de mai pour faire son nid. Celui-ci est un ouvrage artistique, confectionné avec soin, en utilisant des tiges, des feuilles et des toiles d'araignée; le tout est bien camouflé avec une écorce de bouleau. Ce travail demande l'effort des deux partenaires. Généralement, le nid est placé à la naissance d'une fourche de branches d'arbres feuillus ou d'arbustes et solidement attaché. La femelle pond normalement cinq œufs d'un beau rose, légèrement mouchetés ou tachetés de noir. Elle couve généralement seule, le mâle ne la relayant que de temps en temps vers midi. Au bout de 13 jours éclosent les petits qui séjournent 13 autres jours au nid. Souvent, l'hypolaïs ictérine fait une deuxième nichée au mois de juillet. Il se nourrit surtout d'insectes et de leurs larves, les oisillons ayant, en plus, droit à diverses chenilles.

Sitelle torchepot

Bec-croisé des sapins

Mésange noire

Bouvreuil pivoine

Mésange huppée

Rouge-gorge
Erithacus rubecula

Cet oiseau se tient dans le sous-bois touffu des forêts ou dans les grands parcs. C'est un migrateur qui s'en va en octobre en Afrique du Nord. Seuls quelques mâles âgés restent dans leur patrie. Tôt au printemps, en mars, les rouges-gorges reviennent vers leurs lieux de nidification. A cette époque, les mâles font entendre leur chant intense et défendent avec acharnement leur domaine contre tout intrus. C'est la femelle qui construit le nid avec des radicelles, de la mousse, des brindilles, des poils, etc. sur le sol, dans l'herbe, entre des pierres ou dans des cavités. Elle pond de 5 à 7 œufs jaunâtres, tachetés et mouchetés de rouille et les couve entre 13 et 14 jours. Après leur éclosion, les petits sont nourris par les deux parents. Ils quittent le nid au bout de 13 jours, même s'ils ne savent pas encore voler et doivent se cacher au sol. Mais, une semaine plus tard, ils sont indépendants et les parents peuvent songer à la deuxième nichée. Les rouges-gorges se nourrissent surtout d'insectes et de leurs larves, en automne ils mangent aussi des baies et des fruits sylvestres.

Pic noir
Dryocopus martius

Le pic noir est répandu dans toute l'Europe à l'exception de l'Angleterre et des régions méridionales. Il habite surtout les forêts de conifères que ce soit dans la plaine ou dans la montagne, mais on peut le rencontrer aussi dans les forêts de feuillus ou les forêts mixtes où il construit son nid dans les troncs de hêtres ou de bouleaux à circonférence respectable, parfois dans les vergers. Il s'attaque en premier lieu aux endroits vermoulus, mais il continue son travail ensuite dans du bois sain et dur. La construction du nid est l'affaire des deux partenaires et elle dure environ 15 jours. C'est un spectacle incroyable de voir la taille des morceaux de bois que le pic est capable d'arracher. Le nid se situe en général à plus de 4 m du sol et mesure souvent un mètre de profondeur. De nombreux éclats de bois jonchent le sol au pied de l'arbre. La femelle pond 4 ou 5 œufs blancs, brillants; les petits qui éclosent 12 à 14 jours plus tard, sont nus et aveugles. Ils

Roitelet huppé

Troglodyte

Hypolaïs ictérine

seront adultes au bout de 24 à 28 jours; c'est alors qu'ils quittent le nid. Pendant quelque temps encore les parents leur apprennent à rechercher la nourriture. Mais dès que les jeunes sont devenus indépendants, les parents les chassent de leur domaine. Les pics noirs utilisent pendant des années le même nid. Leur nourriture consiste surtout en larves de coléoptères xylophages, mais aussi en fourmis et leurs chrysalides. Au moment de la nidification, le pic parcourt souvent plusieurs kilomètres pour trouver la nourriture nécessaire. Son domaine est d'ailleurs assez étendu. En hiver, il vagabonde au-delà des limites de son aire.

Rouge-gorge

Engoulevent d'Europe
Caprimulgus europaeus

Les forêts claires sont habitées par un oiseau étrange, l'engoulevent. Dans la journée, il se tient immobile le long des branches où il se confond entièrement avec son entourage. Quand il est dérangé, il essaie de faire peur en ouvrant, avant de s'envoler, son large bec destiné à chasser les insectes. C'est un oiseau nocturne qui ne chasse qu'après la tombée de la nuit. C'est alors qu'on peut le voir survoler les pâturages près des bois riches en insectes. Il attrape divers papillons de nuit, des hannetons et d'autres coléoptères. Souvent, son vol le mène aussi dans les fermes situées près de la forêt. Il aime, au crépuscule, se tenir près des vaches, des moutons ou des chèvres qui attirent les insectes. Autrefois, les paysans pensaient qu'il voulait traire les chèvres. C'est de là que vient son nom latin *Caprimulgus* qui signifie «trayeur de chèvre». L'engoulevent est un oiseau migrateur qui part en septembre vers le sud pour nous revenir vers la mi-mai. Il ne fait pas de nid; la femelle se contente de creuser une petite cavité dans le sol dans laquelle elle pond deux œufs blanchâtres, recouverts de points gris, que l'on peut à peine distinguer de l'entourage. Les deux parents les couvent alternativement pendant 16 à 19 jours. Ils ne nourrissent leurs petits que la nuit, leur apportant toujours plusieurs insectes à la fois qu'ils leur mettent dans le bec enrobés de salive.

Engoulevent d'Europe

Pic vert (Pivert)
Picus viridis

Dans les forêts de feuillus, dans les parcs, dans les vergers et dans les grandes allées on peut rencontrer un représentant majestueux de la famille des pics, le pivert. Il est très répandu dans toute l'Europe, excepté dans la partie la plus septentrionale. C'est un oiseau sédentaire qui reste l'année durant dans sa patrie. Après la période de nidification, il explore toutefois les environs proches et lointains de son domaine. Son vol ressemble à un balancement; en le regardant traverser un espace vide on a l'impression qu'il «fait des vagues». Il commence par s'envoler vers le haut, puis il rabat ses ailes pour se laisser tomber en biais vers le sol. Il ne s'effraie pas facilement et on peut l'approcher à quelques mètres. Au début du printemps il commence sa cour; le mâle appelle: «kli-kli-kli-kli» et la femelle lui répond. Puis, les deux partenaires recherchent un arbre qui se prête à la confection d'un nid. Le tronc le mieux adapté pour cela est un tronc vermoulu. La cavité que le couple creuse est terminée au bout d'environ 15 jours. Il la tapisse uniquement d'une couche de copeaux de bois et, en avril ou en mai, la femelle y dépose de 5 à 7 œufs blancs, brillants, que les parents couvent en alternance pendant 15 à 17 jours. Les petits, après éclosion, sont nus et aveugles; ils ne quittent le nid qu'au bout de 17 à 20 jours, restent encore quelques jours sur l'arbre et dorment la nuit dans le nid. Les piverts se nourrissent des larves de divers xylophages; mais ils fouillent aussi les fourmilières pour dévorer les chrysalides et les fourmis

Pic noir

adultes qu'ils collent sur leur longue langue. Parfois, en hiver généralement, ils rendent visite aux ruches et, souvent, endommagent les planches des parois dans leur effort pour approcher les abeilles.

Pic-épeiche

Pic-épeiche
Dendrocopos major

C'est l'un des pics les plus répandus en Europe, on le rencontre partout, dans les forêts, les parcs et les jardins. Il est sédentaire. Tôt au printemps, il occupe son aire de nidification; à cette époque on peut l'entendre tambouriner sur les branches sèches à l'instar d'autres pics. C'est là l'expression de l'occupation d'un certain territoire et qui correspond en ce sens au chant des oiseaux chanteurs. Il construit son nid dans des conifères ou des feuillus à une hauteur de 2 à 10 m. Dans le nid tapissé de copeaux de bois, la femelle pond ses 4 à 8 œufs blancs, brillants, généralement en avril ou au début de mai. Les petits éclosent 13 à 15 jours plus tard. Le pic-épeiche se nourrit de larves de coléoptères et de plantes. Il aime aussi les noisettes et les pommes des conifères qu'il coince dans une fente d'écorce pour pouvoir les ouvrir ensuite avec son bec. En hiver, il vagabonde souvent en compagnie de sitelles torchepot et de mésanges; parfois il rend aussi visite aux mangeoires où il aime surtout les graines de tournesol.

Pic vert

Chouette hulotte
Strix aluco

Ces chouettes sont très répandues. Leur plumage est de coloration très variée, certaines sont à dominante claire, d'autres sont jaunâtres à rouille, d'autres encore brun foncé. Tôt au printemps, certaines années dès la fin de février, on peut entendre le long cri du mâle: «houou-ou-ouou». Près du nid, il profère encore d'autres sons tel celui, court et tranché, de «vak-vak». La chouette hulotte se rencontre non seulement dans les forêts de feuillus et de conifères, mais aussi dans les allées, dans les vieux parcs et les grands jardins où la végétation prolifère. Elle va à la chasse à partir du crépuscule et dans le noir. Sa proie consiste généralement en rongeurs, parfois elle attrape aussi un oiseau, souvent des grenouilles et de gros insectes. De temps en temps, elle réussit aussi à capturer une chauve-souris. Elle aime se fixer dans les lieux offrant de belles échappées, comme par

Chouette hulotte

Grand-duc

exemple à l'orée de la forêt. Souvent, on peut aussi la voir haut perchée en un endroit élevé du bois, par exemple sur une meule de foin d'où elle guette sa proie. Lorsque, de son vol balancé, elle passe au ras du sol, aucun être vivant, même le plus petit, n'échappe à son ouïe et à sa vue qui sont excellentes. Elle approche de sa proie silencieusement avant de la saisir en un éclair de ses longues griffes acérées et recourbées qui sont deux sur chaque pied. La chouette hulotte construit son nid dans des creux d'arbres, parfois aussi dans des nichoirs d'une certaine taille; dans certains cas elle s'établit aussi dans l'ouverture d'un toit d'une vieille maison ou d'un clocher. Toutefois, ces lieux ne lui servent qu'à nicher: autrement elle préfère son point fixe dans la cime des arbres. La femelle pond de 3 à 6 œufs blancs qu'elle couve pendant 28 jours. Elle quitte rarement ses œufs, seulement pour éjecter des restes de nourriture non digérés ou pour se vider. Pendant qu'elle couve, le mâle apporte la nourriture; après l'éclosion des petits, il continue cette besogne; c'est la femelle qui reçoit la proie, la déchire en petits morceaux qu'elle passe aux oisillons. Lorsqu'il y a plus de victuailles que nécessaire, elle fait des réserves et en nourrit alors les petits même dans la journée. Si un danger menace les oisillons, la femelle se montre très courageuse et n'hésite pas à attaquer des êtres vivants relativement grands, l'homme ne faisant pas exception. Environ 50 jours après leur naissance, les petits ont leur plumage et commencent à s'exercer au vol. Mais ils ne voleront bien qu'au bout de trois mois. Ils prennent alors leur indépendance et le vieux couple reste ensemble dans son aire de chasse.

Hibou moyen-duc
Asio otus

Le hibou moyen-duc est très répandu dans les forêts européennes et se rencontre aussi dans les grands parcs. C'est un oiseau sédentaire qui ne quitte que très rarement son aire d'élection. Celle-ci se situe dans l'enchevêtrement des branches dans la cime d'un pin ou d'un épicéa où il n'est pas dérangé et bien caché. Dans la journée, il s'y tient immobile. Mais on peut facilement retrouver la cachette car en dessous, sur le sol, on trouve en grande quantité des restes de nourriture indigestes que le hibou moyen-duc rejette. Même dérangé un jour, il retourne le lendemain sur le même arbre. Il habite généralement dans les forêts de feuillus, parfois aussi dans les forêts de conifères et, parfois même, parmi des colonies de hérons. Ils ne construisent jamais leur propre nid, mais utilisent ceux qui ont été abandonnés par des corneilles, des rapaces, des hérons, parfois même des écureuils. A la fin de mars ou plus souvent au début d'avril, la femelle pond de 4 à 7 œufs blancs, ovales, qu'elle couve seule. Le mâle lui apporte à manger pendant ce temps. Lorsque, au bout de 27 ou 28 jours, les petits éclosent — petites boules recouvertes seulement de duvet — le mâle se charge alors d'apporter la nourriture à l'ensemble de la famille. Mais il ne donne pas la becquée lui-même; c'est la femelle qui s'en charge. Comme la femelle commence à couver dès la ponte du premier œuf, les petits n'éclosent pas en même temps, mais l'un après l'autre, le plus souvent avec un intervalle de deux jours. Généralement, le dernier né meurt faute de nourriture que ses frères et sœurs aînés insatiables lui enlèvent. Les oisillons restent au nid pendant environ un mois, puis ils se tiennent sur une branche à proximité. Dérangés, ils ouvrent et ferment le bec d'une manière bien grotesque pour faire peur à l'intrus. Le hibou moyen-duc est utile car sa nourriture se compose pour 95 % de souris et de campagnols. C'est seulement dans des cas exceptionnels qu'il s'attaque à un petit oiseau. Au cours des années riches en hannetons, les hiboux moyens-ducs nourrissent leurs petits presque essentiellement de ces insectes nuisibles qu'ils attrapent au vol dans le crépuscule. Lorsque, en hiver, ils ne trouvent pas de quoi calmer leur faim, ils se réunissent en petites bandes et vont à la recherche d'endroits où se trouvent des campagnols. Ils y restent jusqu'à ce que les campagnols soient exterminés, puis ils poursuivent leur chemin. Au début du printemps, les couples occupent leur aire de nidification. C'est à ce moment que l'on peut entendre le son traînant: «hou-ou» du mâle et, près du nid, un son caverneux qui ressemble à un «voum-voum». Parfois, on peut aussi entendre un battement d'ailes près du nid. L'oiseau en chasse vole en se balançant près du sol. Il vole lentement, mais sans faire de bruit. Lorsque la nourriture est rare, il chasse aussi le jour ce qui dément la superstition selon laquelle le hibou moyen-duc ne voit pas le jour. Même le jeune oiseau est déjà facilement reconnaisable à l'iris orange de ses yeux.

Grand-duc
Bubo bubo

Dans les vastes forêts, le plus souvent aux endroits rocheux ou dans les ruines entourées d'un bois, on peut entendre dès l'hiver un son traînant, assourdi et quand même bien audible: «hououou». C'est avec ce cri que le grand-duc annonce son droit de posséder l'aire qu'il a choisie. La femelle se fait entendre également, mais sa voix est beaucoup plus basse que celle du mâle. Parfois, le promeneur solitaire qui rentre, la nuit tombée, le long d'un chemin sylvestre, peut entendre des sons qui lui font venir la chair de poule. C'est que la voix du grand-duc peut parfois ressembler au hennissement d'un cheval, parfois au braiment d'un âne. Le grand-duc fait entendre son appel en général le soir ou tôt le matin. Dès la fin de mars ou le début d'avril, la femelle pond de 2 à 4 œufs presque sphériques, d'un blanc pur. Le nid du grand-duc se trouve au sol, parfois sous un rocher, parfois à l'air libre entre des pierres, près du pied d'un arbre, etc. Là où il n'y a pas de rochers comme en Allemagne du Nord par exemple, il construit son nid dans des creux d'arbres. La femelle couve seule pendant environ 35 jours. Pendant cette période, le mâle lui apporte sa nourriture qu'il dépose soit directement dans le nid soit, ce qui est souvent le cas, près de celui-ci. Les petits éclosent couverts d'un duvet blanchâtre. Les deux parents les nourrissent matin et soir. Dans la journée, la femelle se tient à proximité du nid et garde les petits. Quand il pleut ou quand le soleil est trop chaud, elle les protège de son corps. A la recherche de leur nourriture, les grands-ducs s'éloignent jusqu'à plus de 15 km de leur nid. Ils chassent des rongeurs, des oiseaux pouvant avoir jusqu'à la taille du héron, mais ils osent aussi attaquer des rapaces tels que crécerelles, busards ou autours. Leur proie préférée est cependant la corneille et le geai, ce qui les rend extrêmement utiles. Dans de rares cas, le grand-duc mange aussi des amphibiens ou des poissons. Parfois, il attrape un chat errant ou un petit chien. A l'exception de la période de nidification, il vit en solitaire. Ce plus grand rapace nocturne d'Europe est malheureusement aujourd'hui en voie de disparition. En France, on ne le trouve plus que dans les régions de grands rochers.

Coucou d'Europe
Cuculus canorus

«Cou-cou, cou-cou» ou «coucou-cou, coucou-cou» peut-on entendre fin avril dans des bosquets ou des broussailles épaisses le long des étangs et des lacs; c'est le coucou qui est revenu de sa résidence d'hiver dans la lointaine Afrique vers ses lieux de nidification si l'on peut dire, qui sont répartis sur toute l'Europe, jusqu'au cercle polaire. Au printemps, ce sont les mâles qui précèdent les femelles d'une semaine. Le «cou-cou» est le fait du seul mâle, les femelles ont une voix qui ressemble à celle du pivert et font «kliklikliklikli». C'est le mâle qui choisit son aire d'habitation et la défend contre tout intrus ou concurrent. Il y retourne chaque année. Les femelles reviennent également à leurs séjours précédents, mais ces aires ne sont pas aussi bien délimitées que celles d'autres oiseaux. Chez le coucou il y a toujours plus de mâles que de femelles et, à la différence d'autres oiseaux, le coucou est polygame même au moment de la nidification. La femelle ne niche pas elle-même; elle dépose ses œufs dans les nids d'autres oiseaux, généralement de l'espèce qui l'a élevée elle-même. A peine ces oiseaux ont-ils quitté leur nid un instant, la femelle du coucou arrive et y dépose son œuf généralement en éjectant l'un des œufs qui s'y trouvent déjà. Lorsqu'elle ne peut pas le pondre dans le nid même, elle le pond sur le sol, puis elle le prend dans son bec pour le porter dans un nid d'un autre oiseau. Chaque femelle pond des œufs qui, d'après leur coloration, ressemblent généralement aux œufs des parents adoptifs. Par rapport à la taille du coucou, les œufs sont relativement petits. Au cours de la saison de nidification, la femelle pond entre 15 et 25 œufs (1 œuf tous les deux jours). Ce nombre est important parce que seule une partie des œufs arrivera à éclosion. Puis, la femelle se désintéresse du sort de sa progéniture qu'elle laisse aux soins des parents adoptifs, gé-

Hibou moyen-duc

néralement des pipits, des bergeronnettes, des fauvettes, des pouillots, etc. Au total 162 espèces d'oiseaux ont été recensées dans les nids desquelles les coucous pondent ou déposent leurs œufs. Alors que pour la plupart de ces oiseaux, les petits éclosent au bout de 12 à 15 jours, le petit coucou naît dès le douzième jour. Cela fait que, au plus tard, le coucou éclôt en même temps que les petits des parents adoptifs, mais généralement plus tôt. Dans ce cas, il jette les autres petits par-dessus le bord. Pourquoi? Dix heures après l'éclosion, une sensibilité épidermique se développe surtout au niveau du dos du petit coucou, qui réagit alors à tout ce qui se trouve dans le nid. De ce fait, le petit coucou glisse son dos sous un œuf, puis sous un autre et aussi longtemps qu'il y a des œufs dans le nid, il les transporte sur le bord et les jette dans le vide. Le même sort est partagé par les petits déjà éclos des parents adoptifs. Le petit coucou est alors seul et est nourri par les parents adoptifs comme le seul descendant. Il reste environ 22 jours au nid, puis il quitte cet abri, se pose sur une branche voisine où les parents adoptifs continuent à le nourrir pendant encore trois semaines, c'est-à-dire beaucoup plus longtemps qu'il n'aurait été nécessaire de le faire pour leurs propres petits. Le petit coucou pousse très rapidement, mais il mange aussi autant d'insectes que toute une famille d'oiseaux chanteurs réunie. Il a toujours faim et ouvre le bec. Il arrive parfois que la femelle coucou dépose un œuf avec son bec dans un nid dont l'ouverture est très petite. Dans ce cas le petit coucou ne peut plus le quitter et meurt. Le coucou adulte se nourrit surtout de chenilles, même velues, de divers coléoptères, de papillons, d'araignées, de sauterelles, etc.

Buse variable
Buteo buteo

Cet oiseau fait partie des rapaces les plus répandus. Il vit dans les bois ou à l'orée de grandes forêts d'où il va à la chasse dans le paysage environnant. Il préfère avant tout chasser dans les champs et les prés d'où il rapporte sa proie sur un arbre. Il aime aussi se tenir sur des meules de foin ou des gerbes de céréales d'où il peut voir au loin. Il chasse surtout des souris et des campagnols, exceptionnellement aussi des oiseaux. Lorsqu'il fait beau, on peut voir ce rapace planer haut dans les airs pendant des heures. En vol, la buse variable est facilement reconnaissable à ses larges ailes et à sa courte queue étalée. Elle construit son nid sur un arbre dans des forêts de feuillus ou des forêts de conifères, généralement 8 à 15 m au-dessus du sol. Ses matériaux de construction sont des branchages et des morceaux de bois. La femelle y pond de 2 à 5 œufs bruns, tachetés de violet. Pendant les 30 jours de la couvaison continue, les parents se relaient; toutefois, la femelle couve plus longtemps que le mâle. Les buses variables restent fidèles à leur lieu de nidification et y reviennent d'année en année. En hiver, elles vagabondent dans les environs; certaines émigrent et vont jusqu'en Afrique du Nord.

Faucon pèlerin
Falco peregrinus

Le faucon pèlerin habite non seulement l'Europe mais en fait le monde entier. En vol, il est facilement reconnaissable à ses ailes effilées dont il bat à un rythme accéléré. Il chasse surtout dans les airs, fondant verticalement sur sa proie à une vitesse pouvant aller jusqu'à 200 km/h. Il capture surtout des pigeons, des corneilles, des étourneaux, des mouettes et autres oiseaux analogues; exceptionnellement, il attaque aussi un mammifère sur le sol. Il construit son nid dans des fentes de rochers, mais aussi en haut des tours dans une ville ou dans des nids abandonnés par d'autres rapaces. En avril, la femelle pond 3 ou 4 œufs mouchetés de rouille que les parents couvent en alternance pendant 28 à 29 jours, la femelle faisant cependant le gros du travail. C'est le mâle qui chasse la nourriture qu'il donne à la femelle qui la plume et la déchire avant de la déposer dans les becs des petits. Parfois, le mâle reprend cette fonction, surtout lorsque la femelle a perdu la vie. Les petits volent au bout de 40 jours et quittent le nid. Les jeunes faucons pèlerins sont migrateurs, les anciens restent cependant en Europe pendant l'hiver. Jadis le faucon pèlerin était dressé pour aider à la chasse aux canards, aux hérons, etc. Mais il a été décimé et se trouve, de ce fait, placé aujourd'hui sous protection dans presque tous les pays d'Europe.

Autour des palombes
Accipiter gentilis

L'autour des palombes habite nos forêts et nos bois de toutes sortes; souvent, il se fixe à proximité des villages. L'aire de nidification d'un couple a un diamètre d'environ 5 km. Il reste des années durant fidèle à son nid, mais l'élargit au fur et à mesure. Fait de petites branches mortes ou vertes, celui-ci est perché haut dans les arbres. Entre la fin du mois de mars et la mi-avril, la femelle y pond de 3 à 5 œufs gris-vert, souvent tachetés de brun. Au bout de 38 jours, pendant lesquels la femelle couve presque seule, éclosent les petits. Le mâle apporte la proie et lorsqu'il s'approche du nid, la femelle s'élève à sa rencontre en un endroit bien déterminé pour reprendre la nourriture déjà plumée et la servir à ses petits. C'est aussi le mâle qui, la plupart du temps, nourrit la femelle pendant que celle-ci couve. L'autour des palombes est adroit et attrape assez facilement sa proie même dans l'enchevêtrement des branches. Il chasse des écureuils et, parmi les oiseaux, surtout des geais, des pigeons, des corneilles, etc. Au sol, il poursuit les lapins de garenne et une femelle d'autour bien bâtie peut également s'attaquer aux lièvres, aux hérons et à d'autres animaux relativement grands. L'autour a également été utilisé en fauconnerie.

Coucou d'Europe

Épervier d'Europe
Accipiter nisus

L'épervier est l'un des rapaces les plus répandus. Sa robe ressemble à celle de l'autour, mais il est de taille inférieure. La femelle est environ de moitié plus grande que le mâle et colorée différemment. L'épervier est un habitant des forêts; il préfère les forêts de conifères où il se tient dans la cime des arbres et n'abandonne qu'à contrecœur cet abri pour s'envoler au-dessus des paysages découverts. Il construit son nid près du tronc, tout en haut d'un épicéa, avec des branches sèches; le nid confectionné par les deux partenaires a un diamètre de 25 à 50 cm. Souvent, le nid abandonné d'une corneille ou d'un écureuil sert de base à la construction. En mai, la femelle pond de 4 à 6 œufs bleu-vert, tachetés de rouille, qu'elle couve seule pendant 31 à 36 jours. Le mâle lui apporte et, après l'éclosion, apporte aussi aux petits, la nourriture qu'il transmet à la femelle à l'instar de l'autour; c'est elle qui déchire la proie pour la servir ensuite aux petits. Généralement, le mâle plume la proie avant de la donner à la femelle en un endroit bien déterminé. Il est difficile de trouver le nid de l'épervier, sauf lorsque les petits ont grandi et laissent tomber leurs excréments liquides au-dehors. L'épervier chasse surtout de petits oiseaux, notamment des moineaux, mais aussi des étourneaux, des pinsons, etc. Au moment où il est obligé de nourrir ses petits, l'épervier s'approche également des villages et des jardins ainsi que des champs près des bois où il a de grandes chances de trouver des moineaux. L'épervier est aussi bien sédentaire, faisant de courts déplacements en hiver, que migrateur; migrateur parce que certains vivant en Europe centrale émigrent en hiver vers le sud-ouest, remplacés par d'autres venant du nord.

Pigeon ramier
Columba palumbus

Le pigeon ramier est très répandu dans les forêts de conifères et les forêts mixtes, mais aussi dans les grands parcs, aussi bien dans la plaine qu'en montagne. En Europe occidentale, on peut le rencontrer même dans les parcs des grandes villes. Il préfère les paysages où alternent forêts, champs et prés, car il trouve sa nourriture avant tout dans les champs. Son nid, fait avec peu de soin de branches sèches, se trouve généralement dans les branchages à une hauteur de 5 à 30 m au-dessus du sol. En avril, la femelle y pond deux œufs blancs. Elle niche une deuxième fois en juin. C'est la femelle qui couve, relayée par le mâle seulement aux alentours de midi. Les petits éclosent au bout de 16 à 18 jours, mais ils ne savent voler qu'à l'âge de 35 jours. Après la nidification, les pigeons ramiers se rassemblent en bandes, pour errer dans les champs où ils collectent diverses graines. Mais ils se nourrissent également de graines sylvestres, de glands, etc., et partiellement, de vers et de petits mollusques. Le pigeon ramier est un migrateur. Il quitte son aire de nidification en septembre ou en octobre pour hiverner en Europe méridionale ou dans le nord-ouest de l'Afrique d'où il revient à la mi-mars. Son cri proféré d'une voix perçante, sonne comme «roukoukoukou-kou».

Pigeon colombin
Columba oenas

A la différence du pigeon ramier, le pigeon colombin habite de préférence les forêts de feuillus comportant de vieux hêtres et chênes qui offrent des creux dans lesquels il peut faire son nid. Exceptionnellement, il niche aussi dans des cavités le long des parois abruptes de rochers de grès ou dans des fentes. Il ne dédaigne pas non plus des nichoirs

Faucon pèlerin

Buse variable

Autour des palombes

relativement grands. La femelle pond en avril, et une deuxième fois en juin, deux œufs blancs à chaque fois. Les petits éclosent au bout de 17 ou 18 jours et restent dans le nid pendant tout un mois. Le régime du pigeon colombin est constitué de diverses graines. Son cri sonne comme «hououhou, hou». Il est également migrateur, il s'en va en septembre ou en octobre vers le sud pour revenir à la mi-mars. Les pigeons colombins d'Europe hivernent dans le sud de l'Europe ou en Afrique du Nord.

Épervier d'Europe

Bécasse des bois
Scolopax rusticola

Les bécasses des bois reviennent de leurs quartiers d'hiver, situés en Espagne et en France, parfois déjà dès le début de mars, mais le plus souvent dans la deuxième moitié du mois. A ce moment, dans beaucoup d'endroits de passage régulier, les chasseurs les attendent pleins d'impatience. Dès que le soleil a disparu, les bécasses quittent leur cachette diurne et s'envolent au ras des clairières ou à l'orée des forêts. Il ne devrait pas être permis de tirer les bécasses au printemps car c'est le moment qui précède la nidification. Les bécasses mâles, en chaleur, émettent des sons particuliers bisyllabiques. A ce moment, les femelles se tiennent au sol et attirent le mâle par leur appel et par leur queue blanche largement étalée. Ces taches blanches sont visibles de loin et le mâle s'empresse d'approcher. Puis, il sautille autour de la femelle, les ailes baissées et les plumes caudales dressées. La femelle creuse une petite cavité qu'elle tapisse de feuilles mortes et de mousse. Souvent, ce nid se trouve près d'un arbre ou sous les branches pendantes d'arbustes. Elle pond, en avril ou au début de mai, quatre œufs brun crème, tachetés de gris ou d'ocre. Elle couve seule pendant 22 jours et s'occupe aussi des petits après leur naissance. La bécasse des bois se nourrit de petits invertébrés tels que vers, mollusques, inscectes et leurs larves. Elle cherche sa nourriture sur le sol, sous les feuilles ou bien elle creuse le sol de son bec pour mettre à nu les vers. Pour détecter sa proie, son bec est pourvu d'un corpuscule tactile spécial. Les bécasses des bois retournent dans leurs quartiers d'hiver en automne, souvent très tard, seulement au moment des premières gelées blanches.

Faisan de chasse
Phasianus colchicus

A l'origine le faisan de chasse n'était pas un oiseau européen: il vivait, en plusieurs sous-espèces, en Asie centrale et orientale. Il a été importé dans certaines régions d'Europe — et aussi d'Amérique — et s'y est rapidement multiplié. Les Romains le connaissaient déjà. Il est apparu en Europe centrale au cours du XIVe siècle sous le règne des Luxembourgeois. Le premier à être importé fut une sous-espèce de Colchide suivie d'autres sous-espèces telles que le faisan «à collier» de Chine et de Mongolie. Aujourd'hui, toutes ces sous-espèces sont croisées de sorte que l'on ne peut parler de telle ou de telle espèce de faisan, mais seulement de faisans destinés à la chasse, comme leur nom l'indique. Dans beaucoup de contrées d'Europe centrale, ces faisans sont capturés vivants en hiver et exportés en France et dans d'autres pays. On le trouve dans la plaine ou les collines comportant des bois et des pentes boisées. Il est absent de la montagne.

D'avril à mai, la femelle pond entre 8 et 15 œufs brunâtres ou brun-vert dans un creux du sol tapissé de feuilles ou d'herbe; elle couve seule pendant 23 à 27 jours. Le mâle est souvent polygame. La femelle prend soin des petits, mais ceux-ci sont capables de se nourrir seuls dès leur naissance. Ils mangent divers insectes, des larves, des chrysalides de fourmis et ils picorent de petites feuilles, plus tard ils se nourrissent aussi de diverses graines, de mollusques, de vers, etc. Le faisan de chasse est un oiseau sédentaire.

Tourterelle des bois

Streptopelia turtur

Ce pigeon très répandu habite les bois et les pentes recouvertes d'une végétation abondante à proximité des champs et des prés. Sa préférence va aux bois de feuillus ou mixtes au sous-bois touffu. Il construit son nid dans l'enchevêtrement des branches d'arbres touffus à environ 1 à 7 m au-dessus du sol. Le nid, fait, avec peu de soin, de branches et de rameaux superposés, est construit par les deux partenaires. La femelle pond deux œufs blancs que les parents couvent alternativement. Les petits éclosent au bout de 14 à 17 jours. Les tourterelles des bois se nourrissent de graines, principalement dans les champs, de graines des mauvaises herbes mais, au moment de la récolte, elles ramassent les graines tombées des épis. A l'occasion, elles mangent aussi des petits mollusques. La tourterelle des bois est un oiseau migrateur qui part en août ou en septembre vers les pays méditerranéens pour en revenir en avril.

Grand coq de bruyère (Grand tétras)

Tetrao urogallus

Le grand coq de bruyère est un oiseau imposant: un vieux coq peut peser jusqu'à 6 kg. Il est répandu dans le nord de l'Angleterre, en Europe centrale et septentrionale; on le trouve en France dans les Vosges et le Jura. Il habite les forêts étendues qui deviennent rares en Europe; de ce fait, on le trouve de moins en moins. Au moment de la pariade, le garde forestier distingue dans le «chant» du coq différentes phases: le craquement, les trilles et le grattement. Lorsque le coq, pendant la pariade au moment du grattement, ouvre grand le bec et ferme les yeux, les mâchoires appuient sur le tympan causant pendant environ trois secondes la «surdité» que les chasseurs utilisent pour s'approcher. Le coq parade généralement sur une branche, parfois aussi en un endroit surélevé au-dessus du sol, comme par

Pigeon ramier

Pigeon colombin

exemple une souche d'arbre. Quelquefois, les coqs se livrent bataille sur le sol et les poules suivent le vainqueur. Le coq est polygame. La femelle pond ensuite dans un faible creux du sol tapissé de feuilles et d'aiguilles de conifères entre 5 et 12 œufs jaunâtres, tachetés de brun. La femelle couve seule pendant 24 à 27 jours. Son plumage lui assure un tel camouflage qu'on ne peut guère la découvrir dans le feuillage et l'herbe. Les petits savent voler au bout de dix jours et passent alors la nuit avec la mère sur une branche. Le grand coq de bruyère se nourrit de bourgeons, d'aiguilles de conifères, voire d'extrémités de branches de conifères, mais aussi d'insectes et de leurs larves, de mollusques, etc. En automne, il mange aussi des baies.

Noctule
Nyctalus noctula

Cette chauve-souris frappe par sa couleur rouille à brun-jaune. Elle vit dans les forêts et les allées, parfois aussi dans de grands parcs. Dans la journée, elle est cachée dans un creux d'arbre, parfois dans un grenier, dans une tour, etc. En été on peut trouver jusqu'à 20 individus dans une cavité et, en hiver, certains grands abris hébergent jusqu'à plusieurs centaines d'entre elles. Souvent, alors que la nuit n'est pas encore tombée, cette chauve-souris fait la chasse aux insectes tels que coléoptères, papillons, etc. A l'instar des oiseaux, elle entreprend des vols assez longs pour se rendre dans ses quartiers d'hiver d'où elle revient au printemps.

Lapin de garenne
Oryctolagus cuniculus

Le lapin de garenne, originaire d'Espagne, a été importé en Europe centrale au XIIIe siècle; il s'y est bien acclimaté et s'est répandu dans toute l'Europe. Il préfère les forêts claires, les pentes boisées, etc. Aimant la chaleur, on ne le rencontre plus au-delà de 600 m d'altitude. En général, les lapins de garenne forment de petits groupes. Ils creusent un terrier assez profond qu'ils tapissent de mousse, d'herbe et de feuilles. En un an, une femelle a jusqu'à 5 portées de 4 à 8 petits à la fois, exceptionnellement plus. La femelle construit pour les petits un terrier spécial, plus petit, qu'elle tapisse de poils de son pelage. Les petits naissent nus et sont aveugles durant dix jours. Lorsque la femelle s'absente, elle referme l'entrée. Le lapin de garenne est

Faisan de chasse

Bécasse des bois

un animal nocturne qui va brouter au crépuscule. Il se nourrit d'herbe, de plantes, de pousses, etc. Lorsque les lapins de garenne prolifèrent, ils causent de graves dommages aux pépinières en rongeant les boutures. Lorsque, en hiver, la neige abonde, ils s'attaquent aussi à l'écorce des jeunes arbres et les font mourir. Le lapin de garenne n'a pas été importé seulement en Europe centrale. Il a été emmené dans différentes parties du monde; partout, il s'est rapidement acclimaté et multiplié, dans certains cas au point de menacer les récoltes, comme ce fut le cas en Australie. Les cultivateurs de ce continent ont lutté en vain des années durant contre les lapins de garenne; finalement, ils réussirent à importer une maladie infectieuse répandue parmi les rongeurs d'Amérique latine, la myxomatose. En 1953, un médecin français inocula cette maladie à des lapins de garenne qui dévastaient sa propriété. La maladie prit alors un départ foudroyant; quelques années plus tard, elle faisait son apparition en Europe centrale. En peu de temps, presque tous les lapins de garenne furent exterminés en Europe, sans oublier les conséquences catastrophiques de la maladie pour l'élevage du lapin domestique. Aujourd'hui, les lapins de garenne sont devenus rares. Les signes cliniques de la maladie sont tout d'abord une vive inflammation des paupières, puis les yeux se collent complètement par un écoulement purulent, le lapin devient aveugle, la peau de la tête est gonflée par des œdèmes et, finalement, l'animal perd l'ouïe et meurt. Au moment de la grande épidémie, on pouvait souvent rencontrer des animaux malades dans les chemins des bois.

Écureuil
Sciurus vulgaris

L'écureuil est un des animaux les plus connus de tout le monde. Sa coloration est très variable, allant du roux au brun et jusqu'au noir dans certains cas isolés. Il habite la forêt des plaines et des montagnes, on le rencontre également dans les parcs ou les allées. Dans les Alpes, il monte jusqu'à une altitude de 2200 m. Il construit un nid sphérique avec des branches, des feuilles, de la mousse et des poils dans les arbres; souvent il se sert aussi de nids abandonnés de rapaces ou de creux dans les troncs. Entre janvier et août, la femelle a entre deux et cinq portées de 3 à 7 petits chaque fois. Ceux-ci sont aveugles à la naissance et n'ouvrent les yeux qu'au bout de quatre semaines. L'écureuil se nourrit de graines d'arbre, de divers fruits, de champignons, mais aussi d'insectes; parfois il lui arrive de gober l'œuf d'un oiseau ou de manger un oisillon dans son nid. En hiver, il ronge les jeunes pousses des conifères. De ce fait — surtout lorsqu'il y en a un grand nombre — il cause des dommages relativement importants. Mais il est rare qu'un grand nombre d'écureuils subsiste longtemps car, dans ces cas, il a toute une série d'ennemis tels que les martres, les autours et autres qui se spécialisent dans la chasse à ces petits mammifères. En automne, les écureuils font des réserves, surtout de noix, de noisettes, dans des endroits déterminés qui leur permettent de se nourrir l'hiver, mais bien souvent ils ne retrouvent pas leur réserve. Ils n'hibernent pas et on peut de ce fait les rencontrer même sur la neige. Ils ne se cachent dans leur nid que lorsqu'il gèle très fort.

Tourterelle des bois

Grand coq de bruyère

Noctule

Lapin de garenne

Écureuil

Loir

Loir

Glis glis

Le loir, fréquent par endroits, est absent dans d'autres. Il habite les forêts de feuillus jusqu'à une altitude de 1 500 m, mais on peut le rencontrer souvent aussi dans des parcs ou des grands jardins dans les villes. Dans la journée, il se cache dans des creux d'arbres, dans des nichoirs ou dans des fentes de murs, ne quittant son abri qu'au crépuscule pour aller à la recherche de sa nourriture qui consiste en graines, en pousses, en noix et en fruits qu'il va souvent chercher dans les vergers. Parfois, il mange aussi des insectes et, dans des cas très rares, un oisillon. La femelle construit son nid avec de la mousse dans des creux d'arbre. Elle met au monde de 2 à 9 petits qui naissent aveugles et n'ouvrent les yeux qu'au bout de 20 jours. Parfois il y a une deuxième portée entre juin et août. En automne, lorsque la nourriture abonde, les loirs engraissent et cette couverture de graisse leur sert de réserve pendant leur sommeil hivernal. Dès la fin d'août, ils se retirent dans leurs cachettes douillettes et dorment jusqu'en mai. Lorsqu'ils sortent alors, ils sont redevenus tout maigres.

Chat sauvage

Felis silvestris

Le chat sauvage n'habite que les forêts étendues, notamment dans les régions montagneuses. Il s'y cache dans des creux d'arbres, dans des terriers abandonnés de blaireaux ou de renards, ou encore dans les rochers de ravins inaccessibles. Toute l'année, il vit en solitaire à l'exception du moment de l'accouplement, en février, où le mâle rend visite à la femelle pendant un court laps de temps. 63 jours après la fécondation, la chatte met bas entre 3 et 7 petits aveugles qui n'acquièrent la vue qu'au bout de 9 à 11 jours. Les chatons tètent pendant quatre mois, mais dès l'âge de 6 semaines ils commencent à manger de la nourriture provenant de la chasse de la mère. Chaque chat a son domaine de chasse dans lequel il passe toute sa vie. Ce n'est qu'en cas de disette qu'il entreprend des excursions pouvant le conduire à 100 km de son domaine. La chatte est bonne mère et défend ses petits contre tout ennemi: même contre l'homme le cas échéant. Le chat sauvage chasse surtout les souris, les petits oiseaux, les lézards et les insectes et, exceptionnellement, un lièvre ou un faon. Il chasse surtout la nuit. Le chat sauvage n'est pas l'ancêtre du chat domestique, il est d'ailleurs de taille beaucoup plus forte. Parfois pourtant, des croisements ont lieu. Il est actuellement en voie de disparition en France.

Chat sauvage

Lynx

Lynx
Lynx lynx

Le lynx autrefois fréquent dans tout l'hémisphère Nord ne se trouve plus qu'en Europe orientale et septentrionale. Il survit encore en Tchécoslovaquie et ces dernières années on a également pu le voir dans les Alpes françaises. De plus, les Suisses ont essayé de le réacclimater dans leurs parcs nationaux. Ailleurs, il a disparu. Le lynx est un animal de la forêt où il habite jusqu'à une altitude de 2 500 m. Son aire de chasse est étendue; généralement, il guette sa proie d'un point élevé (arbre ou rocher) et lui saute dessus à son approche. Il mange surtout des mammifères de toutes tailles jusqu'à celle du chevreuil, mais aussi des oiseaux, et dans ce cas, surtout des gallinacés. Il vit en solitaire et chasse de préférence le soir. Au moment de l'accouplement, entre janvier et mars, le couple de lynx cohabite quelque temps. En mai, la femelle met bas, dans une cachette située sous des arbres déracinés, dans des cavités ou des trous, deux ou trois, parfois même quatre ou cinq petits qui n'acquièrent la vue qu'au bout de 16 jours. Le lynx est un félin. Il pèse jusqu'à 30 kg dans nos régions; les lynx de Sibérie et du Canada peuvent même atteindre 50 kg. Il est très difficile à observer dans la nature, car sa vue et son ouïe sont extrêmement bien développées. Il a été détruit en France, non seulement à cause de sa fourrure qui est très recherchée, mais surtout à cause des dégâts qu'il commettait dans les troupeaux. C'est à lui que revenait le nom de loup-cervier.

Loup
Canis lupus

A l'origine, le loup était répandu dans toute l'Europe. De nos jours, on ne le trouve plus guère en nombre un peu important que dans le nord-est de l'Europe. En Europe centrale, il ne subsiste qu'en Slovaquie et en Pologne. En Allemagne, il est extrêmement rare. Il habite les grandes forêts ou les steppes comportant des fourrés et monte jusqu'à une altitude de 2500 m. Au printemps et en été, les loups vivent en famille. C'est au mois d'avril ou en mai que la louve, après une gestation de 60 à 65 jours, met bas entre 4 et 8 louveteaux qui acquièrent la vue au bout de 10 jours. La louve creuse un terrier profond que les petits ne quittent pas au début de leur vie. C'est le mâle qui apporte la nourriture. Les louveteaux ne quittent leurs parents qu'au bout de deux ans, sauf si la louve a d'autres portées pendant ce temps. Dans ce cas, les aînés se tiennent à proximité. En automne, les familles de loups se rassemblent en bandes qui sont placées sous la direction d'un mâle fort. Dans leur chasse, ils parcourent parfois jusqu'à 70 km dans une seule journée. Lorsqu'ils sont en bandes, ils attaquent aussi des animaux relativement grands, que ce soient des animaux domestiques ou des chevreuils, cerfs, etc. Toutefois, ils fuient l'homme. Il leur arrive aussi de manger des insectes, des mollusques, voire même des fruits sylvestres. On connaît des cas où les loups ont pillé des champs de melons la nuit. Ils délimitent leur aire de chasse en urinant sur des arbres ou des pierres. C'est une habitude qui est passée au chien. Le loup est un animal nocturne.

Loup

Renard roux

Renard roux
Vulpes vulpes

Le renard roux, qui peut être parfois presque noir, est l'un des canidés les plus répandus en Europe. Il vit dans la forêt, parfois aussi dans des champs ou, à la périphérie des grandes villes, dans de grands parcs. Il se tient de préférence à proximité des habitations humaines où, la nuit, il va à la chasse aux poules et aux canards. Il creuse son terrier dans des endroits cachés et lui ménage plusieurs sorties. Souvent, il se fixe aussi dans un fossé, le long des routes de campagne peu fréquentées. Pour savoir si un terrier est habité ou non, on n'a qu'à se fier à son odorat, surtout en été, car les renards ne font pas disparaître les restes de leur proie qui, de ce fait, pourrit. Près de son terrier principal, le renard creuse encore d'autres petites cachettes qui lui servent en cas de danger. La femelle, après une gestation de 54 jours, met bas de 4 à 12 renardeaux, entre février et mai; les petits acquièrent la vue au bout de 12 à 15 jours. Le renard est utile car malgré ses pillages, il mange des surmulots et d'autres petits mammifères, des oiseaux, des insectes et des mollusques et, en été, des fruits sylvestres. Il est particulièrement friand de framboises.

Marte commune (Martre)
Martes martes

La marte commune est facilement reconnaissable à la tache jaune à orange qui orne sa gorge. Sa fourrure est très belle et dense, surtout en hiver, ce qui lui a valu d'être chassée par l'homme. Elle habite les forêts où elle grimpe adroitement sur les arbres et peut faire des bonds de 3,5 m pour passer d'un arbre à un autre. Elle chasse tôt le matin, de même que le soir après le coucher du soleil. Dans la journée, elle se cache dans des creux d'arbres, dans des nids abandonnés d'oiseaux rapaces ou d'écureuils et, parfois même dans des creux pour chouettes. C'est dans ces cachettes aussi que la femelle, après une gestation de 55 jours, met bas entre 2 et 7 petits au mois d'avril; ils sont très petits et aveugles à leur naissance et n'ouvrent les yeux qu'au bout de 34 jours. La marte commune chasse les écureuils, les petits mammifères et les oiseaux, mais elle mange aussi des insectes et, en automne, des fruits et des baies. Trop recherchée pour sa fourrure, elle devient rare dans nos régions.

Marte commune

Blaireau

Blaireau

Meles meles

Le blaireau habite les forêts, les pentes comportant des fourrés et aussi certains grands parcs. Bien que très répandu, il n'est que rarement visible car il vit caché. Il creuse un terrier très profond ayant plusieurs galeries et une cheminée d'aération. Souvent, le terrier se trouve à une profondeur de 5 m. L'intérieur est bien tapissé. Le blaireau vit en famille. La femelle met bas de 2 à 6 petits aveugles qui acquièrent la vue au bout de 3 à 4 semaines. Les petits sont très joueurs et quittent le terrier même dans la journée. Le blaireau ne chasse que la nuit. Il se nourrit de baies, de fruits, de glands, de racines, de champignons, d'insectes et de leurs larves, de mollusques, de grenouilles, de petits mammifères et aussi d'œufs d'oiseaux. Il lui arrive de piller les champs de maïs. En hiver, il tombe souvent dans un sommeil de plusieurs jours, mais il ne passe pas vraiment l'hiver en dormant car, pendant ce sommeil, sa température corporelle ne s'abaisse pas.

Sanglier

Sus scrofa

A l'origine, le sanglier était très répandu en Europe. Plus tard, il a été complètement décimé dans de nombreux endroits. Ces dernières années, toutefois, nous assistons à une certaine multiplication. Le sanglier habite les forêts étendues à sous-bois touffu. Il vit en famille ou en compagnies et seuls les vieux mâles sont solitaires. Dans la journée, les sangliers se cachent dans les fourrés et ne vont à la recherche de leur nourriture qu'une fois la nuit tombée. Ils mangent pratiquement tout ce qu'ils trouvent: fruits sylvestres, baies, racines, herbe, etc. En automne, ils font parfois aussi des incursions dans des champs de pommes de terre ou de betteraves. Ils mangent aussi des vers, qu'ils trouvent en remuant la terre, des insectes et leurs larves, des mollusques, des œufs d'oiseaux et des oisillons. Il est connu qu'ils adorent chasser les serpents et qu'ils n'ont pas peur de la vipère. La femelle — laie — construit un «nid» avec de la mousse et de l'herbe et y met bas entre 3 et 12 marcassins après une gestation de 16 à 20 semaines. Les marcassins ont des raies longitudinales. La femelle les soigne et les défend contre tout ennemi. Le sanglier est un animal de chasse. Le mâle peut atteindre un poids de 200 kg. Sa chair est d'une saveur délicieuse. Le sanglier est l'ancêtre de notre cochon domestique.

Cerf commun

Cervus elaphus

Les cerfs habitent les forêts étendues, notamment dans les montagnes, mais on peut également les rencontrer dans la plaine. Les biches et les faons forment des troupes composées généralement de dix individus — rarement plus — sous la conduite d'une vieille biche.

Hors de la période du rut les vieux mâles vont en solitaires, ou ils forment de petites hardes sous la direction du mâle le plus fort. Au moment du rut (septembre—octobre) les mâles se combattent violemment et c'est le gagnant qui hérite de la troupe. C'est à ce moment que l'on peut entendre les cerfs bramer. A la fin de cette période, le mâle quitte la troupe. La biche met bas un, exceptionnellement deux petits au bout d'une gestation de 238 jours; au bout de 8 jours, la mère et le ou les petits rejoignent la harde. Les grands mâles portent des bois puissants et ramifiés. Ils peuvent atteindre un poids de 225 kg, alors que la biche ne pèse que 120 kg. Le cerf est un gibier et sa chair est très appréciée, sans compter que les bois du mâle constituent un trophée dont tout chasseur est fier.

Sanglier

Cerf commun

Ours brun
Ursus arctos

L'ours brun est le carnassier le plus grand de toute l'Europe. Son poids peut atteindre 350 kg. Les ours d'Asie et d'Amérique sont encore plus lourds. Il habite les grandes forêts des montagnes. Jadis, il était très répandu sur notre continent, mais aujourd'hui il se fait rare. On sait, par exemple, que dans le pays de Montbéliard le dernier a été tué en 1732. L'ours brun construit sa cachette à l'abri d'arbres déracinés ou dans des rochers. Là, la femelle met bas entre 2 et 5 oursons très petits et aveugles, généralement en janvier. Pendant ce temps, la femelle reste couchée, ne se nourrit pas et soigne ses petits qui n'acquièrent la vue qu'au bout de 4 à 5 semaines. Ceux-ci ne quittent la cachette qu'au printemps; ils restent avec leur mère pendant deux ans. En hiver (généralement entre novembre et mars), les ours connaissent une période de sommeil. Mais, comme leur température corporelle ne s'abaisse pas, on ne peut pas vraiment parler d'hibernation. Ils se réveillent facilement. Il est aisé en hiver de découvrir la cachette des ours car les,

Ours brun

petits, en tétant, émettent des cris plaintifs. L'ours brun est omnivore, c'est-à-dire qu'il mange aussi bien des fruits sylvestres, des baies, des racines, etc. que des insectes, des mollusques, des mammifères, des oiseaux, des œufs et des cadavres. Il capture aussi volontiers des poissons et se délecte avec du miel. Ce faisant, il détruit souvent les ruches. Toutefois, ce n'est qu'en cas de famine qu'il s'attaque à des animaux relativement grands.

Index des noms français

Les chiffres en italique renvoient aux illustrations

Index des noms latins

Table